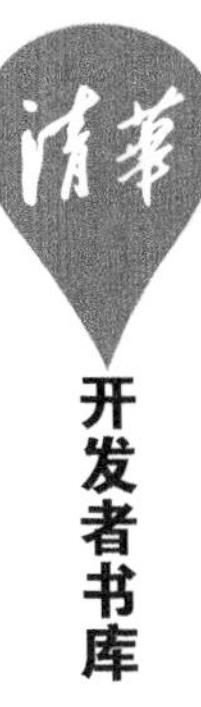

The Design of Control System based on MSP430 MCU

基于MSP430单片机的控制系统设计

陈中 陈冲◎编著

清華大學出版社
北京

内 容 简 介

本书主要介绍 MSP430F169 单片机设计方法，在适当阐述工作原理基础上，重点介绍了硬件电路图和软件编程，对于重要程序，解释编程方法并说明其工作原理。

全书共分 9 章：第 1 章为基础篇，着重介绍 MSP430 单片机工作原理以及 IAR 编译软件的应用；第 2～9 章为单片机设计，包括硬件系统设计和软件编程。全书叙述简洁、概念清晰，提供了大量应用实例，具备完整的硬件电路图和软件清单，涵盖了 MSP430F169 单片机设计的诸多内容。

本书适合作为高等院校电气、自动化及其他相关专业高年级本科生、研究生及教师的教学参考书，还可以供相关工程技术人员参考。

图书在版编目(CIP)数据

基于 MSP430 单片机的控制系统设计/陈中，陈冲编著. —北京：清华大学出版社，2017（2020.1重印）
（清华开发者书库）
ISBN 978-7-302-46218-7

Ⅰ. ①基… Ⅱ. ①陈… ②陈… Ⅲ. ①单片微型计算机－计算机控制系统－系统设计
Ⅳ. ①TP368.1

中国版本图书馆 CIP 数据核字(2017)第 007865 号

责任编辑：文　怡
封面设计：李召霞
责任校对：时翠兰
责任印制：沈　露

出版发行：清华大学出版社
网　　址：http：//www.tup.com.cn，http：//www.wqbook.com
地　　址：北京清华大学学研大厦 A 座　**邮　　编**：100084
社 总 机：010-62770175　**邮　　购**：010-62786544
投稿与读者服务：010-62776969，c-service@tup.tsinghua.edu.cn
质量反馈：010-62772015，zhiliang@tup.tsinghua.edu.cn
课件下载：http：//www.tup.com.cn，010-62795954

印 装 者：北京九州迅驰传媒文化有限公司
经　　销：全国新华书店
开　　本：186mm×240mm　**印　　张**：30.75　**字　　数**：688 千字
版　　次：2017 年 6 月第 1 版　**印　　次**：2020 年 1 月第 4 次印刷
定　　价：79.00 元

产品编号：071794-01

前言

PREFACE

单片机又称为微机控制器(Microcontroller),国外普遍称为MCU(Micro Control Unit),其基本结构是将微型的基本功能部件：中央处理器(CPU)、存储器、输入/输出接口(I/O)、定时器/计数器、中断系统等全部集成在一个半导体芯片上。

MSP430单片机和非增强型51单片机相比较,具有运行速度快、功能丰富等优点,属于16位单片机,寄存器的设置较多。实际上随着中高档单片机的发展,寄存器的设置越来越多。非增强型51单片机有的端口是准双向端口,而MSP430单片机的端口都是双向的,必须设置端口数据的输出或输入方向。51单片机的C语言程序可以部分移植到MSP430单片机,但两者有很多不同之处。

现在国内单片机书籍多如牛毛,但大部分图书都是偏重于理论以及汇编语言,实际上单片机技术的实践性很强,要想学好单片机技术,比较好的方法就是多做实物,多练习。从作者的实践中看,单片机学习有两个问题。首先是仿真软件,Proteus软件的确有其长处,但其Bug也不少,尤其在数码管动态显示方面,缺点很大。作者遇到过很多种情况,仿真能够成功,但实物做不出来；或实物做出来了,但仿真不行。其次是汇编语言,汇编语言有其优点,但非常烦琐,建议读者采用C语言编程。

本书采用的是MSP430单片机的F169型号,书中所有的电路图都是完全按照引脚实物绘制。MSP430单片机有很多类型,但基本上都是大同小异,只要把一种类型搞通了,很容易掌握其他MSP430类型的单片机设计方法。

本书主要是在作者和顾春雷、沈翠凤编著的《基于AVR单片机的控制系统设计》基础上改写的,增加了MSP430单片机相关的内容。书中论述部分主要参考了《MSP430单片机使用手册》,赵建,谢楷等编写的《MSP430系列16位超低功耗单片机教学实验系统实验教程》,书中部分资料来自互联网。在此向顾春雷、沈翠凤、赵建、谢楷等表示衷心感谢。

本书是由盐城工学院陈中、陈冲共同编写,陈中统筹了全稿。全书共分为9章,第1章单片机原理概述和C语言编程,内容包括单片机的结构和组成,以及单片机最小系统,不同数据类型和IAR软件调试方法等；第2章单片机输出电路设计,介绍液晶1602、液晶12864、点阵和液晶12232等显示的设计；第3章单片机输入电路设计,包括键盘、计算器、密码锁、电子秤步进电机控制系统、温度检测系统等设计方法；第4章定时器/计数器以及中断系统设计,着重说明了不同方式PWM波的原理及设计方法；第5章串行通信设计,着重介绍串行助手软件进行串行通信设计；第6章TWI接口的应用,着重介绍断电保护电子密码锁的设计；第7章同步串行SPI接口的设计，着重介绍无线模块通信设计；第8章AD和DA转换系统设计；第9章单片机综合系统设计，内容包括两路温度传感器温度检测、直流电机调速系统等。

本书在编写过程中，由丁圣均完成了大部分设计，盐城工学院电气学院何洋、杨柳、张宝山、周鹏和黄雅琪等同学在硬件设计和软件编程方面也做出了大量工作。同时本书还得到安徽徽电科技股份有限公司朱代忠工程师的大力帮助和技术指导。盐城工学院电气学院各位领导以及同事也对本书的写作给予了大力支持和帮助，在此向他们表示衷心感谢。

本书配套资源包括IAR编译软件、下载软件、字模软件、串行助手软件、端口驱动软件以及书中所有程序，请在清华大学出版社网站 www.tup.com.cn 下载。

由于作者水平有限，书中肯定有许多不足之处，欢迎读者批评指正，作者可以为本书的内容提供技术支持。此外，本书还有与其配套的开发板。欢迎各位读者发邮件到 zdzcz33@126.com 与作者联系，谢谢。

陈中　陈冲
盐城工学院
2017年4月

目录
CONTENTS

第1章

单片机原理概述及C编程语言

1.1 MSP430单片机概述

MSP430系列单片机是美国德州仪器(TI)公司于1996年开始推向市场的一种16位超低功耗、具有精简指令集(RISC)的混合信号处理器(Mixed Signal Processor)。之所以称为混合信号处理器,是由于其针对实际应用需求,将多个不同功能的模拟电路、数字电路模块和微处理器集成在一个芯片上,以提供"单片机"解决方案。该系列单片机多应用于需要电池供电的便携式仪器仪表中。MSP430单片机有很多类型,主要包括MSP430F167、MSP430F168、MSP430F169、MSP430F1610等类别,本书以MSP430F169为例进行编写。

1. MSP430系列单片机的性能

虽然MSP430系列单片机推出时间不是很长,但由于其卓越的性能,发展极为迅速,应用也日趋广泛。MSP430系列单片机的主要特点有:

1) 超低功耗

MSP430系列单片机的电源电压采用1.8～3.6V低电压,RAM在数据保持方式下耗电仅为0.1μA,活动模式时耗电为250pA/MIPS(每秒百万条指令数),I/O输入端口的最大漏电流仅为50nA。MSP430系列单片机具有独特的时钟系统设计,包括两个不同的时钟系统:基本时钟系统和锁频环(FLL和FLL+)时钟系统或DCO数字振荡器时钟系统。由时钟系统产生CPU和各功能模块所需的时钟,并且这些时钟可以在指令的控制下打开或关闭,从而实现对总体功耗的控制。由于系统运行时使用的功能模块不同,即采用不同的工作模式,芯片的功耗有明显的差异。在系统中有一种活动模式(AM)和5种低功耗模式(LPM0～LPM4)。

另外,MSP430系列单片机采用矢量中断,支持十多个中断源,并可以任意嵌套。用中断请求将CPU唤醒只要6μs,通过合理编程,既可降低系统功耗,又可以对外部事件请求作出快速响应。

在这里,需要对低功耗问题作一些说明。

首先,对一个处理器而言,活动模式时的功耗必须与其性能一起来考察、衡量,忽略性能来看功耗是片面的。在计算机体系结构中,用W/MIPS(瓦特/百万指令每秒)来衡量处理器的功耗与性能关系,这种标称方法是合理的。MSP430系列单片机在活动模式时耗电为

250μA/MIPS，这个指标是很高的(传统的Mcs51单片机约为10～20mA/MIPS)。其次，作为一个应用系统，功耗是整个系统的功耗，而不仅仅是处理器的功耗。比如，在一个有多个输入信号的应用系统中，处理器输入端口的漏电流对系统的耗电影响就较大了。MSP430单片机输入端口的漏电流最大为50nA，远低于其他系列单片机(一般为1～10μA)。另外，处理器的功耗还要看它内部功能模块是否可以关闭，以及模块活动情况下的耗电，比如低电压监测电路的耗电等。还要注意，有些单片机的某些参数指标中，虽然典型值可能很小，但最大值和典型值相差数十倍，而设计时要考虑到最坏情况，就应该关心参数标称的最大值，而不是典型值。总体而言，MSP430系列单片机堪称目前世界上功耗最低的单片机，其应用系统可以做到用一枚电池使用10年。

2) 强大的处理能力

MSP430系列单片机是16位单片机，采用了目前流行的、颇受学术界好评的精简指令集(RISC)结构，一个时钟周期可以执行一条指令(传统的MCS51单片机要12个时钟周期才可以执行一条指令)，使MSP430在8MHz晶振工作时，指令速度可达8MIPS(注意：同样8MIPS的指令速度，在运算性能上16位处理器比8位处理器高远不止两倍)。不久还将推出25～30MIPS的产品。同时，MSP430系列单片机中的某些型号，采用了一般只有DSP中才有的16位多功能硬件乘法器、硬件乘、加(积之和)功能、DMA等一系列先进的体系结构，大大增强了它的数据处理和运算能力，可以有效地实现一些数字信号处理的算法(如FFT、DTMF等)。这种结构在其他系列单片机中尚未使用。

3) 高性能模拟技术及丰富的片上外围模块

MSP430系列单片机结合TI的高性能模拟技术，各成员都集成了较丰富的片内外设。视型号不同可能组合有以下功能模块：看门狗(WDT)，模拟比较器A，定时器A(Timer_A)，定时器B(Timer_B)，串口0、1(USART0、1)，硬件乘法器，液晶驱动器，10位、12位、14位ADC，12位DAC，I2C总线，直接数据存取(DMA)，端口1～6(P1～P6)，基本定时器(Basic Timer)等。其中，看门狗可以在程序失控时迅速复位；模拟比较器进行模拟电压的比较，配合定时器，可设计出高精度(10～11位)的A/D转换器；16位定时器(Timer_A和Timer_B)具有捕获、比较功能；大量的捕获、比较寄存器，可用于事件计数、时序发生、PWM等；多功能串口(USART)可实现异步、同步和I2C串行通信，可方便地实现多机通信等应用；具有较多的I/O端口，最多达6×8条I/O口线，IO输出时，不管是灌电流还是拉电流，每个端口的输出晶体管都能够限制输出电流(最大约25mA)，保证系统安全：PI、P2端口能够接收外部上升沿或下降沿的中断输入；12位A/D转换器有较高的转换速率，最高可达200kb/s，能够满足大多数数据采集应用：LCD驱动模块能直接驱动液晶多达160段；F15x和F16x系列有两路12位高速DAC，可以实现直接数字波形合成等功能：硬件I2C串行总线接口可以扩展I2C接口器件：DMA功能可以提高数据传输速度，减轻CPU的负荷。

MSP430系列单片机的丰富片内外设，在目前所有单片机系列产品中是非常突出的，为系统的单片机解决方案提供很大的便利。

4) 系统工作稳定

上电复位后，首先由DCO_CLK启动CPU，以保证程序从正确的位置开始执行，保证晶体振荡器有足够的起振及稳定时间。然后软件可设置适当的寄存器的控制位来确定最后的系统时钟频率。如果晶体振荡器在用作 CPU 时钟 MCLK 时发生故障,DCO 会自动启动,以保证系统正常工作。这种结构和运行机制,在目前各系列单片机中是绝无仅有的。另外,MSP430 系列单片机均为工业级器件,运行环境温度为－40～＋85℃,运行稳定、可靠性高,所设计的产品适用于各种民用和工业环境。

5) 方便高效的开发环境

目前 MSF430 系列有 OTF 型、FLASH 型和 ROM 型 3 种类型的器件,国内大量使用的是 FLASH 型。这些器件的开发手段不同,对于 OTF 型和 ROM 型的器件,使用专用仿真器开发成功之后再烧写或掩膜芯片。对于 FLASH 型的器件则有十分方便的开发调试环境,因为器件片内有 JTAG 调试接口,还有可电擦写的 FLASH 存储器,因此先通过 JTAG 接口下载程序到 FLASH 内,再由 JTAG 接口控制程序运行、读取片内 CPU 状态,以及存储器内容等信息供设计者调试,整个开发(编译、调试)都可以在同一个软件集成环境中进行。这种方式只需要一台 PC 和一个 JTAG 调试器,而不需要专用仿真器和编程器。开发语言有汇编语言和 C 语言。目前较好的软件开发工具是 IARWORKBENCH V3.10。这种以 FLASH 技术、JTAG 调试、集成开发环境结合的开发方式,具有方便、廉价、实用等优点,在单片机开发中还较为少见。其他系列单片机的开发一般均需要专用的仿真器或编程器。另外,2001 年 TI 公司又公布了 BOOTSTRAP 技术,利用它可在保密熔丝烧断以后,只要几根硬件连线,通过软件口令字(密码),就可更改并运行内部的程序,这为系统固件的升级提供了又一方便的手段。BOOTSTRAP 具有很高的保密性,口令字可达 32 个字节长度。

2. MSP430 系列单片机的特点

MSP430 系列单片机有如下特点。

(1) 工作电压范围:1.8～3.6V。

(2) 超低功耗。活动模式:330μA,2.2V;待机模式:1.1μA;关闭模式(RAM 保持):0.2μA。

(3) 5 种省电模式。

(4) 从等待方式唤醒时间:6μs。

(5) 6 位 RISC 结构,125ns 指令周期。

(6) 内置三通道 DMA。

(7) 12 位 A/D 带采样保持内部参考源。

(8) 双 12 位 D/A 同步转换。

(9) 16 位定时器 Timer_A。

(10) 16 位定时器 Timer_B。

(11) 片内比较器 A。

(12) 串行通信 USART0(UART、SPI、I2C)接口。

(13) 串行通信 USARTI(UART、SPI)接口。

(14) 具有可编程电平检测的供电电压管理器、监视器。

(15) 欠电压检测器。

(16) Bootstrap Loader。

(17) 串行在线编程,无须外部编程电压,可编程的保密熔丝代码保护。

1.2 初步认识 MSP430 单片机

为了对单片机的应用有一个初步的认识,现在介绍如图 1-1 所示的 MSP430F169 芯片。

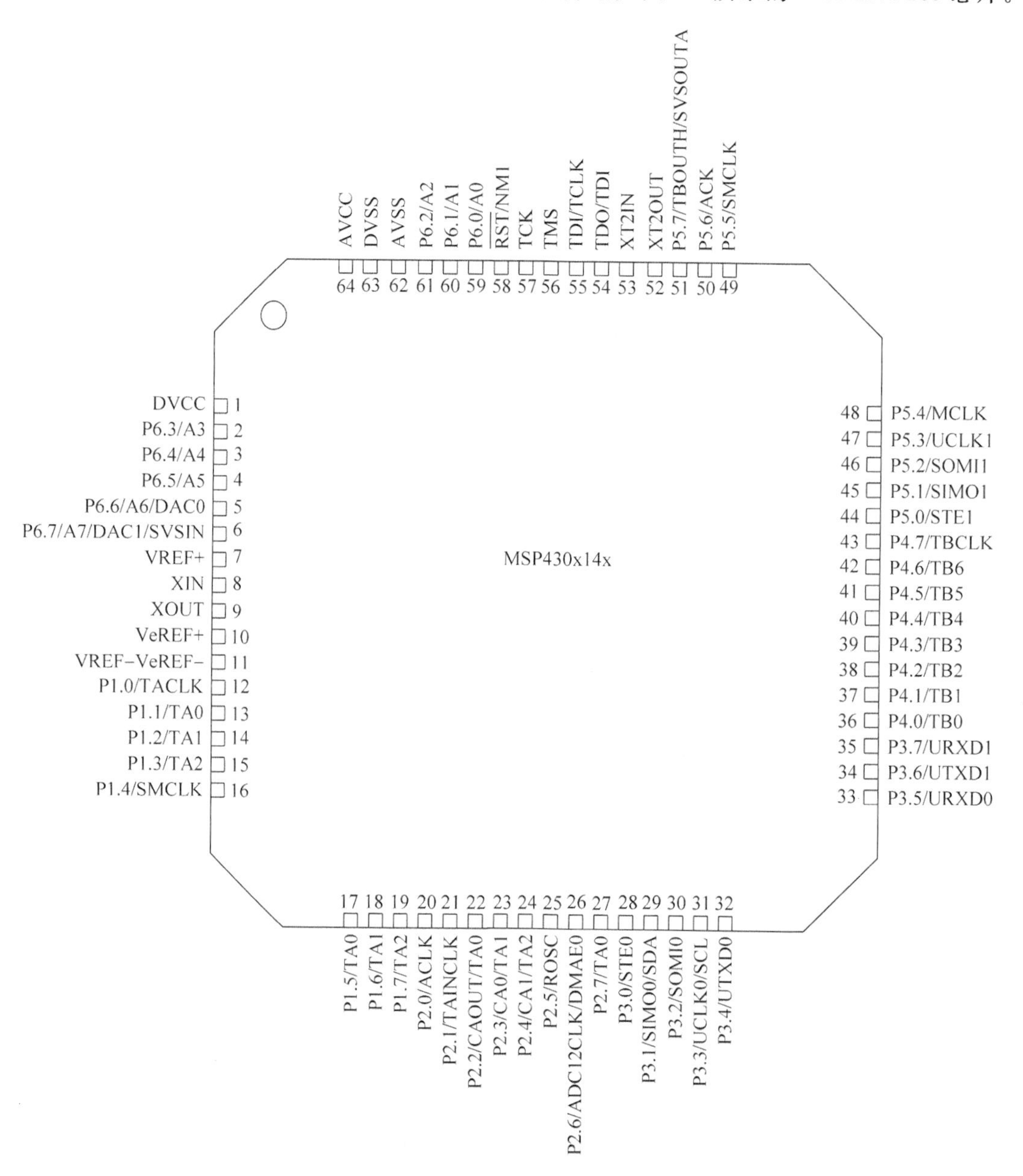

图 1-1 MSP430F169 单片机引脚图

为了设计的方便，本书中所有单片机硬件电路图的引脚都是按实际顺序排列的。由于单片机使用3.3V电源供电，而某些外围电路可能需要5V电源才能正常工作，所以本书设计中一般都用到两种电源3.3V和5V。现在了解各端口作用。

AVCC：模拟电源正端，仅用于ADC12模块。

AVSS：模拟电源负端，仅用于ADC12模块。

DVCC：电源正端，1.8～3.6V。

端口P为8位双向I/O口，具有可编程的内部上拉电阻。其输出缓冲器具有对称的驱动特性，可以输出和吸收电流。作为输入使用时，若内部上拉电阻使能，端口被外部电路拉低时将输出电流。在复位过程中，即使系统时钟还未起振，端口P处于高阻状态。其第二功能如表1-1所示。

表1-1　端口P第二功能

端口引脚	第二功能
P1.7	定时器A比较OUT2输出
P1.6	定时器A比较OUT1输出
P1.5	定时器A比较OUT0输出
P1.4	SMCLK信号输出
P1.3	定时器A捕捉CCI2A输入，比较OUT2的输出
P1.2	定时器A捕捉CCI1A输入，比较OUT1的输出
P1.1	定时器A捕捉CCI0A输入，比较OUT0的输出
P1.0	定时器A时钟信号TACLK输入
P2.7	定时器A比较OUT0输出
P2.6	转换时钟ADC12；DMA通道0外部触发器
P2.5	定义DCO标称频率的外部电阻输入
P2.4	定时器A比较OUT2输出，比较器A输入
P2.3	定时器A比较OUT1输出，比较器A输入
P2.2	定时器A捕捉CCI0B输入，比较输出
P2.1	定时器A的INCLK时钟信号
P2.0	ACLK输出
P3.7	USART1/USART模式发送数据输出
P3.6	USART1/USART模式的接收数据输入
P3.5	USART0/SPI模式的接收数据输入
P3.4	USART0/SPI模式的传输数据输出
P3.3	USART0/SPI外部时钟输入，I2C时钟输出
P3.2	USART0/SPI模式从出/主入
P3.1	USART0/SPI模式从入/主出，I2C数据
P3.0	USART0/SPI模式从设备传输使能端
P4.7	输入时钟TBCLK，定时器B7
P4.6	捕捉I/P或者PWM端口，定时器B7CCR6
P4.5	捕捉I/P或者PWM端口，定时器B7CCR5

续表

端口引脚	第 二 功 能
P4.4	捕捉 I/P 或者 PWM 端口，定时器 B7CCR4
P4.3	捕捉 I/P 或者 PWM 端口，定时器 B7CCR3
P4.2	捕捉 I/P 或者 PWM 端口，定时器 B7CCR2
P4.1	捕捉 I/P 或者 PWM 端口，定时器 B7CCR1
P4.0	捕捉 I/P 或者 PWM 端口，定时器 B7CCR0
P5.7	定时器 B7：SVS 比较输出，将所有 PWM 数字输出端口为高阻态
P5.6	辅助系统时钟输出
P5.5	子系统时钟输出
P5.4	主系统时钟输入
P5.3	USART1/SPI 模式外部时钟输入，USART0/SPI 模式的时钟输入
P5.2	USART1/SPI 模式从输出/主输入
P5.1	USART1/SPI 模式从输入/主输出
P5.0	USART1/SPI 模式从设备传输使能端
P6.7	12 位 ADC 模拟输入 A7，DAC1 输出，SVS 输入
P6.6	12 位 ADC 模拟输入 A6，DAC0 输出
P6.5	12 位 ADC 模拟输入 A5
P6.4	12 位 ADC 模拟输入 A4
P6.3	12 位 ADC 模拟输入 A3
P6.2	12 位 ADC 模拟输入 A2
P6.1	12 位 ADC 模拟输入 A1
P6.0	12 位 ADC 模拟输入 A0

RESET/NMI：复位输入引脚。非屏蔽中断输入或者 Bootstrap Loader 启动（BSL 方式）。

TCK：测试时钟，TCK 使芯片编程设计和 Bootstrap Loader 启动的时钟输入端口。

TMS：测试模式选择，TMS 用作芯片编程和测试的输入端口。

TDI/TCLK：测试数据输入，TDI 用作数据输入端口或者测试时钟的输入端口。

TDO/TDI：测试数据输出，TDO/TDI 数据输入端口或者编程数据输出引脚。

XIN：晶振 XT1 的输入端口。

XOUT：晶振 XT1 的输出端口。

XT2IN：晶振 XT2 的输入端口。

XT2OUT：晶振 XT2 的输出端口。

VeREF+：外部参考电压输入。

VREF+：内部参考电压的正输出引脚。

VREF−/VREF+：内部参考电压或者外加参考电压引脚。

1.3 MSP430F169 单片机最小系统

单片机最小系统就是能使单片机工作的由最少器件构成的系统，是单片机系统中必不可少的部件，如图 1-2 所示。由于 MSP430F169 单片机也可以采用内部标准 RC 振荡器作为时钟源，所以某些场合可以省略晶振电路。

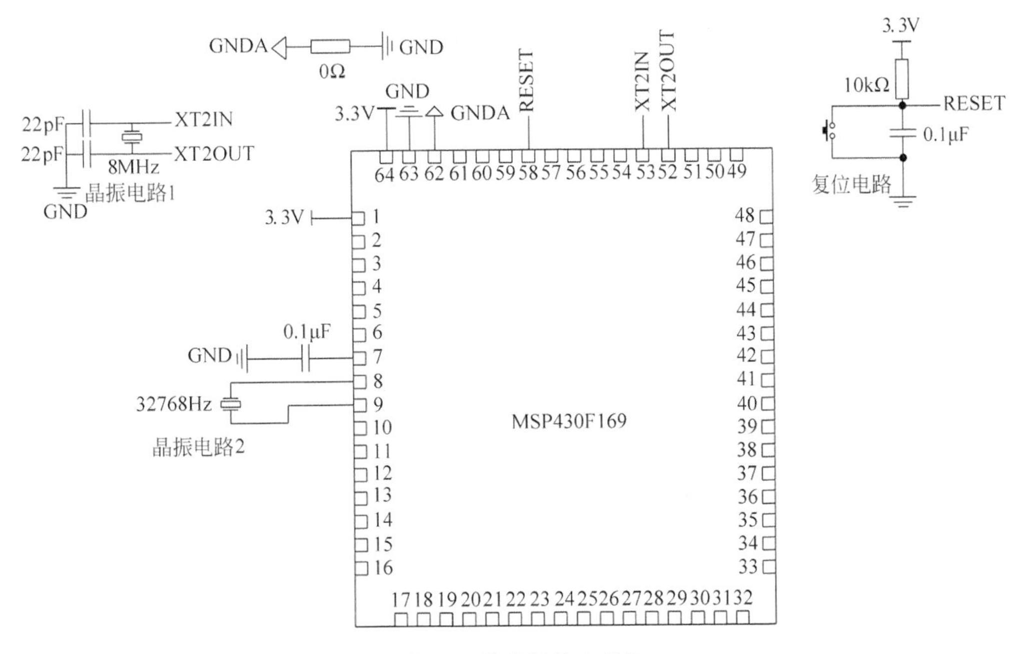

图 1-2 单片机最小系统

在图 1-2 中可以看出，MSP430 单片机最小系统由晶振电路和复位电路组成。晶振电路有高频和低频两个部分，高频晶体振荡器的频率为 8MHz(也可以采用其他频率的晶振)，与 22pF 的电容 C_2、C_3 连接到 MSP430F169 单片机的引脚 52、53，形成单片机的高频时钟电路。低频晶体振荡器的频率为 32768Hz，不接电容连接到 MSP430F169 单片机的引脚 8、9，形成单片机的低频时钟电路。按键、0.1μF 电容以及 10kΩ 电阻的电路构成了单片机的复位电路，这里需要指出的是 MSP430F169 单片机与 51 系列单片机的复位电路是有区别的。引脚 62 和引脚 63 分别是数字地和模拟地，两者之间通过 0Ω 电阻连接。

本书的某些设计并没有采用外部晶振电路，这是因为 MSP430F169 单片机内部自带 RC 振荡器，对于时序要求不高的场合，可以省略外部晶振电路，通过编程获得时钟信号。

由于 MSP430 单片机只有贴片式的，对于本书的每个设计作品，都采用 PCB 板做成的电路不现实，笔者在设计过程中，从网上直接购买了 MSP430 单片机最小系统，在多孔板上焊接插座，安放最小系统，并焊接了两排插针，与 MSP430 单片机所有的端口相对应。另焊一排插针，供下载线使用。外围电路焊接在其他多孔板上，通过杜邦线连接。MSP430 单片机最小系统连接如图 1-3 所示。

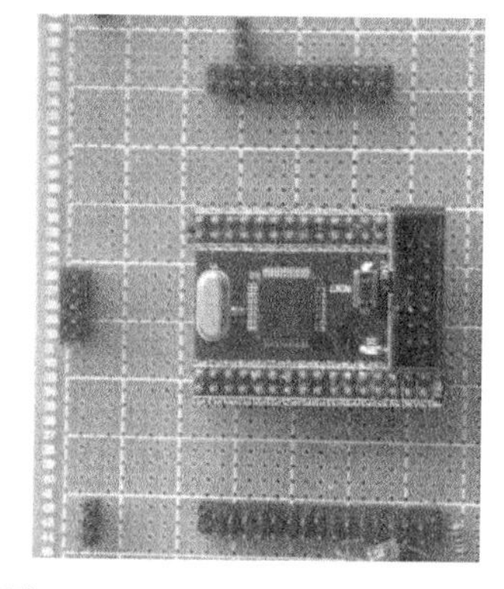

图 1-3 MSP430 单片机最小系统

采用的下载线是 Atmel 公司生产的 USB ISP，实物图和其引脚图如图 1-4 所示。在具体设计时，电路板上焊接两排插针，作为下载线接口，插针对应的端口②接单片机的引脚 57，插针对应的端口④接单片机的引脚 58，插针对应的端口⑥接单片机的引脚 1，插针对应的端口①接单片机的引脚 13(P1.1)，插针对应的端口③接单片机引脚 22(P2.2)，插针对应的端口⑤接单片机的引脚 63(GND)，其他端口都为空引脚，这样单片机就不仅可以通过下载线下载程序，还可以通过下载线提供电源。

下载线接线方式如图 1-5 所示。

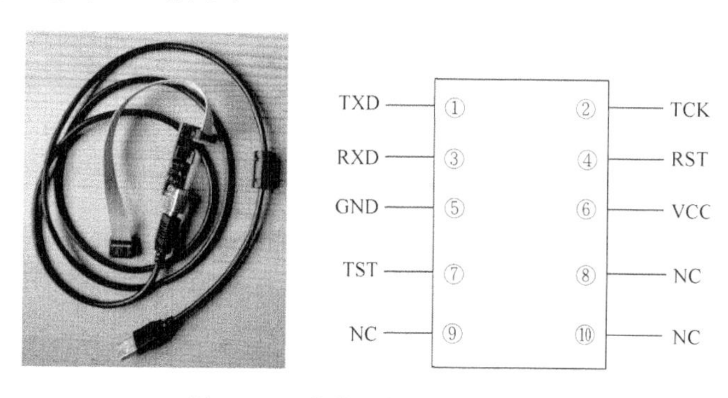

图 1-4 下载线实物图和引脚图

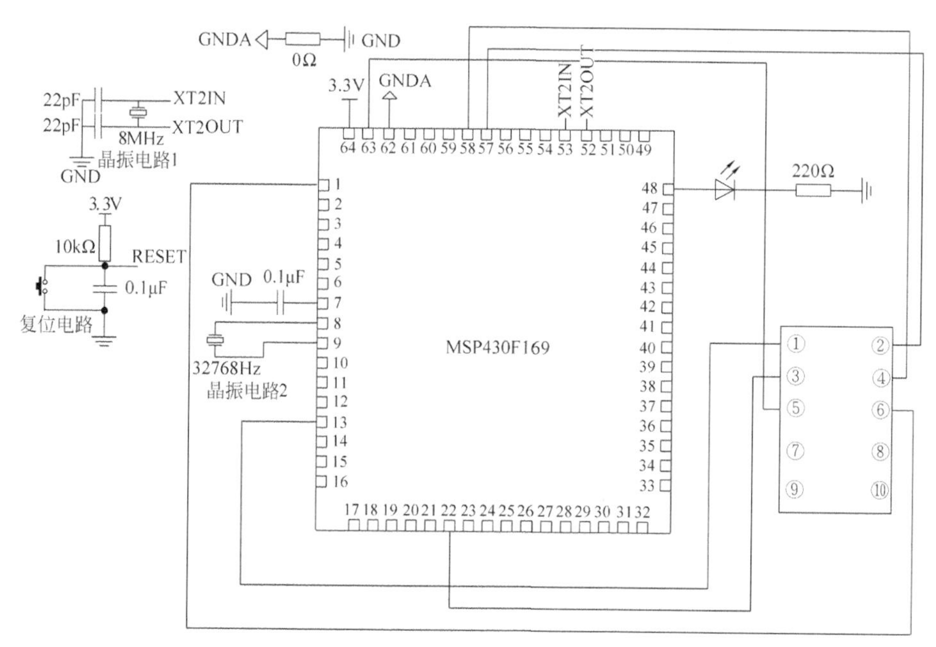

图 1-5 ISP 下载线和单片机连接

下面编程，把程序下载到单片机后，看发光二极管是否闪烁，如果能够闪烁，至少说明硬件电路的最小系统和下载电路无错误。程序如下：

```
#include<msp430x16x.h>
#define uchar unsigned char
#define uint unsigned int
void int_clk()
{
      unsigned char i;
      BCSCTL1&=~XT2OFF;                    //打开 XT 振荡器
      BCSCTL2|=SELM1+SELS;                 //MCLK 为 8MHz,SMCLK 为 1MHz
      do
      {
         IFG1&=~OFIFG;                     //清除振荡器错误标志
         for(i=0;i<100;i++)
         _NOP();                           //延时等待
      }
      while((IFG1&OFIFG)!=0);              //如果标志为 1,则继续循环等待
      IFG1&=~OFIFG;
}

void delay(uint z)
{
      uint x,y;
      for(x=z;x>0;x--)
      for(y=110;y>0;y--);
}

void main()
{
      WDTCTL = WDTPW + WDTHOLD;            //关闭看门狗
      int_clk();
      P5DIR|=BIT4;
      while(1)
      {
          P5OUT|=BIT4;
          delay(5000);
          P5OUT&=~BIT4;
          delay(5000);
      }
}
```

1.4　C 语言概述

随着单片机硬件性能的提升，尤其是片内程序存储器容量的增大和时钟频率的提高。C 语言已经成为单片机的主流程序设计语言。

C语言是一种结构化语言,可产生紧凑代码,并且可以进行许多机器级函数控制。C语言目前已成为电子工程师进行单片机系统编程时的首选语言。用C语言来编写目标程序软件,会大大缩短开发周期,且明显地增加软件的可读性,便于改进和扩充。

C语言与单片机硬件结构相对独立,编程者只需要了解变量和常量的存储类型与单片机存储空间的对应关系。MSP430编译器会自动完成变量的存储单元的分配,编程者只需要专注于应用软件部分设计,大大加快了软件的开发速度。采用C语言可以很容易地进行单片机的程序移植工作,有利于软件在不同单片机之间的移植。

汇编语言虽然有执行效率高的优点,但其可移植性和可读性差,其本身就是一种编程效率低下的低级语言,这些都使得它的编程和维护极不方便,从而导致了整个系统的可靠性也较差。而使用C语言进行单片机应用系统的开发,有着汇编语言不可比拟的优势。

1.4.1 C的变量与数据类型

1.4.1.1 常量与变量

1. 常量

常量又称为标量,它的值在程序执行过程中不能改变。

实际使用时用#define定义在程序中经常用到的常量,或者可能需要根据不同的情况进行更改的常量,例如译码地址。而不是在程序中直接使用常量值。这样一方面有助于提高程序的可读性,另一方面也便于程序的修改和维护,例如:

```
#define PI 3.14          //以后的编程中用PI代替浮点数常量3.14,便于阅读
#define TRUE 1           //用字符TRUE在逻辑运算中代替1
```

经过宏定义后,在以后的编辑中可用PI代替3.14,用TRUE代替1。例如语句if (key==TRUE)与语句if (key==1)相同。

注意C语言对字母的大小写是敏感的,STAR和star代表不同的变量或常量,常量习惯用大写字母表示。另外,要注意C语言(汇编语言也是同样)编辑时,除注释外,要使用英文符号,例如上述定义的字符“ * ”,在程序中使用英文的单引号,而不是中文符号单引号;语句if (key==TRUE) {　}中的“(”是英文字符,而不是中文符号的“(”。常量分为整型常量、浮点型常量、字符型常量和字符串常量。

(1) 整型常量。整型常量值:可用十进制表示,如128,－35等;也可以用十六进制表示,如0x1000。

(2) 浮点型常量。浮点型常量值有两种表示形式:十进制小数和指数形式。

十进制小数表示形式又称为定点数表示形式,有数字和小数点组成,如0.12、－10.3等都是十进制数表示形式的浮点型常量。这种表示形式必须有小数点。

(3) 字符型常量。字符型常量是由单引号括起来的一个字符‘A’、‘0’、‘=’等,编译程序将这些字符型常量转换为ASCII码,例如‘A’等于0x41。对于不可显示的控制字符,可直接写出字符的ASCII码,或者在字符前加上反斜杠“\”组成转义字符。转义字符可以完

成一些特殊功能和格式控制。

(4) 字符串常量。字符串常量有一对双引号括起来一串字符来表示，如“Hello”、“OK”等。字符串常量由双引号作为界限符。当字符串中需要出现双引号时，需要使用转义字符“\”来表示。

C语言中没有专门的字符串型数据类型，字符串是字符数组来进行存储和处理的。在存储字符串常量时。编译器会在字符串尾部加一个转义字符“\0”来表示字符串结束。

注意：字符型常量与字符串型常量是不同的。字符常量‘A’占一个字节，字符串常量“A”占两个字节，分别保存字符‘A’和字符串结束符“\0”。因此在申请空间是要为字符串结束符“\0”额外申请一个字节。

2. 变量

变量是一种在程序执行过程中，其数值不断变化的量。C语言规定变量必须先定义后使用。C语言对变量定义的格式如下：

```
[存储种类]数据类型[存储器类型]变量名
```

存储种类和存储器类型是可选项。如果没有定义变量的存储种类或存储器类型，MSP430编译器将根据定义的位置以及存储器模式，由MSP430编译器分配变量在RAM中的位置(地址)。数据类型决定变量的类型以及存储器中的长度，变量名表中各个变量用逗号隔开。

例如：

```
int i,j,k;                          //定义3个整型变量i,j,k
unsigned int si,sk ;                //定义无符号整型变量si,sk
```

根据变量作用域的不同，变量可分为局部变量和全局变量。

(1) 局部变量。局部变量也称为内部变量，是指在函数内部用花括号“{ }”括起来的功能模块内部定义的变量。局部变量只在定义它的函数或功能模块内有效，在该函数或功能模块以外不能使用。C语言中局部变量必须定义在函数或功能模块的开头。

(2) 全局变量。全局变量也称为外部变量，是指在程序开始处或各个功能函数的外面定义的变量。而在开始处定义的全局变量对于整个程序都有效，可供程序中所有的函数共同使用；而在各功能函数外面定义的全局变量指对全局变量定义语句后定义的函数有效，在全局变量定义之前定义的函数不能使用该变量。一般在程序开始处定义全局变量。

局部变量可以与全局变量同名，这种情况下局部变量的优先级高，同名的全局变量在该功能模块中被暂时屏蔽。当程序中的多个函数使用同一个数据时，全局变量非常有效。但是使用全局变量也有以下缺点。

全局变量由C编译器在动态区外的固定存储区域中存储，它在整个程序执行期间均占用存储空间，这将增大程序执行时所占的内存。

全局变量是外部定义的，这将破坏函数的模块化结构，不利于函数的移植。

由于多个模块均可对全局变量进行修改，处理不当时可能导致程序错误，且难以调试。

因此应避免使用不必要的全局变量。

1.4.1.2 数据类型

变量的定义格式：

[存储种类]数据类型[存储器类型]变量名表

其中变量的数据类型决定变量在存储器中的长度，决定变量的取值范围。由于单片机内部资源有限，与在PC上编程的习惯有很大的不同，在C语言中定义变量时要事先对变量的取值范围进行分析，定义适当数据类型的变量，使变量长度最小，同时又不会产生溢出。例如，两个unsigned char (1B)数据类型的变量的乘积可以暂存在unsigned char (2B)中，如果存放为unsigned char (1B)就会产生溢出，而存放为unsigned long(4B)就“浪费”了。又比如，对采集到的存放为unsigned int的12bit的数据处理时，对小于16个数据求和的结果应当存放为unsigned int(16bit)数据类型。

C具有ANSI C的所有标准数据类型。其基本数据类型包括cha、int、short、long、float和double，对MSP430编译器来说，short类型与int类型相同，double类型与float类型相同。其变量的数据类型如表1-2所示。

表1-2 C变量的数据类型

数据类型	长度/bit	长度/Byte	值域
unsigned char	8	1	0～255
signed char 或 char	8	1	−128～+127
unsigned int	16	2	0～65535
signed int	16	2	−32786～+32786
unsigned long	32	4	0～4294967295
signed long	32	4	−2147483648～+2147483647
float	32	4	−1.175494E−38～+3.402823E+38
* 指针		13	

尽管目前单片机的发展迅速，内部资源(例如内部RAM)越来越丰富，但与计算机相比，单片机的内部资源仍然是有限的，对于单片机的初学者，特别是对于习惯在计算机上使用高级语言的编程者而言，必须要充分意识到单片机与PC的不同，仔细地定义每一个变量的数据类型，不要“浪费”。对于C这样的高级语言，不管使用何种数据类型，虽然某一个行程序从字面上看，其操作十分简单，但实际上系统的C编译器需要用到一系列机器指令对其进行复杂的变量类型、数据类型的处理。特别是当使用浮点变量时，将明显地增加运算时间和程序的长度。

尤其对于MSP430F169单片机，在不扩展外部RAM时，内部RAM数量较少，能使用unsigned char时绝不使用unsigned int等多字节的数据类型，否则不仅占用内部RAM，而且由于MSP430F169是16位的单片机，对1字节的unsigned char数据类型的运算要简单得多。因此C语言对变量类型或数据类型的选择是非常关键的。

1. char 字符类型

char 类型的长度是 8 位，1 字节(简称 1B)，通常用于定义处理字符数据的变量或常量。分为无符号字符类型 unsigned char 和有符号字符类型 signed char，默认为 signed char 类型。unsigned char 类型用字节中所有的位表示数值，可以表达的数值范围是 0～255。unsigned char 类型用字节中最高位表示数据的符号，0 表示正数，1 表示负数，负数用补码表示，能表示的数值范围是－128～＋127。unsigned char 常用于处理 ASCII 字符或用于处理小于或等于 255 的整型数。

2. int 整型

int 整型长度为 16 位，2 字节(2B)，用于存放一个双字节数据。分为有符号 int 整型数 signed int 和无符号 int 整型数 unsigned int，默认值为 signed int 类型。signed int 表示的数值范围是－32768～＋32767，unsigned int 类型用字节中最高位表示数据的符号，0 表示正数，1 表示负数。unsigned int 表示的数值范围是 0～65535。

3. long 长整型

long 长整型长度为 32 位，4 字节(4B)，用于存放一个 4B 数据。分为有符号 long 长整型 signed long 和无符号 long 长整型 unsigned long，默认值为 signed long 类型。signed long 表示的数值范围是－2147483648～＋2147483647，unsigned long 类型用字节中最高位表示数据的符号，0 表示正数，1 表示负数。unsigned long 表示的数值范围是 0～4294967295。

4. float 浮点型

float 浮点型在十进制中具有 7 位有效数字，是符合 IEEE754 标准(32)的单精度浮点型数据，占 4B，具有 24 位精度。

5. * 指针型

指针型本身就是一个变量，在这个变量中存放指向另一个数据的地址。这个指针变量要占据一定的内存单元，对不同的处理器长度也不尽相同，在 C 语言中它的长度一般为 1～3 个字节。

1.4.1.3　C 语言的数组、指针与结构

1. 数组

数组是一个由同类型的变量组成的集合，它保存在连续的存储区域中，第一个元素保存在最低地址中，最末一个元素保存在最高地址中。

数组的定义方式如下：

```
数据类型[存储器类型]数组名[常量 1][常量 2]…[常量 n]
```

这里的 n 是数组的维数。

在定义时可以进行数组元素的初始化，初始化的值放在“{}”中，每个元素值用逗号分开。例如在程序存储器中用一维数组定义 7 段共阴 LED 数码显示的字形表，数组值分别对应 0～9 的显示数字。

```
unsigned char code LEDvalue[10] = {0x3f,0x60,0x5b,0x4f,0x66,0x7d,0x07,0x7f,0x6f}
```

对于字符串数组，可以用字符串的形式直接赋值：

```
char array[] = "Hello Word"
```

注意：

C语言中数组元素的下表总是从0开始的。因此LEDvalue[]数组的最后一个单元是LEDvalue[9]；数组元素仅能在定义时进行初始化；上述的数组array由编译器决定的长度为12B，字符串赋值时会增加一个"\0"字符，作为字符串结束标志。

2. 指针

指针是指某个变量所占用存储单元的首地址，用来存放指针的变量的类型。

指针变量的定义格式为：

```
类型说明符 * 指针变量名
```

其中，"*"表示定义的指针变量；类型说明符表示该指针变量指向的变量的类型。

C语言的指针和标准C语言中的指针功能相同。按与标准C语言相同方式声明的称为普通指针，例如：

```
char *s;                         //指向字符类型的指针
char *str[4];                    //定义字符类型的指针数组
int *numptr;                     //指向整型类型的指针
```

这样声明的指针要占用3B。第1个字节保存存储器类型的编码值，第2个字节保存地址的高字节，第3个字节保存地址的低字节。许多C语言的库例程使用这种指针类型。这种指针类型可以访问任何存储器区域内的变量。

3. 结构

结构变量是将互相关联、多个不同类型的变量结合在一起形成一个组合形变量，简称结构，构成结构的各个不同类型的变量称为结构元素（或成员），其定义规则与变量的定义相同。一般先声明结构类型，再定义结构变量。

定义一个结构类型格式为：

```
struct 结构名{
结构成员说明
}
```

结构成员还可以是其他已经定义的结果，结构成员说明的格式为：

```
类型标识符   成员名;
```

结构声明后，可以定义这种结构类型的结构变量，C结构定义的格式为：

```
struct 结构名   变量名;
```

1.4.1.4 对绝对地址进行访问

指针是C语言中十分重要的概念。绝对地址的操作常用指针操作。C语言中提供两个专门用于指针和地址的运算符。

```
* 取指令
& 取地址
```

取内容和取地址运算的一般形式分别为：

```
变量 = * 指针变量
指针变量 = & 目标变量
```

取内容运算时将指针变量所指向的目标地址的值赋给左边的变量，取地址运算是将目标变量的地址赋给左边的变量。注意变量中只能存放地址(也就是指针型数据)，一般情况下不要将非指针类型的数据赋值给一个指针变量。

1.4.2 C的运算符和表达式

运算符是完成某种特定运算的符号。运算符按其表达式中与运算符的关系可分为单目运算符、双目运算符和三目运算符。单目是指有一个运算对象，双目则是有两个运算对象，三目则是有三个运算对象。表达式是由运算度及运算对象组成的具有特定含义的式子。C语言是一种表达式语言，表达式后面加"；"号就构成了一个表达式语句。

1. 赋值运算符

赋值运算符"＝"在C语言中的功能是给变量赋值，称为赋值运算符，如 x＝10。由此可见利用赋值运算符将一个变量与一个表达式连接起来的式子为赋值表达式，在表达式后面加"；"便构成了赋值语句。使用"＝"的赋值语句格式如下：

```
变量 = 表达式;
```

示例如下：

```
a = 0xa6;                    //将常数十六进制数 0xa6 赋值给变量 a
b = c = 33;                  //同时赋值给变量 b、c
d = e;                       //将变量 e 的值赋予变量 d
f = a + b;                   //将变量 a + b 的值赋予变量 f
```

由上面的例子可知，赋值语句的意义就是先计算出"＝"右边的表达式的值，然后将得到的值赋给左边的变量，而且右边的表达式可以是一个赋值表达式。

需要注意"＝＝"与"＝"两个符号的区别，如果编辑时，在 if(b＝＝0xff)之类语句中，错将"＝＝"用为"＝"，编译软件只会产生警告错误的报告，仍然会生成运行文件，当然运行将得不到预期的结果。"＝＝"符号用来进行相等关系的运算。

2. 算术运算符

对于 a+b,a/b 这样的表达式大家都很熟悉,用在 C 语言中,"+"、"/"就是算术运算符。C 语言中的算术运算符有以下几个,其中只有取正值和取负值运算符是单目运算符,其他都是双目运算符。

```
+  加或取正值运算符
-  减或取负值运算符
*  乘法运算符
/  除法运算符
%  模(取余)运算符,如 8%5=3,即使 8 除以 5 的余数是 3
```

除法运算符与一般的算术运算规则有所不同,若是两点浮点数相除,其结果为浮点数,如 10.0/20.0 所得值为 0.5,而两整数相除时,所得值就是整数,如 7/3,值为 2。与 ANSI C 一样,运算符有优先级和结合性,同样可用"()"改变优先级。

3. 自增自减运算

自增"++"和自减"--"是 C 语言的两个非常有用而且简洁的运算符。运算符"++"是操作数加 1 运算;运算符"--"是操作数减 1 运算。

自增自减运算符可用在操作数之前,也可放在其后,例如"x=x+1"既可以写成"++x",也可以写成"x++",其运算结果完全相同。同样,"--x"和"x--"与"x=x-1"的运算结果也完全相同。但在表达式中这两种用法有区别。自增或自减运算符在操作之前,C 语言在引用操作数之前,就先执行加 1 或减 1 操作;运算符在操作数之后,C 语言就先引用操作数的值,而后进行加 1 或减 1 操作。请看下例:

```
x = 99;
y = ++x;
```

则 y=100,x=100,如果程序改为:

```
x = 99;
y = x++;
```

则 y=99,x=100。在这两种情况下,x 都被置为 100,但区别在于设置的时刻,这种运算对自增和自减发生时刻的控制非常有用的。

在大多数 C 编译程序中,为自增和自减操作生成的程序代码比等价的赋值语句生成的代码要快得多,所以尽可能采用自增和自减运算符是一种好的编程习惯。

算术运算符及其优先级如下:

```
最高  ++、--
      -(取负值)
      *、/、%
最低  +、-
```

编译程序对同等级运算符按从左到右的顺序进行计算,当然可以用括号改变计算顺序。

C 语言处理括号的方法与几乎所有的计算机语言相同：强迫某个运算或某组运算的优先级最高。

4. 关系运算符

当两个表达式用关系运算符连接起来时，就是关系表达式。关系表达式通常用来判别某个条件是否满足。要注意的是关系运算符的运算结果只有 0 和 1 两种，也就是逻辑的真与假，当指定的条件满足时结果为 1，不满足时结果为 0。

C 语言有 6 种关系运算方法：

```
>大于
<小于
>= 大于等于
<= 小于等于
== 等于
!= 不等于
```

例如：

```
I<J , I>J , (I=4)>(J=3) , J+1>J
```

关系和逻辑运算符的优先级比算术运算符低，例如表达式“10＞x＋12”的计算，应看作是“10＞(x＋12)”。

5. 逻辑运算符

关系运算符所能反映的是两个表达式之间的大小关系，逻辑运算符则用于求条件式的逻辑值，用逻辑运算符将关系表达式或逻辑量连接起来就是逻辑表达式。格式如下：

逻辑与：条件 1&& 条件 2。

逻辑或：条件 1||条件 2。

逻辑非：！ 条件式。

逻辑与，就是当条件 1 与条件 2 都为真时结果为真(非 0 值)，否则为假(0 值)。也就是说运算会先对条件 1 进行判断，如果为真(非 0 值)，则继续对条件 2 进行判断，当结果为真时，逻辑运算的结果为真(值为 1)，如果结果不为真时，逻辑运算的结果为假(0 值)，如果判断条件式 1 时就不为真，就不用再判断条件式 2 了，而直接给出运算结果为假。

逻辑或，是指只要两个运算条件中有一个为真时，运算结果就为真，只有当条件式都不为真时，逻辑运算结果才为假。

逻辑非，则是把逻辑运算结果取反，也就是说如果两个条件式的运算值为真，进行逻辑非运算则逻辑结果变为假，条件式运算结果为假时逻辑结果为真。

例如 a＝7，b＝6，c＝0 时，则：

```
!a = 0;
!c = 1;
a&&b = 1;
!a&&b = 0;
```

```
b||c = 1;
(a > 0)&&(b > 3) = 1;
(a > 8)&&(b > 0) = 0;
```

6. 位运算符

C 语言也能对运算对象进行按位操作，从而使 C 语言也具有一定的对硬件直接进行操作的能力。位运算符的作用是按位对变量进行运算，但并不改变与运算的变量的值。如果要求按位改变变量的值，则要利用相应的赋值运算。位运算符不能用来对浮点数据进行操作。

C 语言共有 6 种位运算符：

```
&    按位与
|    按位或
^    按位异或
~    按位取反
<<   左移
>>   右移
```

位运算符也有优先级，从高到低依次是："~"(按位取反)，"<<"(左移)，">>"(右移)，"&"(按位与)，"^"(按位异或)，"|"(按位或)。

例如 a=0x54=01010100B，b=0x3b=00111011B，则：

```
a&b = 00010000;
a | b = 01111111;
a ^b = 01101111;
~a = 101010111;
a << 2 = 01010000;
b >> 1 = 00011101;
```

7. 复合运算符

复合运算符就是在赋值运算符"="的前面加上其他运算符。以下是 C 语言中的复合赋值运算符。

```
+=   加法赋值        >>=   右移位赋值
-=   减法赋值        &=    逻辑与赋值
*=   乘法赋值        |=    逻辑或赋值
/=   除法赋值        ^=    逻辑异或赋值
%=   取模赋值        ~=    逻辑非赋值
<<=  左移位赋值
```

复合运算的一般形式为：

变量　复合赋值运算符　表达式

其含义就是变量与表达式先进行运算符所要求的运算，再把运算结果赋值给参与运算的变量。其实这是 C 语言中简化程序的一种方法，凡是二目运算都可以用复合赋值运算符去简化表达。例如：a+=56 等价于 a=a+56，y/=x+9 等价于 y=y/(x+9)。

很明显采用复合赋值运算符会降低程序的可读性，但这样却可以使程序代码简单化，并能提高编译的效率。

1.5　常用的 I/O 相关寄存器及操作

MSP430F169 每个端口引脚具有 4 个寄存器，分别为方向控制寄存器 PxDIR、输入寄存器 PxIN、输出寄存器 PxOUT 和功能选择寄存器 PxSEL。本节中小写的“x”表示端口的序号，x=1～6，但是在程序中要写完整。例如，P3OUT 表示端口 P3 的输出，而本节的通用格式为 PxOUT。

P1 和 P2 口还具有 3 个中断寄存器，分别为中断允许寄存器 PxIE、中断沿选择寄存器 PxIES 和中断标志位寄存器 PxIFG，此处，x=1～2。

多数端口引脚是与第二功能复用的，请参见 1.2 节了解引脚的第二功能。使能某些引脚的第二功能不会影响其他属于同一端口的引脚用于通用数字 I/O 功能。

端口数据寄存器 PxOUT 是存储单片机向外输出数据的寄存器，当引脚配置为输出时，若 PxOUT 为“1”，引脚输出高电平("1")，否则输出低电平("0")。当读时，读到的是数据锁存器的值。

PxOUT 寄存器内容如表 1-3 所示。

表 1-3　PxORT 寄存器内容

位	7	6	5	4	3	2	1	0
	PxOUT7	PxOUT6	PxOUT5	PxOUT4	PxOUT3	PxOUT2	PxOUT1	PxOUT0
读/写	R/W	R/W	R/W	R/W	R/W	R/W	R/W	R/W
初始值	0	0	0	0	0	0	0	0

端口数据方向寄存器 PxDIR 用来选择引脚的方向。PxDIR 为"1"时，对应的引脚配置为输出，否则配置为输入。引脚配置为输入时，若 PxOUT 为"1"，上拉电阻将使能。如果需要关闭这个上拉电阻，可以将 PxOUT 清零，或者将这个引脚配置为输出。

PxDIR 寄存器内容如表 1-4 所示。

表 1-4　PxDIR 寄存器内容

位	7	6	5	4	3	2	1	0
	PxDIR7	PxDIR6	PxDIR5	PxDIR4	PxDIR3	PxDIR2	PxDIR1	PxDIR0
读/写	R/W	R/W	R/W	R/W	R/W	R/W	R/W	R/W
初始值	0	0	0	0	0	0	0	0

端口的输入引脚地址 PxIN。PxIN 不是一个寄存器，该地址允许对端口的每一个引脚的物理值进行访问。当读取 PxIN 时，读取的是引脚上的逻辑值。不论如何配置 PxDIR，都可以通过读取 PxIN 寄存器来获得引脚电平。PxIN 内容如表 1-5 所示。

表 1-5　PxIN 内容

位	7	6	5	4	3	2	1	0
	PxIN7	PxIN6	PxIN5	PxIN4	PxIN3	PxIN2	PxIN1	PxIN0
读/写	R	R	R	R	R	R	R	R
初始值	Hi-Z	Hi-Z	Hi-Z	Hi-Z	Hi-Z	Hi-Z	Hi-Z	Hi-Z

功能选择寄存器 PxSEL 用于设置端口的每一个引脚作为一般端口使用和作为外围模块功能使用。当该寄存器的相应比特设置为 1 时，其对应的引脚为外围模块功能，即第二功能。当该寄存器的相应比特设置为 0 时，其对应的引脚为一般的 I/O 端口，其复位值全为 0，默认为 I/O 端口功能。PxSEL 内容如表 1-6 所示。

表 1-6　PxSEL 内容

位	7	6	5	4	3	2	1	0
	PxSEL7	PxSEL6	PxSEL5	PxSEL4	PxSEL3	PxSEL2	PxSEL1	PxSEL0
读/写	R	R	R	R	R	R	R	R
初始值	0	0	0	0	0	0	0	0

中断允许寄存器 PxIE 是控制端口的中断允许，如果设置相应的比特为 1，则其对应的引脚允许中断功能，如果设置相应的比特为 0，则其对应的引脚不允许中断功能，寄存器的比特分配如下所示，其复位值全为 0，默认值为不允许中断。PxIE 内容如表 1-7 所示。

表 1-7　PxIE 内容

位	7	6	5	4	3	2	1	0
	PxIE7	PxIE6	PxIE5	PxIE4	PxIE3	PxIE2	PxIE1	PxIE0
读/写	R	R	R	R	R	R	R	R
初始值	Hi-Z	Hi-Z	Hi-Z	Hi-Z	Hi-Z	Hi-Z	Hi-Z	Hi-Z

中断沿选择寄存器 PxIES 是控制端口的中断触发沿选择，如果设置相应的比特为 1，则其对应的引脚选择下降沿触发中断方式，如果设置相应的比特为 0，则其对应的引脚选择上升沿触发中断方式，寄存器的比特分配如下所示，其复位值全为 0，默认值为上升沿触发中断。PxIES 内容如表 1-8 所示。

表 1-8　PxIES 内容

位	7	6	5	4	3	2	1	0
	PxIES7	PxIES6	PxIES5	PxIES4	PxIES3	PxIES2	PxIES1	PxIES0
读/写	R	R	R	R	R	R	R	R
初始值	Hi-Z	Hi-Z	Hi-Z	Hi-Z	Hi-Z	Hi-Z	Hi-Z	Hi-Z

1.6　C 语言的程序结构

C 语言是一种结构化编程语言，整个程序由若干模块组成。每个模块包含一些基本结构，每个基本结构由若干语句构成；C 语言的“语句”可以是以“；”号结束的简单语句，也包括“{}”组成的复合语句。

C 语言大致可分为 3 种基本结构：顺序结构、选择结构和循环结构。

1.6.1　顺序结构

顺序结构是指程序由低地址向高地址顺序（从前向后）执行指令代码的过程，是最简单的程序结构。从整体上看所有程序都是顺序结构，只不过中间的某些部分是由选择结构或循环结构组成，选择结构或循环结构部分执行完成后，程序重新按顺序结构向下执行。

单片机上电后或复位后从地址 0000H 开始执行指令代码。

1.6.2　选择结构

选择结构的基本特点是程序由多路分支构成，在程序的一次执行中根据指定的条件，选择执行其中的一条分支，而其他分支上的语句被直接跳过。

C 语言中由 if 语句和 switch 语句构成选择结构。

1. if 语句

if 语句的格式为：

```
if(表达式)语句 1
else 语句 2
```

语句 2 还可以接续另一个 if 语句。构成：if(表达式 1)语句 1。

```
else if(表达式 2)语句 2
else if(表达式 3)语句 3
else 语句 3
…
else 语句 n
```

语句即可以是以“；”结尾的简单语句，更多的是由“{}”包括的组合语句，C 语言认为“{}”中的是一个组合语句，在语法上等同于“；”结尾的简单语句。

2. switch 语句

switch 语句用于处理多路分支的情况，格式为：

```
switch (表达式){
case 常量表达式 1:
        语句 1;
        break;
case 常量表达式 2:
      语句 2;
break;
…
case 常量表达式 n:
    语句 n;
    break;
default:
    语句 n+1;
    break;
}
```

对 switch 语句需要注意以下两点：

(1) case 分支的常量表达式的值必须是整型、字符型，不能使用条件运算符。

(2) break 语句用于跳出 switch 结构。若 case 分支中未使用 break 语句，则程序将执行到下一个 case 分支中的语句直到遇到 break 语句或整个 switch 语句结束，可以用于多个分支需要执行相同的语句进行处理的情况。

1.6.3 循环结构

C 语言有 for、while、do…while 3 种语句构成循环结构。

1. for 循环语句

for 循环语句一般格式为：

```
for (表达式 1; 表达式 2; 表达式 3)循环体语句
```

for 循环语句的执行过程如下：

(1) 求解表达式 1;

(2) 求解表达式 2，表达式一般是逻辑判断语句，若其为真，则执行循环体；若其为假，则循环语句结束，执行下一条语句；

(3) 求解表达式 3，并转到第二步继续执行。

若第一次求解表达式 2，其值就不成立，则循环体将一次都不执行。

2. while 语句

while 循环语句的格式为：

```
while(表达式)循环体语句
```

while 语句先求解循环条件表达式的值。若为真，则执行循环体，否则跳出循环，执行后续操作。一般来说在循环体中应该有使能结束的语句。若表达式初始值为假，循环体将一次都不执行。

3. do…while 语句

do…while 循环语句的格式为：

```
do
循环体语句
while(表达式);
```

do…while 循环语句是先执行循环体一次，再判断表达式的值，若为真，则继续执行循环，否则退出循环。

do…while 循环语句至少执行循环体一次。

4. goto 语句

goto 语句的格式为：

```
goto 语句标号;
```

goto 语句是无条件转移语句，它将程序运行的流向转到指定的标号处。

5. break 语句

在循环语句中，break 语句的作用是在循环体中控制程序立即跳出当前循环结构，转而执行循环语句的后续操作。

6. continue 语句

continue 语句只能用于循环体结构中，作用是结束本次循环，一旦执行了 continue 语句，程序就跳过循环体中位于该语句后的所有语句，提前结束本轮循环并开始下一轮循环。

1.7 C 语言的函数

在 C 语言中，函数是程序的基本组成单元。函数不仅可以实现程序的模块化，提高程序的可读性和可维护性，使程序设计变得简单和直观，还可以把程序中经常用到的一些计算或操作设计成通用的函数，以供随时调用。

C 程序由一个主函数 main()和若干个其他函数组成。由主函数调用子函数，子函数也可以相互调用，同一个函数可以被调用多次。下面我们来看一个函数。

```
void delay(uint ms)
{
    uchar i;
    while(ms--)
    {
        for(i = 0; i < 120; i++);
    }
}
```

这里 void 是函数类型，函数类型定义了函数中返回语句(return)返回值的数据类型，数据类型是 void 说明没有返回值。delay 是函数名，一般情况下，把函数名写成容易理解的词，注意不要与 C 语言的关键词相重复就行。ms 是形参，在主程序用到这个函数时，必须是具体的值。

再来看一个函数：

```
uchar  keyscan(void)
{
    uchar j,keyvalue = 16;
    P1OUT = 0xef;
    for(j = 0;j<5;j++);
    if((P1IN&0x0f)!= 0x0f)
    {
        …
    }
    …
    return keyvalue;
}
```

这个函数类型是 uchar，说明有返回值，是通过 return keyvalue 来实现的，返回值就是 keyvalue。keyvalue 的值必须符合 uchar 的类型。keyscan 是函数名，而 keyscan 后面括号为空，表示没有参数。下面再看主函数：

```
void main( )
{
    delay(123);
    keyscan( );
}
```

可以看出主函数是由函数类型(void)、函数名(main)和形参构成。注意这个主函数的函数名不能改动，形参括号内是空的，表明无实质参数。而且这个主函数是由两个子函数组成的，在定义子函数时，函数后面有形参以及无分号，在主函数中用到这子函数时，子函数后面必须加分号，形参必须是具体的值。

中断服务函数

中断服务程序是一种特殊的函数，又称为中断函数。单片机的中断系统十分重要，IAR EW 编译器允许在 C 语言源程序中声明中断和编写中断服务程序，从而减轻采用汇编程序编写中断服务程序的烦琐程度。中断编程通过使用 interrupt 关键字来实现。定义中断服务程序的一般格式如下：

```
#pragma vector = 中断源
void 函数名()
```

#pragma vector 后面的中断源，如表 1-10 所示，void 函数名()不能是带运算符的表达式。

MSP430F169 中断源和中断向量的关系如表 1-9 所示。

表 1-9 关键字和中断源的对应关系

序号	中 断 源	Flash 空间地址(中断向量)	中断定义说明
1	PORT2_VECTOR	0xFFE2	P2 端口外部中断
2	USART1TX_VECTOR	0xFFE4	串行通信 1 发送中断
3	USART1RX_VECTOR	0xFFE6	串行通信 1 接收中断
4	PORT1_VECTOR	0xFFE8	P1 端口外部中断
5	TIMERA1_VECTOR	0xFFEA	定时器/计数器 A 比较/捕捉中断、溢出中断
6	TIMERA0_VECTOR	0xFFEC	定时器/计数器 A 比较/捕捉中断
7	ADC12_VECTOR	0xFFEE	AD 转换结束
8	USART0TX_VECTOR	0xFFF0	串行通信 0 发送中断
9	USART0RX_VECTOR	0xFFF2	串行通信 0 接收中断
10	WDT_VECTOR	0xFFF4	看门狗定时中断
11	COMPARATORA_VECTOR	0xFFF6	定时器/计数器 A 比较匹配
12	TIMERB1_VECTOR	0xFFF8	定时器/计数器 B 比较/捕捉中断、溢出中断
13	TIMERB0_VECTOR	0xFFFA	定时器/计数器 B 比较/捕捉中断
14	NMI_VECTOR	0xFFFC	USART,Tx 结束
15	RESET_VECTOR	0xFFFE	复位中断

例如采用定时 A 中断函数的写法如下：

```
#pragma vector = TIMERA0_VECTOR
__interrupt void Timer_A(void)
{
    aa++;
    if(aa == 100)
    {
        aa = 0;
        sec++;
    }
}
```

void 是中断函数类型,Timer_A 是中断函数名,()是中断函数的参数,形参括号内是空的,表明无实质参数。# pragma vector 是中断程序关键字,不能改动。TIMERA0_VECTOR 是中断源,对照表可以看出是定时器 A0 比较/捕捉中断。

中断函数应遵循以下规则：

(1) 中断函数不能进行参数传递。

(2) 中断函数没有返回值。

(3) 不能在子函数中直接调用中断函数。

(4) 若在中断中调用了其他函数,则必须保证这些函数和中断函数使用了相同的寄存器组。

(5) 对中断函数不需要申明。

最重要的是,在中断函数中不主张再调用其他子函数,而且中断函数必须尽可能短,这是因为如果中断函数较长,在执行中断函数时,又产生新的中断,会使中断函数乱套。影响了中断函数相应的准确性和及时性。

中断相关寄存器主要有两个,一个是中断使能寄存器 IE1,另一个是中断标志寄存器 IFG1。

中断使能寄存器 IE1 各位定义如下:

位	7	6	5	4	3	2	1	0
							OFIE	

位 1——OFIE:中断使能位。1:中断使能;0:中断禁止。

中断标志寄存器 IFG1 各位定义如下:

位	7	6	5	4	3	2	1	0
							OFIFG	

位 1——OFIFG:中断标志位。1:产生中断;0:没有产生中断。

一般情况下,中断使能之前都要清除中断标志位。这是因为如果不清除中断标志位,假如中断标志位是 1,表明中断已经发生了,即使中断使能,也不会发生中断。

1.8 I/O 端口常用操作 C 语言描述及常用 C 语言解析

现在介绍 MSP430F169 I/O 端口常用操作的 C 语言描述。

将 P1.0 口定义成输出且为高电平。

```
P1DIR| = BIT0;
P1OUT| = BIT0;
```

或者

```
P1DIR| = 0x01;
P1OUT| = 0x01;
```

将 P1.7 口定义成输入且为低电平。

```
P1DIR& = ~BIT7;
P1OUT& = ~BIT7;
```

或者

```
P1DIR| = 0x7F;
P1OUT| = 0x7F; ;
```

将 P1.0、P1.1 口定义成输出且为高电平。

```
P1DIR| = BIT0 + BIT1;
P1OUT| = BIT0 + BIT1;
```

或者

```
P1DIR| = 0x03;
P1OUT| = 0x03;
```

将 P1.0、P1.1 口定义成输入且为低电平。

```
P1DIR& = ~(BIT0 + BIT1);
P1OUT& = ~(BIT0 + BIT1);
```

或者

```
P1DIR| = 0xfc;
P1OUT| = 0xfc;
```

将一位或几位翻转，比如原来 P1.0 是高(低)电平，现在要变成低(高)电平。

```
P1OUT ^ = BIT0;
```

一般用于条件或判断语句中，检测一位或几位是否为 1，比如检测 P1.0 是否为 1。

```
If(P1IN&BIT0)
```

在本书设计过程中，需用到一些常用的 C 语句，为了有助于理解，现在对某些 C 语句进行解释。在正确理解这些语句之前，必须弄清楚语句中寄存器、寄存器位、端口寄存器、变量或常量等区别。

(1) BCSCTL1&＝～XT2OFF;

首先应该知道 BCSCTL1 是寄存器，而 XT2OFF 是寄存器 BCSCTL1 的第 7 位。该条语句是把寄存器 BCSCTL1 中 XT2OFF 位置 0。

假定原始的 BCSCTL1 位 XT2OFF 为 1，即 1xxx xxxx，取反后 XT2OFF 位为 0，变成 0xxx xxxx，两者相“与”，第 7 位 XT2OFF 肯定为 0。若原始的 BCSCTL1 位 XT2OFF 为 0 时，同理。

(2) BCSCTL2|＝SELM1＋SELS;

BCSCTL2 是寄存器，而 SELMx 是寄存器 BCSCTL1 的第 7 位和第 6 位。对照 BCSCTL2 各位含义可以看出，SELM1 是 MCLK，时钟源是 XT2CLK，SELS 是 SMCLK，时钟源是 XT2CLK。

其实这条语句也可以写成 BCSCTL2|＝SELM_2＋SELS;，之所以能写成这种形式的根本原因是 SP430x14x.h 头文件中有 SELM_2 这种宏定义。SELM_2 宏定义是 SELM1＝

1，SELM0＝0。这里顺便指出查看 MSP430x14x.h 头文件的方法，把光标放在程序语句 MSP430x14x.h 右边，右击，出现下拉菜单，如图 1-6 所示。

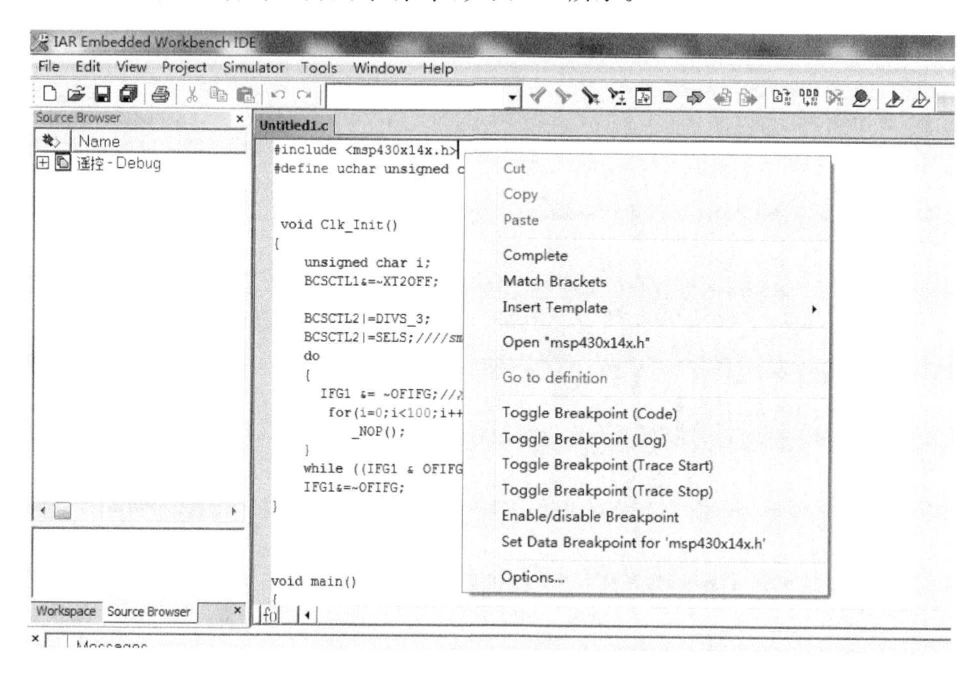

图 1-6 下拉菜单

单击 Open“msp430x14x.h”，就可以看出头文件的内容，如图 1-7 所示。

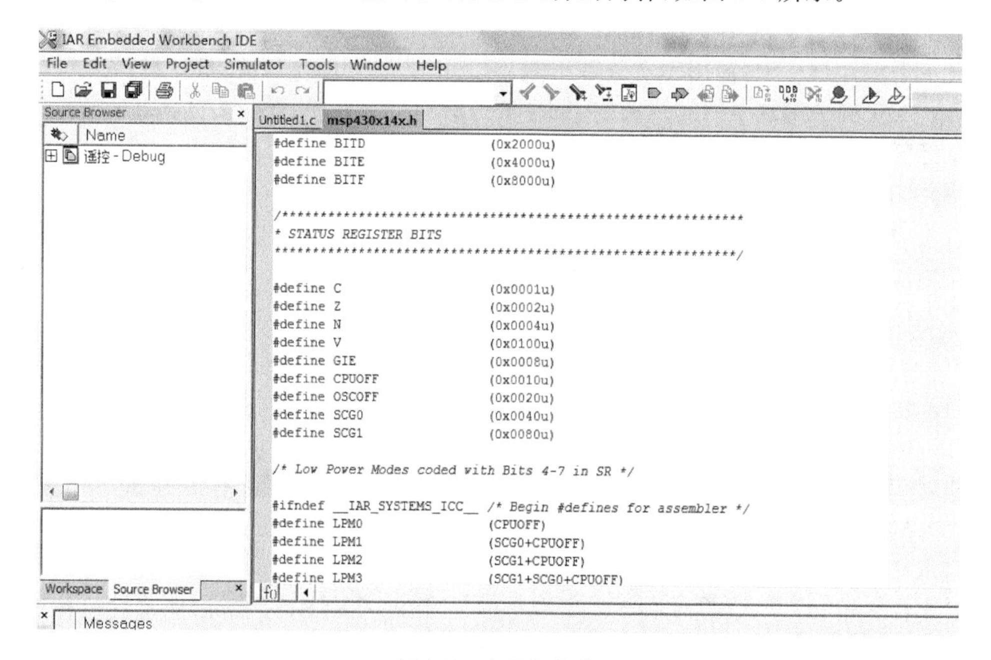

图 1-7 查看头文件

(3) while((IFG1&OFIFG)!=0);

IFG1 是寄存器，而 OFIFG 是寄存器 IFG1 的第 1 位，while((IFG1&OFIFG)!=0)表示如果 OFIFG 不等于 0，就一直运行这条语句，直到等于 0，再运行下一条语句。

(4) IE1 |= OFIE

IE1 是寄存器，而 OFIEE 是寄存器 IE1 的第 1 位，这条语句使得 IE1 寄存器的第 1 位置位(为“1”)。

这里顺便指出 IE1 |= OFIE 和 IE1 = OFIE 的区别，前者是原来的 IE1 的值和 OFIE 为 1 的 IE1 的值相“或”，再赋值给 IE1，确保 OFIE 置 1。后者就是给 IE1 第 1 位置 1，其他位保持不变。

(5) TACTL = TASSEL_2 + MC_1;

TACTL 是单片机寄存器，含义与(2)差不多，不再赘述。

(6) BCSCTL2|=DIVS1+DIVS0;

DIVS1、DIVS0 分别是寄存器 BCSCTL2 的第 6 位和第 5 位，这条语句是给这两位置 1，其实也可以写成 BCSCTL2|=DIVS_3 的形式。

(7) TBCCTL2=OUTMOD_7;

TBCCTL2 是寄存器，而 OUTMOD_7 是寄存器 TBCCTL2 宏定义，该语句的含义是 TBCCTL2 寄存器的第 7 位、第 6 位、第 5 位都是 1。

(8) if (data & 0x01)

data 是变量，同 0x01 相“与”，如果结果不等于 0，就满足条件。

(9) resh = (resh >> 1) & 0x01;

resh >> 1 的含义是把变量 resh 右移 1 位，同 0x01 相“与”后赋值给 resh。

return ((resh << 8) | resl);

把 resh 左移 8 位后同变量 resl 相“与”后结果返回。

(10) #define set_rs P1OUT|=BIT3//宏定义，set_rs 是 P1.3 口数据寄存器高电平 1。

#define clr_rs P1OUT&=~BIT3//宏定义，clr_rs 是 P1.3 口数据寄存器低电平 0。

#define dataout P2DIR=0XFF//宏定义，dataout 是 P2 口输出。

#define dataport P2OUT//宏定义，dataport 是 P2 口。

1.9　把 51 单片机的 C 语言转换成 MSP430 单片机的 C 语言

51 单片机和 MSP430 单片机的 C 语言的不同主要体现在以下几点：51 单片机可以采用“位”操作，如 bit、Sbit 等；而 MSP430 单片机没有这样的“位”操作。MSP430 单片机端口都是双向口，必须设置输入或输出，然后设置高低电平；而 51 单片机不需要端口设置输入或输出，简单地写成“P10＝1”或“a＝P10”就能表示输入或输出。对于延时函数，由于时钟周期不同，即使写成同样参数，延时时间不同，MSP430 单片机比 51 单片机快 10 倍以上。

下面以液晶 12864（简称 12864）串行显示为例，看如何把 51 单片机程序转换成 MSP430 单片机程序。

51 单片机中 12864 的 PSB 接地，SCLK 接 51 单片机端口 P3.4，SID 接 P3.6，CS 接 P3.5；而 MSP430 单片机中液晶 12864 的 PSB 接地，SCLK 接 P3.4，SID 接 P3.6，CS 接 P3.5。

两者程序对比如表 1-10 所示。

表 1-10 51 单片机和 MSP430 单片机 C 语言程序对比

```
#include<reg52.h>
#define uchar unsigned char
#define uint unsigned int
sbit CS = P3^5;
sbit SID = P3^6;
sbit SCLK = P3^4;
uchar code dis1[] = {"盐城工学院"};
uchar code dis2[] = {"电气学院"};
uchar code dis3[] = {"网址: www.ycit.cn"};
ucharcodedis4[] = {"T: 0515 - 12345678"};
void delay(uint ms)
{
    …
}
void sendbyte(unsigned char zdata)
{
    uint I;
    for(i = 0; i<8; i++)
    {
        if((zdata << i) & 0x80)
        {
            SID = 1;
        }
        else
        {
            SID = 0;
        }
        SCLK = 0;
        SCLK = 1;
```

```
#include<MSP430x14x.h>
#include "string.h"
#define uint unsigned int
#define uchar unsigned char
#define ulong unsigned long
#define SID BIT6
#define SCLK BIT4
#define CS BIT5
#define LCDPORT P3OU
#define SID_1 LCDPORT |= SID
#define SID_0 LCDPORT &= ~SID
#define SCLK_1 LCDPORT |= SCLK
#define SCLK_0 LCDPORT &= ~SCLK
#define CS_1 LCDPORT |= CS
#define CS_0 LCDPORT &= ~CS
uchar tab0[ ] = {"盐城工学院"};
uchar tab1[ ] = {"电气学院"};
uchar tab2[ ] = {"网址: www.ycit.cn"};
uchar tab3[ ] = {"T: 0515 - 12345678"};
void delay(unsigned char ms)
{
    …
}
void sendbyte(uchar zdata)
{
    uint i;
    for(i = 0; i<8; i++)
    {
        if((zdata << i)&0x80)
```

续表

```
    }
}

void write_com(unsigned char cmdcode)
{
    CS = 1;
    sendbyte(0xf8);
    sendbyte(cmdcode & 0xf0);
    sendbyte((cmdcode << 4) & 0xf0);
    delay(1);
}
void write_data(unsigned char Dispdata)
{
    CS = 1;
    sendbyte(0xfa);
    sendbyte(Dispdata & 0xf0);
    sendbyte((Dispdata << 4) & 0xf0);
    delay(1);
}
void lcdinit( )
{
    write_com(0x30);
    delay(5);
    write_com(0x0c);
    delay(5);
    write_com(0x01);
    delay(5);
}
```

```
            {
                SID_1;
            }
            else
            {
                SID_0;
            }
            delay(1);
            SCLK_0;
            delay(1);
            SCLK_1;
            delay(1);
        }
}
void write_cmd(uchar cmd)
{
    CS_1;
    sendbyte(0xf8);
    sendbyte(cmd&0xf0);
    sendbyte((cmd<<4)&0xf0);
}
void write_dat(uchar dat)
{
    CS_1;
    sendbyte(0xfa);
    sendbyte(dat&0xf0);
    sendbyte((dat<<4)&0xf0);
}
void LCD_init(void)
{
    write_cmd(0x30);
    delay(5);
    write_cmd(0x0C);
    delay(5);
    write_cmd(0x01);
    delay(5);
}
void lcd_pos(uchar x,uchar y)
```

续表

<pre>void lcd_pos(uchar X,uchar Y)
{
    uchar pos;
    if(X == 0)
    {X = 0x80; }
    else if(X == 1)
    {X = 0x90; }
    else if(X == 2)
    {X = 0x88; }
    else if(X == 3)
    {X = 0x98 ; }
    pos = X + Y ;
    write_com(pos) ;
}
void hzkdis(unsigned char * s)
{
    while(* s > 0)
    {
        write_data(* s);
        s++;
        delay(1);
    }
}
void main()
{
    lcdinit();
    while(1)
    {
        lcd_pos(0,0);
        hzkdis(dis1);
        lcd_pos(1,0) ;
        hzkdis(dis2) ;
        lcd_pos(2,0) ;
        hzkdis(dis3) ;
        lcd_pos(3,0) ;
        hzkdis(dis4) ;
    }</pre>
	<pre>{
	    uchar pos;
	    if(x == 0)
	    {x = 0x80; }
	    else if(x == 1)
	    {x = 0x90; }
	    else if(x == 2)
	    {x = 0x88; }
	    else if(x == 3)
	    {x = 0x98; }
	    pos = x + y;
	    write_cmd(pos);
	}
	void hzkdis(uchar * S)
	{
	    while (* S > 0)
	    {
	        write_dat(* S);
	        S++;
	    }
	}
	int main(void)
	{
	    WDTCTL = WDTPW + WDTHOLD;
	    BCSCTL1 &= ~XT2OFF;
	    do
	    {
	        IFG1 &= ~OFIFG;
	        for(uint i = 0xff; i > 0; i --);
	    }while((IFG1&OFIFG));
	    BCSCTL2 |= SELM_2 + SELS;
	    P3OUT = 0x0f;
	    P3DIR = BIT0 + BIT1 + BIT2 + BIT3;
	    LCD_init();
	    delay(40);
	    while(1)
	    {</pre>

续表

}	lcd_pos(0,0);
	hzkdis(tab0);
	lcd_pos(1,0);
	hzkdis(tab1);
	lcd_pos(2,0);
	hzkdis(tab2);
	lcd_pos(3,0);
	hzkdis(tab3);
	}
	}

从上面程序可以看出，两者之间有很多相似的地方，不同地方在于头文件不同。51 单片机可以直接设置端口为高低电平，而 MSP430 单片机稍微费事一点，必须设置端口输入或输出方向以及高低电平。由于 MSP430 单片机运行速度比 51 单片机快得多，所以某些时候适当加个延时函数有利于系统稳定，同时 MSP430 单片机可以采用不同的时钟信号，所以在程序中要对时钟源进行设置。并且在主程序中需要有关闭看门狗语句。

1.10　MSP430 编译软件使用

MSP430F169 有不同的编译软件，本书采用 IAR Embedded Workbench(IAR EW)编译软件。现在介绍 IAR EW 编译软件的使用方法。

首先建立一个文件夹，打开 IAR EW 后，屏幕如图 1-8 所示。

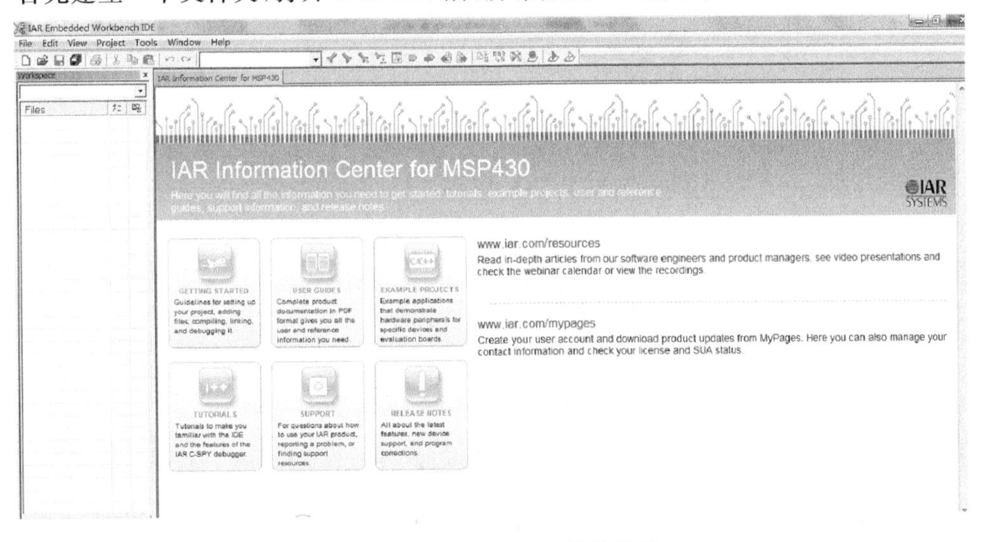

图 1-8　打开 IAR EW 软件界面

现在新建一个工程，单击【Project】菜单中【Create New Project】选项后，出现如图 1-9 所示界面。

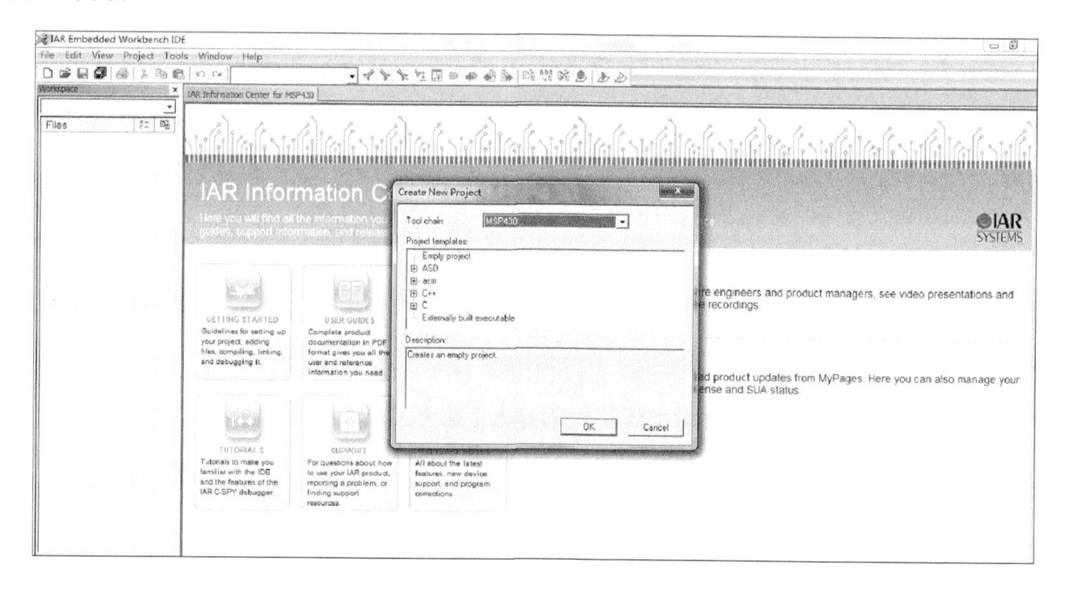

图 1-9 新建工程(1)

单击 OK 按钮后，工程保存在新建的文件夹中，在文件名后面文本框中输入文件名，注意后面不加后缀名，如图 1-10 所示界面。

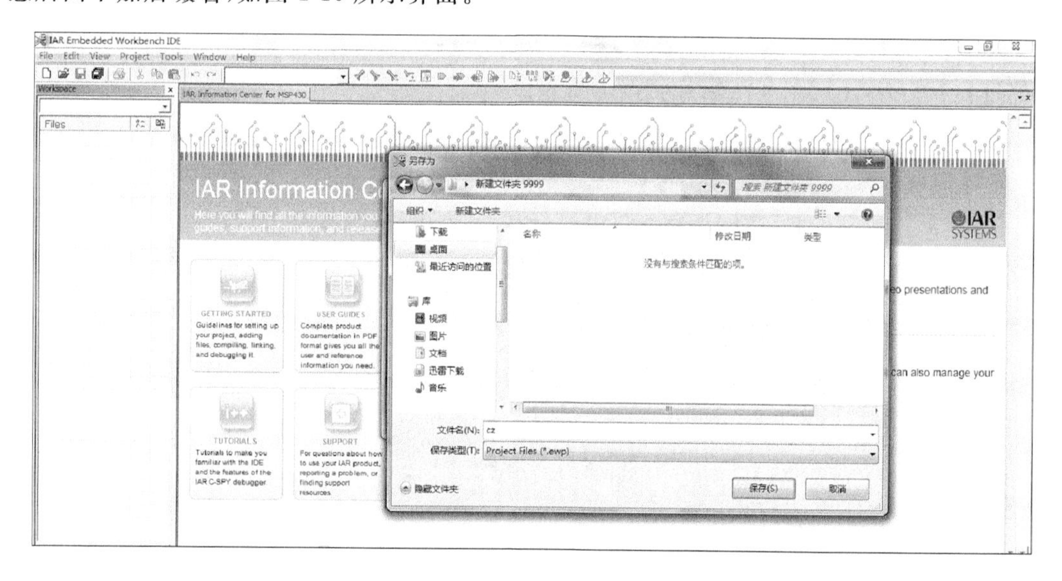

图 1-10 新建工程(2)

单击“保存”按钮后，执行菜单命令 File/New File，在出现界面(图 1-11)中输入程序，如图 1-12 所示。

图 1-11　新建工程(3)

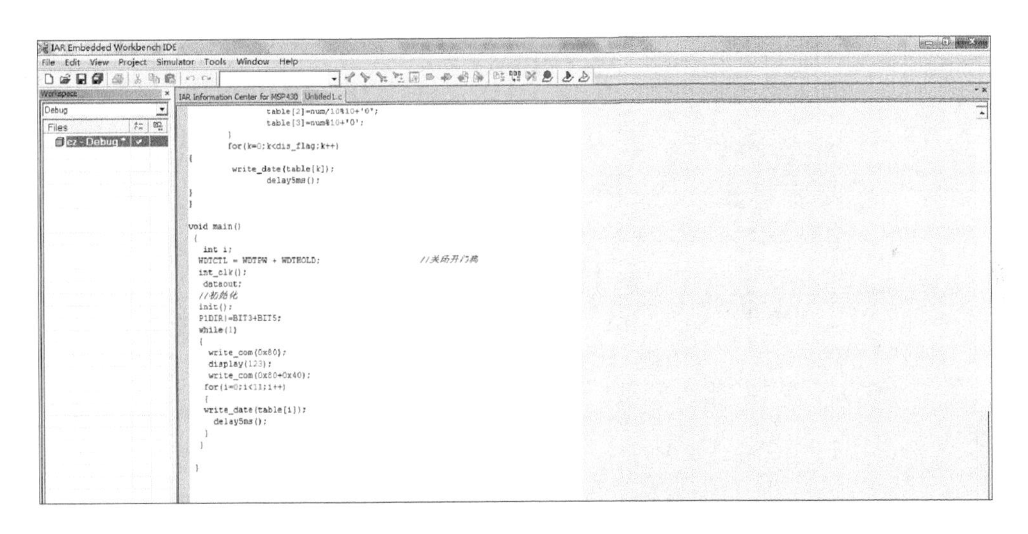

图 1-12　输入程序后的窗口界面

然后“另存为”同一文件夹，出现如图 1-13 所示界面。单击“保存”按钮后，鼠标指向左边窗口的 CZ-Debug，使其变蓝，右击，在展开的下拉菜单中选中 Add "Untitled1. c"，出现如图 1-14 所示界面。

单击，出现如图 1-15 所示界面可以看出文件已经添加进去。

现在保存工程工作空间，单击 File/Save Work Space，出现如图 1-16 所示界面。

在文件名右边文本框中输入文件名，单击保存按钮。鼠标指向左边窗口的 CZ-Debug，使其变蓝，右击，出现如图 1-17 所示界面。

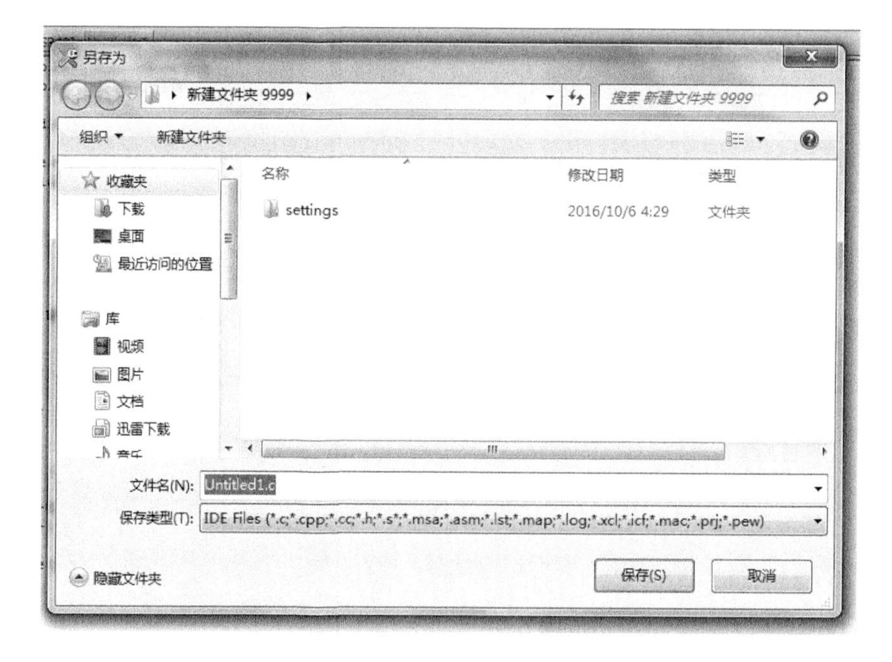

图 1-13　保存文件

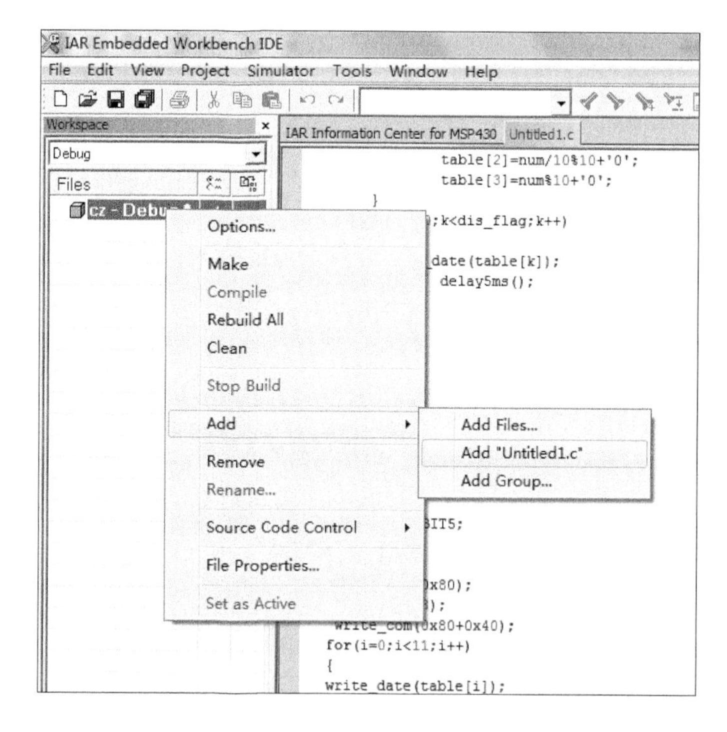

图 1-14　添加文件

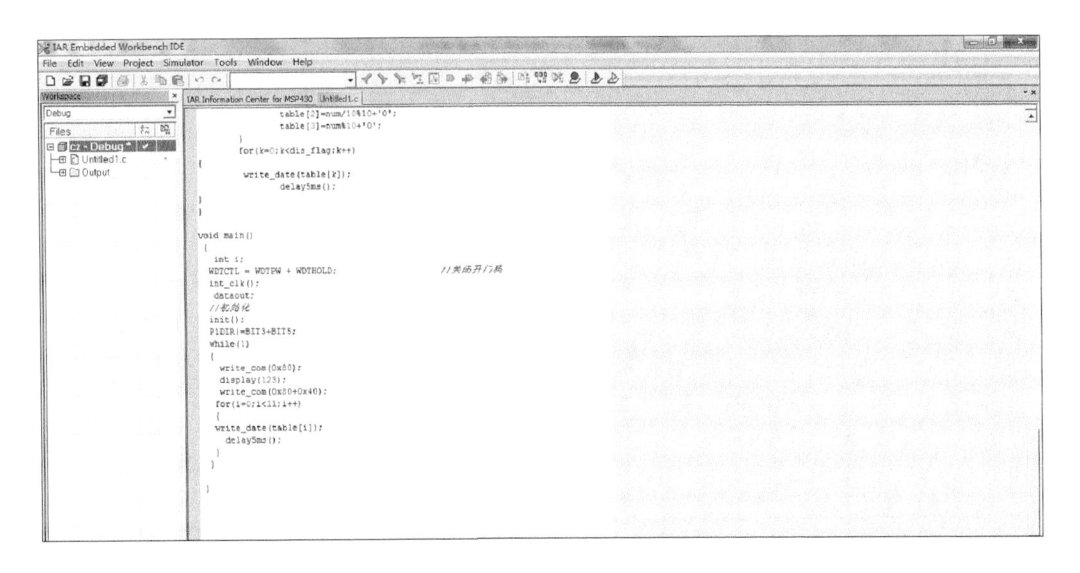

图 1-15　添加文件后界面

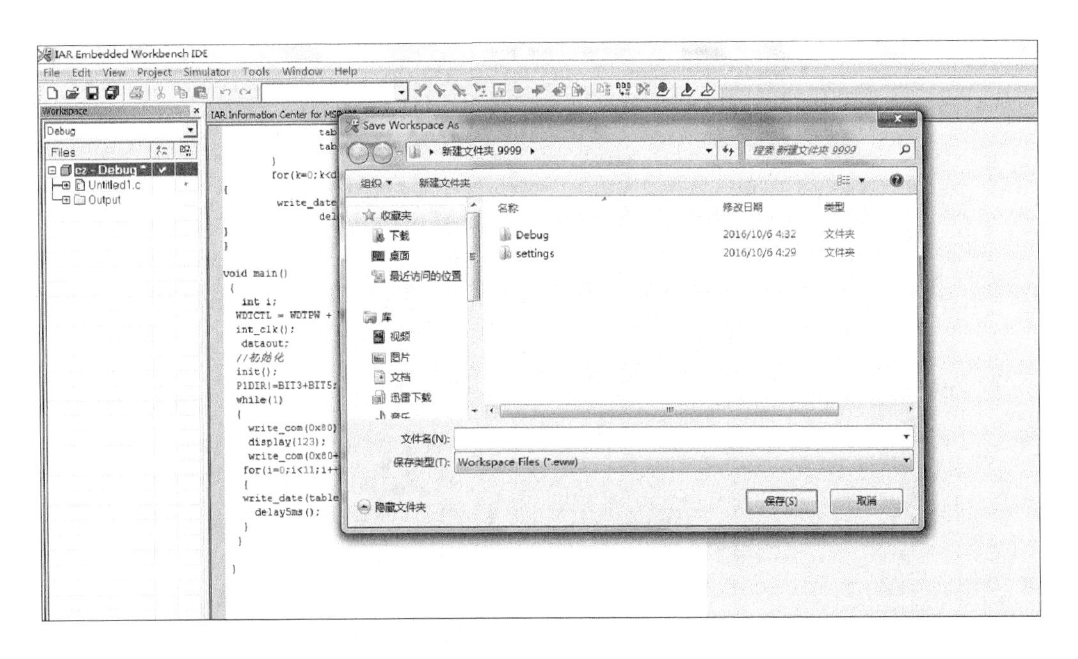

图 1-16　保存工程工作空间

单击 Options 按钮，出现如图 1-18 所示界面。

在 Category 列表框中选择 General Options，在右侧选择 Target 选项卡，单击 Device 栏右侧按钮，选择单片机型号，在 Device 下面文本框右边的下拉菜单中，选择 149 单片机型号，如图 1-19 所示。

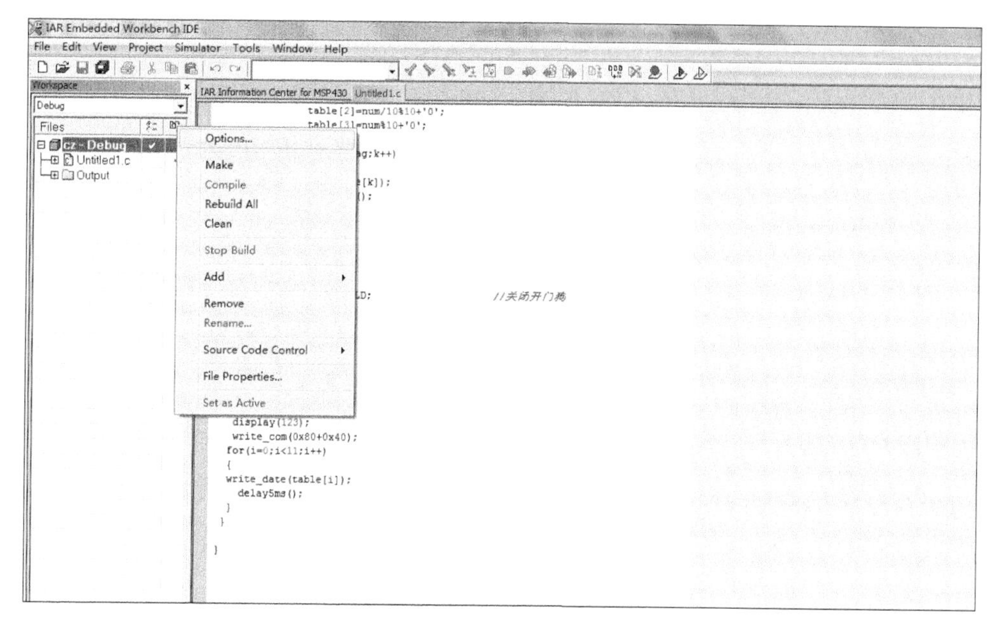

图 1-17　软件编辑前设置(1)

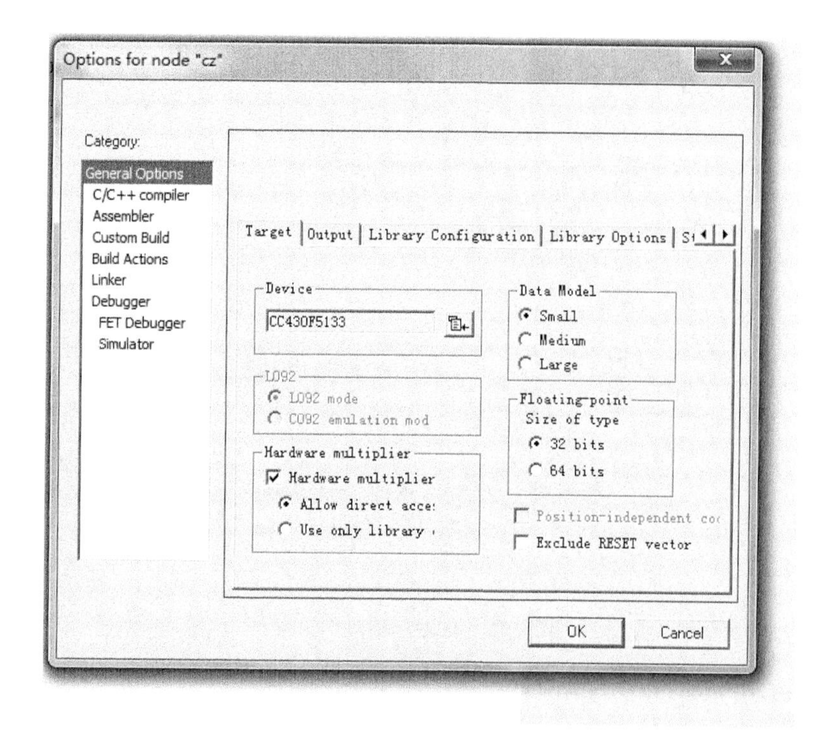

图 1-18　软件编辑前设置(2)

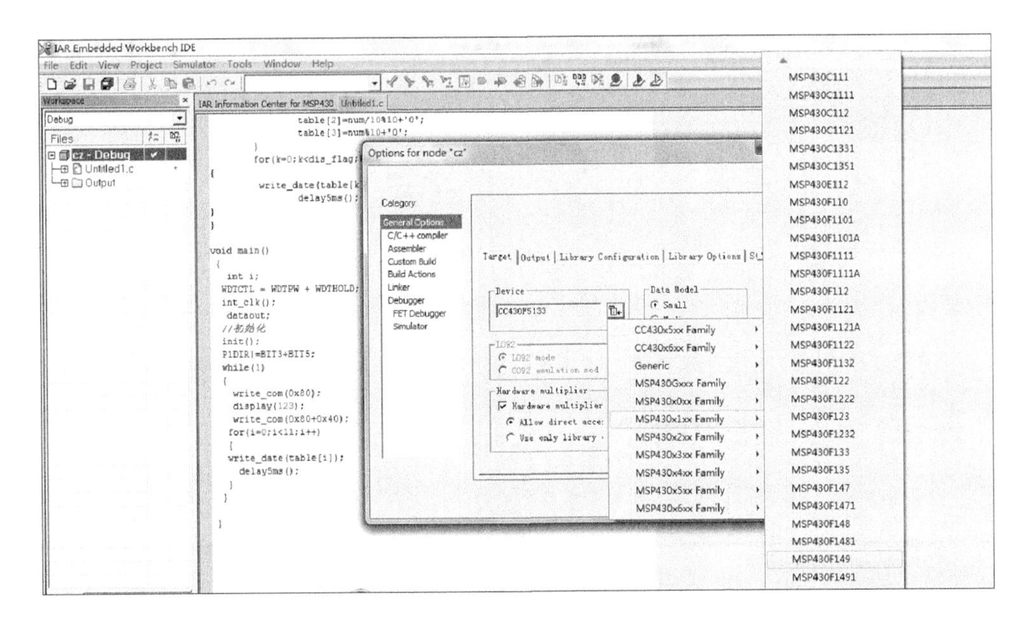

图 1-19　软件编辑前设置(3)

下一步在 Category 列表框中选择 Linker，在右侧选择 Output 选项卡，选中 Other 选项，出现如图 1-20 所示界面。

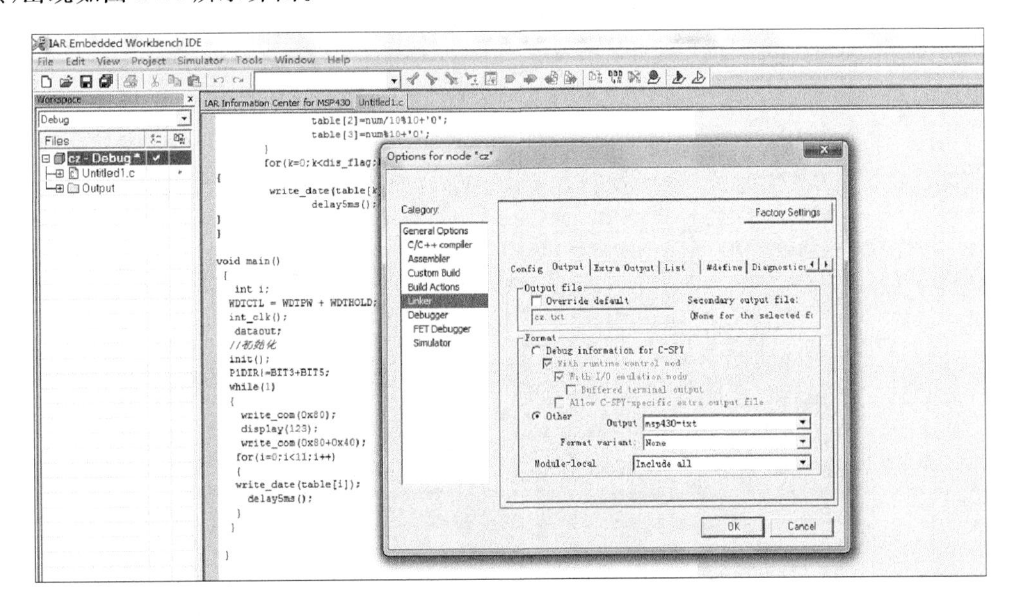

图 1-20　软件编辑前设置(4)

单击 OK 按钮后，就可以对程序进行编译了。

依次单击按钮开始编译，如图 1-21 所示。

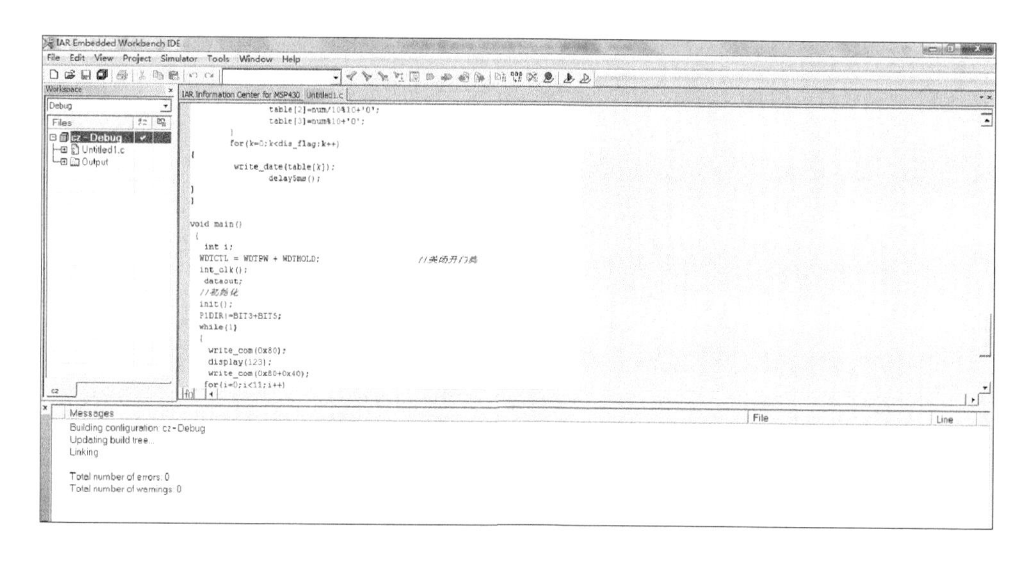

图 1-21　编译文件后的窗口界面

可以看出编译正确，把文件通过下载线和下载软件下载到单片机即可。

打开 BSL430 下载软件，出现如图 1-22 所示界面。

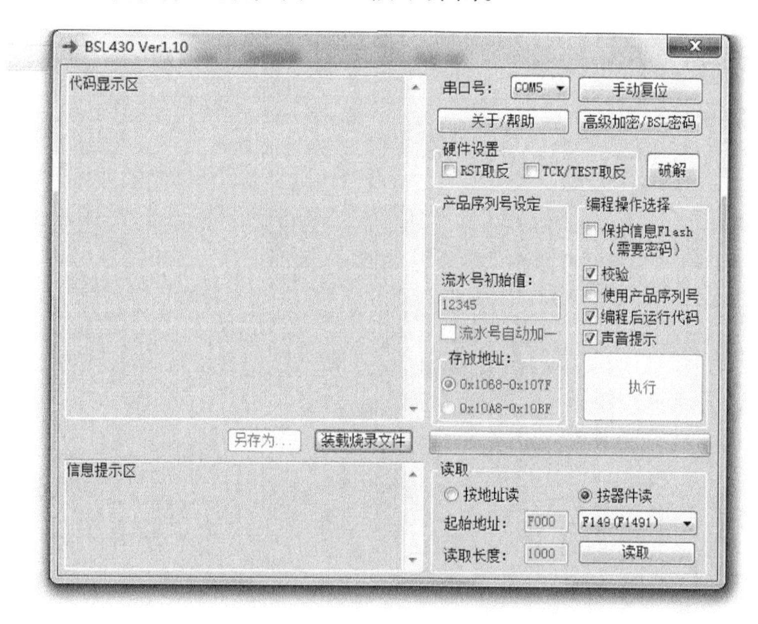

图 1-22　下载文件的窗口界面

选择正确的串口号，然后单击“装载烧录文件”按钮，在查找范围内，找到“cz.txt”文件（路径：新建文件夹/Debug/Exe/cz.txt），使其变蓝，如图 1-23 所示。

图 1-23　下载文件(1)

单击“打开”按钮后，出现如图 1-24 所示界面中，单击“执行”按钮，程序就烧录到单片机中。

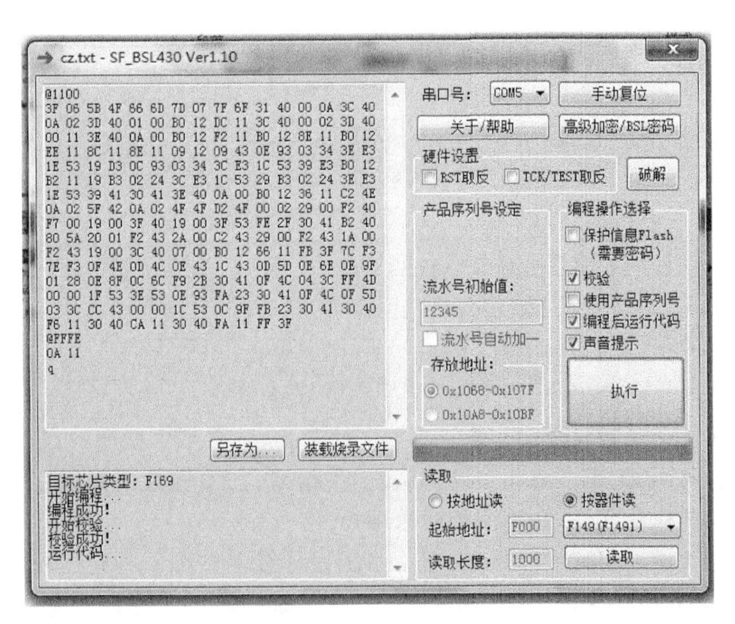

图 1-24　下载文件(2)

1.11 自制(头)文件方法

对于硬件相同的电路，如果也是使用同样的子函数，可以把这子函数转为头文件，也可以转为 c 文件(两者建立过程相似)。这样在用到该子函数时，就把(头)文件添加进去，节省设计时间。下面介绍子函数转为头文件的方法。

现在把延时函数 delay()转换为头文件，把子函数 delay()剪切掉，选择菜单命令 File，在下拉菜单中，选中的 New…，建立一个新文件。另存为同一文件夹，把后缀名改为.h，单击保存按钮，鼠标指向 CZ—Debug，使其变蓝，右击，按 Add 按钮，在展开的文件中选中 Add File(s)，在出现对话框里选中头文件并打开，可以看到头文件添加成功，下一步在 Untitled.c 文件中添加头文件 delay( )即可，如图 1-25 所示。

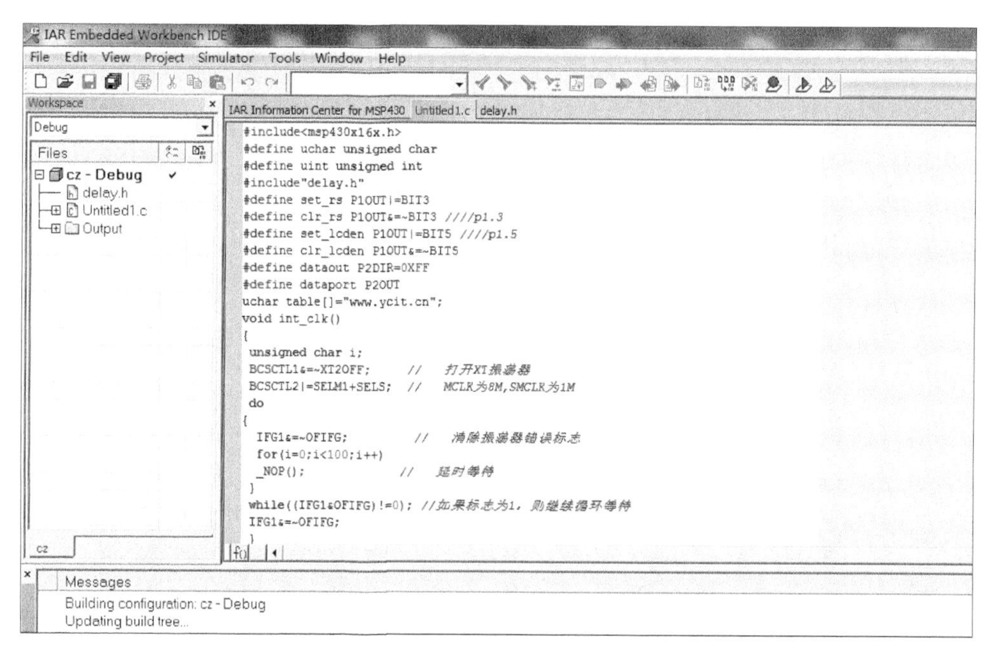

图 1-25 在 cz.c 文件中添加头文件

对某些常用的子函数，也可以制作成.c 文件形式，装载到主程序中，过程和头文件方法相同，这样做的好处是主程序由几个.c 或.h 文件组成，需要修改只修改.c 或.h 文件，而且其他工程需用到同样的文件，直接调用过来即可。

IAR EW 函数中还有标准库函数，就是系统设计者事先将一些独立功能模块编写成公用函数，并将它们集中存放在系统的函数库中，供系统的使用者在设计应用程序时使用，把这类函数称为库函数。比如进行正弦、余弦计算，库函数就是 math，但库函数使用方法是作为头文件添加的。例如：

```
#include<msp430x16x.h>
```

```
#include<math.h>
#define uchar unsigned char
#define uint unsigned int
void main()
{
    WDTCTL = WDTPW + WDTHOLD;
    BCSCTL1 &= ~XT2OFF;
    do
    {
        IFG1 &= ~OFIFG;
        for(uint i=0xff; i>0; i--);
    }while((IFG1&OFIFG));
    BCSCTL2 |= SELM_2 + SELS;
    while(1)
    {
        float a=3, b;
        b=sin(a);
    }
}
```

第2章 单片机输出电路设计

2.1 单片机控制系统设计概述

一个完整的单片机系统设计是比较复杂的。单片机系统本身就是一个硬件和软件结合非常紧密的系统，要求设计者具有硬件和软件设计方面的综合能力，以及对单片机和各种外围设备的接口电路、驱动电路的应用能力。与51单片机不同，MSP430单片机端口设计时一定要通过寄存器设置确定I/O口是输入还是输出。若是输入还必须通过寄存器设置确定是否有上拉电阻，若是输出还必须通过寄存器设置确定输出是高电平还是低电平。寄存器具体设置请参阅第1章。

单片机应用系统的设计要按照以下几个步骤进行。

1. 总体方案设计

在这一阶段，设计者需要考虑实际应用环境的需要，确定系统的整体设计方案。

首先进行可行性分析，确定能否使用单片机系统达到需要的设计目标，达到目标需要的经济成本是否超出可接受的范围。其次是对系统中核心单片机的选型，这涉及应用系统本身对数据处理能力、I/O接口、存储器大小、生产成本等要求。

2. 系统硬件设计

系统硬件设计阶段，设计者需要对各个模块的硬件部分进行具体设计，包括单片机系统的设计，外围功能模块的选择，I/O口的分配，单片机与外围模块，单片机与其他CPU之间通信方式的选择，模拟输入/输出通道电路设计等方面。

对于刚接触的电子元器件，如彩屏或蓝牙，应该先从其手册看起，首先是引脚，其次是时序图，最后是指令。对于厂家来说，希望其电子元器件能被买家正确使用，如果产品没人会用，其产品销量就会很差，所以有时候手册还给出经典程序，但汇编语言居多，而且都是不完整的。很多读者喜欢从网上查找程序，从作者的经历上看，网上完全正确的程序很少，这就需要读者去伪存真。

当具体的硬件系统功能框图完成后，可以绘制电路的原理图，电路原理图可以选用Protel99se、OrCAD等工具软件进行设计。

完成电路原理图的绘制后，再绘制硬件系统的PCB印刷电路板图，这时需要确定器件的封装，结合产品的尺寸大小在电路板上排列分布器件，完成信号线和电源线的布线，常用的绘制PCB印刷电路版图的工具软件有Protel99se、OrCAD等，绘制完成的PCB版图交给专业的电路板制造厂商生产样板。

3. 系统软件设计

一个完整的单片机系统只有硬件还不能工作，必须有软件控制整个系统的运行。单片机软件部分的主要任务包括系统的初始化，各模块参数的设置，中断请求管理，定时器管理，外围模块读写，功能算法实现，可靠性和抗干扰设计等方面。

单片机系统的软件设计主要使用汇编语言和C语言。C语言是软件设计的首先语言，C语言结构清晰，可读性好，开发周期短，可移植性好，在多数应用方面其执行效率与汇编语言相似，近年来得到广泛的应用。

4. 系统调试

在这里需要指出的是，因为单片机系统设计首先是硬件系统设计，在硬件系统设计的基础上再进行软件系统设计。必须确保硬件系统设计正确后，才能进行软件设计，毕竟软件程序的修改比硬件改动容易得多。如果硬件设计有错，再如何设计软件都是徒劳。而且要使得设计成功，无论对于硬件系统还是软件系统，都必须进行分块设计。以12864＋矩阵式键盘＋直流电动机系统设计为例，首先设计好12864硬件，再编写12864显示程序，如果显示成功，至少说明12864硬件电路无误。其次设计矩阵式键盘，再编写程序，如果按下键盘数字后，12864显示相应的数字，也说明矩阵式键盘电路无误。最后设计电机的驱动电路，再编写程序，使得电机正转、反转、高速、低速，如果也能够实现，说明驱动电路设计无误。最后把这几个程序合并处理，尤其防止参数重复定义问题，基本上就能设计成功。

对于软件设计，如果达不到要求的结果，可以采用//或/*　*/方法，把某些语句屏蔽掉，再经过编译调试，看到底哪些语句有问题。如果有条件，可以采用仿真器，设置断点方法，查看寄存器或变量的值。而且笔者在设计软件过程中，常常采用复制加改进的方法，比如，某个程序基本完成，但还有改进的地方，作者就把这软件保存后，再复制一份，在复制的基础上进行改进，这样万一改进的效果更差了，还有备份重新改进，不主张就在一个程序上进行反复修改，因为修改得不好，反而把前期成果也丢了。一般情况下，一个完美的程序，至少要经过多次改进才能成功。

一个单片机控制系统是由输出电路和输入电路组成的，本章主要论述单片机的输出电路设计方法。

2.2　液晶1602的显示

液晶1602也叫1602字符型液晶，它是一种专门用来显示字母、数字、符号等的点阵型液晶模块。它由若干个5X7或者5X11等点阵字符位组成，每个点阵字符位都可以显示一个字符，每位之间有一个点距的间隔，每行之间也有间隔，起到了字符间距和行间距的作用，正因为如此所以它不能很好地显示图形。1602是指显示的内容为16X2，即可以显示两行，每行16个字符液晶模块（显示字符和数字）。

其实物图如图2-1(a)所示，其引脚图如图2-1(b)所示。

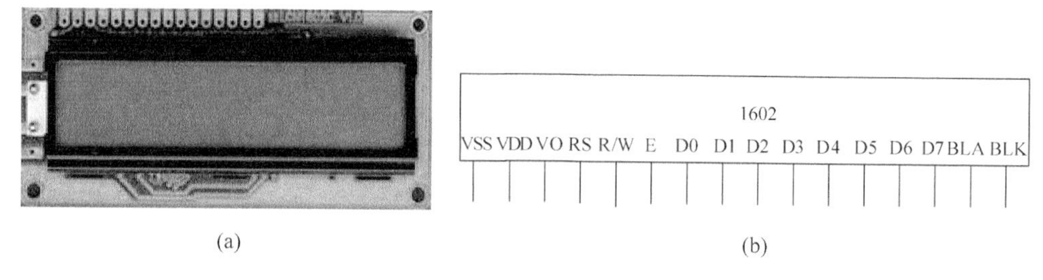

(a) (b)

图2-1 1602实物图和引脚图

我们在看1602如何与单片机连接之前，首先要知道1602引脚的定义。其引脚定义如表2-1所示。

表2-1 1602引脚说明

编号	符号	引脚说明	编号	符号	引脚说明
1	VSS	电源地	9	D2	数据口
2	VDD	电源正极	10	D3	数据口
3	VO	液晶显示对比度调节	11	D4	数据口
4	RS	数据/命令选择端	12	D5	数据口
5	$R/\overline{W}$	读写选择端	13	D6	数据口
6	E	使能信号	14	D7	数据口
7	D0	数据口	15	BLA	背光电源正极
8	D1	数据口	16	BLK	背光电源负极

对1602有两种操作方式，即“读”和“写”。所谓“读”就是读液晶是否处于“忙”状态，如果是，就等液晶“空闲”时再往液晶“写”（写指令或写数据）。一般情况下对于液晶1602可以不用“读”操作，用一个短延时即可。

在1602工作之前，要对1602进行一些设置，具体设置看下面指令代码。

1．Function set（功能设置）

指令代码：

RS	$R/\overline{W}$	DB7	DB6	DB5	DB4	DB3	DB2	DB1	DB0
0	0	0	0	1	DL	N	F	—	—

功能设置指令设置模块数据接口的宽度和1602显示屏的显示方式，即单片机与1602模块接口数据总线为4位或者8位、LCD显示行数和显示字符点阵的规格。

DL：数据接口宽度标志。DL＝1，8 位数据总线 DB7～DB0。DL＝0，4 位数据总线 DB7～DB4；DB3～DB0 不用，使用此方式传送数据，需分两次进行。

N：显示行数标志。N＝1，双行显示方式；N＝0，单行显示方式。

F：显示点阵字符字体标志。F＝1：5×10 点阵＋光标显示方式；F＝0：5×7 点阵＋光标显示方式。

从功能设置指令代码可以看出，RS 和 R/$\overline{W}$ 为低电平时，是"写指令"，如果把 DL 设置为 1，N 设置为 1，F 设置为 0，DB1 和 DB 均设置为 0，则 DB7～DB0 的二进制为 0011 1000，其十六进制就是 0x38。这就说明了初始化程序中 0x38 的由来。

2. Display on/off control（显示开/关控制）

指令代码：

RS	R/$\overline{W}$	DB7	DB6	DB5	DB4	DB3	DB2	DB1	DB0
0	0	0	0	0	0	1	D	C	B

D：显示开/关标志。D＝1：开显示；D＝0：关显示。

C：光标显示控制标志。C＝1：光标显示；C＝0：光标不显示。

B：闪烁显示控制标志。B＝1，光标所指位置上，交替显示全黑点阵和显示字符，产生闪烁效果，f_{osc}＝250kHz 时，闪烁频率约为 0.4ms，通过设置，光标可以与其所指位置的字符一起闪烁。

从显示设置指令代码可以看出，RS 和 R/$\overline{W}$ 为低电平时，是"写指令"，如果把 D 设置为 1，C 设置为 0，B 设置为 0，则 DB7～DB0 的二进制为 0000 1100，其十六进制就是 0x0c。这就说明了初始化程序中 0x0c 的由来。

3. Entry mode set（设置输入方式）

指令代码：

RS	R/$\overline{W}$	DB7	DB6	DB5	DB4	DB3	DB2	DB1	DB0
0	0	0	0	0	0	0	1	N	S

N＝1，读和写一个字符后地址指针加 1，且光标加 1；N＝0，读和写一个字符后地址指针减 1，且光标减 1。

S＝1，写一个字符时，整屏显示左移（N＝1）或右移（N＝0）。S＝0，写一个字符时，整屏显示不移动。

从设置输入指令代码可以看出，RS 和 R/$\overline{W}$ 为低电平时，是"写指令"，如果把 N 设置为 1，S 设置为 0，则 DB7～DB0 的二进制为 0000 0110，其十六进制就是 0x06。这就说明了初始化程序中 0x06 的由来。

4. Clear display(清屏)

指令代码：

RS	R/$\overline{W}$	DB7	DB6	DB5	DB4	DB3	DB2	DB1	DB0
0	0	0	0	0	0	0	0	0	1

所谓清屏就是把数据指针清零和所有显示清零。

从清屏设置指令代码可以看出，RS 和 R/$\overline{W}$ 为低电平时，是“写指令”，如果把 N 设置为 1，S 设置为 0，则 DB7～DB0 的二进制为 0000 0001，其十六进制就是 0x01。这就说明了初始化程序中 0x01 的由来。

下面再介绍两个指令代码：

RS	R/$\overline{W}$	DB7	DB6	DB5	DB4	DB3	DB2	DB1	DB0
0	0	0	0	0	1	1	0	0	0

这条指令代码是整屏左移，同时光标跟随移动。

RS	R/$\overline{W}$	DB7	DB6	DB5	DB4	DB3	DB2	DB1	DB0
0	0	0	0	0	1	1	1	0	0

这条指令代码是整屏右移，同时光标跟随移动。

这两条指令可以让 1602 显示内容产生移动的效果。

从上面分析可知，在使用 1602 之前，必须对 1602 进行初始化，即写入一些指令对 1602 进行初始化设置。实际上，对 1602 的“写”，包括写指令和写数据两类。要正确地对 1602 “写”，必须看懂 1602 时序图，如图 2-2 所示。下面来看一下 1602“写”时序图。

现在我们要向 1602 写指令，从时序图上可以看出，RS=0，然后有一个延时，R/$\overline{W}$ 设置为 0，然后再有一个延时，令 E=1，这段时间持续一段时间，就能把指令写入 1602(有效数据)，然后再令 E=0，延时后，令 RS=1 就完成了写指令过程。由于不需要读 1602 工作状态，一般情况下，把 1602 的 R/$\overline{W}$ 直接接地。

如果我们要向 1602 写数据，除了令 RS=1 外，其他过程相同。

现在总结 1602 工作过程：

(1) 根据是写指令还是写数据，把 RS 相应的设置为 0 或 1。

(2) 把 E 拉低成低电平。

(3) 延时后，把 E 拉成高电平，延时一段时间，在这段时间里，指令或数据就写入 1602。

(4) 把 E 拉成低电平，延时后，再把 RS 拉高成高电平或低电平。

1602 内部设有一个数据地址指针，用户可以通过它们访问内部全部 80B 的 RAM。数

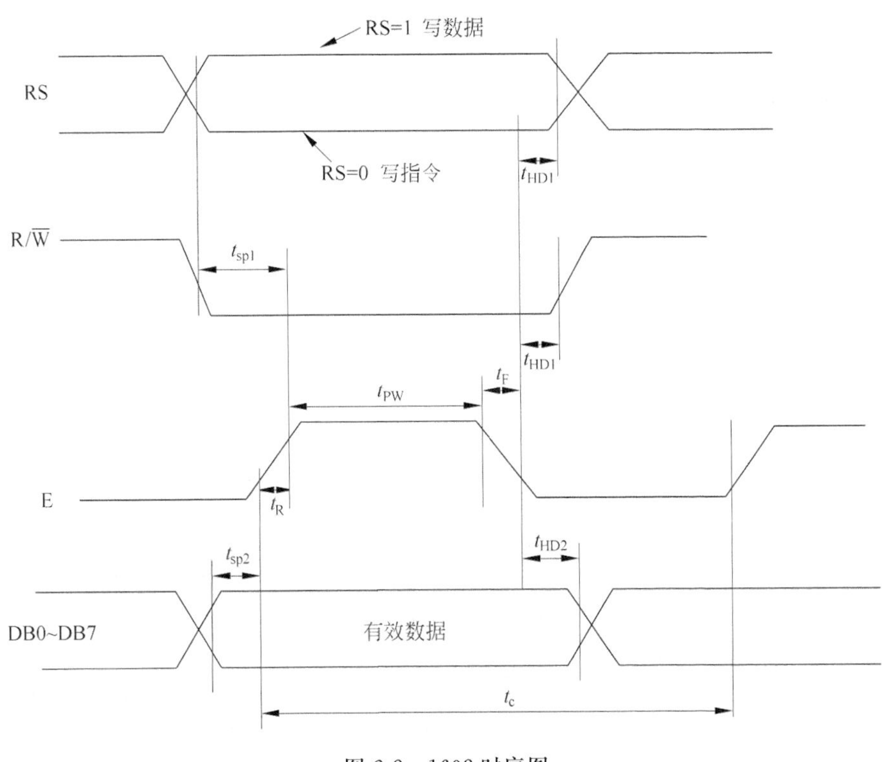

图 2-2　1602 时序图

据显示位置指针如图 2-3 所示。

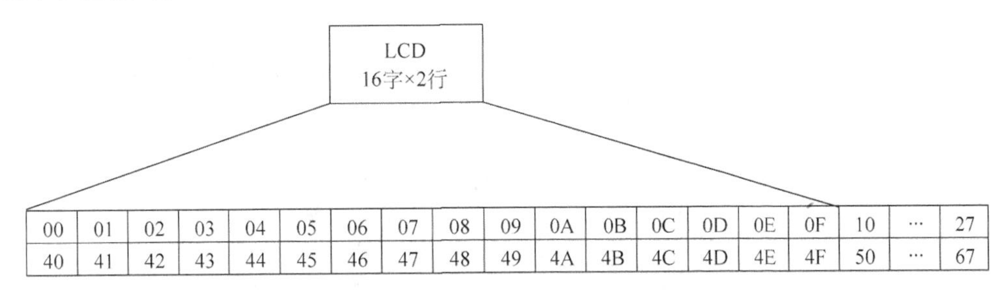

00	01	02	03	04	05	06	07	08	09	0A	0B	0C	0D	0E	0F	10	…	27
40	41	42	43	44	45	46	47	48	49	4A	4B	4C	4D	4E	4F	50	…	67

图 2-3　1602 内部 RAM 地址映射图

其指令码就是 80H＋地址码，比如希望在 1602 第一行第一列写数字，就通过 write_com(0x80)来确定。如果想在 1602 第一行第二列写数字，就通过 write_com(0x80＋0x01)来确定。如果设定的数字位置在 0x10 处，必须通过移屏指令将它们移入可显示区域方可正常显示。

1602 不能显示汉字，但可以显示字符。1602 模块内部的字符发生存储器(CGROM)已经存储了 160 个不同的点阵字符图形，这些字符包括阿拉伯数字、英文字母的大小写、常用的符号和日文假名等，每一个字符都有一个固定的代码，比如大写的英文字母“A”的代码是

01000001B(41H)，显示时模块把地址41H中的点阵字符图形显示出来，我们就能看到字母“A”。

字符代码0x00～0x0F为用户自定义的字符图形RAM(5X8点阵的字符，存放8组；5X10点阵的字符，存放4组)，就是CGRAM了。

0x20～0x7F为标准的ASCII码，0xA0～0xFF为日文字符和希腊文字符，其余字符码(0x10～0x1F及0x80～0x9F)没有定义。

表2-2是1602的十六进制ASCII码表地址：读的时候，先读左边那列，再读上面那行，如：感叹号！的ASCII码为0x21，字母B的ASCII码为0x42(前面加0x表示十六进制)。

表2-2 对照表

CGROM中字符码与字符字模关系对照表

	0000	0001	0010	0011	0100	0101	0110	0111	1000	1001	1010	1011	1100	1101	1110	1111
xxxx0000	CG RAM (1)			0	@	P	`	p				ー	タ	ミ	α	p
xxxx0001	(2)		!	1	A	Q	a	q			。	ア	チ	ム	ä	q
xxxx0010	(3)		"	2	B	R	b	r			「	イ	ツ	メ	β	θ
xxxx0011	(4)		#	3	C	S	c	s			」	ウ	テ	モ	ε	∞
xxxx0100	(5)		$	4	D	T	d	t			、	エ	ト	ヤ	μ	Ω
xxxx0101	(6)		%	5	E	U	e	u			・	オ	ナ	ユ	σ	ü
xxxx0110	(7)		&	6	F	V	f	v			ヲ	カ	ニ	ヨ	ρ	Σ
xxxx0111	(8)		'	7	G	W	g	w			ァ	キ	ヌ	ラ	g	π
xxxx1000	(1)		(	8	H	X	h	x			ィ	ク	ネ	リ	√	x̄
xxxx1001	(2)		)	9	I	Y	i	y			ゥ	ケ	ノ	ル	⁻¹	y
xxxx1010	(3)		*	:	J	Z	j	z			ェ	コ	ハ	レ	j	千
xxxx1011	(4)		+	;	K	[	k	{			ォ	サ	ヒ	ロ	×	万
xxxx1100	(5)		,	<	L	¥	l	|			ャ	シ	フ	ワ	¢	円
xxxx1101	(6)		-	=	M	]	m	}			ュ	ス	ヘ	ン	£	÷
xxxx1110	(7)		.	>	N	^	n	→			ョ	セ	ホ	゛	ñ	
xxxx1111	(8)		/	?	O	_	o	←			ッ	ソ	マ	゜	ö	█

在单片机编程中还可以用字符型常量或变量赋值,如'A'。因为 CGROM 储存的字符代码与 PC 中的字符代码基本一致,因此我们在向 DDRAM 写 C 字符代码程序时甚至可以直接用 P1OUT='A'这样的方法。PC 在编译时就把'A'先转换为 41H 代码了。

下面我们来编写 1602 显示数字程序,硬件电路图如图 2-4 所示。

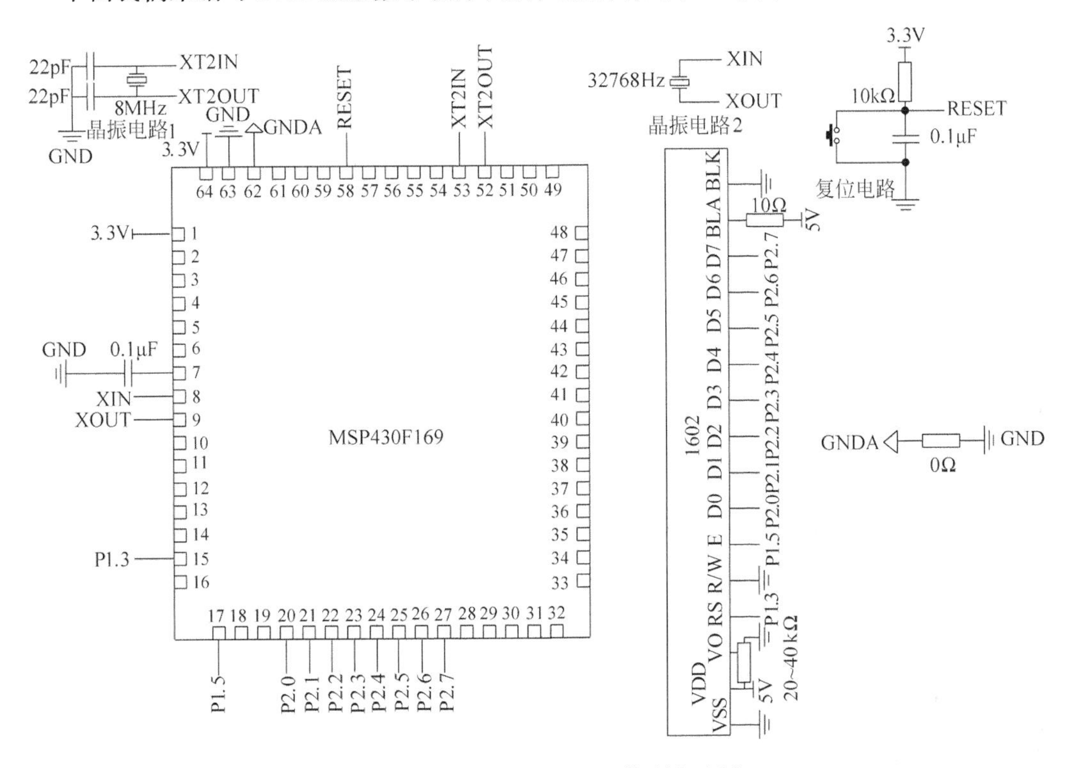

图 2-4 基于单片机的 1602 控制电路图

从图 2-4 可以看出,1602 数据口接单片机对应的 P2 口。RS 接单片机 P1.3 口,R/W 接地,表明对 1602 只有写操作,E 接单片机 P1.5 口。有两种电源供电,一种是 3.3V,为单片机供电;另一种是 5V,为 1602 供电。图 2-10 中还有一个零阻值的电阻,为数字地和模拟地隔离。采用 8MHz 晶振作为时钟源。

对于 1602 的焊接,要注意以下几点,

(1) 一定要把所有的端口焊牢,用插针和 1602 端口焊好,把插针的另一端插座和接线板的插针连接,是个较好的方法。

(2) 滑动变阻器一端接电源,一端接地,中间一端接 VO(VEE),调节滑动变阻器,使得液晶看出小黑框。滑动变阻器是精密变阻器,要耐心调,转了很多圈,电阻才变化一点点。通过实践发现,VO 端电压在 1.1V 左右就可以了。

(3) 不同的液晶,工作时序可能有差别,这就要调节延迟函数。

(4) 养成按复位键盘的习惯。

1602 显示数字“456”的程序清单如下:

```
#include<msp430x16x.h>
#define uchar unsigned char
#define uint unsigned int
#define set_rs P1OUT| = BIT3
#define clr_rs P1OUT& = ~BIT3
#define set_lcden P1OUT| = BIT5
#define clr_lcden P1OUT& = ~BIT5
#define dataout P2DIR = 0XFF
#define dataport P2OUT

void int_clk()
{
    unsigned char i;
    BCSCTL1& = ~XT2OFF;                          //打开 XT 振荡器
    BCSCTL2| = SELM1 + SELS;                     //MCLK 为 8MHz,SMCLK 为 1MHz
    do
    {
        IFG1& = ~OFIFG;                          //清除振荡器错误标志
        for(i = 0; i< 100; i++)
        _NOP( );                                 //延时等待
    }
    while((IFG1&OFIFG)!= 0);                     //如果标志为 1,则继续循环等待
    IFG1& = ~OFIFG;
}

void delay5ms(void)
{
    unsigned int i = 40000;
    while (i != 0)
    {
        i--;
    }
}

void write_com(uchar com)                        //1602 写命令
{
    P1DIR| = BIT3 ;
    P1DIR| = BIT5 ;
    P2DIR = 0xff;
    clr_rs;
    clr_lcden;
    P2OUT = com;
    delay5ms( );
    delay5ms( );
    set_lcden;
    delay5ms( );
    clr_lcden;
```

```
}

void write_date(uchar date)                         //1602 写数据
{
    P1DIR| = BIT3 ;
    P1DIR| = BIT5 ;
    P2DIR = 0xff;
    set_rs;
    clr_lcden;
    P2OUT = date;
    delay5ms( );
    delay5ms( );
    set_lcden;
    delay5ms( );
    clr_lcden;
}

void lcddelay( )
{
    unsigned int j;
    for(j = 400; j > 0; j -- );
}

void init()
{
    clr_lcden;
    write_com(0x38);
    delay5ms( );
    write_com(0x0c);
    delay5ms( );
    write_com(0x06);
    delay5ms( );
    write_com(0x01);
}

void display(unsigned long int num)
{
    uchar k;
    uchar dis_flag = 0;
    uchar table[7];
    if(num < = 9&num > 0)
    {
        dis_flag = 1;
        table[0] = num % 10 + '0';
    }
    else if(num < = 99&num > 9)
    {
        dis_flag = 2;
        table[0] = num/10 + '0';
        table[1] = num % 10 + '0';
```

```
        }
        else if(num<=999&num>99)
        {
            dis_flag=3;
            table[0]=num/100+'0';
            table[1]=num/10%10+'0';
            table[2]=num%10+'0';
        }
        else if(num<=9999&num>999)
        {
            dis_flag=4;
            table[0]=num/1000+'0';
            table[1]=num/100%10+'0';
            table[2]=num/10%10+'0';
            table[3]=num%10+'0';
        }
        for(k=0; k<dis_flag; k++)
        {
            write_date(table[k]);
            delay5ms( );
        }
    }

    void main( )
    {
        WDTCTL = WDTPW + WDTHOLD;                    //关闭看门狗
        int_clk( );
        dataout;
        //初始化
        init( );
        P1DIR| = BIT3 + BIT5;
        while(1)
        {
            write_com(0x80);
            display(456);
        }

    }
```

由于要显示的数值是456，shu=v/100的结果是4，写在1602第一行第一列的位置(write_com(0x80))。"%"表示"余"的意思，如shu=v%100，由于v是456，则运算结果是56。而shu=v%100/10的运算结果是5，放在1602第一行第二列的位置，虽然在程序中没有write_com(0x80+0x01)语句，但我们在1602初始化中已经定义后一字符的地址(write_com(0x06))。同理，shu=v%10的结果是6，放在1602第一行第三列位置。

某些读者很奇怪，对于write_data(shu+'0')语句，为什么在shu要加'0'，实际上，1602只能显示ASCII码，对照表2-2可以看出，0的ASCII码就是0011 0000，那么十进制数4加上0011 0000后就是0011 0100，对应的就是数值4。

效果图如图 2-5 所示。

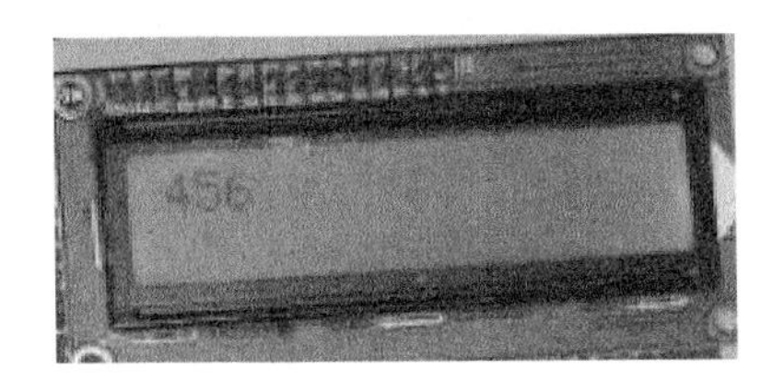

图 2-5　1602 显示效果图(1)

下面我们来用 1602 显示字符，即显示“167℃”，采用 8MHz 晶振作为时钟源。程序清单如下：

```
#include<msp430x16x.h>
#define uchar unsigned char
#define uint unsigned int
#define set_rs P1OUT|=BIT3
#define clr_rs P1OUT&=~BIT3
#define set_lcden P1OUT|=BIT5
#define clr_lcden P1OUT&=~BIT5
#define dataout P2DIR=0XFF
#define dataport P2OUT

void int_clk( )
{
    unsigned char i;
    BCSCTL1&=~XT2OFF;                    //打开 XT 振荡器
    BCSCTL2|=SELM1+SELS;                 //MCLK 为 8MHz,SMCLK 为 1MHz
    do
    {
        IFG1&=~OFIFG;                    //清除振荡器错误标志
        for(i=0; i<100; i++)
        _NOP( );                         //延时等待
    }
    while((IFG1&OFIFG)!=0);              //如果标志为 1,则继续循环等待
    IFG1&=~OFIFG;
}

void delay5ms(void)
{
    unsigned int i=40000;
    while (i != 0)
    {
        i--;
    }
}

void write_com(uchar com)                //1602 写命令
{
```

```
    P1DIR| = BIT3 ;
    P1DIR| = BIT5 ;
    P2DIR = 0xff;
    clr_rs;
    clr_lcden;
    P2OUT = com;
    delay5ms( );
    delay5ms( );
    set_lcden;
    delay5ms( );
    clr_lcden;
}

void write_date(uchar date)                         //1602 写数据
{
    P1DIR| = BIT3 ;
    P1DIR| = BIT5 ;
    P2DIR = 0xff;
    set_rs;
    clr_lcden;
    P2OUT = date;
    delay5ms( );
    delay5ms( );
    set_lcden;
    delay5ms( );
    clr_lcden;
}

void lcddelay( )
{
    unsigned int j;
    for(j = 400; j > 0; j -- );
}

void init( )
{
    clr_lcden;
    write_com(0x38);
    delay5ms( );
    write_com(0x0c);
    delay5ms( );
    write_com(0x06);
    delay5ms( );
    write_com(0x01);
}

void display(unsigned long int num)
{
    uchar k;
```

```
    uchar dis_flag = 0;
    uchar table[7];
    if(num <= 9&num > 0)
    {
        dis_flag = 1;
        table[0] = num % 10 + '0';
    }
    else if(num <= 99&num > 9)
    {
        dis_flag = 2;
        table[0] = num/10 + '0';
        table[1] = num % 10 + '0';
    }
    else if(num <= 999&num > 99)
    {
        dis_flag = 3;
        table[0] = num/100 + '0';
        table[1] = num/10 % 10 + '0';
        table[2] = num % 10 + '0';
    }
    else if(num <= 9999&num > 999)
    {
        dis_flag = 4;
        table[0] = num/1000 + '0';
        table[1] = num/100 % 10 + '0';
        table[2] = num/10 % 10 + '0';
        table[3] = num % 10 + '0';
    }
    for(k = 0; k < dis_flag; k++)
    {
        write_date(table[k]);
        delay5ms( );
    }
}

void main( )
{
    WDTCTL = WDTPW + WDTHOLD;                    //关闭看门狗
    int_clk( );
    dataout;
    //初始化
    init();
    P1DIR| = BIT3 + BIT5;
    while(1)
    {
        write_com(0x80);
        display(167);
        write_date(0xdf);
```

```
            write_date('C');
            delay5ms( );
        }
    }
```

对照表 2-2,可以看出字符“°”的 ASCII 码是 1101 1111,即十六进制的 0xdf。所以 write_data(0xdf)就表明显示“°”。

效果图如图 2-6 所示。

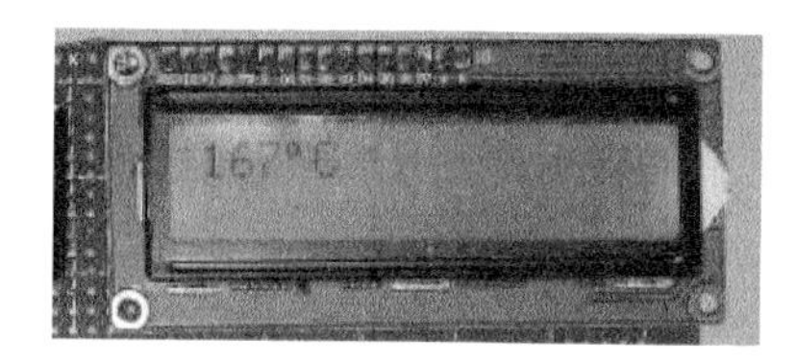

图 2-6　1602 显示效果图(2)

现在用 1602 显示两行,采用 8MHz 晶振作为时钟源。程序清单如下:

```
#include<msp430x16x.h>
#define uchar unsigned char
#define uint unsigned int
#define set_rs P1OUT|=BIT3
#define clr_rs P1OUT&=~BIT3
#define set_lcden P1OUT|=BIT5
#define clr_lcden P1OUT&=~BIT5
#define dataout P2DIR=0XFF
#define dataport P2OUT
uchar table[ ]="www.ycit.cn";
void int_clk( )
{
    unsigned char i;
    BCSCTL1&=~XT2OFF;                    //打开 XT 振荡器
    BCSCTL2|=SELM1+SELS;                 //MCLK 为 8MHz,SMCLK 为 1MHz
    do
    {
        IFG1&=~OFIFG;                    //清除振荡器错误标志
        for(i=0; i<100; i++)
        _NOP( );                         //延时等待
    }
    while((IFG1&OFIFG)!=0);              //如果标志为 1,则继续循环等待
    IFG1&=~OFIFG;
}
void delay5ms(void)
{
    unsigned int i=40000;
    while (i != 0)
```

```
    {
        i--;
    }
}

void write_com(uchar com)                    //1602 写命令
{
    P1DIR| = BIT3 ;
    P1DIR| = BIT5 ;
    P2DIR = 0xff;
    clr_rs;
    clr_lcden;
    P2OUT = com;
    delay5ms( );
    delay5ms( );
    set_lcden;
    delay5ms( );
    clr_lcden;
}

void write_date(uchar date)                  //1602 写数据
{
    P1DIR| = BIT3 ;
    P1DIR| = BIT5 ;
    P2DIR = 0xff;
    set_rs;
    clr_lcden;
    P2OUT = date;
    delay5ms( );
    delay5ms( );
    set_lcden;
    delay5ms( );
    clr_lcden;
}

void lcddelay( )
{
    unsigned int j;
    for(j = 400; j > 0; j--);
}

void init( )
{
    clr_lcden;
    write_com(0x38);
    delay5ms( );
    write_com(0x0c);
```

```
    delay5ms( );
    write_com(0x06);
    delay5ms( );
    write_com(0x01);

}

void display(unsigned long int num)
{
    uchar k;
    uchar dis_flag = 0;
    uchar table[7];
    if(num <= 9&num > 0)
    {
        dis_flag = 1;
        table[0] = num % 10 + '0';
    }
    else if(num <= 99&num > 9)
    {
        dis_flag = 2;
        table[0] = num/10 + '0';
        table[1] = num % 10 + '0';
    }
    else if(num <= 999&num > 99)
    {
        dis_flag = 3;
        table[0] = num/100 + '0';
        table[1] = num/10 % 10 + '0';
        table[2] = num % 10 + '0';
    }
    else if(num <= 9999&num > 999)
    {
        dis_flag = 4;
        table[0] = num/1000 + '0';
        table[1] = num/100 % 10 + '0';
        table[2] = num/10 % 10 + '0';
        table[3] = num % 10 + '0';
    }
    for(k = 0; k < dis_flag; k++)
    {
        write_date(table[k]);
        delay5ms( );
    }
}

void main()
{
```

```
    int i;
    WDTCTL = WDTPW + WDTHOLD;                    //关闭看门狗
    int_clk( );
    dataout;
    //初始化
    init();
    P1DIR| = BIT3 + BIT5;
    while(1)
    {
        write_com(0x80);
        display(123);
        write_com(0x80 + 0x40);
        for(i = 0; i < 11; i++)
        {
            write_date(table[i]);
            delay5ms( );
        }
    }
}
```

这里关键是 write_com(0x80＋40)语句，它把所要显示的第一个数字放在 1602 第二行第一列位置上，后面数字依次显示。对于第一行，把要显示的字符串 www. ycit. cn 放在一个数组中，由于是 11 个字符，所以用了循环语句 for(num＝0；num＜11；num＋＋)。效果图如图 2-7 所示。

图 2-7　1602 显示效果图(3)

2.3　液晶 12864 的显示

2.3.1　液晶 12864 并行显示

液晶 12864 和液晶 1602 的主要区别是 12864 有并行工作方式和串行工作方式两种，而 1602 只有并行工作方式，而且 12864 可以显示字符以及汉字，能够显示 4 行，对于并行工作方式，其工作方式与 1602 基本相同。值得注意的是，12864 两种工作方式改变是通过改变电阻得到的。如果并行工作，要把 12864 的电阻 R_{10} 去掉；如果串行工作，要把 12864 的电阻 R_9 去掉。但现在某些类型的 12864 不需要改动电阻，直接可以用作并行或串行工作。

12864 实物图以及引脚图如图 2-8 所示。

(a)

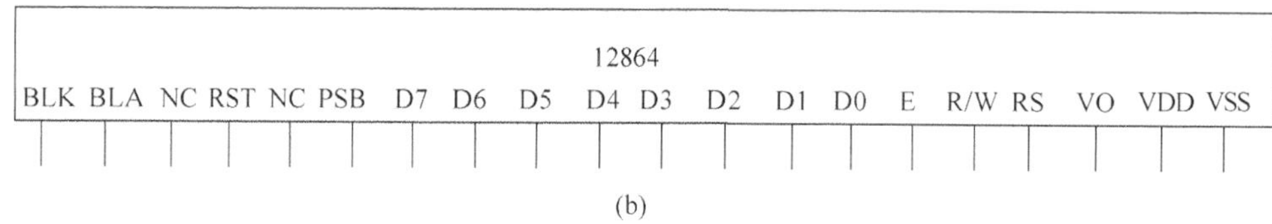

(b)

图 2-8 12864 实物图和引脚图

12864 引脚的定义如表 2-3 所示。

表 2-3 12864 引脚说明表

编号	符号	引脚说明	编号	符号	引脚说明
1	VSS	电源地	11	D4	数据口
2	VDD	电源正极	12	D5	数据口
3	VO	液晶显示对比度调节	13	D6	数据口
4	RS(CS)	数据/命令选择端(H/L)(串片选)	14	D7	数据口
5	R/$\overline{W}$(SID)	读写选择端(H/L)(串口数据)	15	PSB	并串选择,H 并行 L 串行
6	E(SCLK)	使能信号(串同步时钟信号)	16	NC	空脚
7	D0	数据口	17	RST	复位,低电平有效
8	D1	数据口	18	NC	空脚
9	D2	数据口	19	BLA	背光电源正极
10	D3	数据口	20	BLK	背光电源负极

与 1602 类似,12864 也有两种操作方式,即“读”和“写”。所谓“读”就是读液晶是否处于“忙”状态,如果是,就等液晶“空闲”时再往液晶“写”(写指令或写数据)。一般情况下对于 12864 可以不用“读”操作,用一个短延时即可。

同样地,在 12864 工作之前,要对 12864 进行一些设置,这就是进行“写”操作,具体设置看下面指令代码。

1. Function set(功能设置)

指令代码：

RS	R/$\overline{W}$	DB7	DB6	DB5	DB4	DB3	DB2	DB1	DB0
0	0	0	0	1	DL	X	RE	X	X

功能设置指令设置模块数据接口的宽度和 1602 显示屏的显示方式，即 MPU 与模块接口数据总线为 4 位或者 8 位、LCD 显示行数和显示字符点阵的规格。

DL：数据接口宽度标志。DL=1(必须是 1)，8 位数据总线 DB7～DB0。

RE=1，扩充指令集动作；RE=0，基本指令集动作。

从功能设置指令代码可以看出，RS 和 R/$\overline{W}$ 为低电平时，是“写指令”，如果把 DL 设置为 1，RE 设置为 0，DB3、DB1 和 DB0 均设置为 0，则 DB7～DB0 的二进制为 0011 0000，其十六进制就是 0x30。这就说明了初始化程序中 0x30 的由来。

2. Display on/off control(显示开/关控制)

指令代码：

RS	R/$\overline{W}$	DB7	DB6	DB5	DB4	DB3	DB2	DB1	DB0
0	0	0	0	0	0	1	D	C	B

D：显示开/关标志。D=1：开显示；D=0：关显示。

C：光标显示控制标志。C=1：光标显示；C=0：光标不显示。

B：光标位置反白开关控制位。B=1：光标位置反白 ON(将光标所在处的资料反白显示)。B=0：光标位置反白 OFF。

从显示设置指令代码可以看出，RS 和 R/$\overline{W}$ 为低电平时，是“写指令”，如果把 D 设置为 1，C 设置为 0，B 设置为 0，则 DB7～DB0 的二进制为 0000 1100，其十六进制就是 0x0c。这就说明了初始化程序中 0x0c 的由来。

3. Clear display(清屏)

指令代码：

RS	R/$\overline{W}$	DB7	DB6	DB5	DB4	DB3	DB2	DB1	DB0
0	0	0	0	0	0	0	0	0	1

所谓清屏就是把数据指针清零和所有显示清零。

从清屏指令代码可以看出，RS 和 R/$\overline{W}$ 为低电平时，是“写指令”，DB7～DB0 的二进制为 0000 0001，其十六进制就是 0x01。这就说明了初始化程序中 0x01 的由来。

从上面分析可知，在使用12864之前，必须对12864进行初始化，即写入一些指令，实际上，对12864的"写"，包括写指令和写数据两类。12864的时序与1602基本相同。图2-9为12864时序图。

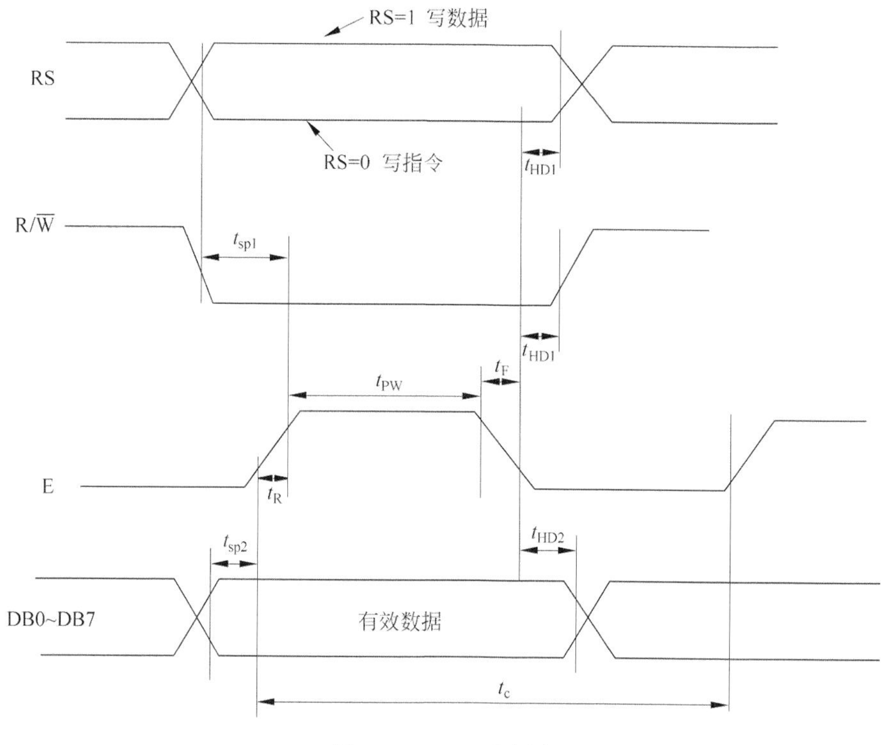

图2-9 12864时序图

对12864时序图的理解与1602基本相同，不再赘述。

12864显示汉字，只能显示4行，每行显示8个汉字或16个字符。汉字的地址分布如表2-4所示。

表2-4 12864汉字显示坐标

第一行汉字	0x80	0x81	0x82	0x83	0x84	0x85	0x86	0x87
第二行汉字	0x90	0x91	0x92	0x93	0x94	0x95	0x96	0x97
第三行汉字	0x88	0x89	0x8a	0x8b	0x8c	0x8d	0x8e	0x8f
第四行汉字	0x98	0x99	0x9a	0x9b	0x9c	0x9d	0x9e	0x9f

下面我们设计一个12864显示程序，采用并行工作方式。硬件电路图如图2-10所示。采用8MHz晶振作为时钟源，整个程序清单如下：

```
#include <MSP430x14x.h>
#include "string.h"
#define uint unsigned int
```

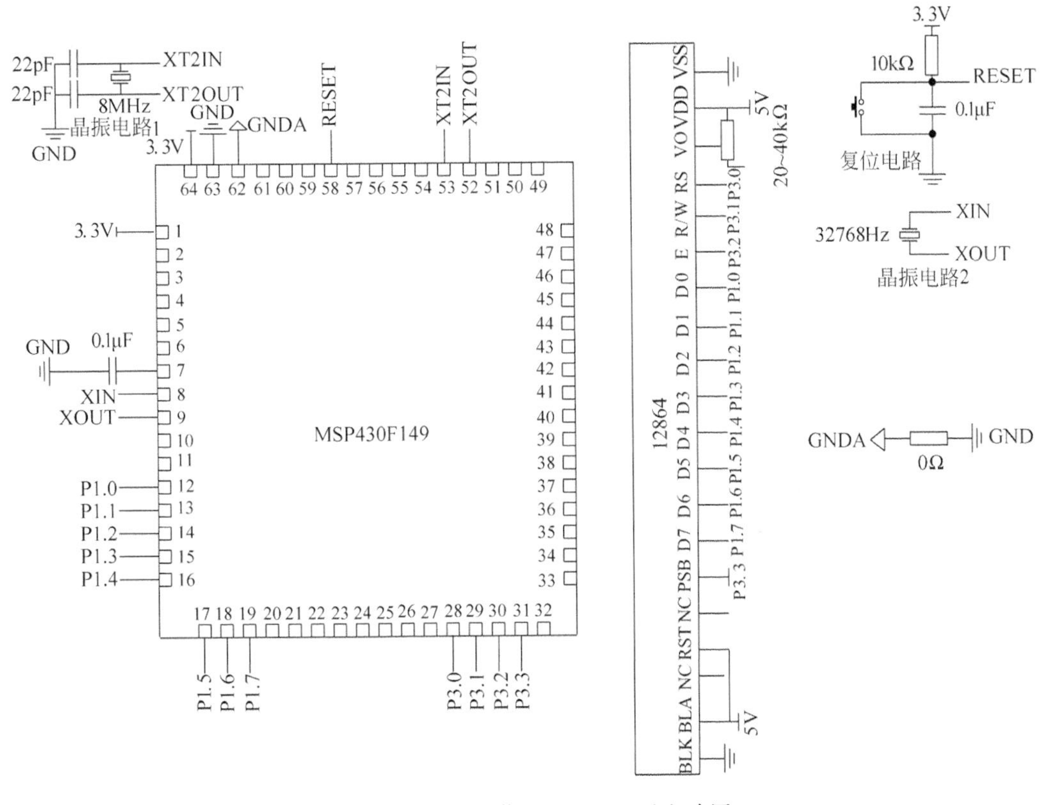

图 2-10 并行工作的 12864 显示电路图

```
#define uchar unsigned char
#define ulong unsigned long

#define PSB BIT3
#define SID BIT1
#define SCLK BIT2
#define CS BIT0
#define DS P1OUT
#define LCDPORT P3OUT

#define PSB1 LCDPORT |= PSB
#define SID_1 LCDPORT |= SID                //SID 置高 3.1
#define SID_0 LCDPORT &= ~SID               //SID 置低

#define SCLK_1 LCDPORT |= SCLK              //SCLK 置高 3.2
#define SCLK_0 LCDPORT &= ~SCLK             //SCLK 置低

#define CS_1 LCDPORT |= CS                  //CS 置高 3.0
#define CS_0 LCDPORT &= ~CS                 //CS 置低
```

```
#define CPU_F ((double)8000000)
#define delayus(x) __delay_cycles((long)(CPU_F*(double)x/1000000.0))   //宏定义延时函数
#define delayms(x) __delay_cycles((long)(CPU_F*(double)x/1000.0))
        uchar tab0[]={"盐城工学院"};
        uchar tab1[]={"电气学院"};
        uchar tab2[]={"网址: www.ycit.cn"};
        uchar tab3[]={"T: 0515-12345678"};
/**********************************************************
 *名    称: LCD_Write_cmd()
 *功    能: 写一个命令到 LCD12864
 *入口参数: cmd 为待写入的命令,无符号字节形式
 *出口参数: 无
 *说    明: 写入命令时,RW=0,RS=0 扩展成 24 位串行发送
 *格    式: 11111 RW0 RS 0 xxxx0000 xxxx0000
 *              |最高的字节 |命令的 bit7~4|命令的 bit3~0|
**********************************************************/
void write_cmd(uchar cmd)
{
    CS_0;
    SID_0;
    SCLK_1;
    delayms(5);
    DS=cmd;
    delayms(5);
    SCLK_0;
}

/**********************************************************
 *名    称: LCD_Write_Byte()
 *功    能: 向 LCD12864 写入一个字节数据
 *入口参数: byte 为待写入的字符,无符号形式
 *出口参数: 无
 *范    例: LCD_Write_Byte('F')               //写入字符'F'
**********************************************************/
void write_dat(uchar dat)
{
    CS_1;
    SID_0;
    SCLK_1;
    delayms(5);
    DS=dat;
    delayms(5);
    SCLK_0;
}
/**********************************************************
 *名    称: LCD_pos()
 *功    能: 设置液晶的显示位置
```

```
* 入口参数: x 为第几行,1～4 对应第 1 行～第 4 行
*           y 为第几列,0～15 对应第 1 列～第 16 列
* 出口参数: 无
* 范    例: LCD_pos(2,3)                      //第 2 行,第 4 列
**********************************************************/
void lcd_pos(uchar x,uchar y)
{
    uchar pos;
    if(x == 0)
    {x = 0x80; }
    else if(x == 1)
    {x = 0x90; }
    else if(x == 2)
    {x = 0x88; }
    else if(x == 3)
    {x = 0x98; }
    pos = x + y;
    write_cmd(pos);
}
/ ***************************************************** /
//LCD12864 初始化
void LCD_init(void)
{
    PSB1;
    write_cmd(0x30);                          //基本指令操作
    delayms(5);
    write_cmd(0x0C);                          //显示开,关光标
    delayms(5);
    write_cmd(0x01);                          //清除 LCD 的显示内容
    delayms(5);
   // write_cmd(0x02);                        //将 AC 设置为 00H,且游标移到原点位置
   // delayms(5);

}
int main( void )
{
    WDTCTL = WDTPW + WDTHOLD;
    P1DIR = 0x03;
    P1OUT& = ～BIT1;
    BCSCTL1 & = ～XT2OFF;
    do
    {
        IFG1 & = ～OFIFG;
        for(uint i = 0xff; i>0; i-- );
    }while((IFG1&OFIFG));                     //等待时钟稳定
    BCSCTL2 | = SELM_2 + SELS;                //主、从系统时钟均为高频
    P3OUT = 0xff;
    P3DIR = BIT0 + BIT1 + BIT2 + BIT3;
    P1OUT = 0xff;
    P1DIR = 0xff;
```

```
        LCD_init();
        delayus(40);
        int i;
        while(1)
        {
            lcd_pos(0,0);
            for(i = 0; i < 10; i++)
            {
                write_dat(tab0[i]);
            }
            lcd_pos(1,0);
            for(i = 0; i < 8; i++)
            {
                write_dat(tab1[i]);
            }
            lcd_pos(2,0);
            for(i = 0; i < 16; i++)
            {
                write_dat(tab2[i]);
            }
            lcd_pos(3,0);
            for(i = 0; i < 15; i++)
            {
                write_dat(tab3[i]);
            }
        }
    }
```

lcd_pos(1,0)是字符放置在 12864 中的位置，看 void lcd_pos(uchar X,uchar Y)函数，可以知道 X 等于 1 时，则把 0x80 赋值给 X，lcd_pos(1,0)的 Y 值为 0，则 pos＝X＋Y 为 0x80，即写在 12864 第一行第一列位置上。

图 2-11　12864 显示效果图

实例效果图如图 2-11 所示。

2.3.2　液晶 12864 串行显示

对于 12864 串行工作方式，必须充分理解时序图的含义，其时序图如图 2-12 所示。

串行时序图解释如下：

CS——液晶的片选信号线，每次在进行数据操作时都必须将 CS 端拉高。

SCLK——串行同步时钟线，每操作一位数据都要有一个 SCLK 跳变沿，而且这里是上升沿有效，也就是说，每次 SCLK 由低电平变为高电平的瞬间，液晶控制器将 SID 上的数据读入或输出。

SID——串行数据，每一次操作都由三个字节数据组成，第一字节向控制器发送命令控

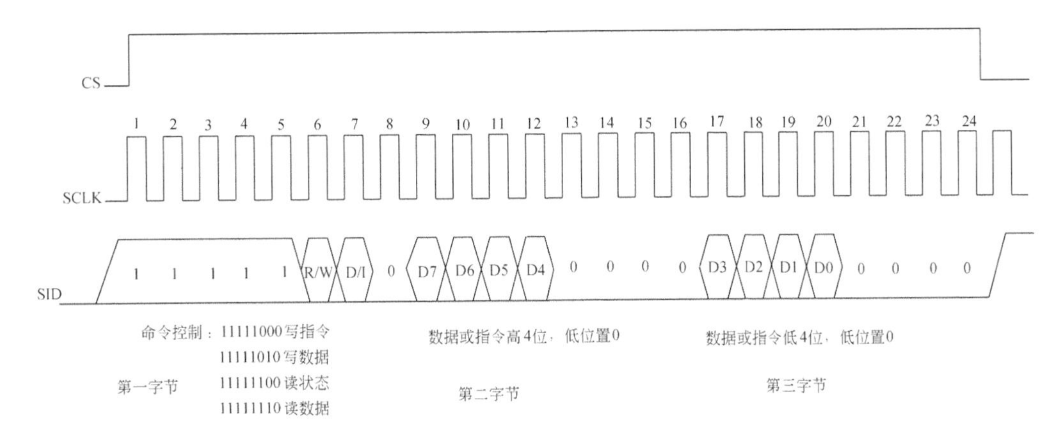

图 2-12　12864 串行工作方式时序图

制字，告诉控制器接下来是什么操作，若为写指令则发送 1111 1000，若为写数据则发送 1111 1010。第二字节的高 4 位发送指令或数据的高 4 位，第二字节的低 4 位补 0。第三字节低 4 位发送指令或数据的低 4 位，第三字节的低 4 位同样补 0。

12864 串行设计的硬件电路图如图 2-13 所示。

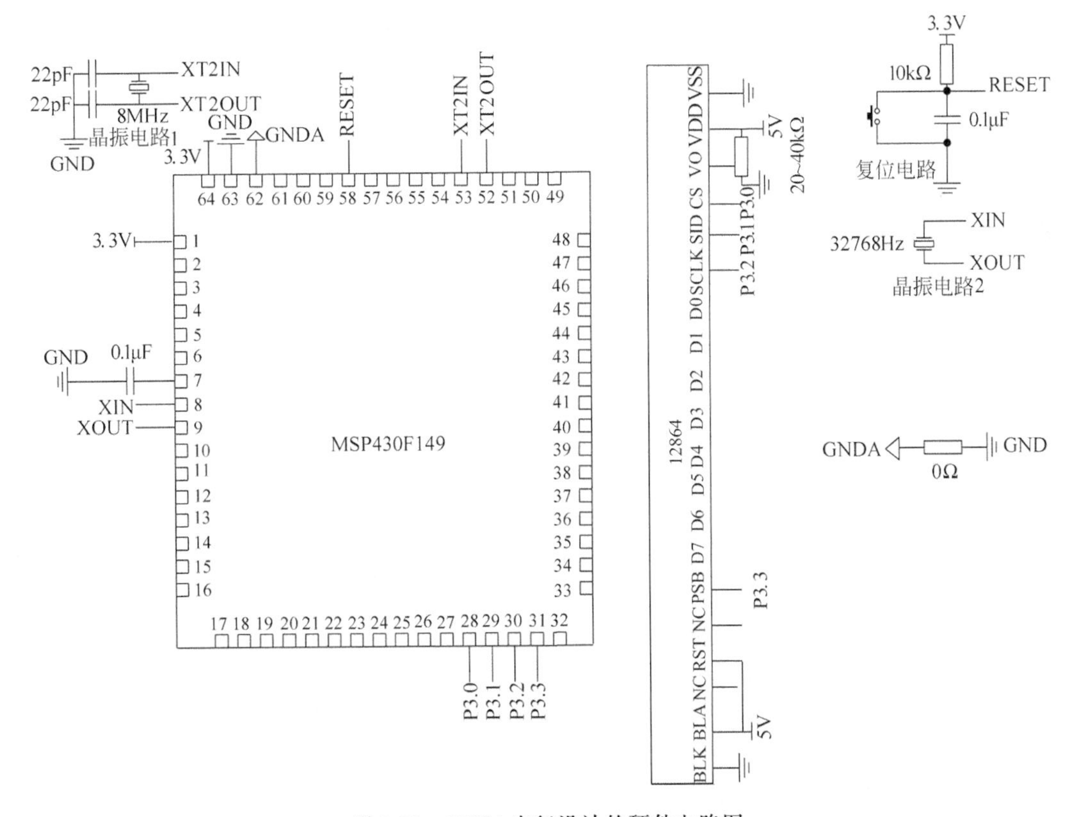

图 2-13　12864 串行设计的硬件电路图

采用 8MHz 晶振作为时钟源，整个程序清单如下：

```
#include <MSP430x14x.h>
#include "string.h"
#define uint unsigned int
#define uchar unsigned char
#define ulong unsigned long

#define SID BIT1
#define SCLK BIT2
#define CS BIT0
#define LCDPORT P3OUT
#define PSB BIT3
#define PSB1 LCDPORT &= ~PSB
#define SID_1 LCDPORT |= SID                    //SID 置高 3.1
#define SID_0 LCDPORT &= ~SID                   //SID 置低

#define SCLK_1 LCDPORT |= SCLK                  //SCLK 置高 3.2
#define SCLK_0 LCDPORT &= ~SCLK                 //SCLK 置低

#define CS_1 LCDPORT |= CS                      //CS 置高 3.0
#define CS_0 LCDPORT &= ~CS                     //CS 置低

void delay(unsigned char ms)
{
    unsigned char i,j;
    for(i = ms; i > 0; i-- )
    for(j = 120; j > 0; j-- );
}
void sendbyte(uchar zdata)                      //数据传送函数
{
    uint i;
    for(i = 0; i < 8; i++)
    {
        if((zdata << i)&0x80)
        {
            SID_1;
        }
        else
        {
            SID_0;
        }
        delay(1);
        SCLK_0;
        delay(1);
        SCLK_1;
        delay(1);
```

```
    }
}
/**********************************************************
* 名    称: LCD_Write_cmd()
* 功    能: 写一个命令到 LCD12864
* 入口参数: cmd 为待写入的命令,无符号字节形式
* 出口参数: 无
* 说    明: 写入命令时,RW = 0,RS = 0 扩展成 24 位串行发送
* 格    式: 11111 RW0 RS 0 xxxx0000 xxxx0000
*       |最高的字节 |命令的 bit7~4|命令的 bit3~0|
**********************************************************/

void write_cmd(uchar cmd)
{
    CS_1;
    sendbyte(0xf8);
    sendbyte(cmd&0xf0);
    sendbyte((cmd << 4)&0xf0);
}

/**********************************************************
* 名    称: LCD_Write_Byte()
* 功    能: 向 LCD12864 写入一个字节数据
* 入口参数: byte 为待写入的字符,无符号形式
* 出口参数: 无
* 范    例: LCD_Write_Byte('F')                 //写入字符'F'
**********************************************************/
void write_dat(uchar dat)
{
    CS_1;
    sendbyte(0xfa);
    sendbyte(dat&0xf0);
    sendbyte((dat << 4)&0xf0);
}
/**********************************************************
* 名    称: LCD_pos()
* 功    能: 设置液晶的显示位置
* 入口参数: x 为第几行,1~4 对应第 1 行~第 4 行
*           y 为第几列,0~15 对应第 1 列~第 16 列
* 出口参数: 无
* 范    例: LCD_pos(2,3)                        //第 2 行,第 4 列
**********************************************************/
void lcd_pos(uchar x,uchar y)
{
    uchar pos;
    if(x == 0)
    {x = 0x80; }
```

```
    else if(x == 1)
    {x = 0x90; }
    else if(x == 2)
    {x = 0x88; }
    else if(x == 3)
    {x = 0x98; }
    pos = x + y;
    write_cmd(pos);
}
/ ***************************************************** /
//LCD12864 初始化
void LCD_init(void)
{
    PSB1;
    write_cmd(0x30);                          //基本指令操作
    delay(5);
    write_cmd(0x0C);                          //显示开,关光标
    delay(5);
    write_cmd(0x01);                          //清除 LCD 的显示内容
    delay(5);
    write_cmd(0x02);                          //将 AC 设置为 00H,且游标移到原点位置
    delay(5);

}

void hzkdis(uchar * S)
{
    while ( * S > 0)
    {
        write_dat( * S);
        S++;
    }
}

int main( void )
{
    WDTCTL = WDTPW + WDTHOLD;
    P1DIR = 0x03;
    P1OUT& = ~BIT1;
    BCSCTL1 & = ~XT2OFF;
    do
    {
        IFG1 & = ~OFIFG;
        for(uint i = 0xff; i > 0; i -- );
    }while((IFG1&OFIFG));                     //等待时钟稳定
    BCSCTL2 | = SELM_2 + SELS;                //主、从系统时钟均为高频
    P3OUT = 0x0f;
```

```
    P3DIR = BIT0 + BIT1 + BIT2 + BIT3;
    LCD_init( );
    delay(40);
    uchar tab0[ ] = {"盐城工学院"};
    uchar tab1[ ] = {"电气学院"};
    uchar tab2[ ] = {"网址: www.ycit.cn"};
    uchar tab3[ ] = {"T: 0515 - 12345678"};
    while(1)
    {
        lcd_pos(0,0);
        hzkdis(tab0);
        lcd_pos(1,0);
        hzkdis(tab1);
        lcd_pos(2,0);
        hzkdis(tab2);
        lcd_pos(3,0);
        hzkdis(tab3);
    }
}
```

部分程序解释说明：

```
void sendbyte(unsigned char zdata)
{
    uint I;
    for(i = 0; i < 8; i++)
    {
        if((zdata << i) & 0x80)
        {
            SID = 1;
        }
        else
        {
            SID = 0;
        }
        SCLK = 0;
        SCLK = 1;
    }
}
```

假如 zdata 的数值为 1110 0110，i=0 时，zdata << i 就是左移 0 位，仍然是 1110 0110，(zdata << i) & 0x80 就变成 1000 0000，if((zdata << i) & 0x80)的含义是数值结果如果非零，数据线 SID 就为高电平 1，否则数据线 SID 就为低电平。可以看出由于是高电平，所以 SID 为 1。SCLK = 0；SCLK = 1 的含义是在 SCLK 上升沿时，把 1 送到 12864 中。重复 8 次，就把 1110 0110 送到 12864 中。

```
void write_com(unsigned char cmdcode)
{
```

```
        CS = CS1;
        sendbyte(0xf8);
        sendbyte(cmdcode & 0xf0);
        sendbyte((cmdcode << 4) & 0xf0);
    }
```

是写指令函数，由图 2-12 可以看出，命令控制字是 1111 1000 时，即十六进制 0xf8，表明是写指令。Sendbyte(0xf8)是第一个字节。Sendbyte(cmdcode & 0xf0)是第二个字节，要表明写什么指令，假定 cmdcode 为 0x30，则 0x30& 0xf0 后，高 4 位保持不变，而低 4 位置 0。Sendbyte((cmdcode << 4) & 0xf0)是第三字节，把 0x30 高 4 位移走，低 4 位移至高 4 位，低 4 位再用 0 补齐。

```
    void hzkdis(unsigned char * s)
    {
        while( * s > 0)
        {
            write_data( * s);
            s++;
            delay(1);
        }
    }
```

这里 s 是指针变量，* s 是此指针所指向地址的值。我们来看具体函数 hzkdis(dis1)。dis1 就是 * s 的值，也就是说将数组名 dis1(是一个数组的首地址)直接赋给指针变量 s。

2.4 LED 点阵的显示

点阵显示是集微电子技术、计算机技术、信息处理于一体的新型显示方式。由于其具有色彩鲜艳、动态范围广、亮度高、寿命长、工作稳定可靠等优点。目前 LED 和 LCD 显示器成为人们的选择之一，它们各有优缺点。LCD 液晶显示器具有图像清晰、体积小、功耗低等优点，但它的成本高、亮度低、寿命短、可视距离和角度很有限。而 LED 显示屏具有亮度高、故障低、能耗少、使用寿命长、显示内容多样、显示方式丰富等优点。

LED 器件种类繁多。早期 LED 产品是单个的发光灯，随着数字化设备的出现，LED 数码管和字符管得到了广泛的应用，LED 发光灯可以分为单色发光灯、双色发光灯、三色发光灯、面发光灯、闪烁发光灯、电压型发光灯等多种类型。按照发光灯强度又可以分为普通亮度发光灯、高亮度发光灯等。LED 发光灯的外形由 PN 结、阳极引脚、阴极引脚和环氧树脂封装外壳组成。其核心部分是具有注入复合发光功能的 PN 结。环氧树脂封装外壳除具有保护芯片的作用外，还具有透光聚光的能力，以增强显示效果。

LED 显示屏的最小单元，也叫点阵显示模块。点阵显示屏是由上万个或几十万个 LED 发光二极管组成，每个发光二极管称为一个像素。为了取得良好的显示一致性并简化器件结构，20 世纪 80 年代以来出现了组合型 LED 点阵显示器，以发光二极管为像素，它用高亮度发光二极管芯阵列组合后，环氧树脂和塑模封装而成，即所谓的点阵模块。点阵模块具有高亮度、功耗低、引脚少、视角大、寿命长、耐湿、耐冷热、耐腐蚀等特点。按照颜色的不同分为单基色、双基色和三基色三类，可显示红、黄、绿、蓝、橙等颜色。按照点阵规模大小分有4×4、4×8、5×7、5×8、8×8、16×16、24×24、32×32、40×40等。按照像素的直径大小分有φ3、φ3.75、φ5、φ10、φ20等。点阵规模越大，其分辨率就越高，但其引脚也就越多，所用到的驱动芯片和接口也就越多，8×8点阵实物和1088B5型号的8×8点阵内部结构如图2-14所示。图2-14(a)为8×8单基色点阵的结构图，从内部结构可以看出8×8点阵共需要64个发光二极管，且每个发光二极管是放置在各行和列的交叉点上。当对应的某一列置高电平，另一列置低电平时，则在该行和列的交叉点上相应的二极管就亮。

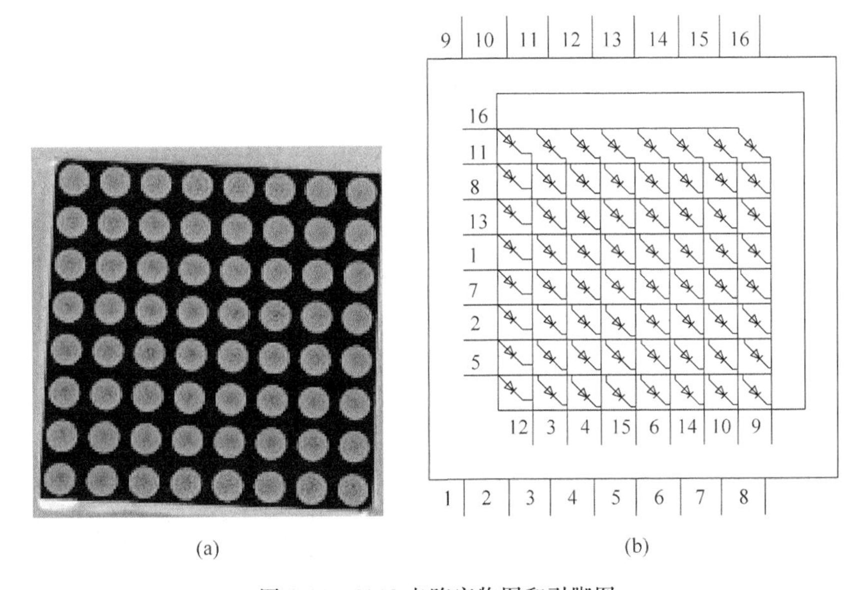

图2-14　8×8点阵实物图和引脚图

最外面是1088B5型号的8×8点阵16个引脚，分别标上标号，为1～8和9～16。而内部的标号和外部标号相对应，真实地反映了点阵中的二极管电路，比如要想第一行和第一列的发光二极管发亮，内部标号的引脚16为高电平，内部标号的引脚12为低电平即可，即外部标号为16的引脚是高电平，外部标号为12的引脚是低电平，在这里需要指出的是，不同型号的点阵排列可能是不同的，从图2-2中可以看到，点阵的引脚并不是按顺序排列的，因为实际的点阵元件的引脚是打乱的。为得到准确的点阵引脚的分布，有3种方法：一是利用网络，按照所买器件的型号查找相关信息；二是直接将点阵的任意两引脚接3.3V的电压，查找引脚与二极管的关系；三是用杜邦线接240Ω限流电阻串联笔记本电脑上USB电源，观察点阵的显示，然后逐个找出行公共端和列公共端。这里设计采用的是第三种方法，虽然这种方法的步骤较为烦琐，但能更深刻地理解点阵的结构和了解点阵的引脚分布，从而在实物焊接的过程中减少错误。

LED点阵显示系统中各模块的显示方式有静态和动态显示两种。静态显示原理简单、控制方便，但硬件接线复杂，在实际应用中一般采用动态显示方式，动态显示采用扫描的方式工作，由峰值较大的窄脉冲驱动，从上到下逐次不断地对显示屏的各行进行选通，同时又向各列送出表示图形或文字信息的脉冲信号，反复循环以上操作，就可显示各种图形或文字信息。下面主要分析点阵的动态显示。

如果要显示一个汉字，则可以进行动态扫描，动态扫描分为逐行扫描和逐列扫描两类。现在以逐列扫描为例，显示汉字“天”，假定显示的结果如图 2-15 所示。

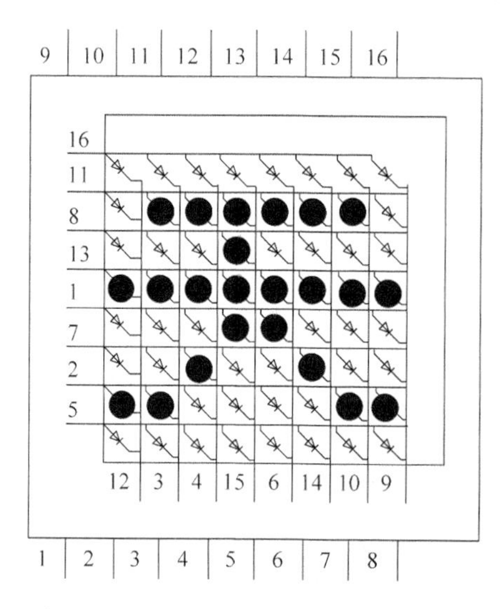

图 2-15　8×8 点阵显示“天”的原理图

则第一列中第 7 行、第 4 行的二极管发亮，过了极短时刻，第 2 列中第 2 行的发光二极管、第 4 行的发光二极管、第 7 行的发光二极管亮，再过极短时刻，第 3 列中只有第 2 行发光二极管、第 4 行发光二极管、第 6 行发光二极管亮，再过极短时刻，第 4 列只有第 2 行发光二极管、第 3 行发光二极管、第 4 行发光二极管、第 5 行发光二极管亮…以此类推，然后又重新循环。虽然第 2 列发光二极管通电发光时，第 1 列发光二极管已经断电，但由于存在视觉暂留现象，我们看起来仍然是亮的。

逐行扫描的原理相同，同样要显示汉字，则第 2 行中只有第 2 列、第 3 列、第 4 列、第 5 列、第 6 列的发光二极管亮，过极短时刻，第 3 行中只有第 4 列发光二极管亮，再过极短时刻，第 4 行只有第 2 列、第 3 列、第 4 列、第 5 列、第 6 列发光二极管亮，以此类推，虽然第 2 行发光二极管通电发光时，第 1 行发光二极管已经断电，但由于存在视觉暂留现象，我们看起来仍然是亮的。

那么逐列扫描和逐行扫描的主要区别在哪里呢？当我们想把字体移动时，就必须确定采用哪种扫描方式，当希望把字体左右移动，就必须采用逐列扫描方法；当希望把字体上下移动时，就必须采用逐行扫描方法。

在这里需要指出的是，由于 8×8 的点阵二极管数量不多，不能显示较为复杂的汉字，比如“盐”字，8×8 的点阵就无法显示，只能采用 16×16 点阵或更大的点阵。而且不同型号的点阵，其引脚排列方式不同，必须知道引脚排列与点阵中发光二极管的对应关系。

大屏幕显示系统一般是将由多个 LED 点阵组成的小模块以搭积木的方式组合而成的，每一个小模块都有自己独立的控制系统，组合在一起后只要引入一个总控制器控制各模块的命令和数据即可，这种方法简单而且具有易装、易维修的特点。

从上面分析可以看出，即使对于 8×8 的点阵，如果直接接单片机端口，显然很浪费单片机端口，一般情况下采用串行输入并行输出的芯片作点阵的驱动电路，就能节省单片机端口，常用的串行输入并行输入的芯片有 74LS164 与 74HC595，本次设计采用 74HC595，下面对 74HC595 作详细介绍。

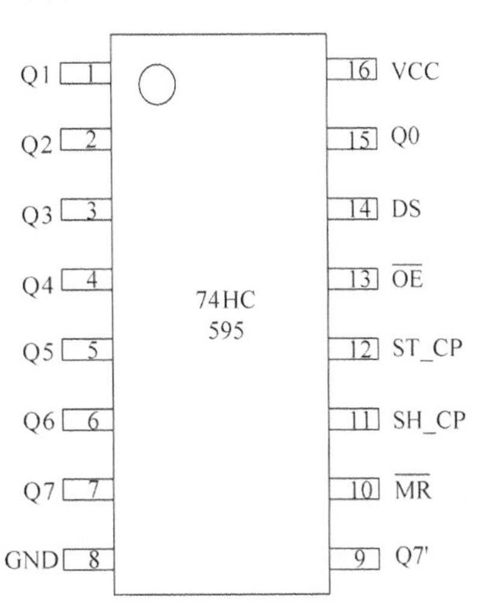

图 2-16　74HC595 引脚图

74LS164 与 74HC595 的功能类似，输入输出方式相同，都拥有一个串行输入口和 8 个并行输出口。74LS164 的驱动电流相对 74HC595 较小，引脚数为 14，体积也相对小一点。74LS164 比 75HC595 少了一个数据存储寄存器，在移位的过程中，74LS164 的并行输出数据无法保持，在串行传输速度慢的情况下，点阵显示会有闪烁感。74LS164 还比 74HC595 少一个高阻输出状态。74HC595 引脚图如图 2-16 所示。

74HC595 是硅结构的 CMOS 器件，内部含有一个移位寄存器和一个存储器，其中移位寄存器是 8 位的。74HC595 具有三态输出功能，当 OE 为高电平，MR 为低电平时，并行输出为高阻状态。移位寄存器和存储器拥有各自独立的时钟，数据在 SHCP 的上升沿输入到移位寄存器中，在 STCP 的上升沿输入到存储寄存器中去。如果两个时钟连在一起，则移位寄存器总是比存储寄存器早一个脉冲。移位寄存器有一个串行移位输入 DS、一个串行输出 Q7'以及一个异步的低电平复位，存储器有一个 8 位并行输出，当使能 OE 时（为低电平），存储器的数据输出到总线。

74HC595 引脚功能说明如表 2-5 所示。

表 2-5　74HC595 引脚说明

符　　号	引　　脚	描　　述
Q0～Q7	15,1～7	并行数据输出
GND	8	电源地
Q7'	9	串行数据输出
MR	10	主复位（低电平）
SH_CP	11	移位寄存器时钟输入
ST_CP	12	存储寄存器时钟输入
OE	13	输出有效（低电平）
DS	14	串行数据输入
VCC	16	电源

74HC595 芯片是把串行数据并行输出，具体功能如表 2-6 所示。

表 2-6 74HC595 芯片功能

SHCP	STCP	OE	MR	DS	Q7'	Qn	功能
×	×	L	↓	×	L	NC	MR 为低电平时仅影响移位寄存器
×	↑	L	L	×	L	L	空移位寄存器到输出寄存器
×	×	H	L	×	L	Z	清空移位寄存器，并行输出为高阻状态
↑	×	L	H	H	Q6'	NC	逻辑高电平移入移位寄存器状态 0，包含所有的移位寄存器状态移入，例如，以前的状态 6(内部 Q6")出现在串行输出位
×	↑	L	H	×	NC	Qn'	移位寄存器的内容到达保持寄存器并从并口输出
↑	↑	L	H	×	Q6'	Qn'	移位寄存器内容移入，先前的移位寄存器的内容到达保持寄存器并输出

H 表示高电平状态，L 表示低电平状态，↑表示上升沿，↓表示下降沿，Z 表示高阻，NC 表示无变化，×表示任意电平。

当 MR 为高电平，OE 为低电平时，数据在 SHCP 上升沿进入移位寄存器，在 STCP 上升沿输出到并行端口。

74HC595 芯片与点阵的配合，现在我们先不考虑 74HC595 芯片控制端口，只考虑 74HC595 输入端和输出端，控制行扫描的输入端 DS 接单片机 P2.7 端口，而输出端 D7～D0 接点阵的行输入端，控制列扫描的输入端 DS 接单片机 P4.7 端口，而输出端 D7～D0 接点阵的列输入端制成表格如表 2-7 所示。

表 2-7 4HC595 的输出与点阵引脚的对应关系

列扫描		行扫描	
74HC5 输出端口	点阵输入引脚	74HC5 输出端口	点阵输入引脚
Q7	9	Q7	16
Q6	10	Q6	11
Q5	14	Q5	8
Q4	6	Q4	13
Q3	15	Q3	1
Q2	4	Q2	7
Q1	3	Q1	2
Q0	12	Q0	5

前面说过，假如现在希望显示点阵第 1 行第 1 列的二极管，参照图 2-14(b)，那么控制点阵行扫描的 74HC595 的输出 Q7 为高电平，即"1"，Q6～Q0 为低电平，即"0"，所以行扫描的 74HC595 的输入端 DS 应为 1000 0000，即十六进制 0x80，控制点阵列扫描的 74HC595 的输出 Q0 为低电平，即"0"，其他引脚为高电平，即"1"，所以列扫描的 74HC595 的输入端 DS

应为 1111 1110，即 0xfe。

这样当控制行扫描端口 74HC595 输入端 DS 对应的单片机端口 P2.7 为 0x80，控制列扫描的 74HC595 输入端 DS 对应的单片机端口 P4.7 为 0xfe 时，则点阵第 1 行第 1 列发光二极管亮。

现在再考虑芯片控制端口，假如将行驱动器的 OE 接地，MR 接电源，ST_CP、SH_CP 引脚分别接到单片机的 P1.3、P1.2 口，相应地将列驱动器的控制端 OE 接地，MR 接电源，ST_CP、SH_CP 引脚分别接到单片机的 P1.1、P1.0 口，因此行驱动器与列驱动器是分开控制的，保证了各驱动控制的独立性与准确性。点阵的行驱动芯片与列驱动芯片的串行输入端 DS 分别接到单片机的 P2.7 和 P4.7 口，为了保证 74HC595 芯片正常工作，提供其工作电压为 5V。则基于单片机的控制点阵硬件电路图如图 2-17 所示。

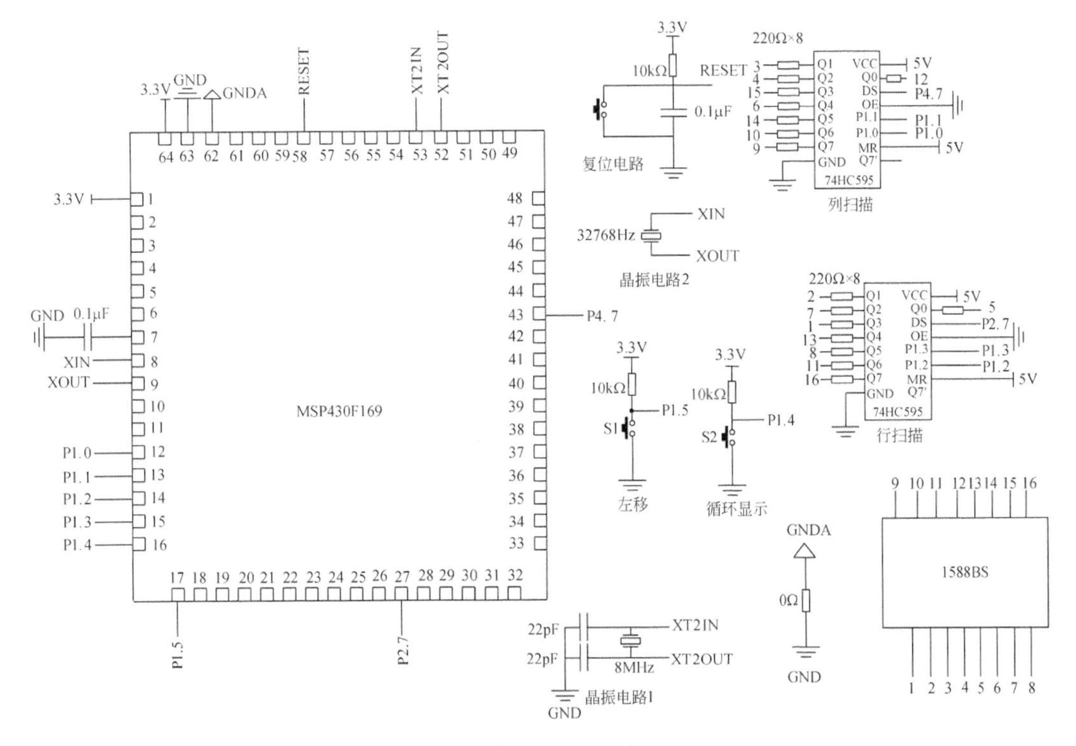

图 2-17　基于单片机的点阵控制电路图

在图 2-17 中可以看出，采用两块芯片 74HC595 分别控制点阵的行和列。行驱动器与列驱动器是分开控制的，保证了各驱动控制的独立性与准确性。结果表明，点阵拥有独立的行驱动和列驱动，既可以实现逐行式扫描，又可以实现逐列式扫描。

74HC595 的 8 位并行输出分别接到点阵的行公共端与列公共端。为避免发光二极管点亮时流过的电流过大，在点阵的阳极输入端需串联限流电阻，经调试选择 220Ω 电阻较为合适，可在保证发光二极管的亮度的基础上限制电流。

现在我们想在点阵上显示汉字，如果需要左右移动，则进行逐列扫描，如果需要上下移动，则进行逐行扫描，对于一个静态的字，两种扫描都可以。

现在我们显示“天”字，程序如下：

```
#include <MSP430x16x.h>
#include <stdio.h>
#define uchar unsigned char
#define uint unsigned int
#define CPU_F ((double)8000000)
#define delayus(x) __delay_cycles((long)(CPU_F * (double)x/1000000.0))   //宏定义延时函数
#define delayms(x) __delay_cycles((long)(CPU_F * (double)x/1000.0))
#define sck0 P1OUT& = ~BIT0                    //列扫描移位寄存器时钟输入
#define sck1 P1OUT| = BIT0
#define rck0 P1OUT& = ~BIT1                    //存储器时钟输入
#define rck1 P1OUT| = BIT1
#define sck2 P1OUT& = ~BIT2                    //行扫描
#define sck3 P1OUT| = BIT2
#define rck2 P1OUT& = ~BIT3
#define rck3 P1OUT| = BIT3
#define LCDPORT P4OUT
#define LCDPORT1 P2OUT
#define uchar unsigned char
void Clk_Init()
{
    uchar k;
    BCSCTL1& = ~XT2OFF;                        //打开 XT 振荡器
    BCSCTL2| = SELM_2 + SELS;                  //MCLK 8MHz, SMCLK 8MHz
    do
    {
        IFG1 &=  ~OFIFG;                       //清除振荡错误标志
        for(k = 0; k < 0xff; k++) _NOP();     //延时等待
    }
    while ((IFG1 & OFIFG) != 0);               //如果标志为 1,继续循环等待
    IFG1& = ~OFIFG;
}

void serinput1(uchar b)
{
    uchar i;
    for(i = 0; i < 8; i++)
    {
        LCDPORT1 = b&0x80;                     //取数据的最高位
        b<<= 1;                                //将数据的次高位移到最高位
        sck0;                                  //先置低
        sck1;                        //再置高,产生移位时钟上升沿,上升沿时数据寄存器的数据移位
    }
}
```

```
void Par_OUT1(void)
{
    rck0;                                   //先置低
    rck1;                                   //再置高,产生移位时钟上升沿
}

void serinput2(uchar b)
{
    uchar i;
    for(i = 0; i < 8; i++)
    {
        LCDPORT = b&0x80;                   //取数据的最高位
        b <<= 1;                            //将数据的次高位移到最高位,为下一次取数据做准备
        sck2;                               //先置低
        sck3;
    }
}

void Par_OUT2(void)
{
    rck2;                                   //先置低
    rck3;                                   //再置高,产生移位时钟上升沿
}

void main()
{
    uchar i;
    WDTCTL = WDTPW + WDTHOLD;
    Clk_Init();
    P1DIR = 0xff;
    P2DIR = 0xff;
    P4DIR = 0xff;
    while(1)
    {
       unsigned char aa[] = {0x00};
       unsigned char out[] = {0xfe,0xfd,0xfb,0xf7,0xef,0xdf,0xbf,0x7f};
       unsigned char out4[] = {0x12,0x52,0x54,0x78,0x58,0x54,0x52,0x12};
       for(i = 0; i < 8; i++)
       {
           serinput1(out[i]);
           serinput2(out4[i]);
           Par_OUT1();
           Par_OUT2();
           serinput2(aa[0]);
           Par_OUT2();
       }
    }
}
```

从程序可以看出 out[]和 out4[]中的数组分别控制列扫描和行扫描，例如 out[]中第 1 个数组为 0xfe，out4[]中第 1 个数组为 0x12，则通过 74HC595 芯片输入到点阵后，第 1 列中只有第 4 行、第 7 行二极管发亮；而 out[]中第 2 个数组为 0xfd，out4[]中第 2 个数组为 0x52，则通过 74HC595 芯片输入到点阵后，第 2 列中只有第 2 行、第 4 行、第 7 行二极管发亮；以此类推，就显示了“天”字。serinput2(aa[0])的作用是消影，当重新扫描时，把点阵的行均设置为低电平，就起到消影的作用。效果图如图 2-18 所示。

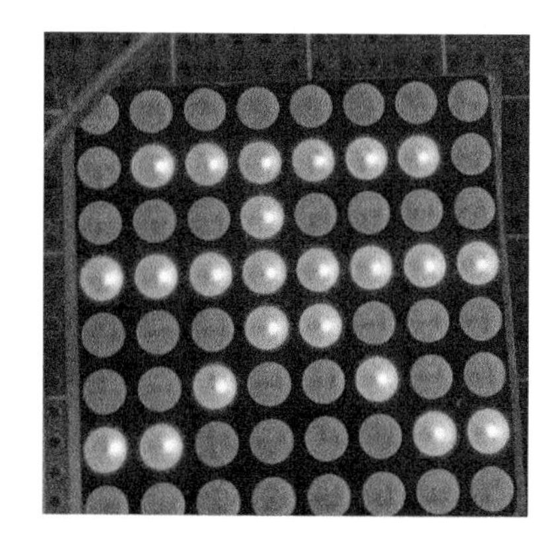

图 2-18　基于单片机的点阵控制效果图(1)

请读者思考一下，如果行扫描 74HC595 的 DS 端口接单片机 P2.6，LCDPORT1＝b&0x80 这条语句如何修改？

上述程序中 out[]数组是控制列扫描的，而 out4[]数组是行扫描的，如果要人工确定显示的汉字，工作量较大，这时可以用到汉字字模软件，汉字字模软件有很多种，本书只介绍汉字字模软件 PC2LCD2002 的使用方法。

(1) 首先运行 PC2LCD2002 软件，界面如图 2-19 所示。

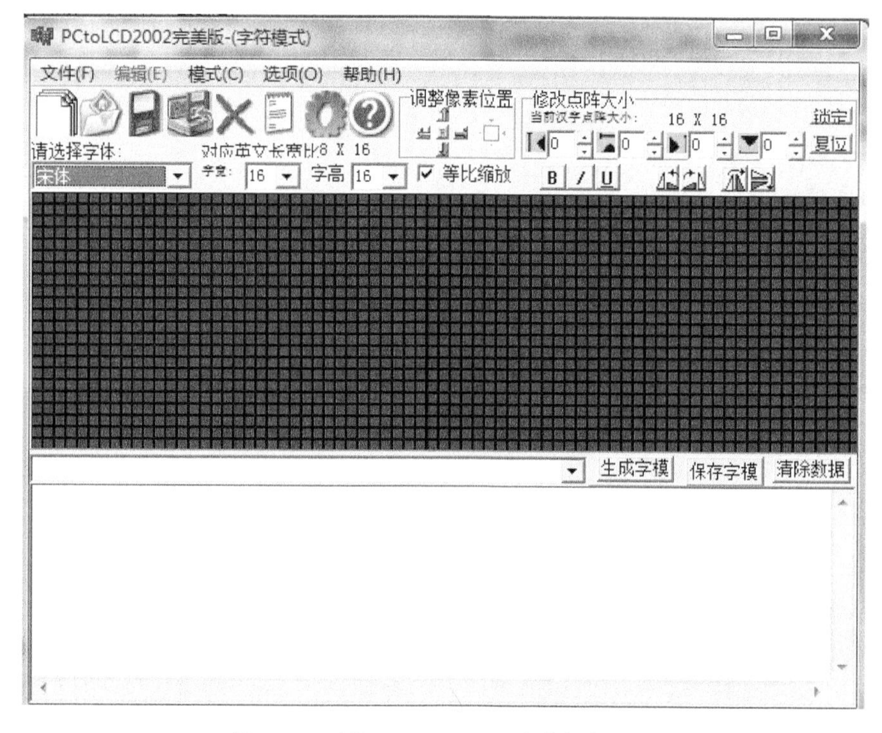

图 2-19　运行 PC2LCD2002 字幕软件界面

(2) 单击“菜单”中的“选项”按钮，得到如图 2-20 所示界面。

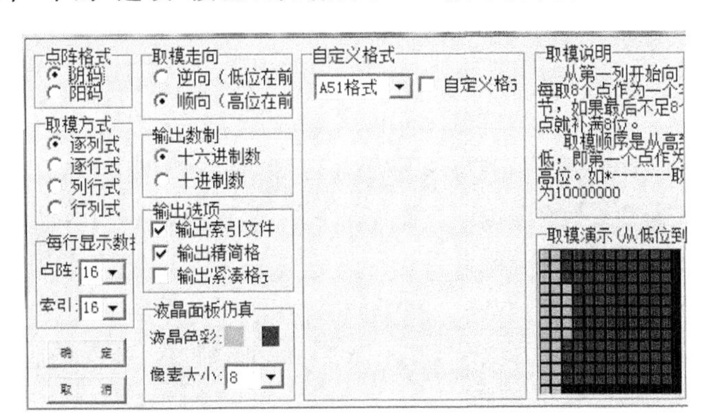

图 2-20　PC2LCD2002 字幕软件操作(1)

由于本设计采用列扫描方法，所以在点阵格式中选择“阴码”，再由于是 8×8 点阵，在每行显示数值的下拉菜单中“点阵”选择 8，同样“索引”也选择 8，在自定义格式的下拉菜单中选中 C51 格式，设置好的界面如图 2-21 所示。

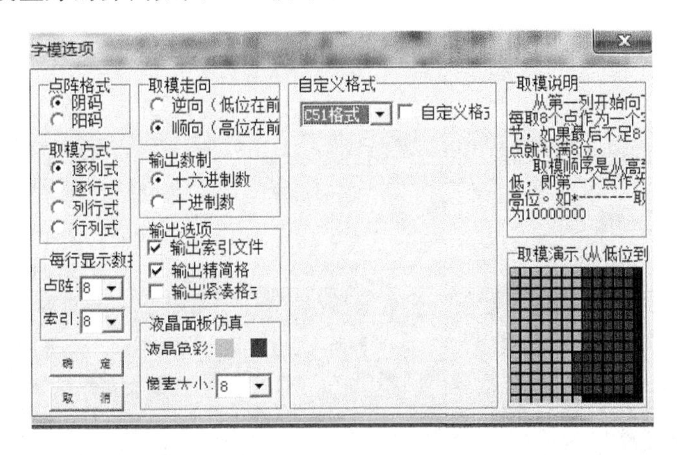

图 2-21　PC2LCD2002 字幕软件操作(2)

按下“确定”按钮后又出现界面，这时在“请选择字体”的下拉菜单中选择相应的字体，同时在“子宽”和“字高”的下拉菜单中都选择“8”，这是由于本设计采用的 8×8 点阵，设置好的界面如图 2-22 所示。

在“生成字模”的下拉菜单中写入“天”字，按下“生成字模”按钮，出现如图 2-23 所示界面。

把生成的十六进制数组复制和粘贴到 out4[]中即可。下面的行扫描数组都是采用这样方法获得的。

现在想显示两个字，即先显示“天”字，再显示“日”字，重复进行。则程序如下：

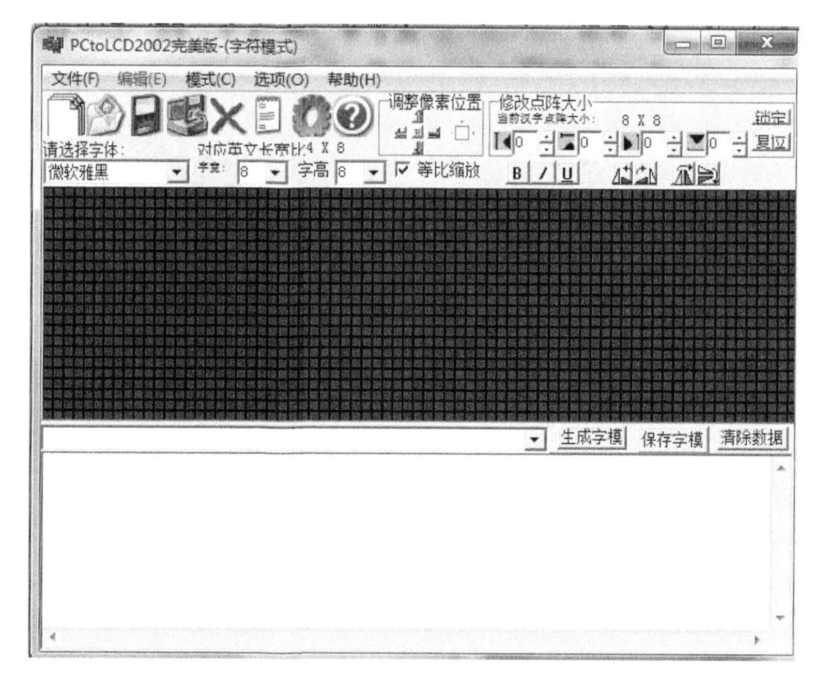

图 2-22　PC2LCD2002 字幕软件操作(3)

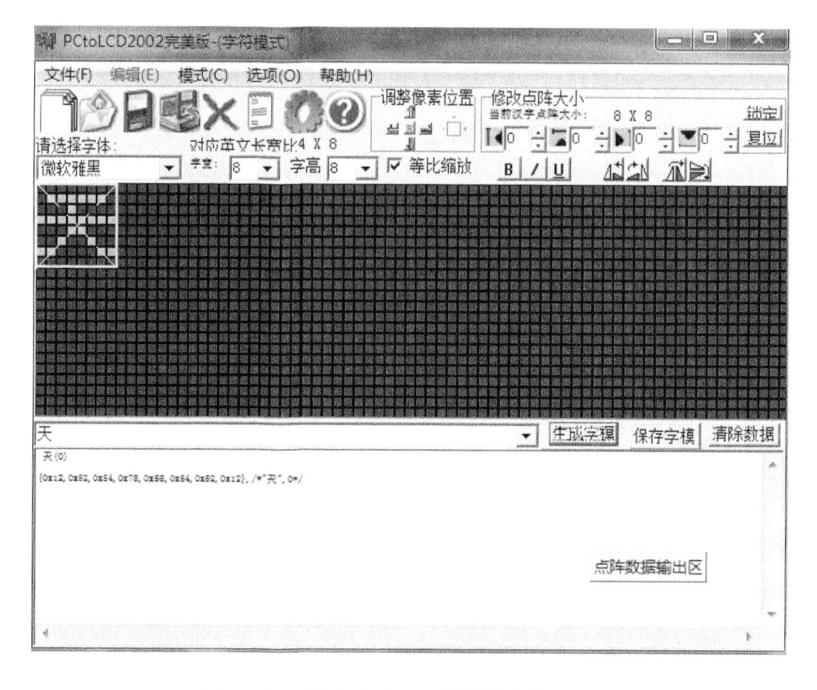

图 2-23　PC2LCD2002 字幕软件操作(4)

```
#include <MSP430x16x.h>
#include <stdio.h>
#define uchar unsigned char
#define uint unsigned int
#define CPU_F ((double)8000000)
#define delayus(x) __delay_cycles((long)(CPU_F*(double)x/1000000.0))   //宏定义延时函数
#define delayms(x) __delay_cycles((long)(CPU_F*(double)x/1000.0))
#define sck0 P1OUT&=~BIT0                    //列扫描移位寄存器时钟输入
#define sck1 P1OUT|=BIT0
#define rck0 P1OUT&=~BIT1                    //存储器时钟输入
#define rck1 P1OUT|=BIT1
#define sck2 P1OUT&=~BIT2                    //行扫描
#define sck3 P1OUT|=BIT2
#define rck2 P1OUT&=~BIT3
#define rck3 P1OUT|=BIT3
#define LCDPORT P4OUT
#define LCDPORT1 P2OUT
int time=0,m2=0,m1=0;
#pragma vector = TIMERA0_VECTOR
__interrupt void Timer_A(void)
{
    time++;
    if(time==5)
    {
        m2=1;
    }
    if(time==10)
    {
        m2=0;
        time=0;
    }
}

void Clk_Init()
{
    uchar k;
    BCSCTL1&=~XT2OFF;                        //打开 XT 振荡器
    BCSCTL2|=SELM_2+SELS;                    //MCLK 为 8MHz, SMCLK 为 8MHz
    do
    {
        IFG1 &= ~OFIFG;                      //清除振荡错误标志
        for(k = 0; k<0xff; k++) _NOP();      //延时等待
    }
    while ((IFG1 & OFIFG) != 0);             //如果标志为1,继续循环等待
    IFG1&=~OFIFG;
}
```

```
void serinput1(uchar b)
{
    uchar i;
    for(i = 0; i < 8; i++)
    {
        LCDPORT1 = b&0x80;              //取数据的最高位
        b <<= 1;                        //将数据的次高位移到最高位
        sck0;                           //先置低
        sck1;                 //再置高,产生移位时钟上升沿,上升沿时数据寄存器的数据移位
    }
}

void Par_OUT1(void)
{
    rck0;                               //先置低
    rck1;                               //再置高,产生移位时钟上升沿
}

void serinput2(uchar b)
{
    uchar i;
    for(i = 0; i < 8; i++)
    {
        LCDPORT = b&0x80;               //取数据的最高位
        b <<= 1;                        //将数据的次高位移到最高位,为下一次取数据做
                                        //准备
        sck2;                           //先置低
        sck3;
    }
}

void Par_OUT2(void)
{
    rck2;                               //先置低
    rck3;                               //再置高,产生移位时钟上升沿
}

void main()
{
    uchar i;
    WDTCTL = WDTPW + WDTHOLD;
    Clk_Init();
    P1DIR = 0xff;
    P2DIR = 0xff;
    P4DIR = 0xff;
    TACCTL0 = CCIE;                     //CCR0 中断使能
    TACCR0 = 11;                        //终点值,使用连续计数模式时,此值不会有影响
```

```
    TACTL = TASSEL_1 + MC_2;            //控制定时器 A 选择 timer 时钟 ACLK 和连续计数模式
    _EINT();
    while(1)
    {
        unsigned char aa[ ] = {0x00};
        unsigned char out[ ] = {0xfe,0xfd,0xfb,0xf7,0xef,0xdf,0xbf,0x7f};
        unsigned char out4[ ] = {0x12,0x52,0x54,0x78,0x58,0x54,0x52,0x12,0x00,0x00,0x3E,
0x2A,0x2A, 0x3E,0x00,0x00};
        if(m2!= 0)
        {
            for(i = 0; i<8; i++)
            {
                serinput1(out[i]);
                serinput2(out4[i + 8]);
                Par_OUT1();
                Par_OUT2();
                serinput2( aa[0]);
                Par_OUT2();
            }
        }
        if(m2 == 0)
        {
            for(i = 0; i<8; i++)
            {
                serinput1(out[i]);
                serinput2(out4[i]);
                Par_OUT1();
                Par_OUT2();
                serinput2( aa[0]);
                Par_OUT2();
            }
        }
    }
}
```

效果图如图 2-24 所示。

这里使用了定时器，当 time 等于 5 时，m2＝1，则执行 if(m2! ＝0)下面的语句，显示“日”，当 time 等于 10 时，m2＝0；则执行 if(m2＝＝0)下面的语句，显示“天”，同时把 time 清零(time＝0)，为重复显示做准备。需要指出的是，显示不同汉字，不宜采用延时函数的做法，这样会使得点阵得电时间变短，亮度很暗。

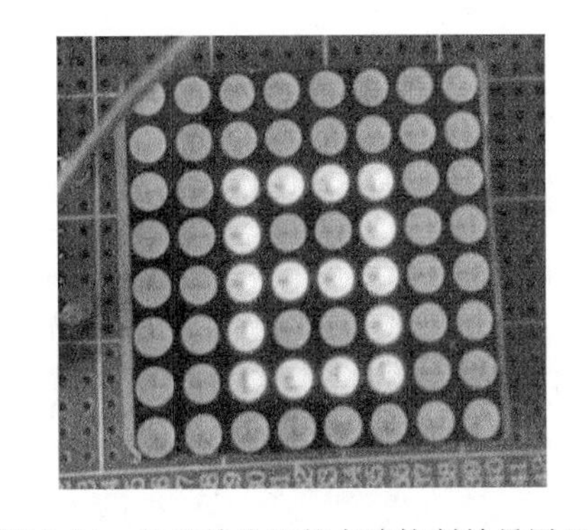

图 2-24　基于单片机的点阵控制效果图(2)

现在我们想左移，也就是单片机一上电时出现“天”字，按下一个按钮 S1 后，再出现“天”和“日”，按

下按钮 S2 后,"天"字和"日"字依次左移。程序如下:

```
#include <MSP430x16x.h>
#include<stdio.h>
#define uchar unsigned char
#define uint unsigned int
#define CPU_F ((double)8000000)
#define delayus(x) __delay_cycles((long)(CPU_F * (double)x/1000000.0))    //宏定义延时函数
#define delayms(x) __delay_cycles((long)(CPU_F * (double)x/1000.0))
#define sck0 P1OUT& = ~BIT0                    //列扫描移位寄存器时钟输入
#define sck1 P1OUT| = BIT0
#define rck0 P1OUT& = ~BIT1                    //存储器时钟输入
#define rck1 P1OUT| = BIT1
#define sck2 P1OUT& = ~BIT2                    //行扫描
#define sck3 P1OUT| = BIT2
#define rck2 P1OUT& = ~BIT3
#define rck3 P1OUT| = BIT3
#define pp0 (P1IN&BIT4)
#define pp1 (P1IN&BIT5)
#define LCDPORT P4OUT
#define LCDPORT1 P2OUT
int time = 0,m2 = 0,m1 = 0,m = 0;
#pragma vector = TIMERA0_VECTOR
__interrupt void Timer_A(void)
{
    time++;
    if(time == 50)
    {
        m++;
        time = 0;
    }
    if(m == 16)
    {
        m = 0;
    }
    if(time == 100)
    {
        time = 0;
    }
}

#pragma vector = TIMERB0_VECTOR
__interrupt void Timer_B(void)
{
    time++;
    if(time == 50)
    {
```

```
            m2 = 1;
        }
        if(time == 100)
        {
            m2 = 0;
            time = 0;
        }
    }

    void Clk_Init()
    {
        uchar k;
        BCSCTL1& = ~XT2OFF;                    //打开 XT 振荡器
        BCSCTL2| = SELM_2 + SELS;              //MCLK 为 8MHz, SMCLK 为 8MHz
        do
        {
            IFG1 &= ~OFIFG;                    //清除振荡错误标志
            for(k = 0; k < 0xff; k++) _NOP();  //延时等待
        }
        while ((IFG1 & OFIFG) != 0);           //如果标志为 1,继续循环等待
        IFG1& = ~OFIFG;
    }

    void serinput1(uchar b)
    {
        uchar i;
        for(i = 0; i<8; i++)
        {
            LCDPORT1 = b&0x80;                 //取数据的最高位
            b<<= 1;                            //将数据的次高位移到最高位
            sck0;                              //先置低
            sck1;                  //再置高,产生移位时钟上升沿,上升沿时数据寄存器的数据移位
        }
    }

    void Par_OUT1(void)
    {
        rck0;                                  //先置低
        rck1;                                  //再置高,产生移位时钟上升沿
    }

    void serinput2(uchar b)
    {
        uchar i;
        for(i = 0; i<8; i++)
        {
            LCDPORT = b&0x80;                  //取数据的最高位
```

```
            b<<=1;                          //将数据的次高位移到最高位,为下一次取数据做
                                            //准备
            sck2;                           //先置低
            sck3;
        }
    }

    void Par_OUT2(void)
    {
        rck2;                               //先置低
        rck3;                               //再置高,产生移位时钟上升沿
    }

    void main( )
    {
        uchar i;
        WDTCTL = WDTPW + WDTHOLD;
        Clk_Init( );
        P1DIR=0x0f;
        P2DIR=0xff;
        P4DIR=0xff;
        TACCTL0 = CCIE;                     //CCR0 中断使能
        TACTL = TASSEL_1 + MC_1;            //控制定时器 A 选择 timer 时钟 ACLK 和连续计数模式
        TBCCTL0 = CCIE;                     //CCR0 中断使能
        TBCTL = TBSSEL_1 + MC_1;            //控制定时器 B 选择 timer 时钟 ACLK 和连续计数模式
        _EINT();
        while(1)
        {
            unsigned char aa[]={0x00};
            unsigned char out[]={0xfe,0xfd,0xfb,0xf7,0xef,0xdf,0xbf,0x7f};
            unsigned char out4[]={0x12,0x52,0x54,0x78,0x58,0x54,0x52,0x12,
                                  0x00,0x00,0x3E,0x2A,0x2A,0x3E,0x00,0x00,
                                  0x12,0x52,0x54,0x78,0x58,0x54,0x52,0x12,
                                 0x00,0x00,0x3E,0x2A,0x2A,0x3E,0x00,0x00};
            if(pp0==0)
            {
                TACCR0 = 500;
                _EINT();
            }
            if(pp1==0)
            {
                TBCCR0 = 500;
                _EINT();
                m=0;
            }
            if(m2!=0)
```

```
        {
            for(i = 0; i < 8; i++)
            {
                serinput1(out[i]);
                serinput2(out4[i + 8]);
                Par_OUT1();
                Par_OUT2();
                serinput2( aa[0]);
                Par_OUT2();
            }
        }
        if(m2 == 0)
        {
            for(i = 0; i < 8; i++)
            {
                serinput1(out[i]);
                serinput2(out4[i + m]);
                Par_OUT1();
                Par_OUT2();
                serinput2( aa[0]);
                Par_OUT2();
            }
        }
    }
}
```

这里用了两个定时器A和B,定时器A起到轮流显示作用。单片机一上电时,点阵先显示"天"。按下按键S1,"天"和"日"轮流显示;定时器B起到左移显示作用。按下按键S2,字体开始左移,左移的方式很简单,把"天"和"日"的代码都放在两个数组out6[](点阵行的代码)和out5[](点阵列的代码)中。效果图如图2-25所示。

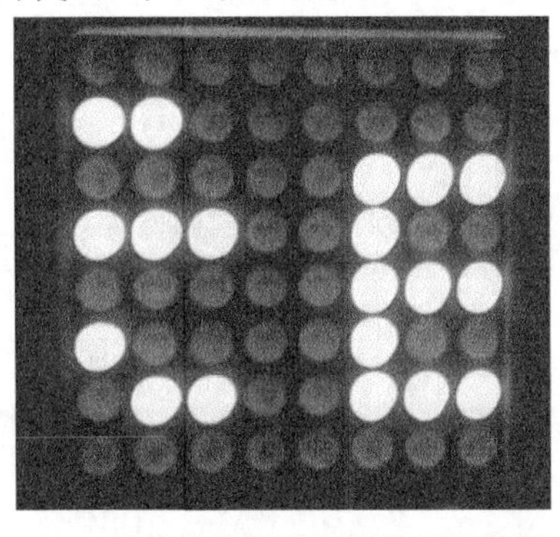

图2-25　基于单片机的点阵控制效果图(3)

2.5 液晶 12232 的显示

12232F 是一种内置 8192 个 16×16 点汉字库和 128 个 16×8 点 ASCII 字符集图形点阵液晶显示器，它主要由行驱动器/列驱动器及 128×32 全点阵液晶显示器组成。可完成图形显示，也可以显示 7.5×2 个(16×16 点阵)汉字。与外部 CPU 接口采用并行或串行方式控制。

主要技术参数和性能：

(1) 电源：VDD，+3.0～+5.5V(电源低于 4.0V LED 背光需另外供电)。

(2) 显示内容：122(列)×32(行)点。

(3) 全屏幕点阵。

(4) 2M ROM(CGROM)总共提供 8192 个汉字(16×16 点阵)。

(5) 16K ROM(HCGROM)总共提供 128 个字符(16×8 点阵)。

(6) 2MHz 频率。

(7) 工作温度：0～+60℃，存储温度：-20～+70℃。

其实物图和引脚图如图 2-26 所示。

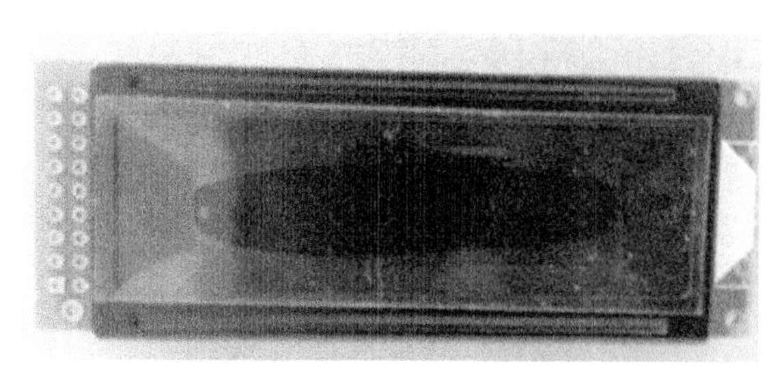

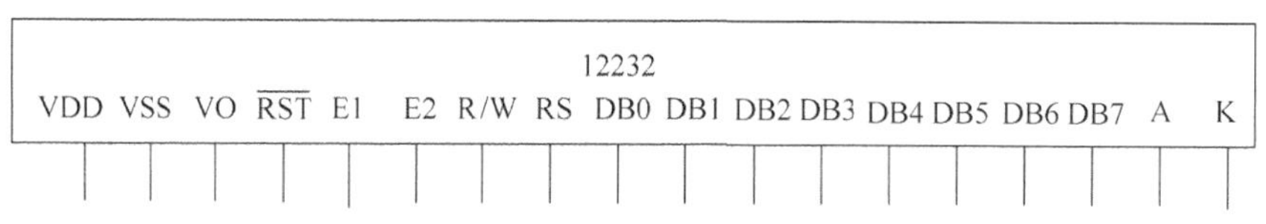

图 2-26　12232 实物图和引脚图

12232 引脚的定义如表 2-8 所示。

表 2-8　12232 引脚说明

编号	符号	引脚说明	编号	符号	引脚说明
1	VDD	电源地	10	DB1	数据口
2	VSS	电源正极	11	DB2	数据口
3	VO	液晶显示对比度调节	12	DB3	数据口
4	/RST	复位信号	13	DB4	数据口
5	E1	左半屏显示信号	14	DB5	数据口

续表

编号	符号	引脚说明	编号	符号	引脚说明
6	E2	右半屏显示信号	15	DB6	数据口
7	R/$\overline{W}$	读写模式选择	16	DB7	数据口
8	RS	数据/命令选择端	17	LEDA	背光电源正极
9	DB0	数据口	18	LEDK	背光电源负极

市面上12232常用的有两种引脚，一种是18引脚，另一种是20引脚，两者差别是后者多了2个空引脚，前者引脚RS就是后者引脚A0。

对12232有两种操作方式，即"读"和"写"。所谓"读"就是读液晶是否处于"忙"状态，如果是，就等液晶"空闲"时再往液晶"写"(写指令或写数据)。一般情况下对于12232可以不用"读"操作，用一个短延时即可。

在12232工作之前，要对12232进行一些设置，具体设置之前，我们先看12232的一些基本的概念，如图2-27所示。

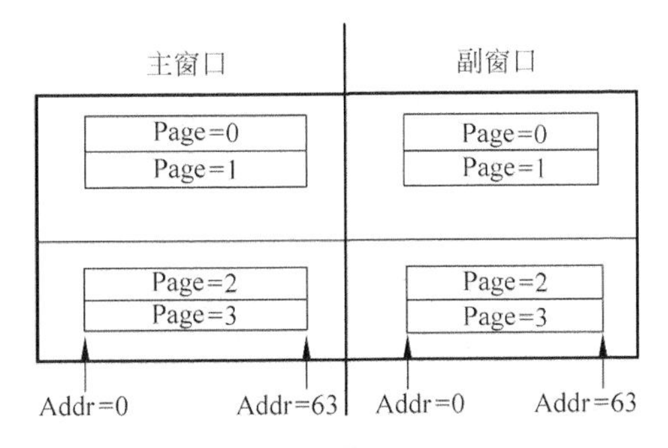

图2-27 12232窗口分布、地址与页的关系

从图2-27可以看出，12232屏幕分成主窗口和副窗口两部分，每个窗口共4页，每一页是16行、64列，所以起始地址Addr=0，终端地址为Addr=63。

因为12232可以显示图像，所以从工作原理上看，与点阵很相似。

下面看常用的指令代码。

1. 显示模式设置

指令代码：

RS	R/$\overline{W}$	DB7	DB6	DB5	DB4	DB3	DB2	DB1	DB0
0	0	1	0	1	0	1	1	1	D

D=0，开显示；D=1，关显示。

从功能设置指令代码可以看出，RS和R/$\overline{W}$为低电平时，是"写指令"，如果把D设置为0(1)，则DB7～DB0的二进制为1010 1110，其十六进制就是0xAE。这就说明了初始化程序中0xAE(0xAF)的由来。

2. 设置起始行

指令代码：

RS	R/$\overline{W}$	DB7	DB6	DB5	DB4	DB3	DB2	DB1	DB0
0	0	1	1	0	A4	A3	A2	A1	A0

执行该命令后，所设置的行将显示在屏幕的第一行。起始地址可以是0～31范围内任意一行。行地址计数器具有循环计数功能，用于显示行扫描同步，当扫描完一行后自动加一。

从设置起始行指令代码可以看出，RS和R/$\overline{W}$为低电平时，是“写指令”，如果把A4、A3、A2、A1和A0均设置为0，则DB7～DB0的二进制为1100 0000，其十六进制就是0xc0。这就说明了初始化程序中0xc0的由来。

3. 页地址设置

指令代码：

RS	R/$\overline{W}$	DB7	DB6	DB5	DB4	DB3	DB2	DB1	DB0
0	0	1	0	1	1	1	0	A1	A0

当MCU要对DDRAM进行读写操作时，首先要设置页地址和列地址，本指令不影响显示。

A1、A0和页的对应关系如表2-9所示。

表2-9　A1、A0和页对应关系

A1	A0	页
0	0	0
0	1	1
1	0	2
1	1	3

从页地址设置指令代码可以看出，RS和R/$\overline{W}$为低电平时，是“写指令”，如果把A1、A0设置为0，则DB7～DB0的二进制为1011 1000，其十六进制就是0xB8。这就说明了初始化程序中0xB8的由来。

4. 列地址设置

指令代码：

RS	R/$\overline{W}$	DB7	DB6	DB5	DB4	DB3	DB2	DB1	DB0
0	0	0	A6	A5	A4	A3	A2	A1	A0

设置DDRAM中的列地址，当执行此命令后，列会自动加1，直到40H后停止。对页地址无影响。

A6～A0 和列地址的对应关系如表 2-10 所示。

表 2-10 A6～A0 和列地址的对应关系

A6	A5	A4	A3	A2	A1	A0	列地址
0	0	0	0	0	0	0	0
0	0	0	0	0	0	1	1
…							
1	0	0	0	0	0	0	64

从列地址设置指令代码可以看出，RS 和 R/$\overline{W}$ 为低电平时，是“写指令”，如果把 A6～A0 设置为 0，则 DB7～DB0 的二进制为 0000 0000，其十六进制就是 0x00。这就说明了初始化程序中 0x00 的由来。

5. 设置显示方向

指令代码：

RS	R/$\overline{W}$	DB7	DB6	DB5	DB4	DB3	DB2	DB1	DB0
0	0	1	0	1	0	0	0	0	D

该指令设置 DD RAM 中的列地址与段驱动输出的对应关系。当 D=0 时，反向；当 D=1时，正向。

设置显示方向指令代码可以看出，A0 和 R/$\overline{W}$ 为低电平时，是“写指令”，如果把 D 设置为 0，则 DB7～DB0 的二进制为 1010 0000，其十六进制就是 0xA0。这就说明了初始化程序中 0xA0 的由来。

6. 开关静态显示模式

指令代码：

RS	R/$\overline{W}$	DB7	DB6	DB5	DB4	DB3	DB2	DB1	DB0
0	0	1	0	1	0	0	1	0	D

D=0 表示关闭静态显示；D=1 表示打开静态显示。

从开关静态显示模式指令代码可以看出，RS 和 R/$\overline{W}$ 为低电平时，是“写指令”，如果把 D 设置为 0，则 DB7～DB0 的二进制为 1010 0100，其十六进制就是 0xA4。这就说明了初始化程序中 0xA4 的由来。

7. DUTY 的选择

指令代码：

RS	R/$\overline{W}$	DB7	DB6	DB5	DB4	DB3	DB2	DB1	DB0
0	0	1	0	1	0	1	0	0	D

D=0 表示 1/16DUTY；D=1 表示 1/32DUTY。

从 DUTY 的选择指令代码可以看出，A0 和 R/$\overline{W}$ 为低电平时，是“写指令”，如果把 D 设置为 1(0)，则 DB7～DB0 的二进制为 1010 1001，其十六进制就是 0xA9。这就说明了初始化程序中 0xA9(0xA8)的由来。

8. 静态驱动开关

指令代码：

RS	R/$\overline{W}$	DB7	DB6	DB5	DB4	DB3	DB2	DB1	DB0
0	0	1	0	1	0	0	1	0	D

D=0 表示正常；D=1 表示静态。

从清静态驱动开关指令代码可以看出，RS 和 R/$\overline{W}$ 为低电平时，是“写指令”，如果把 D 设置为 0，则 DB7～DB0 的二进制为 1010 0100，其十六进制就是 0xA4。这就说明了初始化程序中 0xA4 的由来。

9. ADC 选择

指令代码：

RS	R/$\overline{W}$	DB7	DB6	DB5	DB4	DB3	DB2	DB1	DB0
0	0	1	0	1	0	0	0	0	D

D=0 表示正常；D=1 表示反向。

从 ADC 设置指令代码可以看出，RS 和 R/$\overline{W}$ 为低电平时，是“写指令”，如果把 D 设置为 0，则 DB7～DB0 的二进制为 1010 0000，其十六进制就是 0xA0。这就说明了初始化程序中 0xA0 的由来。

10. 读-修改-写开关

指令代码：

RS	R/$\overline{W}$	DB7	DB6	DB5	DB4	DB3	DB2	DB1	DB0
0	0	1	1	1	0	0	0	0	0

这是读-修改-写开模式，从指令代码可以看出，RS 和 R/$\overline{W}$ 为低电平时，是“写指令”，DB7～DB0 的二进制为 1110 0000，其十六进制就是 0xE0。这就说明了初始化程序中 0xE0 的由来。

指令代码：

RS	R/$\overline{W}$	DB7	DB6	DB5	DB4	DB3	DB2	DB1	DB0
0	0	1	1	1	0	1	1	1	0

这是读-修改-写关模式，从指令代码可以看出，RS 和 R/$\overline{W}$ 为低电平时，是“写指令”，

DB7～DB0 的二进制为 1110 1110，其十六进制就是 0xEE。这就说明了初始化程序中 0xEE 的由来。

从上面分析可知，在使用 12232 之前，必须对 12232 进行初始化，即写入一些指令来对 12232 进行初始化设置。实际上，对 12232 的"写"，包括写指令和写数据两类。要正确地对 12232"的写"，必须看懂 12232 时序图，如图 2-28 所示。下面来看 12232"写"时序图。

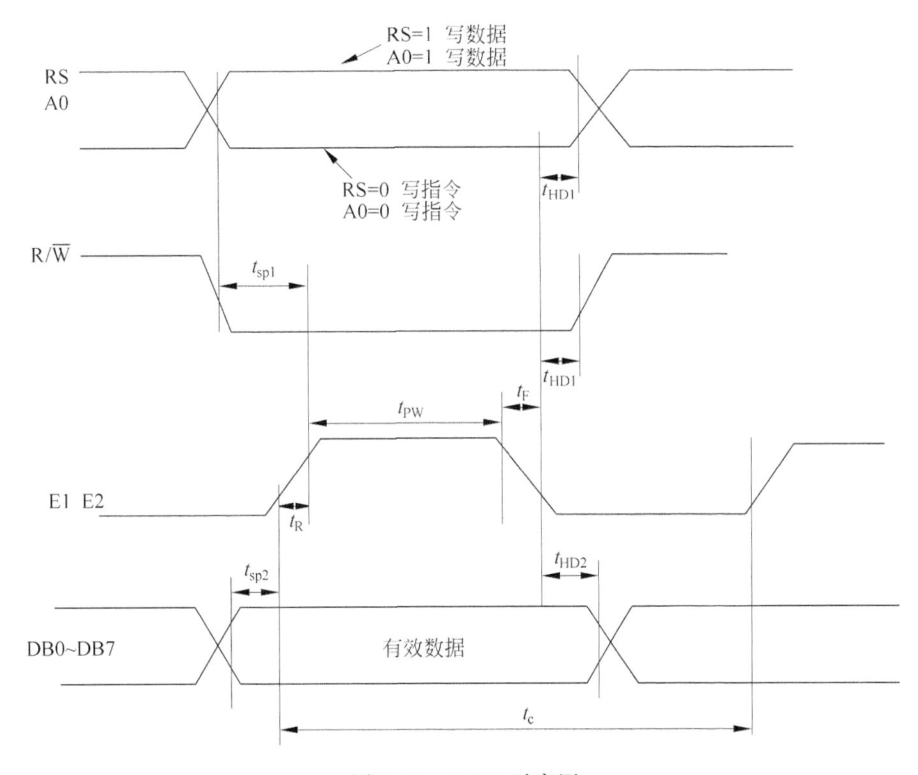

图 2-28 12232 时序图

现在我们要向 12232"写指令"，从时序图上可以看出，RS＝0(A0＝0)，然后有一个延时，R/$\overline{W}$设置为 0，然后再有一个延时，令 E1＝1，E2＝1。这段时间持续一段时间，就能把指令写入 12232(有效数据)，然后再令 E1＝0，E2＝0，延时后，令 RS＝1(A0＝1)就完成了写指令过程。由于不需要读 12232 工作状态，一般情况下，把 12232 的 R/$\overline{W}$ 直接接地。

如果我们要向 12232"写数据"，除了令 RS＝1 外，其他过程相同。

下面我们来编写 12232 显示程序。设计要求：单片机一上电，按下按钮 S1 后，12232 显示"基于单片机控制系统设计电气工程系"，再按下按钮 S1 后，字体左移；按下按钮 S2 后，12232 显示"小鸟飞过沧海"的图像，再按下按钮 S2 后，图像左移；电路图如图 2-29 所示。

从图 2-29 可以看出，12232 数据口接单片机对应的 P6 口。RS 接单片机 P2.0 口，R/W 接地，表明对 12232 只有写操作，E1 接单片机 P2.1 口，E2 接单片机 P2.2 口。RST 接单片机 P2.3 口。

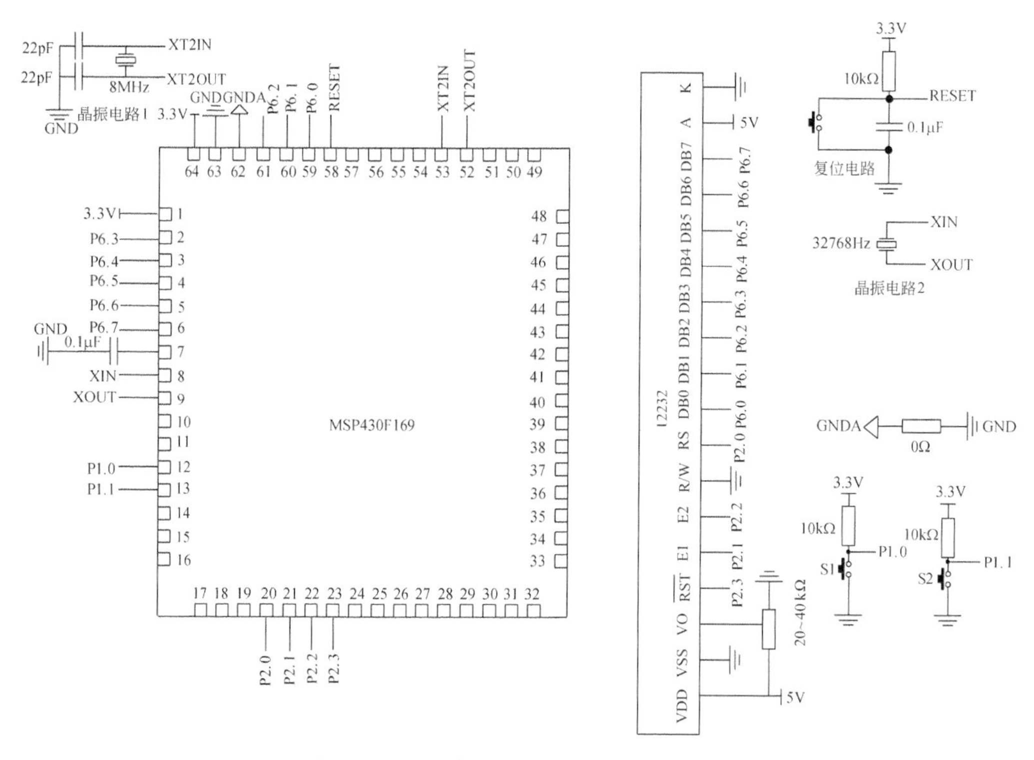

图 2-29 基于单片机的 12232 控制电路图

对于 1602 和 12232 进行比较，有以下几点差别：

(1) 1602 只有 E 控制，而 12232 有 E1 和 E2 分别控制主半屏和右半屏，更加灵活。

(2) 写指令和写数据的方式两种差别不大，时序基本相同。

(3) 12232 显示与点阵极为相似。

(4) 1602 和 12232 初始化指令不同。

整个程序清单如下：

```
#include<msp430x16x.h>
#define uchar unsigned char
#define uint unsigned int
#define DS P6OUT
#define CS0 P2OUT&=~BIT0                //RS 代替 A0 低电平
#define CS1 P2OUT|=BIT0                 //A0 高电平
#define SCLK10 P2OUT&=~BIT1             //E1 低电平
#define SCLK11 P2OUT|=BIT1              //E1 高电平
#define SCLK0 P2OUT&=~BIT2              //E2 低电平
#define SCLK1 P2OUT|=BIT2               //E2 高电平
#define PSB11 P2OUT|=BIT3               //reset 高电平
#define PSB10 P2OUT&=~BIT3              //reset 低电平
#define CPU_F ((double)8000000)
```

```
#define delayus(x) __delay_cycles((long)(CPU_F*(double)x/1000000.0))    //宏定义延时函数
#define delayms(x) __delay_cycles((long)(CPU_F*(double)x/1000.0))
#define KEYin1 (P1IN&BIT0)
#define KEYin2 (P1IN&BIT1)

char page,col,col1,col2,col3,col4,col5,col6,col7,col8,col9,col11,col12,col13,col14,col15,
col16,col17,col18,flag,flag1;
int i,j;
uchar keyvalue;
////////////////////////////////////////////////////////////////////////////////////
"沧海"图像的显示代码
////////////////////////////////////////////////////////////////////////////////////

uchar shui1[] = {0x21,0x42,0x84,0x08,0x10,0x20,0x20,0x20,0x10,0x08,0x84,0x42,0x21,0x21,
0x21,0x42,
0x84,0x08,0x10,0x20,0x20,0x20,0x10,0x08,0x84,0x42,0x21,0x21,0x21,0x42,0x84,0x08,
0x10,0x20,0x20,0x20,0x10,0x08,0x84,0x42,0x21,0x21,0x21,0x42,0x84,0x08,0x10,0x20,
0x20,0x20,0x10,0x08,0x84,0x42,0x21,0x21,0x21,0x42,0x84,0x08,0x10,0x20,0x20,0x20,
0x21,0x21,0x21,0x42,0x84,0x08,0x10,0x20,0x20,0x20,0x10,0x08,0x84,0x42,0x21,0x21,
0x21,0x42,0x84,0x08,0x10,0x20,0x20,0x20,0x10,0x08,0x84,0x42,0x21,0x21,0x21,0x42,
0x84,0x08,0x10,0x20,0x20,0x20,0x10,0x08,0x84,0x42,0x21,0x21,0x21,0x42,0x84,0x08,
0x10,0x20,0x20,0x20,0x10,0x08,0x84,0x42,0x21,0x21,0x21,0x42,0x84,0x08,0x10,0x20};
////////////////////////////////////////////////////////////////////////////////////
"小鸟"上半部分的显示代码
////////////////////////////////////////////////////////////////////////////////////

uchar ge1[] = {0x00, 0x00, 0x00, 0x00, 0x00, 0x00, 0x00, 0x00, 0x00, 0x00, 0x00, 0x00, 0x00, 0x00,
0x00,0x00,
0x00,0x00,0x00,0x00,0x00,0x00,0x00,0x00,0x00,0x00,0x00,0x00,0x00,0x00,0x00,0x00,
0x00,0x00,0x00,0x00,0x00,0x00,0x00,0x00,0x00,0x00,0x00,0x00,0x00,0x00,0x00,0x00,
0x00,0x00,0x00,0x00,0x00,0x00,0x00,0x00,0x00,0x00,0x00,0x00,0x00,0x00,0x00,0x00,
0x00,0x00,0x00,0x00,0x00,0x00,0x00,0x00,0x00,0x00,0x00,0x00,0x00,0x00,0x00,0x00,
0x00,0x00,0x00,0x00,0x00,0x04,0x0C,0x0E,0x1A,0x61,0xC9,0x03,0x02,0x06,0x04,0x08,
0x10,0x18,0x0C,0x06,0x02,0x03,0x81,0x81,0xC1,0x61,0x21,0x31,0x19,0x0F,0x83,0x81,
0xC0,0x40,0x00,0x00,0x00,0x00,0x00,0x00,0x00,0x00,0x00,0x00,0x00,0x00,0x00,0x00};
////////////////////////////////////////////////////////////////////////////////////
"小鸟"下半部分的显示代码
////////////////////////////////////////////////////////////////////////////////////

uchar ge2[] = {0x00, 0x00, 0x00, 0x00, 0x00, 0x00, 0x00, 0x00, 0x00, 0x00, 0x00, 0x00, 0x00, 0x00,
0x00,0x00,
0x00,0x00,0x00,0x00,0x00,0x00,0x00,0x00,0x00,0x00,0x00,0x00,0x00,0x00,0x00,0x00,
0x00,0x00,0x00,0x00,0x00,0x00,0x00,0x00,0x00,0x00,0x00,0x00,0x00,0x00,0x00,0x00,
0x00,0x00,0x00,0x00,0x00,0x00,0x00,0x00,0x00,0x00,0x00,0x00,0x00,0x00,0x00,0x00,
0x00,0x00,0x00,0x00,0x00,0x00,0x00,0x00,0x00,0x00,0x00,0x00,0x00,0x00,0x00,0x00,
0x00,0x00,0x00,0x00,0x00,0x00,0x00,0x00,0x00,0x00,0x01,0x07,0x1C,0x10,0x30,0x60,
0x60,0xC4,0x8C,0x9C,0x94,0x94,0xA4,0xA4,0xC5,0x85,0x09,0x09,0x09,0x09,0x10,0x30,
```

```
0x3F,0x20,0x00,0x00,0x00,0x00,0x00,0x00,0x00,0x00,0x00,0x00,0x00,0x00,0x00,0x00};
////////////////////////////////////////////////////////////////////////////////
"统设计电气工程系"上半字的显示代码
////////////////////////////////////////////////////////////////////////////////

uchar static yan[ ] = {0x20,0x30,0xAC,0x63,0x30,0x00,0x88,0xC8,0xA8,0x99,0x8E,0x88,0xA8,
0xC8,0x88,
0x00,0x40,0x40,0x42,0xCC,0x00,0x40,0xA0,0x9E,0x82,0x82,0x82,0x9E,0xA0,0x20,0x20,0x00,
0x40,0x40,0x42,0xCC,0x00,0x40,0x40,0x40,0x40,0xFF,0x40,0x40,0x40,0x40,0x40,0x00,
0x00,0x00,0xF8,0x88,0x88,0x88,0x88,0xFF,0x88,0x88,0x88,0x88,0xF8,0x00,0x00,0x00,
0x20,0x10,0x4C,0x47,0x54,0x54,0x54,0x54,0x54,0x54,0x54,0xD4,0x04,0x04,0x00,0x00,
0x00,0x04,0x04,0x04,0x04,0x04,0x04,0xFC,0x04,0x04,0x04,0x04,0x04,0x04,0x00,0x00,
0x24,0x24,0xA4,0xFE,0x23,0x22,0x00,0x3E,0x22,0x22,0x22,0x22,0x22,0x3E,0x00,0x00,
0x00,0x00,0x22,0x32,0x2A,0xA6,0xA2,0x62,0x21,0x11,0x09,0x81,0x01,0x00,0x00,0x00,
0x00,0x00,0x00,0x00,0x00,0x00,0x00,0x00,0x00,0x00,0x00,0x00,0x00,0x00,0x00,0x00,
0x00,0x00,0x00,0x00,0x00,0x00,0x00,0x00,0x00,0x00,0x00,0x00,0x00,0x00,0x00,0x00};
////////////////////////////////////////////////////////////////////////////////
"统设计电气工程系"下半字的显示代码
////////////////////////////////////////////////////////////////////////////////

const uchar yan2[ ] = {0x22,0x67,0x22,0x12,0x12,0x80,0x40,0x30,0x0F,0x00,0x00,0x3F,0x40,
0x40,0x71,
0x00,0x00,0x00,0x00,0x3F,0x90,0x88,0x40,0x43,0x2C,0x10,0x28,0x46,0x41,0x80,0x80,0x00,
0x00,0x00,0x00,0x7F,0x20,0x10,0x00,0x00,0x00,0xFF,0x00,0x00,0x00,0x00,0x00,0x00,
0x00,0x00,0x1F,0x08,0x08,0x08,0x08,0x7F,0x88,0x88,0x88,0x88,0x9F,0x80,0xF0,0x00,
0x00,0x00,0x00,0x00,0x00,0x00,0x00,0x00,0x00,0x00,0x00,0x0F,0x30,0x40,0xF0,0x00,
0x20,0x20,0x20,0x20,0x20,0x20,0x20,0x3F,0x20,0x20,0x20,0x20,0x20,0x20,0x20,0x00,
0x08,0x06,0x01,0xFF,0x01,0x06,0x40,0x49,0x49,0x49,0x7F,0x49,0x49,0x49,0x41,0x00,
0x00,0x42,0x22,0x13,0x0B,0x42,0x82,0x7E,0x02,0x02,0x0A,0x12,0x23,0x46,0x00,0x0,
0x00,0x00,0x00,0x00,0x00,0x00,0x00,0x00,0x00,0x00,0x00,0x00,0x00,0x00,0x00,0x00,
0x00,0x00,0x00,0x00,0x00,0x00,0x00,0x00,0x00,0x00,0x00,0x00,0x00,0x00,0x00,0x00};
////////////////////////////////////////////////////////////////////////////////
"基于单片机控制系"上半字的显示代码
////////////////////////////////////////////////////////////////////////////////
const uchar gu[ ] = {0x00,0x04,0x04,0x04,0xFF,0x54,0x54,0x54,0x54,0x54,0xFF,0x04,0x04,0x04,
0x00,
0x00,0x40,0x40,0x42,0x42,0x42,0x42,0x42,0xFE,0x42,0x42,0x42,0x42,0x42,0x40,0x40,0x00,
0x00,0x00,0xF8,0x49,0x4A,0x4C,0x48,0xF8,0x48,0x4C,0x4A,0x49,0xF8,0x00,0x00,0x00,
0x00,0x00,0x00,0xFE,0x20,0x20,0x20,0x20,0x20,0x3F,0x20,0x20,0x20,0x20,0x00,0x00,
0x10,0x10,0xD0,0xFF,0x90,0x10,0x00,0xFE,0x02,0x02,0x02,0xFE,0x00,0x00,0x00,0x00,
0x10,0x10,0x10,0xFF,0x90,0x20,0x98,0x48,0x28,0x09,0x0E,0x28,0x48,0xA8,0x18,0x00,
0x40,0x50,0x4E,0x48,0x48,0xFF,0x48,0x48,0x48,0x40,0xF8,0x00,0x00,0xFF,0x00,0x00,
0x00,0x00,0x22,0x32,0x2A,0xA6,0xA2,0x62,0x21,0x11,0x09,0x81,0x01,0x00,0x00,0x00,
0x00,0x00,0x00,0x00,0x00,0x00,0x00,0x00,0x00,0x00,0x00,0x00,0x00,0x00,0x00,0x00,
0x00,0x00,0x00,0x00,0x00,0x00,0x00,0x00,0x00,0x00,0x00,0x00,0x00,0x00,0x00,0x00};
////////////////////////////////////////////////////////////////////////////////
"基于单片机控制系"下半字的显示代码
```

```
////////////////////////////////////////////////////////////////////////////////////////

const uchar gu2[ ] = {0x11,0x11,0x89,0x85,0x93,0x91,0x91,0xFD,0x91,0x91,0x93,0x85,0x89,
0x11,0x11,
0x00,0x00,0x00,0x00,0x00,0x00,0x40,0x80,0x7F,0x00,0x00,0x00,0x00,0x00,0x00,0x00,0x00,
0x10,0x10,0x13,0x12,0x12,0x12,0x12,0xFF,0x12,0x12,0x12,0x12,0x13,0x10,0x10,0x00,
0x00,0x80,0x60,0x1F,0x02,0x02,0x02,0x02,0x02,0x02,0xFE,0x00,0x00,0x00,0x00,0x00,
0x04,0x03,0x00,0xFF,0x00,0x83,0x60,0x1F,0x00,0x00,0x00,0x3F,0x40,0x40,0x78,0x00,
0x02,0x42,0x81,0x7F,0x00,0x40,0x40,0x42,0x42,0x42,0x7E,0x42,0x42,0x42,0x40,0x00,
0x00,0x00,0x3E,0x02,0x02,0xFF,0x12,0x22,0x1E,0x00,0x0F,0x40,0x80,0x7F,0x00,0x00,
0x00,0x42,0x22,0x13,0x0B,0x42,0x82,0x7E,0x02,0x02,0x0A,0x12,0x23,0x46,0x00,0x00,
0x00,0x00,0x00,0x00,0x00,0x00,0x00,0x00,0x00,0x00,0x00,0x00,0x00,0x00,0x00,0x00,
0x00,0x00,0x00,0x00,0x00,0x00,0x00,0x00,0x00,0x00,0x00,0x00,0x00,0x00,0x00,0x00};

uchar num = 0,dis_flag = 0;
void delay_1ms(uint x)
{
    uint i,j;
    for(j = 0; j < x; j++)
    for(i = 0; i < 110; i++);
}

void delay(uint z)
{
    uint x,y;
    for(x = z; x > 0; x-- )
    for(y = 9; y > 0; y-- );
}

void write_cmd1(uchar cmd)
{
    CS0;
    SCLK1;
    delay(13);
    DS = cmd;
    delay(13);
    SCLK0;
    delay(13);
}

void write_dat1(uchar dat)
{
    CS1;
    SCLK1;
    delay(13);
    DS = dat;
    delay(13);
```

```
        SCLK0;
        delay(13);
    }

    void write_cmd2(uchar cmd)
    {
        CS0;
        SCLK11;
        delay(13);
        DS = cmd;
        delay(13);
        SCLK10;
        delay(13);
    }

    void write_dat2(uchar dat)
    {
        CS1;
        SCLK11;
        delay(13);
        DS = dat;
        delay(13);
        SCLK10;
        delay(13);
    }

    void lcd_init()
    {
        PSB10;
        PSB11;
        write_cmd1(0xe2);
        write_cmd2(0xe2);
        write_cmd1(0xae);
        write_cmd2(0xae);
        write_cmd1(0xaf);
        write_cmd2(0xaf);
        write_cmd1(0xa1);
        write_cmd2(0xa1);
        write_cmd1(0xb8);
        write_cmd2(0xb8);
        write_cmd1(0x00);
        write_cmd2(0x00);
        write_cmd1(0xa9);
        write_cmd2(0xa9);
        write_cmd1(0xa4);
        write_cmd2(0xa4);
        write_cmd1(0xa0);
```

```
    write_cmd2(0xa0);
    write_cmd1(0xee);
    write_cmd2(0xee);
    write_cmd1(0xc0);
    write_cmd2(0xc0);
}

void setpage1(uchar Y)
{
    write_cmd1(0xb8|Y);
}

void setpage2(uchar Y)
{
    write_cmd2(0xb8|Y);
}

void setadress1(uchar Y)
{
    write_cmd1(Y&0x7f);
}

void setadress2(uchar Y)
{
    write_cmd2(Y&0x7f);
}

void putchar1(uchar ch)
{
    write_dat1(ch);
}

void putchar2(uchar ch)
{
    write_dat2(ch);
}

void clear(void)
{
    for(page = 0; page < 4; page++)
    {
        setpage1(page);
        setadress1(0);
        for(i = 0; i < 61; i++)
        {
            putchar1(0);
            putchar2(0);
```

```
            }
        }
    }

    void show_i1(void)
    {
        page == 0;
        setadress2(0); setadress1(0);
        for(j = 0; j < 16; j++)
        {/////////////////
            page == 0;
            setadress2(0); setadress1(0); setadress2(1); setadress1(1);
            for(col = 0; col < 64; col++)
            {
                setpage2(0); setpage1(0);
                write_dat2(yan[col + j]);
                write_dat1(yan[col + 64 + j]);
            }
            page == 1;
            setadress2(0); setadress1(0); setadress2(1); setadress1(1);
            for(col1 = 0; col1 < 64; col1++)
            {
                setpage2(1); setpage1(1);
                write_dat2(yan2[col1 + j]);
                write_dat1(yan2[col1 + 64 + j]);
            }
            page == 2;
            setadress1(0);
            setadress2(0);
            page == 2;
            setadress2(0); setadress2(0); setadress1(1); setadress2(1);
            for(col2 = 0; col2 < 64; col2++)
            {
                setpage2(2);
                setpage1(2);
                write_dat2(gu[col2 + j]);
                write_dat1(gu[col2 + 64 + j]);
            }
            page == 3;
            setadress2(0); setadress1(0); setadress2(1); setadress1(1);
            for(col3 = 0; col3 < 64; col3++)
            {
                setpage2(3); setpage1(3);
                write_dat2(gu2[col3 + j]);
                write_dat1(gu2[col3 + 64 + j]);
            }
            delay_1ms(3);
```

```
    }
}

/////////////////////////////////////////
void show_i2(void)
{
    page == 0;
    setadress2(0); setadress1(0);
    page == 0;
    setadress2(0); setadress1(0); setadress2(1); setadress1(1);
    for(col4 = 0; col4 < 64; col4++)
    {
        setpage2(0); setpage1(0);
        write_dat2(yan[col4]);
        write_dat1(yan[col4 + 64]);
    }
    page == 1;
    setadress2(0); setadress1(0); setadress2(1); setadress1(1);
    for(col5 = 0; col5 < 64; col5++)
    {
        setpage2(1); setpage1(1);
        write_dat2(yan2[col5]);
        write_dat1(yan2[col5 + 64]);
    }
    page == 2;
    setadress1(0);
    setadress2(0);
    page == 2;
    setadress2(0); setadress2(0); setadress1(1); setadress2(1);
    for(col6 = 0; col6 < 64; col6++)
    {
        setpage2(2);
        setpage1(2);
        write_dat2(gu[col6]);
        write_dat1(gu[col6 + 64]);
    }
    page == 3;
    setadress2(0); setadress1(0); setadress2(1); setadress1(1);
    for(col7 = 0; col7 < 64; col7++)
    {
        setpage2(3); setpage1(3);
        write_dat2(gu2[col7]);
        write_dat1(gu2[col7 + 64]);
    }
    delay_1ms(3);
}

/////////////////////////////////////////
void show_i3(void)
{
```

```
        page == 0;
        setadress2(0); setadress1(0);
        for(j = 0; j < 6; j++)
        {////////////////
            page == 0;
            setadress2(0); setadress1(0); setadress2(0); setadress1(0);
            for(col8 = 0; col8 < 64; col8++)
            {
                setpage2(0); setpage1(0);
                write_dat2(shui1[col8 + j]);
                write_dat1(shui1[col8 + 64 + j]);
            }
            page == 1;
            setadress2(0); setadress1(0); setadress2(0); setadress1(0);
            for(col9 = 0; col9 < 64; col9++)
            {
                setpage2(1); setpage1(1);
                write_dat2(shui1[col9 + j]);
                write_dat1(shui1[col9 + 64 + j]);
            }
            page == 2;
            setadress1(0);
            setadress2(0);
            page == 2;
            setadress2(0); setadress1(0); setadress1(0); setadress2(0);
            for(col11 = 0; col11 < 64; col11++)
            {
                setpage2(2);
                setpage1(2);
                write_dat2(ge1[col11 + j]);
                write_dat1(ge1[col11 + 64 + j]);
            }
            page == 3;
            setadress2(0); setadress1(0); setadress2(0); setadress1(0);
            for(col12 = 0; col12 < 64; col12++)
            {
                setpage2(3); setpage1(3);
                write_dat2(ge2[col12 + j]);
                write_dat1(ge2[col12 + 64 + j]);
            }
            delay_1ms(3);
        }
    }

    void show_i4(void)
    {
        page == 0;
        setadress2(0); setadress1(0);
        page == 0;
        setadress2(0); setadress1(0); setadress2(0); setadress1(0);
```

```
    for(col13 = 0; col13 < 64; col13++)
    {
        setpage2(0); setpage1(0);
        write_dat2(shui1[col13]);
        write_dat1(shui1[col13 + 64]);
    }
    page == 1;
    setadress2(0); setadress1(0); setadress2(0); setadress1(0);
    for(col14 = 0; col14 < 64; col14++)
    {
        setpage2(1); setpage1(1);
        write_dat2(shui1[col14]);
        write_dat1(shui1[col14 + 64]);
    }
    page == 2;
    setadress1(0);
    setadress2(0);
    page == 2;
    setadress2(0); setadress1(0); setadress1(0); setadress2(0);
    for(col15 = 0; col15 < 64; col15++)
    {
        setpage2(2);
        setpage1(2);
        write_dat2(ge1[col15]);
        write_dat1(ge1[col15 + 64]);
    }
    page == 3;
    setadress2(0); setadress1(0); setadress2(0); setadress1(0);
    for(col16 = 0; col16 < 64; col16++)
    {
        setpage2(3); setpage1(3);
        write_dat2(ge2[col16]);
        write_dat1(ge2[col16 + 64]);
    }
    delay_1ms(3);
}

void Iint_Port1(void)
{
    P1DIR& = ~(BIT0 + BIT1);                //设置为输入方向
    P1IES| = BIT0 + BIT1;                   //选择下降沿触发
    P1IE| = BIT0 + BIT1;                    //打开中断允许
    P1IFG& = ~(BIT0 + BIT1);                //P1IES 的切换可能使 P1IFG 置位,需清除
}

#pragma vector = PORT1_VECTOR
__interrupt void Port1_ISR(void)
{
    if(P1IFG & 0x0f)                        //P1 口有中断发生
    {
```

```
            switch(P1IFG)                       //根据中断标志判断是哪个口发生的中断
            {
                case 0x01:
                if(KEYin1 == 0)                 //如果是第一个按键被按下(P1.0)
                {
                    delayms(2);                 //按键消抖
                    if(KEYin1 == 0)
                    {
                        if(flag == 0)
                        {
                            show_i2();
                        }
                        if(flag == 255)
                        {
                            show_i1();
                        }
                        flag = ~flag;
                        break;
                    }
                }
                case 0x02:
                if(KEYin2 == 0)                 //如果是第二个按键被按下(P1.1)
                {
                    delayms(2);                 //按键消抖
                    if(KEYin2 == 0)
                    {
                        if(flag1 == 0)
                        {
                            show_i4();
                        }
                        if(flag1 == 255)
                        {
                            show_i3();
                        }
                        flag1 = ~flag1;
                        break;
                    }
                }
            default:
            P1IFG = 0;
            break;
            }
        }
    }

    void Clk_Init()
    {
        unsigned char i;
        BCSCTL1& = ~XT2OFF;                     //打开 XT 振荡器
        BCSCTL2| = SELM_2 + SELS;               //MCLK 为 8MHz, SMCLK 为 8MHz
```

```
        do
        {
            IFG1 &= ~OFIFG;                          //清除振荡错误标志
            for(i = 0; i < 0xff; i++) _NOP();  //延时等待
        }
        while ((IFG1 & OFIFG) != 0);                //如果标志为1,继续循环等待
        IFG1& = ~OFIFG;
    }
    /**************************** 关闭所有 IO 口 **************************/
    void Close_IO()
    {
        /* 下面六行程序关闭所有的 IO 口 */
        P1DIR = 0XFF; P1OUT = 0XFF;
        P2DIR = 0XFF; P2OUT = 0XFF;
        P3DIR = 0XFF; P3OUT = 0XFF;
        P4DIR = 0XFF; P4OUT = 0XFF;
        P5DIR = 0XFF; P5OUT = 0XFF;
        P6DIR = 0XFF; P6OUT = 0XFF;
    }

    void main()
    {
        WDTCTL = WDTPW + WDTHOLD;
        Clk_Init();                                  //时钟初始化,外部 8MHz 晶振
        Close_IO();
        P6DIR = 0xff;
        P2DIR = 0xff;
        lcd_init();
        Iint_Port1();
        _EINT();
    }
```

字体的代码是通过字模软件 PC2LCD2002 生成的,有些读者很奇怪,为什么字体代码的数组后面加了很多 0x00?这是因为字体左移时,为了防止“空”出来的空间产生乱码,用 0x00 来补充,笔者通过 ATmega16 的 AVR 单片机和 MSP430 单片机相比较,发现同样的数组在前者就不能编译通过,这也侧面说明后者单片机容量比前者要大得多。那么图像代码是如何产生的,其实字模软件 PC2LCD2002 工具栏上有生成图像模式,在图像模式上画出图像,按“生成字模”按钮就会产生图像代码。

两个按钮采用外部中断方法,当按下按钮 S1 时,产生一个 P1.0 外部中断,为字体静止显示和左移作区别,当按下按钮 S2 时,产生另一个外部中断 P1.1,为图像静止显示和左移作区别,效果图如图 2-30 所示。

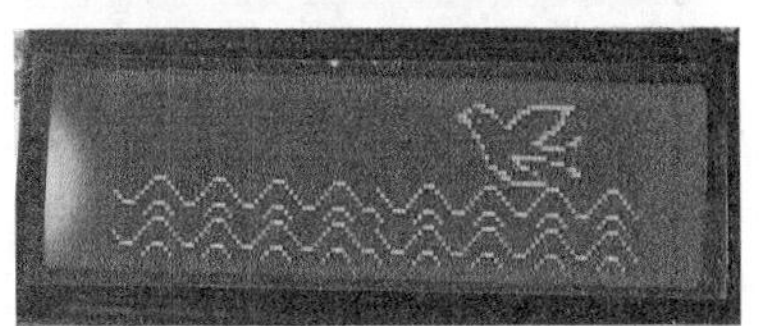

图 2-30　12232 显示效果图

2.6 2.4in 彩屏 TFT 的显示

2.6.1 2.4in 彩屏 TFT 简介

MzT24-1 是一块高画质的 TFT 真彩 LCD 模块，具有接口丰富多样、编程方便、易于扩展等良好性能。内置专用驱动和控制 IC(SPFD5408)，并且驱动 IC 自带的集成显示缓存，无须外部显示缓存。

MzT24-1 彩色 TFT LCD 显示模块的基本参数如表 2-11 所示。

表 2-11 MzT24-1 彩色 TFT LCD 显示模块的基本参数

项　目	规　格	单位	备　注
显示点阵数	240×RGB×320	Dots	
LCD 尺寸	2.4(对角线)	in	
LCM 外形尺寸	42.72×59.46×3.0	mm	不包括转接 PCB 以及 FPC
动态显示区	36.72×48.96	mm	
像素尺寸	0.147×0.147	mm	
像素成分	a-SiTFT		
LCD 模式	65K TFT		
总线	8 位 Intel 80 总线		
背光	白色 LED		
驱动 IC	SPFD5408		

其实物图和引脚图如图 2-31 所示。

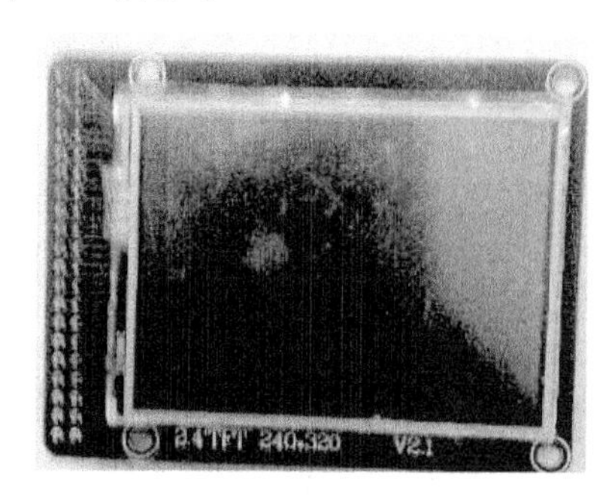

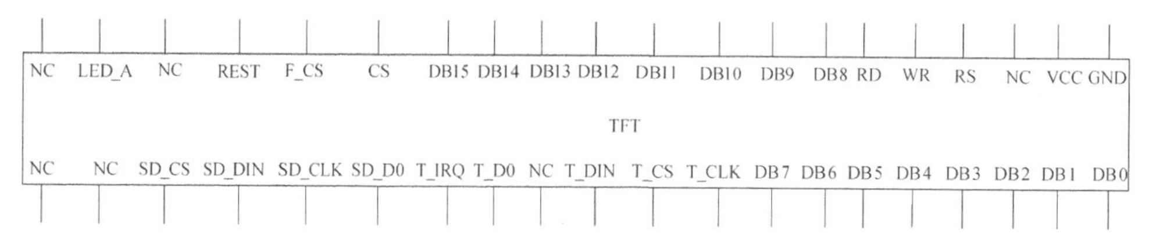

图 2-31 2.4in 彩屏 TFT 实物图和引脚图

2.4in 彩屏引脚的定义如表 2-12 所示。

表 2-12　2.4in 彩屏常用引脚说明

编号	符号	引脚说明	编号	符号	引脚说明
1	GND	电源地	6	NC	悬空
2	LED_A/VCC	背光电源/电源正极	7	F_CS	悬空
3	REST	复位信号	8	WR	写信号(低电平有效)
4	CS	片选信号(低电平有效)	9	RS	数据/命令选择端
5	RD	读信号(低电平有效)	10	DB15～DB0	数据口

MzT24-1 模块的 2.4in TFT-LCD 显示面板上，共分布着 240×320 个像素点，而 MzT24-1 模块内部的 TFT-LCD 驱动控制芯片内置有与这些像素点对应的显示数据 RAM(简称显存)。模块中每个像素点需要 16 位的数据(即 2 字节长度)来表示该点的 RGB 颜色信息，所以模块内置的显存共有 240×320×16 位的空间，通常我们以字节来描述其大小。

MzT24-1 模块的显示操作非常简便，需要改变某一个像素点的颜色时，只需要对该点所对应的 2 字节的显存进行操作即可。而为了便于索引操作，MzT24-1 模块将所有的显存地址分为 X 轴地址(X Address)和 Y 轴地址(Y Address)，分别可以寻址的范围为 X Address=0～239，Y Address = 0～319，X Address 和 Y Address 交叉对应着一个显存单元(2byte)；这样只要索引到了某一个 X、Y 轴地址时，并对该地址的寄存器进行操作，便可对 TFT-LCD 显示器上对应的像素点进行操作。

MzT24-1 模块的像素点与显存对应关系如图 2-32 所示。

R(红色)					G(绿色)						B(蓝色)				
D15	D14	D13	D12	D11	D10	D9	D8	D7	D6	D5	D4	D3	D2	D1	D0

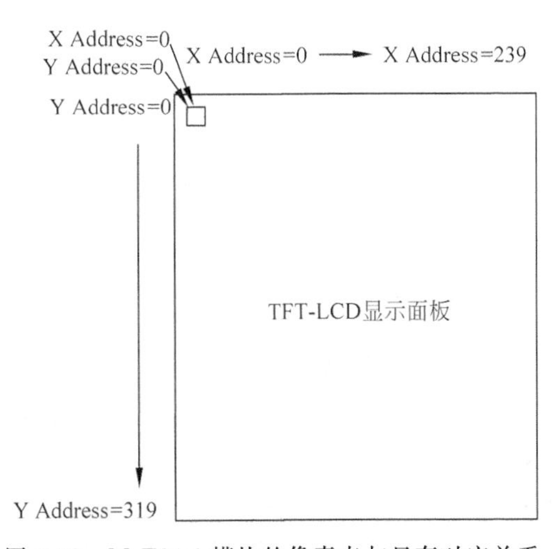

图 2-32　MzT24-1 模块的像素点与显存对应关系

MzT24-1 模块内部有一个显存地址累加器 AC，用于在读写显存时对显存地址进行自动的累加，这在连续对屏幕显示数据操作时非常有用，特别是应用在图形显示、视频显示时。此外，AC 累加器可以设置为各种方向的累加方式，如通常情况下为对 X Address 累加方式，即当累加到一行的尽头时会切换到下一行的开始累加；还可以为对 Y Address 累加方式，即当累加到一列(垂直方向)的尽头时会切换到下一个 X Address 所对应的列开始累加。

另外，MzT24-1 模块还提供了窗口操作的功能，可以对显示屏上的某一个矩形区域进行连续操作。

对 MzT24-1 模块的操作主要分为两种，一是对控制寄存器的读写操作，二是对显存的读写操作，这两种操作实际上都是通过对 LCD 控制器(SPFD5408)的寄存器(register)进行操作完成的。SPFD5408 提供了一个索引寄存器(Index register)，对该索引寄存器的写入操作可以指定操作的寄存器索引，以便完成控制寄存器、显存操作寄存器的读写操作。MzT24-1 提供了 RS(有些资料称为 A0)控制线，并以此线的高低电平状态来区分是对索引寄存器还是对所指向的寄存器进行操作：当 RS 为低电平时，表示当前的总线操作是对索引寄存器进行操作，即指明随后的寄存器操作是针对哪一个寄存器的；当 RS 为高电平时，表示是对寄存器进行操作。

MzT24-1 模块内部有控制寄存器，用户在使用 MzT24-1 之前及对其进行操作过程中，需要对一些寄存器进行写操作以完成对 LCD 的初始化，或者是完成某些功能的设置(如当前显存操作地址设置等)。

对控制寄存器进行操作前，需要先对索引寄存器(Index register)进行定入操作，以指明接下去的寄存器读写操作是针对哪一个寄存器的。操作的步骤如下：

(1) 在 RS 为低电平的状态下，写入两个字节的数据，第一字节为零，第二字节为寄存器索引值。

(2) 然后在 RS 为高电平的状态下，写入两个字节数据，第一字节为高 8 位，第二字节为低 8 位；如要读出指定寄存器的数据，则需要连续三次读操作方能完成一次读出操作，第一个字节为无效数据，第二字节为高 8 位，第三字节为低 8 位。

注意：MzT24-1 的显存操作也是通过寄存器操作来完成的，即对 0x22 寄存器进行操作时，就是对当前位置点的显示进行读写操作。

MzT24-1 模块的控制寄存器当中，最常被调用的是寄存器除了对显存操作的 0x22 寄存器外，还有当前显存地址的寄存器 display RAM bus address counter (AC)，一共由两个寄存器组成，分别存放 X Address 和 Y Adderss，表示当前对显存数据的读写操作是针对该地址所指向的显存单元；而每一个显存单元已经用图 2-32 示意过，每个单元有 16 位，最高的 5 位为 R(红)分量，最低的 5 位为 B(蓝)分量，中间的 6 位为 G(绿)分量。

因此，当需要对 LCD 显示面板上某一个点(X，Y)进行操作时，需要先设置 AC，以指向需要操作的点所对应的显存地址，然后连续写入或读出数据，才完成对该点的显存单元的数据操作。而当对某一个显存单元完成写入数据操作后，AC 会自动地进行调整，或者是不进行调整(根据控制寄存器中的设置来决定)保持原来指向。AC 的这个特性对于模块来说非常有用，可以根据此特性设计出快速的 LCD 显示操作功能函数，以适应不同用户的需求。

2.6.2 显存地址指针与窗口工作模式

MzT24-1 内部含有一个用于对显存单元地址自动索引的显存地址 isplay RAM bus address counter (AC)，AC 会根据当前用户操作的显存单元，在用户完成一次显存单元的写操作后进行调整，以指向下一个显存单元。可以通过对相关的寄存器当中的控制位的设置，来选择合适的 AC 调整特性。这些用于设置 AC 调整特性(实际上也就是显存操作地址的自动调整特性)的位分别是：AM(bit3 of R03h)、ID0(bit4 of R03h)、ID1(bit5 of R03h)。配合 AM 位的设置，可以得到多种 AC 调整方式，以适应不同用户的不同需要。可以通过表 2-13 来了解具体设置对应的特性。

表 2-13　AM 位的设置与多种 AC 调整方式

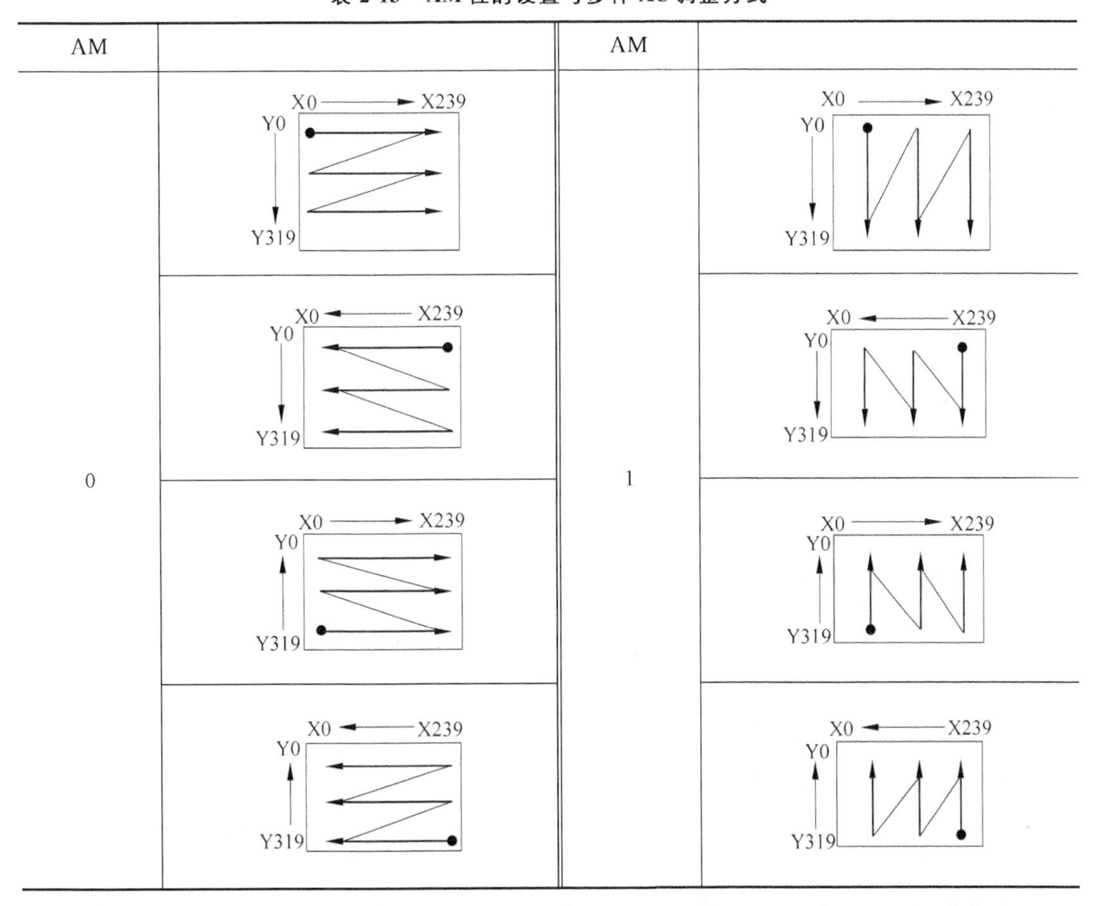

AM		AM	
0		1	

除了一般的对全屏的工作模式外，MzT24-1 还提供了一种局部的窗口工作模式，这样可以简化对局部显示区域的读写操作，窗口工作模式允许用户对显存操作时仅对所设置的局部显示区域对应的显存进行读写操作。设置 ORG(bit7 of R03)位为 1 时，可以启动窗口

工作模式，这时再对显存进行读写操作，AC将只会在所设置的局部显示区域（简称窗口）进行调整；而设置的局部区域可以通过设置R50来确定最小的X Address，设置R51来确定窗口的最大X Address，设置R52来确定窗口的最小Y Address，设置R53来确定窗口的最大Y Address。

而当启动窗口工作模式后，需要确认对显存操作时，地址范围为

"00"h ≦ MIN X address ≦ X address ≦ MAX X address ≦"EF"h
"00"h ≦ MIN Y address ≦ Y address ≦ MAX Y address ≦"13F"h

前面所述的显存地址指针AC的调整特性，在窗口工作模式当中也是有效的，也就是说在一般显存操作模式（全屏范围显存）设置的AC调整特性，在工作在窗口模式时，也是有效的。图2-33为当AM=0D0和ID1都设置为1时的示意图：

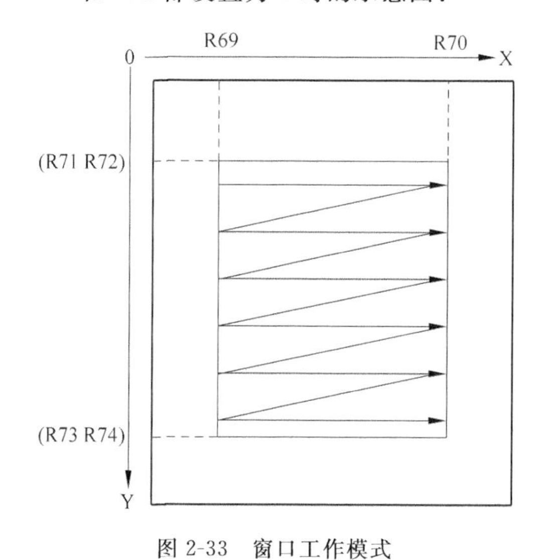

图2-33　窗口工作模式

2.6.3 常用寄存器设置

为了使读者快速地掌握MzT24-1模块的使用，这里列出部分常用的MzT24-1模块内部控制寄存器。

1. 索引寄存器Index Register(IR)

RS	R/$\overline{W}$	CB15	CB14	CB13	CB12	CB11	CB10	CB9	CB8	CB7	CB6	CB5	CB4	CB3	CB2	CB1	CB0
0	0									ID7	ID6	ID5	ID4	ID3	ID2	ID1	ID0

从功能设置指令代码可以看出，在RS和R/$\overline{W}$为低电平情况下，是“写指令”，当RS为低电平时，写入数据即为对IR操作，即指定接下来的寄存器操作是针对哪一个寄存器。该设置共需设置16位，高8位为无用数据，低8位为指定的寄存器地址(ID0～ID7)。

2. ID 读取寄存器 ID Read Register(SR)

RS	R/$\overline{W}$	CB15	CB14	CB13	CB12	CB11	CB10	CB9	CB8	CB7	CB6	CB5	CB4	CB3	CB2	CB1	CB0
0	1	0	1	0	1	0	1	0	0	0	0	0	0	1	0	0	0

当 RS 为零时，读取操作即可读取控制芯片的 ID 号。

3. 系统模式设置寄存器 Entry Mode(R03h)

RS	R/$\overline{W}$	CB15	CB14	CB13	CB12	CB11	CB10	CB9	CB8	CB7	CB6	CB5	CB4	CB3	CB2	CB1	CB0
0	0	TRIREG	DFM	0	BGR	0	0	HWM	0	ORG	0	1/ID1	1/ID0	AM	0	0	0

AM、ID0 和 ID1 的设置在前面已有说明，这里不再赘述。

ORG：窗口操作模式设置。当 ORG=1 时，进入窗口操作模式，即设置 R20 和 R21 寄存器时，需指定显存的操作地址在窗口范围之内(窗口范围由 R50～R53 设定)。当 ORG=0 时，显存操作范围为全屏点对应的显存地址，无论 R50～R53 设置的窗口范围如何。

HWM：显存高速操作模式。设置为 1 时生效。

BGR：RGB 三原色基数对应显存数据关系设置(以下说明以 65K 色为例)。该位可以设置 RGB 三原色在显存数据中的数据对应关系，当 BGR=0 时，显存数据中三原色分量的分布情况如图 2-34 所示。

R(红色)					G(绿色)						B(蓝色)				
D15	D14	D13	D12	D11	D10	D9	D8	D7	D6	D5	D4	D3	D2	D1	D0

图 2-34　显存数据中三原色分量的分布

图 2-34 为 RGB565 的格式。当 BGR=1 时，在图 2-34 的基础上，R 与 B 分量对调，即变成 BGR565 的格式。

注意：当 BGR=0 时，写入数据为 RGB565 格式，而读出的数据为 BGR 格式，即写入与读出是不对应的；而当 BGR=1 时，写入和读出的数据是对应的。

DFM：与 TRIREG 位配合设置数据传输模式。

TRIREG：数据传输次数设置，即设置每一次显存数据传输时的模式。8 位总线时，TRIREG=0，2 次传输完成 16 位显存数据传输；TRIREG=1，3 次传输完成 18 位显存数据传输。

4. 显存地址设置，水平方向(GRAM Address Set Horizontal Address)(R20)

RS	$\overline{W}$	CB15	CB14	CB13	CB12	CB11	CB10	CB9	CB8	CB7	CB6	CB5	CB4	CB3	CB2	CB1	CB0
1	0	0	0	0	0	0	0	0	0	AD7	AD6	AD5	AD4	AD3	AD2	AD1	AD0

5. 显存地址设置,垂直方向(GRAM Address Set Vertical Address)(R21)

RS	$\overline{W}$	CB15	CB14	CB13	CB12	CB11	CB10	CB9	CB8	CB7	CB6	CB5	CB4	CB3	CB2	CB1	CB0
1	0	0	0	0	0	0	0	0	AD16	AD15	AD14	AD13	AD12	AD11	AD10	AD9	AD8

6. 显存操作寄存器

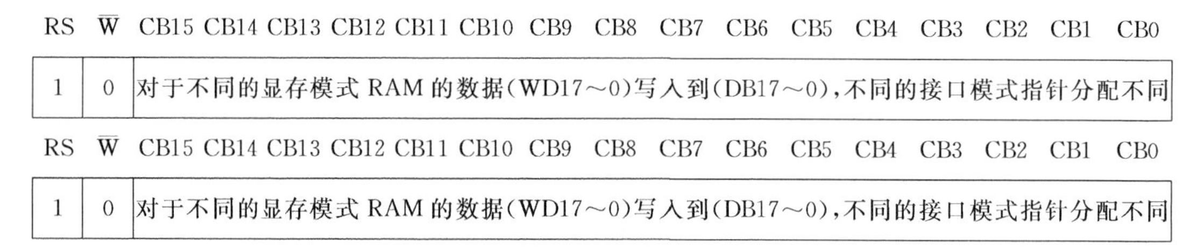

RS	$\overline{W}$	CB15	CB14	CB13	CB12	CB11	CB10	CB9	CB8	CB7	CB6	CB5	CB4	CB3	CB2	CB1	CB0
1	0	对于不同的显存模式 RAM 的数据(WD17～0)写入到(DB17～0),不同的接口模式指针分配不同															

RS	$\overline{W}$	CB15	CB14	CB13	CB12	CB11	CB10	CB9	CB8	CB7	CB6	CB5	CB4	CB3	CB2	CB1	CB0
1	0	对于不同的显存模式 RAM 的数据(WD17～0)写入到(DB17～0),不同的接口模式指针分配不同															

对显存的读与写都是通过该寄存器完成。

写显存或者读显存数据时,需要预先设置好 IR 寄存器,即指定索引寄存器指向 R22 寄存器,之后便可通过对 R22 的写或读的操作来完成显存的操作了,当然,可以配合 R20 和 R21 的设置去对指定显存地址的单元进行操作。

读操作时需要注意,将 IR 指向指 R22 后,需要有 1 次无效的读操作,然后才能读取到两字节的有效数据,即第一次读操作取到的是无效的数据,接着两次读操作取到的方是有效数据。

7. 窗口水平起始位置设置寄存器(R50)

RS	$\overline{W}$	CB15	CB14	CB13	CB12	CB11	CB10	CB9	CB8	CB7	CB6	CB5	CB4	CB3	CB2	CB1	CB0
1	0	0	0	0	0	0	0	0	0	ASH7	ASH6	ASH5	ASH4	ASH3	ASH2	ASH1	HSA0

该寄存器设置显存水平方向起始位置。

8. 窗口水平结束位置设置寄存器(R51)

RS	$\overline{W}$	CB15	CB14	CB13	CB12	CB11	CB10	CB9	CB8	CB7	CB6	CB5	CB4	CB3	CB2	CB1	CB0
1	0	0	0	0	0	0	0	0	0	AEH7	AEH6	AEH5	AEH4	AEH3	AEH2	AEH1	AHE0

该寄存器设置显存水平方向结束位置。

9. 窗口垂直起始位置设置寄存器(R52)

RS	$\overline{W}$	CB15	CB14	CB13	CB12	CB11	CB10	CB9	CB8	CB7	CB6	CB5	CB4	CB3	CB2	CB1	CB0
1	0	0	0	0	0	0	0	0	VSA8	VSA7	VSA6	VSA5	VSA4	VSA3	VSA2	VSA1	VSA0

该寄存器设置显存垂直方向起始位置。

10. 窗口垂直结束位置设置寄存器(R53)

RS	$\overline{W}$	CB15	CB14	CB13	CB12	CB11	CB10	CB9	CB8	CB7	CB6	CB5	CB4	CB3	CB2	CB1	CB0
0	0	0	0	0	0	0	0	0	VEA8	VEA7	VEA6	VEA5	VEA4	VEA3	VEA2	VEA1	VEA0

该寄存器设置显存垂直方向结束位置。

其他寄存器不再介绍,读者可以参考数据手册,也可以参考本节具体例程。

从上面分析可知,在使用彩屏之前,必须对彩屏进行初始化,即写入一些指令来对彩屏进行初始化设置。实际上,对彩屏的"写",包括写指令和写数据两类。要正确地对彩屏进行"写"操作,必须看懂 MzT24-1 时序图,如图 2-35 所示。下面来看 MzT24-1"写"时序图。

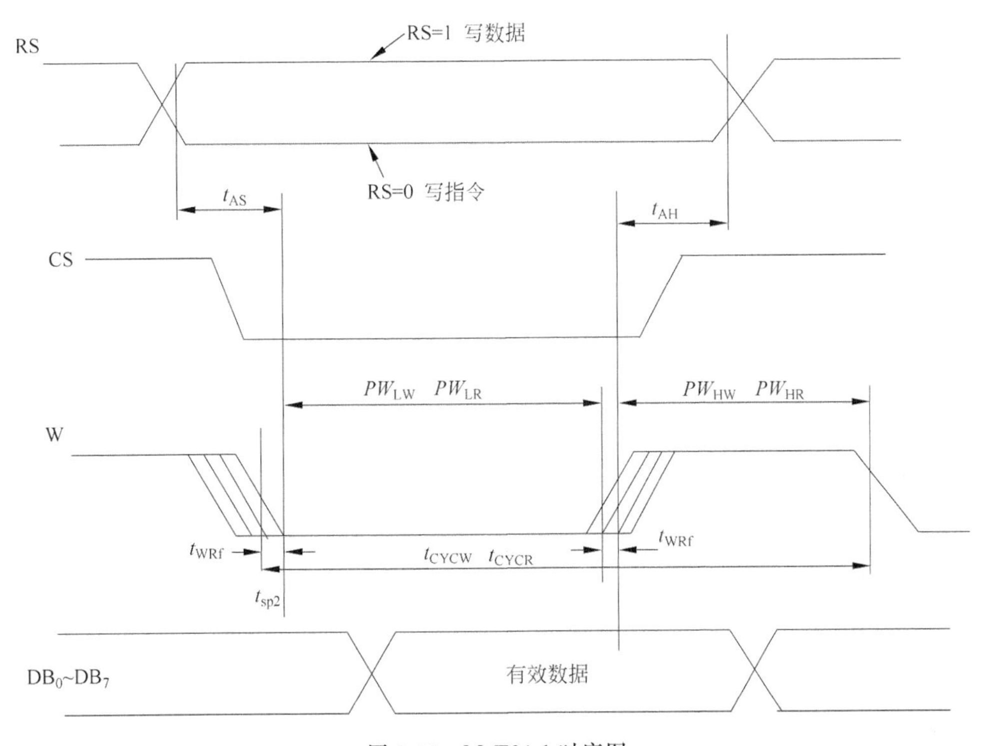

图 2-35　MzT24-1 时序图

现在我们要向 MzT24-1 写指令,从时序图上可以看出,RS=0,然后有一个延时,CS=0,$\overline{W}$ 设置为 0,然后再有一个延时,这样持续一段时间,就能把指令写入 MzT24-1(有效数据),然后再令 CS=1,延时后,令 RS=1 就完成了写指令过程。

如果我们要向 MzT24-1 写数据,除了令 RS=1 外,其他过程相同。

下面我们来编写彩屏显示程序,电路图如图 2-36 所示。

完整程序清单如下:

```
#include <msp430x14x.h>
```

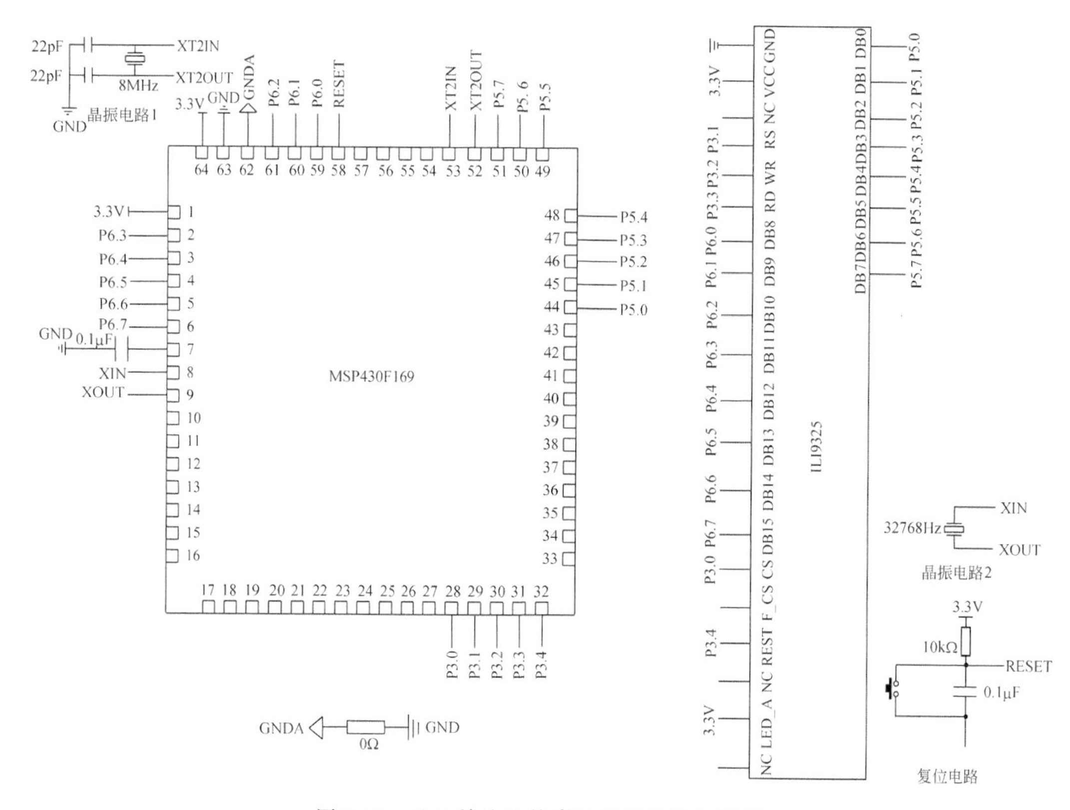

图 2-36 基于单片机的彩屏控制系统电路图

```
#include "hanzi.c"
#include "zifucuan.c"
#include "pic.c"
#define RED 0xf800                  //红
#define YELLOW 0xffe0               //黄
#define GREEN 0x07e0                //绿
#define CYAN 0x07ff                 //青
#define BLUE 0x001f                 //蓝
#define PURPLE 0xf81f               //紫
#define BLACK 0x0000                //黑
#define WHITE 0xffff                //白
#define GRAY 0x7bef                 //灰
#define LCD_W 240
#define LCD_H 320
int BACK_COLOR, POINT_COLOR;
void int_clk( )
{
    unsigned char i;
    BCSCTL1&= ~XT2OFF;              // 打开 XT 振荡器
    BCSCTL2| = SELM1 + SELS;
```

```
    do
    {
        IFG1& = ~OFIFG;                 // 清除振荡器错误标志
        for(i = 0;i < 100;i++)
          _NOP( );                      // 延时等待
    }
    while((IFG1&OFIFG)!= 0);            //如果标志为 1,则继续循环等待
    IFG1& = ~OFIFG;
}
/ *******************************************
函数名称:Delay_1ms
功 能:延时约 1ms 的时间
参 数:无
返回值 :无
******************************************* /
#define LCD_DataPortH P6OUT             //高 8 位数据口
#define LCD_DataPortL P5OUT             //低 8 位数据口
#define TFT_RS_1 P3OUT | = BIT1;        //数据/命令选择
#define TFT_RS_0 P3OUT & = ~BIT1;
#define TFT_WR_1 P3OUT | = BIT2;        //写
#define TFT_WR_0 P3OUT & = ~BIT2;
#define TFT_RD_1 P3OUT | = BIT3;        //读
#define TFT_RD_0 P3OUT & = ~BIT3;
#define TFT_CS_1 P3OUT | = BIT0;        //片选
#define TFT_CS_0 P3OUT & = ~BIT0;
#define TFT_RST_1 P3OUT | = BIT4;       //复位
#define TFT_RST_0 P3OUT & = ~BIT4;
void delay(unsigned int ms)
{
    unsigned int i,j;
    for(i = ms;i > 0;i -- )
      for(j = 42000;j > 0;j -- );
}

void delay2ms(unsigned char ms)
{
    unsigned char i,j;
    for(i = ms;i > 0;i -- )
      for(j = 120;j > 0;j -- );
}

void LCD_Writ_Bus(char VH,char VL)
{
    LCD_DataPortH = VH;
    LCD_DataPortL = VL;
    TFT_WR_0;
    TFT_WR_1;
```

```
}

void LCD_WR_DATA8(char VH,char VL)
{
    TFT_RS_1;
    LCD_Writ_Bus(VH,VL);
}

void LCD_WR_DATA(int da)
{
    TFT_RS_1;
    LCD_Writ_Bus(da >> 8,da);
}

void LCD_WR_REG(int da)
{
    TFT_RS_0;
    LCD_Writ_Bus(da >> 8,da);
}

void LCD_WR_REG_DATA(int reg,int da)
{
    LCD_WR_REG(reg);
    LCD_WR_DATA(da);
}

void Address_set(unsigned int x1,unsigned int y1,unsigned int x2,unsigned int y2)
{
    LCD_WR_REG(0x0020);LCD_WR_DATA8(x1 >> 8,x1);
    LCD_WR_REG(0x0021);LCD_WR_DATA8(y1 >> 8,y1);
    LCD_WR_REG(0x0050);LCD_WR_DATA8(x1 >> 8,x1);
    LCD_WR_REG(0x0051);LCD_WR_DATA8(x2 >> 8,x2);
    LCD_WR_REG(0x0052);LCD_WR_DATA8(y1 >> 8,y1);
    LCD_WR_REG(0x0053);LCD_WR_DATA8(y2 >> 8,y2);
    LCD_WR_REG(0x0022);
}

void Lcd_Init(void)
{
    TFT_CS_1;
    TFT_RD_1;
    TFT_WR_1;
    TFT_RST_0;
    delay2ms(20);
    TFT_RST_1;
    delay2ms(20);
    TFT_CS_0;
```

```
LCD_WR_REG_DATA(0x00EC,0x108F);
LCD_WR_REG_DATA(0x00EF,0x1234);
LCD_WR_REG_DATA(0x0001,0x0100);
LCD_WR_REG_DATA(0x0002,0x0700); //电源开启
LCD_WR_REG_DATA(0x0003,0x1030);
LCD_WR_REG_DATA(0x0004,0x0000);
LCD_WR_REG_DATA(0x0008,0x0202);
LCD_WR_REG_DATA(0x0009,0x0000);
LCD_WR_REG_DATA(0x000a,0x0000); //显示设置
LCD_WR_REG_DATA(0x000c,0x0001); //显示设置
LCD_WR_REG_DATA(0x000d,0x0000);
LCD_WR_REG_DATA(0x000f,0x0000); //电源配置
LCD_WR_REG_DATA(0x0010,0x0000);
LCD_WR_REG_DATA(0x0011,0x0007);
LCD_WR_REG_DATA(0x0012,0x0000);
LCD_WR_REG_DATA(0x0013,0x0000);
LCD_WR_REG_DATA(0x0007,0x0001);
delay2ms(4);
LCD_WR_REG_DATA(0x0010,0x1490);
LCD_WR_REG_DATA(0x0011,0x0227);
delay2ms(4);
LCD_WR_REG_DATA(0x0012,0x008A);
delay2ms(4);
LCD_WR_REG_DATA(0x0013,0x1a00);
LCD_WR_REG_DATA(0x0029,0x0006);
LCD_WR_REG_DATA(0x002b,0x000d);
delay2ms(4);
LCD_WR_REG_DATA(0x0020,0x0000);
LCD_WR_REG_DATA(0x0021,0x0000);
delay2ms(4);                    //伽马校正
LCD_WR_REG_DATA(0x0030,0x0000);
LCD_WR_REG_DATA(0x0031,0x0604);
LCD_WR_REG_DATA(0x0032,0x0305);
LCD_WR_REG_DATA(0x0035,0x0000);
LCD_WR_REG_DATA(0x0036,0x0C09);
LCD_WR_REG_DATA(0x0037,0x0204);
LCD_WR_REG_DATA(0x0038,0x0301);
LCD_WR_REG_DATA(0x0039,0x0707);
LCD_WR_REG_DATA(0x003c,0x0000);
LCD_WR_REG_DATA(0x003d,0x0a0a);
delay2ms(4);
LCD_WR_REG_DATA(0x0050,0x0000); //水平 GRAM 起始位置
LCD_WR_REG_DATA(0x0051,0x00ef); //水平 GRAM 终止位置
LCD_WR_REG_DATA(0x0052,0x0000); //垂直 GRAM 起始位置
LCD_WR_REG_DATA(0x0053,0x013f); //垂直 GRAM 终止位置
LCD_WR_REG_DATA(0x0060,0xa700);
LCD_WR_REG_DATA(0x0061,0x0001);
```

```
    LCD_WR_REG_DATA(0x006a,0x0000);
    LCD_WR_REG_DATA(0x0080,0x0000);
    LCD_WR_REG_DATA(0x0081,0x0000);
    LCD_WR_REG_DATA(0x0082,0x0000);
    LCD_WR_REG_DATA(0x0083,0x0000);
    LCD_WR_REG_DATA(0x0084,0x0000);
    LCD_WR_REG_DATA(0x0085,0x0000);
    LCD_WR_REG_DATA(0x0090,0x0010);
    LCD_WR_REG_DATA(0x0092,0x0600);//开启显示设置
    LCD_WR_REG_DATA(0x0007,0x0133);
}
/*****************************************************/
/*********************************
清屏
入口参数: b_color 是背景颜色
出口参数: 无
说明:使用背景颜色清除 TFT 模块屏幕的全部显示内容
*************************************/
void LCD_Clear(uint Color)
{
    uchar VH,VL;
    uint i,j;
    VH = Color >> 8;
    VL = Color;
    Address_set(0,0,LCD_W - 1,LCD_H - 1);
    for(i = 0;i < LCD_W;i++)
    {
        for (j = 0;j < LCD_H;j++)
        {
            LCD_WR_DATA8(VH,VL);
        }
    }
}

/*********************************************
画点
入口参数: (x,y)是点的坐标,color 是点的颜色
出口参数: 无
说明:在指定的坐标位置上画出一个点
*********************************************/
void GUI_Point(uchar x, uint y, uint color)
{
    Address_set(x,y,x,y);
    LCD_WR_DATA(color);
}
/*********************************************
画实心矩形
```

```
入口参数: (xsta,ysta)是左上角顶点坐标, xend 是 x 轴长度, yend 是 y 轴长度,color 是颜色
出口参数: 无
说明:在指定位置上画出实心矩形
*********************************************/
void LCD_Fill(uint xsta,uint ysta,uint xend,uint yend,uint color)
{
    uint i,j;
    Address_set(xsta,ysta,xend,yend);
    for(i = ysta;i <= yend;i++)
    {
        for(j = xsta;j <= xend;j++)LCD_WR_DATA(color);
    }
}
/*********************************************
画粗点
入口参数: (x,y)是点的坐标,color 是点的颜色
出口参数: 无
说明:在指定的坐标位置上画出一个粗点
*********************************************/
void LCD_DrawPoint_big(uint x,uint y,uint color)
{
    LCD_Fill(x - 1,y - 1,x + 1,y + 1,color);
}
/*****************************************************************
画直线(可以画任意方向直线,包括横线、竖线、斜线)
入口参数: (x1,y1)是起点, (x2,y2)是终点, color 是颜色
出口参数: 无
说明:在指定的两点间画出一条直线
*****************************************************************/
void LCD_DrawLine(uint x1, uint y1, uint x2, uint y2,uint color)
{
    uint t;
    int xerr = 0,yerr = 0,delta_x,delta_y,distance;
    int incx,incy,uRow,uCol;
    delta_x = x2 - x1;
    delta_y = y2 - y1;
    uRow = x1;
    uCol = y1;
    if(delta_x > 0)incx = 1;
    else if(delta_x == 0)incx = 0;
    else {incx = -1;delta_x = -delta_x;}
    if(delta_y > 0)incy = 1;
    else if(delta_y == 0)incy = 0;
    else{incy = -1;delta_y = -delta_y;}
    if( delta_x > delta_y)distance = delta_x;
    else distance = delta_y;
    for(t = 0;t <= distance + 1;t++)
```

```
    {
        GUI_Point(uRow, uCol, color);
        xerr += delta_x ;
        yerr += delta_y ;
        if(xerr > distance)
        {
            xerr -= distance;
            uRow += incx;
        }
        if(yerr > distance)
        {
            yerr -= distance;
            uCol += incy;
        }
    }
}
/ ************************************************
画矩形
入口参数:(x1,y1) 是矩形左上角顶点坐标,(x2,y2) 是矩形右下角顶点坐标,color 是颜色
出口参数: 无
说明:在指定位置上显示矩形.
************************************************ /
void LCD_DrawRectangle(uint x1, uint y1, uint x2, uint y2,uint color)
{
    LCD_DrawLine(x1,y1,x2,y1,color);
    LCD_DrawLine(x1,y1,x1,y2,color);
    LCD_DrawLine(x1,y2,x2,y2,color);
    LCD_DrawLine(x2,y1,x2,y2,color);
}
/ ************************************************
画圆
入口参数:(x,y) 是圆心坐标,r 是圆的半径,color 是颜色
出口参数: 无
说明:在指定位置上显示圆
************************************************ /
void Draw_Circle(uint x0,uint y0,uchar r,uint color)
{
    int a,b;
    int di;
    a = 0;b = r;
    di = 3 - (r << 1);
    while(a <= b)
    {
        LCD_DrawPoint_big(x0 - b,y0 - a,color);
        LCD_DrawPoint_big(x0 + b,y0 - a,color);
        LCD_DrawPoint_big(x0 - a,y0 + b,color);
        LCD_DrawPoint_big(x0 - b,y0 - a,color);
```

```
        LCD_DrawPoint_big(x0 - a,y0 - b,color);
        LCD_DrawPoint_big(x0 + b,y0 + a,color);
        LCD_DrawPoint_big(x0 + a,y0 - b,color);
        LCD_DrawPoint_big(x0 + a,y0 + b,color);
        LCD_DrawPoint_big(x0 - b,y0 + a,color);
        a++;
        if(di<0)di +=4 * a + 6;
        else
        {
            di += 10 + 4 * (a - b);
            b--;
        }
        LCD_DrawPoint_big(x0 + a,y0 + b,color);
    }
}
/ ************************************************
把十进制转换为 ASCII 码
入口参数:(x,y) 是显示内容的起始坐标,num 是十进制数,color 是颜色,b_color 是背景颜色
出口参数: 无
说明:在指定位置上把十进制转换为 ASCII 码
************************************************ /
void LCD_ShowChar(uint x,uint y,uchar num,uchar mode,uint color,uint b_color)
{
    uchar temp;
    uchar pos,t;
    uint x0 = x;
    uint colortemp = color;
    if(x > LCD_W - 16||y > LCD_H - 16)return;
    num = num - ' ';
    Address_set(x,y,x + 8 - 1,y + 16 - 1);
    if(!mode)
    {
        for(pos = 0;pos < 16;pos++)
        {
            temp = asc2_1608[(uint)num * 16 + pos];
            for(t = 0;t < 8;t++)
            {
                if(temp&0x01)color = colortemp;
                else color = b_color;
                LCD_WR_DATA(color);
                temp >>= 1;
                x++;
            }
            x = x0;
            y++;
        }
    }else
```

```
        {
            for(pos = 0;pos < 16;pos++)
            {
                temp = asc2_1608[(uint)num * 16 + pos];
                for(t = 0;t < 8;t++)
                {
                    if(temp&0x01)GUI_Point(x + t,y + pos,color);
                    temp >>= 1;
                }
            }
        }
        color = colortemp;
    }

    uchar mypow(uchar m,uchar n)
    {
        uchar result = 1;
        while(n--)result *= m;
        return result;
    }
    /*********************************************
    显示部分数字
    入口参数:(x,y) 是显示内容的起点坐标,num 是数字,len 是要显示数字的位数,color 是颜色,
    b_color 是背景颜色
    出口参数: 无
    说明:在指定位置上显示部分数字
    *********************************************/
    void LCD_ShowNum(uint x,uint y,long num,uchar len,uint color,uint b_color)
    {
        uchar t,temp;
        uchar enshow = 0;
        num = (uint)num;
        for(t = 0;t < len;t++)
        {
            temp = (num/mypow(10,len - t - 1)) % 10;
            if(enshow == 0&&t <(len - 1))
            {
                if(temp == 0)
                {
                    LCD_ShowChar(x + 8 * t,y,' ',0,color, b_color);
                    continue;
                }else enshow = 1;

            }
            LCD_ShowChar(x + 8 * t,y,temp + 48,0,color, b_color);
        }
    }
```

```
/*********************************************
显示英文字符
入口参数:(x,y) 是显示内容的左上角坐标, *p是指针,color是颜色,b_color是背景颜色
出口参数: 无
说明:在指定位置上显示英文字符
*********************************************/
void LCD_ShowString(uint x,uint y,const uchar *p,uint color,uint b_color)
{
    while(*p!= '\0')
    {
        if(x>LCD_W-16){x=0;y+=16;}
        if(y>LCD_H-16){y=x=0;LCD_Clear(RED);}
        LCD_ShowChar(x,y,*p,0,color, b_color);
        x+=8;
        p++;
    }
}
/*****************************************************************
显示预定义汉字
入口参数:(x,y) 是显示内容的起始标,color是颜色,b_color是背景颜色
出口参数: 无
说明:在指定位置上显示预定义的中文.要显示的中文事先定义在hanzi.c的hanzi[ ]数组中,用字
模提取软件zimoV2.2取得数组,像素为16×16,纵向取模.字体为黑体、小四
*********************************************/
void GUI_sprintf_HZ1(uchar x, uint y, uint color,uint b_color)
{
    uchar s_x=0 ,s_y=0, temp=0 ;
    uchar n;
    uint j,words;
    words=sizeof(hanzi)/32;
    for( n=0 ; n<words ; n++)
    {
        for( s_x=0 ; s_x<16; s_x++)
        {
            if(s_x+x<240)
            {
                j=n;
                j=j*32+s_x;
                temp =hanzi[j] ;
                for( s_y=0 ; s_y<8; s_y++)
                {
                    if(y+s_y<320)
                    {
                        if((temp&(0x80>>(s_y))) == (0x80>>(s_y)) )
                        {
                            GUI_Point(x+s_x+n*16, y+s_y,color) ;
```

```
                        }
                        else
                        {
                            GUI_Point(x + s_x + n * 16, y + s_y,b_color) ;
                        }
                    }
                }
            }
        }
        for( s_x = 0 ; s_x< 16 ; s_x++)
        {
            if(s_x + x< 240)
        {
            j = n;
            j = j * 32 + s_x + 16;
            temp  =  hanzi[j] ;
            for( s_y = 0 ; s_y< 8; s_y++)
            {
                if(y + s_y< 320)
                {
                    if((temp&(0x80 >>(s_y)))  ==  (0x80 >>(s_y)) )
                    {
                        GUI_Point(x + s_x + n * 16, y + s_y + 8,color) ;
                    }
                    else
                    {
                        GUI_Point(x + s_x + n * 16, y + s_y + 8,b_color) ;
                    }
                }
            }
        }
    }
}
/ *********************************************************************
显示预定义汉字
入口参数:(x,y) 是显示内容的起始标,color 是颜色,b_color 是背景颜色
出口参数: 无
说明:在指定位置上显示预定义的中文.要显示的中文事先定义在 hanzi.c 的 china_char[ ]数组中,
用字模提取软件 zimoV2.2 取得数组,像素为 48 × 48,纵向取模.字体为黑体、小初
************************************************ /
void GUI_sprintf_HZ(uchar x, uint y, uint color,uint b_color)
{
    uchar s_x = 0 ,s_y = 0, temp = 0 ;
    uchar n = 0;
    uint j = 0,words = 0;
    words = sizeof(china_char)/288;
    for( n = 0 ; n< words ; n++)
```

```
{
    for( s_x=0 ; s_x<48; s_x++)
    {
        if(s_x+x<240)
        {
            j=n;
            j=j*288+s_x;
            temp = china_char[j] ;
            for( s_y=0 ; s_y<8; s_y++)
            {
                if(y+s_y<320)
                {
                    if((temp&(0x80>>(s_y))) == (0x80>>(s_y)) )
                    {
                        GUI_Point(x+s_x+n*48, y+s_y,color) ;
                    }
                    else
                    {
                        GUI_Point(x+s_x+n*48, y+s_y,b_color) ;
                    }
                }
            }
        }
    }
    for( s_x=0 ; s_x<48 ; s_x++)
    {
        if(s_x+x<240)
        {
            j=n;
            j=j*288+s_x+48;
            temp = china_char[j] ;
            for( s_y=0 ; s_y<8; s_y++)
            {
                if(y+s_y<320)
                {
                    if((temp&(0x80>>(s_y))) == (0x80>>(s_y)) )
                    {
                        GUI_Point(x+s_x+n*48, y+s_y+8,color) ;
                    }
                    else
                    {
                        GUI_Point(x+s_x+n*48, y+s_y+8,b_color) ;
                    }
                }
            }
        }
    }
```

```
for( s_x=0 ; s_x<48 ; s_x++)
{
    if(s_x+x<240)
    {
        j=n;
        j=j*288+s_x+96;
        temp = china_char[j] ;
        for( s_y=0 ; s_y<8; s_y++)
        {
            if(y+s_y<320)
            {
                if((temp&(0x80>>(s_y))) == (0x80>>(s_y)) )
                {
                    GUI_Point(x+s_x+n*48, y+s_y+16,color) ;
                }
                else
                {
                    GUI_Point(x+s_x+n*48, y+s_y+16,b_color) ;
                }
            }
        }
    }
}
for( s_x=0 ; s_x<48 ; s_x++)
{
    if(s_x+x<240)
    {
        j=n;
        j=j*288+s_x+192;
        temp = china_char[j] ;
        for( s_y=0 ; s_y<8; s_y++)
        {
            if(y+s_y<320)
            {
                if((temp&(0x80>>(s_y))) == (0x80>>(s_y)) )
                {
                    GUI_Point(x+s_x+n*48, y+s_y+24,color) ;
                }
                else
                {
                    GUI_Point(x+s_x+n*48, y+s_y+24,b_color) ;
                }
            }
        }
    }
}
for( s_x=0 ; s_x<48 ; s_x++)
```

```
    {
        if(s_x + x < 240)
        {
            j = n;
            j = j * 288 + s_x + 240;
            temp = china_char[j] ;
            for( s_y = 0 ; s_y < 8; s_y++ )
            {
                if(y + s_y < 320)
                {
                    if((temp&(0x80 >>(s_y))) == (0x80 >>(s_y)) )
                    {
                        GUI_Point(x + s_x + n * 48, y + s_y + 32,color) ;
                    }
                    else
                    {
                        GUI_Point(x + s_x + n * 48, y + s_y + 32,b_color) ;
                    }
                }
            }
        }
    }
}
/ ***********************************************************
显示图片(图标)
入口参数:(x,y)是开始点的坐标,length是图片长度,high是图片高度
出口参数: 无
说明:在指定位置上显示事先定义的图片.要显示的图片事先定义在pic.c的pic[ ]数组中,如果想
修改图片大小、内容,请修改pic.c的pic[ ]数组,建议用Image2Lcd软件将要显示的图象自动转换为
数组数据
*********************************************************** /
void GUI_DisPicture(uchar x, uint y, uchar length, uint high)
{
    uint temp = 0,tmp = 0,num = 0;
    Address_set(x,y,x + length - 1,y + high - 1);
    num = length * high * 2;
    do
    {
        temp = pic[tmp + 1];
        temp = temp << 8;
        temp = temp|pic[tmp];
        LCD_WR_DATA(temp);
        tmp += 2;
    }while(tmp < num);
}

void main(void)
```

```
{
    WDTCTL = WDTPW + WDTHOLD;       //关闭看门狗
    P1DIR = 0XFF;
    P1OUT = 0X00;
    P2DIR = 0XFF;
    P2OUT = 0X00;
    P4DIR = 0XFF;
    P4OUT = 0X00;
    P3DIR = 0XFF;
    P3OUT = 0X00;
    P5DIR = 0XFF;
    P5OUT = 0X00;
    P6DIR = 0XFF;
    P6OUT = 0X00;
    int_clk( );
    LCD_Init( );
    LCD_Clear(WHITE);
    delay2ms(3);
    while(1)
    {
        LCD_ShowString(80,280,"www.ycit.cn",BLACK,WHITE);
        GUI_sprintf_HZ1(100, 20, RED,WHITE);
        Draw_Circle(120,100,50,RED);
        LCD_Fill(20,160,220,210,BLUE);
        delay2ms(20);
        GUI_sprintf_HZ(0, 230, RED,WHITE);
        GUI_DisPicture(100, 80, 50, 50);
    }
}
```

汉字代码、ASCII代码和图片代码分别在hanzi.c、zifucuan.c和pic.c文件中，为了节省篇幅，现只将hanzi.c部分代码显示如下(请从清华大学出版社网站下载完整代码)：

```
typedef unsigned char uchar;
typedef unsigned int uint;
const uchar china_char[ ] = {0x00,0x00,0x00,0x00,0x00,0x00,0x00,0x00,0x00,0x00,0x00,0x20,
0x3F,0x3F,0x3F,0x3F,
0x3F,0x00,0x00,0x00,0x00,0x00,0x00,0x00,0x00,0x00,0x00,0x00,0x3F,0x3F,0x3F,0x3F,
0x3F,0x3F,0x00,0x00,0x00,0x00,0x00,0x00,0x00,0x00,0x00,0x00,0x00,0x00,0x00,0x00,
                                    ...
};
uchar hanzi[ ] = {0x0C,0x0C,0x7F,0x7F,0x7F,0x0F,0x0F,0x0F,0x1F,0x1F,0x1F,0x11,0x1F,0x1F,
0x1F,0x00,
0x03,0x0F,0xFE,0xFC,0xE0,0xFE,0xFE,0xFE,0xF2,0xF2,0xF2,0x12,0xF2,0xFE,0xFE,0x00,
0x00,0x00,0x7F,0x7F,0x7F,0x61,0x61,0x61,0x61,0x61,0x61,0x7F,0x7F,0x7F,0x00,0x00,
0x00,0x00,0xFE,0xFE,0xFE,0x0C,0x0C,0x0C,0x0C,0x0C,0x0C,0xFE,0xFE,0xFE,0x00,0x00,
0x00,0x08,0x09,0x0B,0x0F,0x1E,0x7C,0x7B,0x4B,0x0B,0x08,0x08,0x08,0x08,0x08,0x00,
```

```
0x00,0x06,0x8E,0x9E,0xBC,0x9A,0x93,0xFF,0xFE,0xFE,0x90,0x98,0x9C,0x8E,0x86,0x00,
0x01,0x11,0x11,0x11,0x31,0x3F,0x7F,0x61,0x61,0x7F,0x7F,0x7F,0x01,0x01,0x01,0x01,
0x02,0x06,0x0E,0x1C,0xFC,0xF0,0xE0,0x00,0x00,0xFE,0xFE,0xFE,0x00,0x00,0x00,0x00,
};
```

china_char[ ]数组存放的是"盐城工学院"的汉字代码,由于数组较多,编译不能通过,把 china_char[ ]数组写成 const uchar china_char[ ]的形式。

uchar　hanzi[ ]数组存放的是"旭日东升"的汉字代码,字体为黑体小四,数组较少。

基于单片机的彩屏控制系统效果图如图 2-37 所示。

图 2-37　基于单片机的彩屏控制系统效果图

第3章 单片机输入电路设计

3.1 键盘的输入电路

键盘是最常用的单片机输入电路，键盘主要分为两类，一类是独立式键盘，另一类是矩阵式键盘。如图 3-1(a)所示为独立式键盘，虽然 MSP430 单片机工作电压为 3.3V，其独立式键盘接的上拉电阻仍为 4.8～10kΩ。其工作原理是将对应端口设置为输入并上拉，当键盘未按下，相应的端口为高电平，当键盘被按下时，相应的端口被拉为低电平。在程序中通过查询方法判断端口是否为低电平，如果是，就进入此键盘处理程序。独立式键盘适合键盘数量较少的场合，因为占用单片机的端口较多，比如 8 个键盘都采用独立式键盘，就需要占用单片机 8 个端口，而矩阵式键盘可以节省单片机端口。矩阵式键盘见图 3-1(b)。

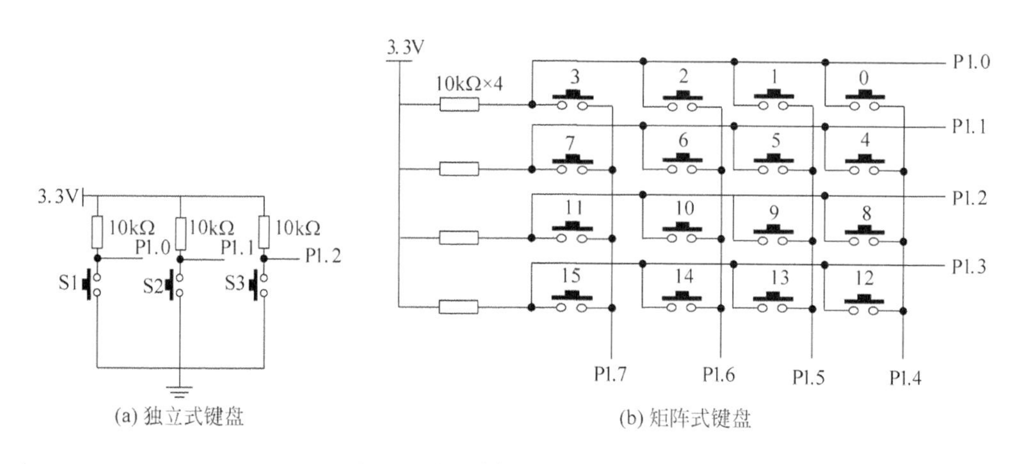

图 3-1　独立式键盘和矩阵式键盘

对于矩阵式键盘通常采用扫描法，设矩阵式键盘接单片机 P1 口相应的端口。其工作原理是，先将 P1.7～P1.4 口设置为输出，其中有一位设置为低电平，其余设置为高电平。

例如将 P1.4 设置为输出且低电平，将 P1.7～P1.5 设置为输出且为高电平，将 P1.3～P1.0 口设置为输入并上拉，用 C 语言描述，即 P1DIR＝0xf0；P1OUT＝0xef。然后读取 P1 口数值，即检测 P1 电压，如果没有按钮按下，则 P1 口电压（数值）保持不变，其数值仍为 0xef，如果在矩阵式键盘第 4 列有按键按下，则 P1 电压（数值）发生变化，不再为 0xef，假定标志为“0”的键盘按下，按键造成短路，则单片机 P1.0 端口就变成低电平，用 C 语言描述，即“if((P1IN&0x01)＝＝0)”条件成立，把这个按键取键值为 0(keyvalue＝0)；如果是标志为“4”的键盘按下，按键造成短路，则单片机 P1.1 端口就变成低电平；即“if((P1IN&0x02)＝＝0)”条件成立，把这个按键取键值为 4(keyvalue＝4)；同理可以确定标志为“8”或“12”的键盘。然后再将 P1.5 设置为输出且低电平，P1.7、P1.6、P1.4 设置为输出且高电平，将 P1.3～P1.0 口设置为输入并上拉，用同样的方法就能确定第 3 列键盘哪个键盘按下。同理就可以确定第 2 列、第 1 列哪个键盘被按下。

对于矩阵式键盘，一般情况下，用 9 个键盘代表 0～9 的数值，称为数值键，而大于 9 的数值键盘可以代表其他功能，称为功能键。

对于键盘操作还有一个重要问题，即键抖动现象，简单说来，虽然只按一下按键然后松开，但由于单片机运行程序速度很快，它能多次运行键盘程序，往往会认为按了多次键盘。对于消除键盘抖动，有硬件消抖和软件消抖，最常用的是软件消抖，有多种方法。其中一种方法是在程序中检测到按键按下后，延迟一段时间，在按键处理程序结束后，再延时一段时间，实践表明能够很好地解决键盘抖动问题。

3.2　带函数和小数点的计算器设计

设计要求有带函数和小数点的计算器设计，设计采用 1602 作为显示。此设计有一个小数点的位置问题，如果小数点位置是变化的，比如显示 3.4 或 3.48，那么小数点就发生变化，称之为“浮动”小数点；如果小数点的位置保持不变，比如显示 3.40 或 3.48，称之为“固定”小数点。市面上的计算器都是采用“浮动”小数点，编程复杂得多，本次设计采用“浮动”小数点方法。

第二个设计特点就是具有函数运算，把功能键复用，另加一个独立键，当按下独立键盘 S1 时，表明键盘当作了 sina、cos、tang 等功能用。其设计思路是，独立键 S1 未按下时，由于接上拉电阻，P3.0 设置为输入，则 P3.0 输入为高电平，就运行四则运算程序；独立键 S1 按下时，则 P3.0 输入为低电平，就运行函数程序了。按下复位键盘后，重新开始计算。当出现被除数为零时，液晶显示“error input”。

函数的运算，最好的方法是加个头文件“math.h”，该头文件包含 sina、cos、tang、ctang 函数等运算。

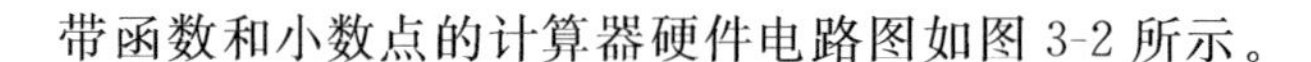

带函数和小数点的计算器硬件电路图如图 3-2 所示。

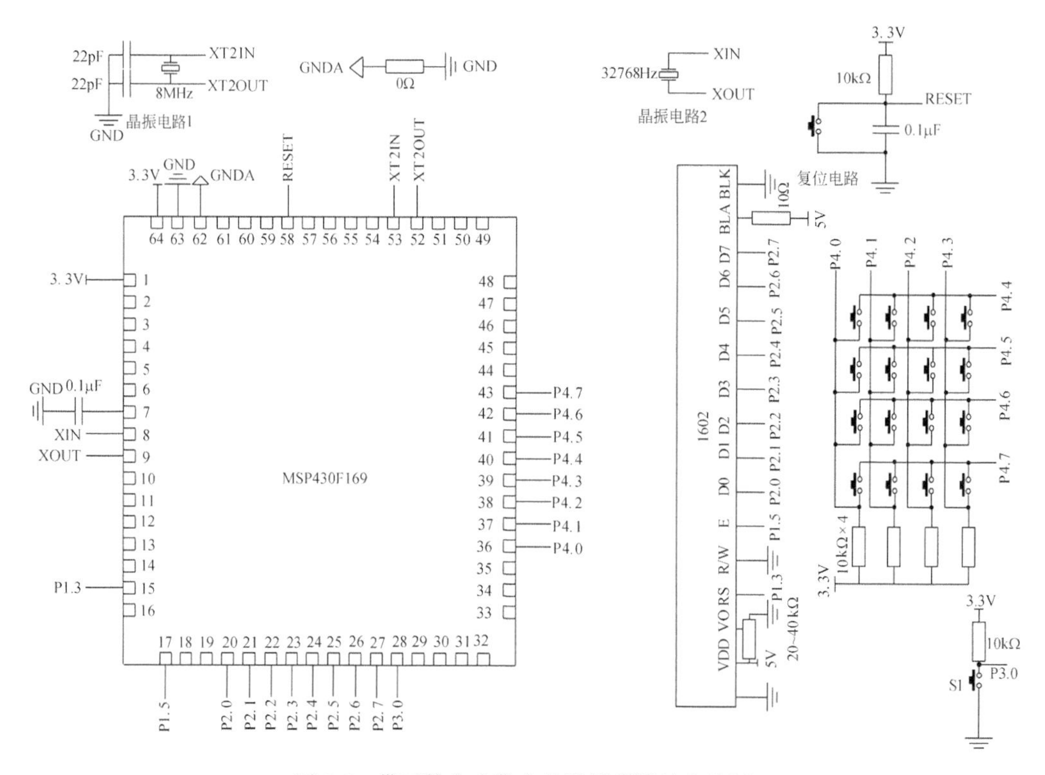

图 3-2　带函数和小数点的计算器设计电路图

采用 8MHz 晶振作为时钟源。P4 口接矩阵式键盘，P3.0 接独立式键盘。

程序清单如下：

```
#include<msp430x16x.h>
#include<math.h>
#define uchar unsigned char
#define uint unsigned int
#define set_rs P1OUT|=BIT3
#define clr_rs P1OUT&=~BIT3
#define set_lcden P1OUT|=BIT5
#define clr_lcden P1OUT&=~BIT5
#define dataout P2DIR=0XFF
#define dataport P2OUT
#define anjian (P3IN&BIT0)
uchar keyvalue;
uchar wei0=0,fuhao=0,flag1=0,flag2=0;
uchar tab1[]={"sin"};
uchar tab2[]={"cos"};
uchar tab3[]={"tan"};
uchar tab4[]={"="};
```

```
uchar dis_flag = 0,time_1s_ok;
uint num = 0;
uint time = 0;
uchar dis_flag;
uint i,j;
int t,a,shu,k;
int jd,jd1,result,result1;
uint time_counter;

void int_clk()
{
    unsigned char i;
    BCSCTL1& = ~XT2OFF;                 //打开 XT 振荡器
    BCSCTL2| = SELM1 + SELS;            //MCLK 为 8MHz,SMCLK 为 1MHz
    do
    {
        IFG1& = ~OFIFG;                 //清除振荡器错误标志
        for(i = 0; i < 100; i++)
        _NOP();                         //延时等待
    }
    while((IFG1&OFIFG)!= 0);            //如果标志为 1,则继续循环等待
    IFG1& = ~OFIFG;
}

void delay5ms(void)
{
    unsigned int i = 40000;
    while (i != 0)
    {
        i--;
    }
}

void write_com(uchar com)               //1602 写命令
{
    P1DIR| = BIT3 ;
    P1DIR| = BIT5 ;
    P2DIR = 0xff;
    clr_rs;
    clr_lcden;
    P2OUT = com;
    delay5ms( );
    delay5ms( );
    set_lcden;
    delay5ms( );
    clr_lcden;
```

```
}

void write_date(uchar date)          //1602 写数据
{
    P1DIR| = BIT3 ;
    P1DIR| = BIT5 ;
    P2DIR = 0xff;
    set_rs;
    clr_lcden;
    P2OUT = date;
    delay5ms( );
    delay5ms( );
    set_lcden;
    delay5ms( );
    clr_lcden;
}

void disp(unsigned char * s)
{
    while( * s > 0)
    {
        write_date( * s);
        s++;
    }
}

void lcddelay( )
{
    unsigned int j;
    for(j = 400; j > 0; j -- );
}

void lcd_pos(unsigned char x,unsigned char y)
{
    dataport = 0x80 + 0x40 * x + y;
    P1DIR| = BIT3 ;
    P1DIR| = BIT5 ;
    P2DIR = 0xff;
    clr_rs;
    clr_lcden;
    delay5ms( );
    delay5ms( );
    set_lcden;
    delay5ms( );
    clr_lcden;
}
```

```
void init( )
{
    clr_lcden;
    write_com(0x38);
    delay5ms( );
    write_com(0x0c);
    delay5ms( );
    write_com(0x06);
    delay5ms( );
    write_com(0x01);
}

void display(unsigned long int num)
{
    uchar dis_flag = 0;
    uchar table[7];
    if(num <= 9&num > 0)
    {
        dis_flag = 1;
        table[0] = num % 10 + '0';
    }
    else if(num <= 99&num > 9)
    {
        dis_flag = 2;
        table[0] = num/10 + '0';
        table[1] = num % 10 + '0';
    }
    else if(num <= 999&num > 99)
    {
        dis_flag = 3;
        table[0] = num/100 + '0';
        table[1] = num/10 % 10 + '0';
        table[2] = num % 10 + '0';
    }
    else if(num <= 9999&num > 999)
    {
        dis_flag = 4;
        table[0] = num/1000 + '0';
        table[1] = num/100 % 10 + '0';
        table[2] = num/10 % 10 + '0';
        table[3] = num % 10 + '0';
    }
    else if(num <= 99999& num > 9999)
    {
        dis_flag = 5;
        table[0] = num/10000 + '0';
        table[1] = num/1000 % 10 + '0';
```

```
        table[2] = num/100 % 10 + '0';
        table[3] = num/10 % 10 + '0';
        table[4] = num % 10 + '0';
    }
    else if(num <= 999999& num > 99999)
    {
        dis_flag = 6;
        table[0] = num/100000 + '0';
        table[1] = num/10000 % 10 + '0';
        table[2] = num/1000 % 10 + '0';
        table[3] = num/100 % 10 + '0';
        table[4] = num/10 % 10 + '0';
        table[5] = num % 10 + '0';
    }
    else if(num <= 9999999& num > 999999)
    {
        dis_flag = 7;
        table[0] = num/1000000 + '0';
        table[1] = num/100000 % 10 + '0';
        table[2] = num/10000 % 10 + '0';
        table[3] = num/1000 % 10 + '0';
        table[4] = num/100 % 10 + '0';
        table[5] = num/10 % 10 + '0';
        table[6] = num % 10 + '0';
    }
    if((fuhao == 4)&&(flag1 == 1))
    {
        if(dis_flag < 4)
        {
            write_date('0');
            delay5ms();
            write_date('.');
            delay5ms();
            for(i = 0; i<(3 - dis_flag); i++)
            {
                write_date('0');
                delay5ms();
            }
        }
    }
    for(i = 0; i < dis_flag; i++)
    {
        if((fuhao == 1)||(fuhao == 2))
        {
            if(i == dis_flag - wei0)
            {
                write_date('.');
```

```
                delay5ms();
            }
        }
        if(fuhao == 3)
        {
            if(i == dis_flag - wei0 * 2)
            {
                write_date('.');
                delay5ms();
            }
        }
        if(fuhao == 4)
        {
            if(dis_flag > 3)
            {
                if(i == dis_flag - 3)
                {
                    write_date('.');
                    delay5ms();
                }
            }
        }
        write_date(table[i]);
        delay5ms();
    }
}

uchar keyscan(void)
{
    P4OUT = 0xef;
    if((P4IN&0x0f)!= 0x0f)
    {
        delay5ms();
        if((P4IN&0x0f)!= 0x0f)
        {
            if((P4IN&0x01) == 0)
            keyvalue = 1;
            if((P4IN&0x02) == 0)
            keyvalue = 2;
            if((P4IN&0x04) == 0)
            keyvalue = 3;
            if((P4IN&0x08) == 0)
            keyvalue = 4;
            while((P4IN&0x0f)!= 0x0f);
        }
    }
    P4OUT = 0xdf;
```

```
if((P4IN&0x0f)!= 0x0f)
{
    delay5ms();
    if((P4IN&0x0f)!= 0x0f)
    {
        if((P4IN&0x01) == 0)
        keyvalue = 5;
        if((P4IN&0x02) == 0)
        keyvalue = 6;
        if((P4IN&0x04) == 0)
        keyvalue = 7;
        if((P4IN&0x08) == 0)
        keyvalue = 8;
        while((P4IN&0x0f)!= 0x0f);
    }
}
P4OUT = 0xbf;
if((P4IN&0x0f)!= 0x0f)
{
    delay5ms();
    if((P4IN&0x0f)!= 0x0f)
    {
        if((P4IN&0x01) == 0)
        keyvalue = 9;
        if((P4IN&0x02) == 0)
        keyvalue = 0;
        if((P4IN&0x04) == 0)
        keyvalue = 10;
        if((P4IN&0x08) == 0)
        keyvalue = 11;
        while((P4IN&0x0f)!= 0x0f);
    }
}
P4OUT = 0x7f;
if((P4IN&0x0f)!= 0x0f)
{
    delay5ms();
    if((P4IN&0x0f)!= 0x0f)
    {
        if((P4IN&0x01) == 0)
        keyvalue = 12;
        if((P4IN&0x02) == 0)
        keyvalue = 13;
        if((P4IN&0x04) == 0)
        keyvalue = 14;
        if((P4IN&0x08) == 0)
        keyvalue = 15;
```

```
            while((P4IN&0x0f)!= 0x0f);
        }
    }
    return keyvalue;
}

void main()
{
    long int shu = 0,shu1 = 0,shu1_1 = 0,shu2 = 0,shu2_1 = 0,shu3 = 0,shu4 = 0,shu5 = 0,i = 0,a =
    0,result = 0,jd = 0;
    uchar flag = 1,mode = 0;
    uchar wei1 = 0,wei2 = 0;
    float shu6 = 0,sj = 0,pi = 3.14159;
    WDTCTL = WDTPW + WDTHOLD;        //关闭看门狗
    int_clk();
    dataout;
    init();
    P1DIR| = BIT3 + BIT5;
    P4DIR = 0xf0;
    while(1)
    {
        keyvalue = 17;
        keyscan();
        shu = keyvalue;
        lcd_pos(0,0);
        if(anjian == 0)
        {
            mode = 1;
        }
        if(mode == 1)
        {
            lcd_pos(0,0);
            write_date('*');
            delay5ms();
            if(shu < 10)
            {
            jd = jd * 10 + shu;
            result = jd;
            display(result);
        }
        if(shu == 10)
        {
            lcd_pos(1,0);
            sj = sin(jd * pi/180) + 0.0005;
            disp(tab1);
            display(jd);
            disp(tab4);
```

```
            fuhao = 4;
            flag1 = 1;
            display((long)(sj * 1000));
        }
        if(shu == 11)
        {
            lcd_pos(1,0);
            sj = cos(jd * pi/180) + 0.0005;
            disp(tab2);
            display(jd);
            disp(tab4);
            fuhao = 4;
            flag1 = 1;
            display((long)(sj * 1000));
        }
        if(shu == 12)
        {
            lcd_pos(1,0);
            sj = tan(jd * pi/180) + 0.0005;
            disp(tab3);
            display(jd);
            disp(tab4);
            fuhao = 4;
            flag1 = 1;
            display((long)(sj * 1000));
        }
    }
    if(mode == 0)
    {
        lcd_pos(0,0);
        if(shu <= 9)
        {
            if(flag == 1)
            {
                shu1 = shu1 * 10 + shu;
                result = shu1;
            }
            if(flag == 2)
            {
                wei1++;
                shu1_1 = shu1_1 * 10 + shu;
                result = shu1_1;
            }
            if(flag == 3)
            {
                shu2 = shu2 * 10 + shu;
```

```
        result = shu2;
    }
    if(flag == 4)
    {
        wei2++;
        shu2_1 = shu2_1 * 10 + shu;
        result = shu2_1;
    }

    lcd_pos(0,a);
    write_date(shu + '0');
    delay5ms();
    a++;
}
if(shu == 10)
{
    lcd_pos(0,a);
    if(flag == 1)
    {
        write_date('.');
        delay5ms();
        flag = 2;
    }
    if(flag == 3)
    {
        write_date('.');
        delay5ms();
        flag = 4;
    }
    a++;
}
if((shu > 10)&&(shu < 15))
{
    lcd_pos(0,a);
    switch(shu)
    {
        case 11: write_date('+'); flag = 3; fuhao = 1; break;
        case 12: write_date('-'); flag = 3; fuhao = 2; break;
        case 13: write_date('*'); flag = 3; fuhao = 3; break;
        case 14: write_date('/'); flag = 3; fuhao = 4; break;
        default: break;
    }
    a++;
}
if(shu == 15)
{
    lcd_pos(1,0);
```

```
write_date('=');
delay5ms();
flag1 = 1;
if(wei1 > wei2)
{
    wei0 = wei1;
    for(i = 0; i < wei1; i++)
    {
        shu1 = shu1 * 10;
        shu2 = shu2 * 10;
    }
    for(i = 0; i < wei1 - wei2; i++)
    {
        shu2_1 = shu2_1 * 10;
    }
    shu3 = shu1 + shu1_1;
    shu4 = shu2 + shu2_1;
}
else
{
    wei0 = wei2;
    for(i = 0; i < wei2; i++)
    {
        shu1 = shu1 * 10;
        shu2 = shu2 * 10;
    }
    for(i = 0; i < wei2 - wei1; i++)
    {
        shu1_1 = shu1_1 * 10;
    }
    shu3 = shu1 + shu1_1;
    shu4 = shu2 + shu2_1;
    }
if((shu4 == 0)&&(fuhao == 4))
{
    fuhao = 5;
    lcd_pos(1,0);
    delay5ms();
}
switch(fuhao)
{
    case 1: shu5 = shu3 + shu4; break;
    case 2: shu5 = shu3 - shu4; break;
    case 3: shu5 = shu3 * shu4; break;
    case 4: shu6 = (float)shu3/shu4 + 0.0005; break;
    default: break;
}
```

```
            if(shu5 < 0)
            {
                write_date('-');
                delay5ms();
                shu5 = 0 - shu5;
            }
            if(fuhao < 4)
            {
                display(shu5);
            }
            else if(fuhao == 4)
            {
                display((long)(shu6 * 1000));
            }
        }
    }
  }
}
```

操作过程如下：

对于如图 3-2 所示的矩阵式键盘，在本程序中，从右到左，第一行键盘的标号从右到左依次为 1、5、9、12，第二行键盘标号从右到左依次为 2、6、0、13，第三行键盘标号从右到左依次为 3、7、10、14，第四行键盘标号从右到左依次为 4、8、11、15，标号小于 10 都是数值键，而标号大于或等于 10 的都是功能键。

在进行四则运算时，标号为 10 的键盘是小数点，标号为 11 的键盘是"+"，标号为 12 的键盘是"－"，标号为 13 的键盘是"×"，标号为 14 的键盘是"÷"，标号为 15 的键盘是"="。

在进行函数运算时，先按下 S1，1602 显示一个"*"号，然后按下数值，此时标号为 10 的键盘代表"Sin"，标号为 11 的键盘代表"Cos"，标号为 12 的键盘代表"Tan"，按对应的功能键会计算出正余弦值，正切值。这里需要指出的是由于程序不完善，本设计没有小数的正余弦值和正切值的计算。

实验板上带函数和小数点的结果如图 3-3 所示，从图 3-3 可以看出设计的正确性。

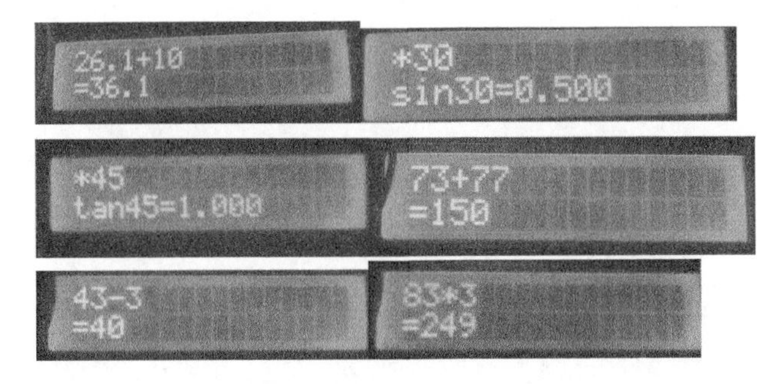

图 3-3　实验板上带函数和小数点的结果

3.3 电子密码锁设计

基于单片机的电子密码锁设计主要功能是，当单片机上电后，四位数码管显示一位数为零，按数字键设定密码再按确认键盘，数码管显示“8888”以保护密码。然后按数字键，再按确认键，如果密码正确，发光二极管亮；如果输入密码错误，蜂鸣器响。只有在密码正确的情况下，才能修改密码。具体操作步骤是，输入正确密码后，再按确认键。这时再按“修改密码”键盘，输入新的密码，按确认键后新的密码就确定了。同时，三次输入错误，单片机锁死，按任何键盘都不起作用。必须按下复位键盘，才能重新输入。

硬件电路图如图 3-4 所示。可以看出采用矩阵式 4×4 键盘，除包括 0～9 的数值外，还包括确认键，数码管段选通过限流电阻接 P1 口，而位选接 P2 口。发光二极管串限流电阻接 P3.7 端口，而控制蜂鸣器接 P3.0 端口。

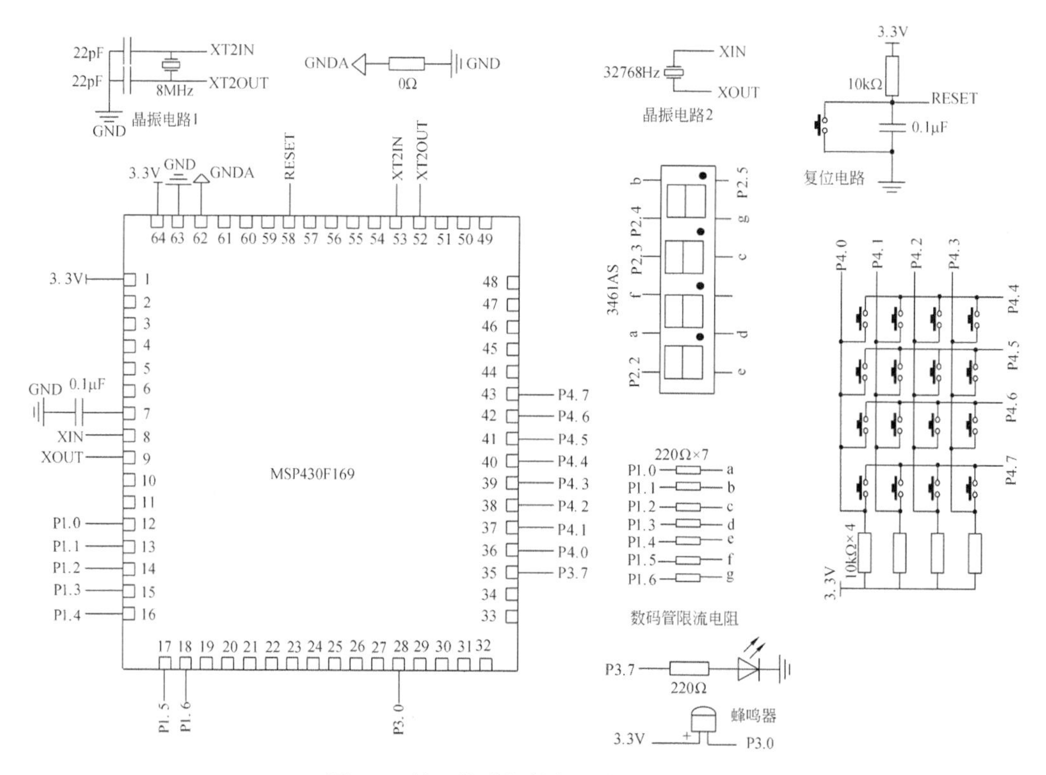

图 3-4 基于单片机的电子密码锁设计

完整程序清单如下：

```
#include<msp430x16x.h>
#include<math.h>
#define uchar unsigned char
#define uint unsigned int
```

```
#define CPU_F ((double)8000000)
#define delayus(x) __delay_cycles((long)(CPU_F * (double)x/1000000.0))    //宏定义延时函数
#define delayms(x) __delay_cycles((long)(CPU_F * (double)x/1000.0))
uchar keyvalue;
uchar wei0 = 0,fuhao = 0,flag1 = 0,flag2 = 0;
uchar tab[ ] = {0,0,0,0};
uchar tab1[ ] = {0,0,0,0};
uchar LED[ ] = {0x3f,0x06,0x5b,0x4f,0x66,0x6d,0x7d,0x07,0x7f,0x6f};
#define LE P3OUT
#define LED0 P3OUT& = ~BIT7
#define LED1 P3OUT| = BIT7
#define FMQ P2OUT
#define FMQ0 P3OUT& = ~BIT0
#define FMQ1 P3OUT| = BIT0
uchar dis_flag = 0,time_1s_ok;
uint num = 0;
uint time = 0;
uchar dis_flag;
uint i,j;
int t,a,shu,k;
int jd,jd1,result,result1;
uint time_counter;

void int_clk()
{
    unsigned char i;
    BCSCTL1& = ~XT2OFF;                //打开 XT 振荡器
    BCSCTL2| = SELM1 + SELS;           //MCLK 为 8MHz,SMCLK 为 1MHz
    do
    {
        IFG1& = ~OFIFG;                //清除振荡器错误标志
        for(i = 0; i < 100; i++)
        _NOP();                        //延时等待
    }
    while((IFG1&OFIFG)!= 0);           //如果标志为 1,则继续循环等待
    IFG1& = ~OFIFG;
}

void delay5ms(void)
{
    unsigned int i = 40000;
    while (i != 0)
    {
        i--;
    }
}
```

```
void display(int num)
{
    tab[0] = num % 10;
    tab[1] = num/10 % 10;
    tab[2] = num/100 % 10;
    tab[3] = num/1000 % 10;
    if(num <= 9)
    {
        P1OUT = LED[tab[0]];
        P2OUT = 0xdc;
        delayms(1);
    }
    if(num > 9&&num <= 99)
    {
        P1OUT = LED[tab[0]];
        P2OUT = 0xdc;
        delayms(1);
        P2OUT = 0xfC;
        P1OUT = LED[tab[1]];
        P2OUT = 0xec;
        delayms(1);
        P2OUT = 0xfC;
    }
    if(num > 99&&num <= 999)
    {
        P1OUT = LED[tab[0]];
        P2OUT = 0xdc;
        delayms(1);
        P2OUT = 0xfC;
        P1OUT = LED[tab[1]];
        P2OUT = 0xec;
        delayms(1);
        P2OUT = 0xfc;
        P1OUT = LED[tab[2]];
        P2OUT = 0xf4;
        delayms(1);
        P2OUT = 0xfc;
    }
    if(num > 999&&num <= 9999)
    {
        P1OUT = LED[tab[0]];
        P2OUT = 0xdc;
        delayms(1);
        P2OUT = 0xfc;
        P1OUT = LED[tab[1]];
        P2OUT = 0xec;
        delayms(1);
```

```
            P2OUT = 0xfc;
            P1OUT = LED[tab[2]];
            P2OUT = 0xf4;
            delayms(1);
            P2OUT = 0xfc;
            P1OUT = LED[tab[3]];
            P2OUT = 0xf8;
            delayms(1);
            P2OUT = 0xfc;
        }
}

uchar keyscan(void)
{
    P4OUT = 0xef;
    if((P4IN&0x0f)!= 0x0f)
    {
        delay5ms();
        if((P4IN&0x0f)!= 0x0f)
        {
            if((P4IN&0x01) == = 0)
            keyvalue = 1;
            if((P4IN&0x02) == 0)
            keyvalue = 2;
            if((P4IN&0x04) == 0)
            keyvalue = 3;
            if((P4IN&0x08) == 0)
            keyvalue = 4;
            while((P4IN&0x0f)!= 0x0f);
        }
    }
    P4OUT = 0xdf;
    if((P4IN&0x0f)!= 0x0f)
    {
        delay5ms();
        if((P4IN&0x0f)!= 0x0f)
        {
            if((P4IN&0x01) == 0)
            keyvalue = 5;
            if((P4IN&0x02) == 0)
            keyvalue = 6;
            if((P4IN&0x04) == 0)
            keyvalue = 7;
            if((P4IN&0x08) == 0)
            keyvalue = 8;
            while((P4IN&0x0f)!= 0x0f);
        }
```

```
        }
        P4OUT = 0xbf;
        if((P4IN&0x0f)!= 0x0f)
        {
            delay5ms();
            if((P4IN&0x0f)!= 0x0f)
            {
                if((P4IN&0x01) == 0)
                keyvalue = 9;
                if((P4IN&0x02) == 0)
                keyvalue = 0;
                if((P4IN&0x04) == 0)
                keyvalue = 10;
                if((P4IN&0x08) == 0)
                keyvalue = 11;
                while((P4IN&0x0f)!= 0x0f);
            }
        }
        P4OUT = 0x7f;
        if((P4IN&0x0f)!= 0x0f)
        {
            delay5ms();
            if((P4IN&0x0f)!= 0x0f)
            {
                if((P4IN&0x01) == 0)
                keyvalue = 12;
                if((P4IN&0x02) == 0)
                keyvalue = 13;
                if((P4IN&0x04) == 0)
                keyvalue = 14;
                if((P4IN&0x08) == 0)
                keyvalue = 15;
                while((P4IN&0x0f)!= 0x0f);
            }
        }
        return keyvalue;
    }

    void main()
    {
        WDTCTL = WDTPW + WDTHOLD;        //关闭看门狗
        int num = 0;
        int i,shu,shu2 = 0,aa = 0,flag = 0,flag1 = 0,shu1 = 0,shu3 = 0,shu4 = 0,shu5 = 0,shu6 = 0;
        shu = 0;
        int_clk();
        P1DIR = 0xff;
        P1OUT = 0xff;
```

```
P2DIR = 0xff;
P2OUT = 0xff;
P3DIR = 0xff;
P3OUT = 0xff;
P4DIR = 0xf0;
while(1)
{
    keyvalue = 17;
    keyscan();
    num = keyvalue;
    if(num <= 9&&flag == 0)
    {
        shu1 = shu1 * 10 + num;
        shu = shu1;
    }
    if(num >= 0&&num <= 9&&flag == 1)
    {
        shu2 = shu2 * 10 + num;
        shu = shu2;
    }
    if(num == 11&&flag == 0)
    {
        shu = 8888;
        flag = 1;
        num = 17;
    }
    else if(num == 11&&flag == 1)
    {
        num = 17;
        if(shu1 == shu2)
        {
            aa = 0;
            flag1 = 1;
            LED1;
            delayms(2000);
            LED0;
            shu2 = 0;
        }
        else
        {
            flag1 = 0;
            shu2 = 0;
            aa = aa + 1;
            FMQ1;
            delayms(5);
            FMQ0;
        }
        shu = 8888;
```

```
            }
            if(aa == 3)
            {
                shu = 0;
                while(1)
                {
                    P1OUT = 0x00;
                }
            }
            if((num == 12)&&(flag1 == 1))
            {
                shu1 = 0;
                shu2 = 0;
                flag = 0;
            }
            display(shu);
        }
    }
```

下面对一些程序进行解释：

```
if(num == 11&&flag == 0)
{
    shu = 8888;
    flag = 1;
    num = 17;
}
```

num数值为11是确认键，当确认键第一次按下后，之所以再写个num＝17是为了防止蜂鸣器响，是因为num赋值为11后，即使没按任何键盘，从后面程序：

```
    else
    {
        flag1 = 0;
        shu2 = 0;
        aa = aa + 1;
        FMQ1;
        delayms(5);
        FMQ0;
    }
    shu = 8888;
}
```

可以看出，shu1肯定不等于shu2，则蜂鸣器就响了。而写了num＝17后，单片机就不再执行if(num＝＝11)条件的程序，保证了操作正确。

再看下面程序：

```
if(aa == 3)
{
```

```
    shu = 0;
    while(1)
    {
        P1OUT = 0x00;
    }
}
```

这是第二次按下确认键时，对第二次的确认键计数，当第二次确认键达到 3 次后，就执行 while(1)程序，进入了死循环，从而把电子密码锁锁死。电子密码锁锁死后，再按任何键都不起作用，数码管无显示。实际上这条语句可以再进行改进，在 while(1)中可以再写两行程序，使得数码管显示“E”表明密码锁已经锁死。思路是将显示“E”的十六进制数赋值给 P1 口，位选使得第一个数码管亮即可，读者可以自己试一下。实物图如图 3-5 所示，图(a)为实物通电前的状态；图(b)为实物通电后的状态；图(c)为设定密码，密码为：1256；图(d)为密码确定后显示；图(e)为输入密码正确发光二极管灯亮。

(a) 通电前

(b) 通电后

(c) 设定密码

(d) 确定密码

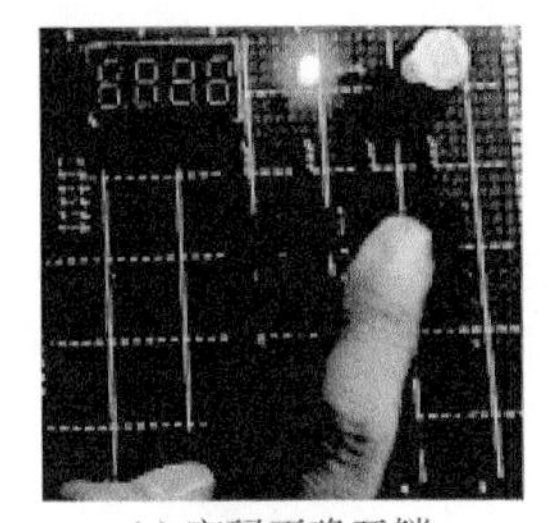

(e) 密码正确开锁

图 3-5　实物展示图

3.4 步进电机控制系统设计

设计要求：由按键把步进电机需要转动的圈数显示在12864上，按下某个键后，步进电机旋转，每减小1圈，都在液晶上实时显示出来。同时还有步进电机高低速切换、正反转控制功能。遇到紧急情况按下停止按钮时，电机停止，液晶圈数显示为零。

步进电机28BYJ48是四相五线八拍电机，电压在DC5V～DC12V之间。当给步进电机施加一系列连续不间断的控制脉冲时，步进电机可以连续不断地旋转。每一个脉冲信号对应的是步进电机的某一相或两相绕组的通电状态的改变，也就使得对应的转子转过一定的角度(即为一个步距角)。当通电状态的改变完成一个完整的循环时，转子就能刚好转过一个完整的齿距。四相步进电机可以在不同的通电方式下运行，常见的通电方式有单(单相绕组通电)四拍(A-B-C-D-A…)，双(双相绕组通电)四拍(AB-BC-CD-DA-AB-…)，八拍(A-AB-B-BC-C-CD-D-DA-A…)等。

本设计使用的5V步进电机是4相5线式的减速步进电机，型号为28BYJ-48。它是一种将电脉冲转化为角位移的执行机构。通俗一点讲：当步进驱动器接收到一个脉冲信号，它就驱动步进电机按设定的方向转动一个固定的角度(步进角)。我们可以通过控制脉冲来控制角位移量，从而达到准确定位的目的；同时我们也可以通过控制脉冲频率来控制电机转动的速度和加速度，从而达到调速的目的。由于单片机接口信号不够大，需要通过ULN2003放大再连接到相应的电机接口。

ULN2003AN介绍：ULN2003AN是一个7路反向器电路，即当输入端为高电平时，ULN2003AN对应输出端为低电平；当输入端为低电平时，ULN2003AN对应输出端为高电平。ULN2003AN的引脚排列如图3-6所示。

有些读者很奇怪，为什么步进电机要接ULN2003AN芯片，而不能直接接单片机端口，ULN2003AN芯片是如何工作的？下面来详细说明。由于单片机端口的输出或输入(灌输)电流较小，当负载需要较大电流时，就不能带动负载。以图3-7为例，假如单片机端口直接接步进电机，当PD5端口为低电平时，通过步进电机的电流路线如图3-7所示，由于输入到单片机端口的电流较小，就不能带动步进电机。

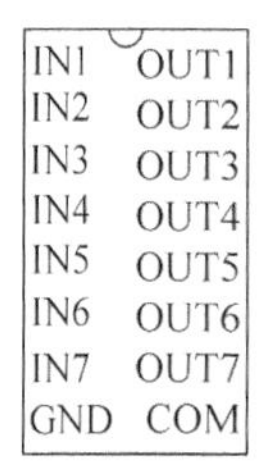

图3-6 ULN2003AN引脚图

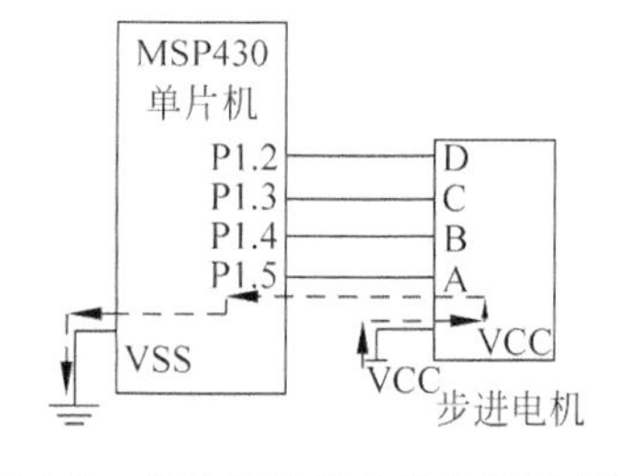

图3-7 单片机控制步进电机示意图

那么单片机接口接ULN2003AN芯片，再看如何工作的。以图3-8为例来进行说明。

当单片机端口P1为输出状态且P1.6为高电平时，ULN2003AN芯片的反向作用，对应的端口OUT4为低电平，则电流如图虚线所示。由于ULN2003AN芯片可以输入较大的

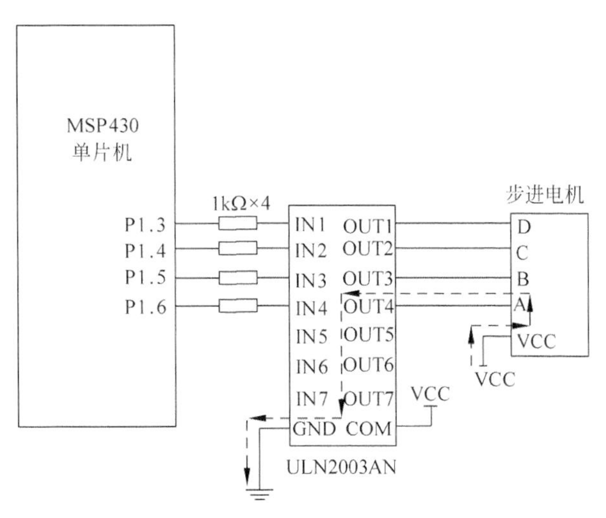

图 3-8 单片机通过 ULN2003AN 芯片控制步进电机示意图

电流，从而带动步进电机运行。

实际上单片机正是因为端口的输入或输出电流较小，带功率较大负载时往往需要加驱动电路，很多驱动的工作原理与以上相同。

整个硬件电路图如图 3-9 所示。

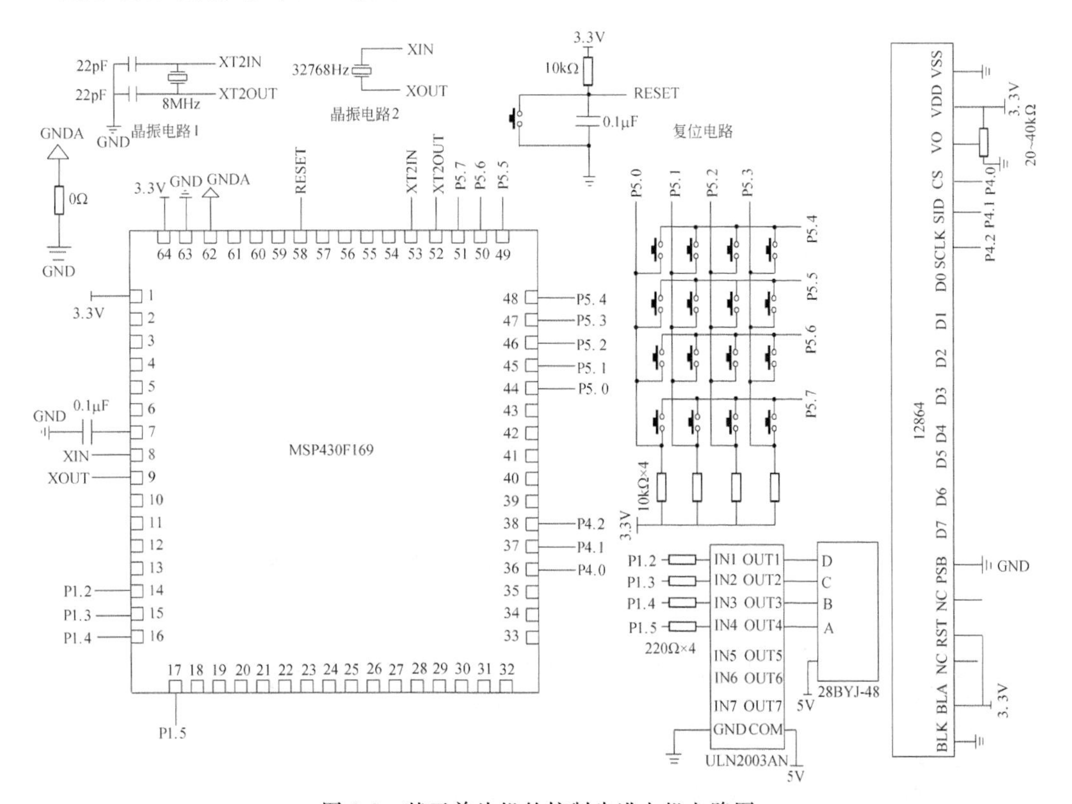

图 3-9 基于单片机的控制步进电机电路图

矩阵式键盘接 P5 口,液晶采用串行控制方式。整个程序清单如下:

```
#include <msp430x14x.h>
typedef unsigned char uchar;
typedef unsigned int uint;
uchar keyvalue,key_shu,shu5,v,k,dis_flag;
int a;
uchar table[7] = "       ";
uchar tab0[] = {"步进电机调速系统"};
uchar tab1[] = {"设定圈数:"};
uchar tab2[] = {"高速"};
uchar tab3[] = {"低速"};
uchar tab4[] = {"正转"};
uchar tab5[] = {"反转"};
#define SID BIT1
#define SCLK BIT2
#define CS BIT0
#define LCDPORT P4OUT
#define SID_1     LCDPORT |= SID         //SID 置高 P4.1
#define SID_0     LCDPORT &= ~SID        //SID 置低

#define SCLK_1    LCDPORT |= SCLK        //SCLK 置高 P4.2
#define SCLK_0    LCDPORT &= ~SCLK       //SCLK 置低

#define CS_1      LCDPORT |= CS          //CS 置高 P4.3
#define CS_0      LCDPORT &= ~CS         //CS 置低
void int_clk()
{
    unsigned char i;
    BCSCTL1&= ~XT2OFF;                   //打开 XT 振荡器
    BCSCTL2|= SELM1 + SELS;              //MCLK 为 8MHz,SMCLK 为 1MHz
    do
    {
        IFG1&= ~OFIFG;                   //清除振荡器错误标志
        for(i = 0;i < 100;i++)
         _NOP();                         //延时等待
    }
    while((IFG1&OFIFG)!= 0);             //如果标志为 1,则继续循环等待
    IFG1&= ~OFIFG;
}
/*********************************************
函数名称:Delay_1ms
功    能:延时约 1ms 的时间
参    数:无
返回值:无
```

```
*********************************************/
void delay(unsigned char ms)
{
    unsigned char i,j;
    for(i = ms;i > 0;i -- )
    for(j = 120;j > 0;j -- );
}

void delay_ms(uint aa)
{
    uint ii;
    for(ii = 0;ii < aa;ii++)
    __delay_cycles(8000);
}

void delay_us(uint aa)
{
    uint ii;
    for(ii = 0;ii < aa;ii++)
    __delay_cycles(8);
}

/*键盘扫描*/
uchar keyscan(void)
{
    P5OUT = 0xef;
    if((P5IN&0x0f)!= 0x0f)
    {
        delay_ms(10);
        if((P5IN&0x0f)!= 0x0f)
        {
            if((P5IN&0x01) == 0)
            keyvalue = 1;
            if((P5IN&0x02) == 0)
            keyvalue = 2;
            if((P5IN&0x04) == 0)
            keyvalue = 3;
            if((P5IN&0x08) == 0)
            keyvalue = 4;
            while((P5IN&0x0f)!= 0x0f);
        }
    }
    P5OUT = 0xdf;
    if((P5IN&0x0f)!= 0x0f)
    {
```

```
        delay_ms(10);
        if((P5IN&0x0f)!= 0x0f)
        {
            if((P5IN&0x01) == 0)
            keyvalue = 5;
            if((P5IN&0x02) == 0)
            keyvalue = 6;
            if((P5IN&0x04) == 0)
            keyvalue = 7;
            if((P5IN&0x08) == 0)
            keyvalue = 8;
            while((P5IN&0x0f)!= 0x0f);
        }
    }
    P5OUT = 0xbf;
    if((P5IN&0x0f)!= 0x0f)
    {
        delay_ms(10);
        if((P5IN&0x0f)!= 0x0f)
        {
            if((P5IN&0x01) == 0)
            keyvalue = 9;
            if((P5IN&0x02) == 0)
            keyvalue = 0;
            if((P5IN&0x04) == 0)
            keyvalue = 10;
            if((P5IN&0x08) == 0)
            keyvalue = 11;
            while((P5IN&0x0f)!= 0x0f);
        }
    }
    P5OUT = 0x7f;
    if((P5IN&0x0f)!= 0x0f)
    {
        delay_ms(10);
        if((P5IN&0x0f)!= 0x0f)
        {
            if((P5IN&0x01) == 0)
            keyvalue = 12;
            if((P5IN&0x02) == 0)
            keyvalue = 13;
            if((P5IN&0x04) == 0)
            keyvalue = 14;
            if((P5IN&0x08) == 0)
            keyvalue = 15;
```

```
            while((P5IN&0x0f)!= 0x0f);
        }
    }
    return keyvalue;
}

void sendbyte(uchar zdata)                    //数据传送函数
{
    uint i;
    for(i = 0;i < 8;i++)
    {
        if((zdata << i)&0x80)
        {
            SID_1;
        }
        else
        {
            SID_0;
        }
        delay(1);
        SCLK_0;
        delay(1);
        SCLK_1;
        delay(1);
    }
}
/**************************************************************
* 名    称:LCD_Write_cmd()
* 功    能:写一个命令到 LCD12864
* 入口参数:cmd 为待写入的命令,无符号字节形式
* 出口参数:无
* 说    明:写入命令时,RW = 0,RS = 0 扩展成 24 位串行发送
* 格    式:11111 RW0 RS 0 xxxx0000 xxxx0000
*          |最高的字节 |命令的 bit7～4|命令的 bit3～0|
**************************************************************/
void write_cmd(uchar cmd)
{
    CS_1;
    sendbyte(0xf8);
    sendbyte(cmd&0xf0);
    sendbyte((cmd << 4)&0xf0);
}
/**************************************************************
* 名    称:LCD_Write_Byte()
```

```
 * 功    能:向 LCD12864 写入一个字节数据
 * 入口参数:byte 为待写入的字符,无符号形式
 * 出口参数:无
 * 范    例:LCD_Write_Byte('F')              //写入字符'F'
*************************************************************/
void write_dat(uchar dat)
{
    CS_1;
    sendbyte(0xfa);
    sendbyte(dat&0xf0);
    sendbyte((dat << 4)&0xf0);
}
/*************************************************************
 * 名    称:LCD_pos()
 * 功    能:设置液晶的显示位置
 * 入口参数:x 为第几行,1~4 对应第 1 行~第 4 行
 *          y 为第几列,0~15 对应第 1 列~第 16 列
 * 出口参数:无
 * 范    例:LCD_pos(2,3)                     //第 2 行,第 4 列
*************************************************************/
void lcd_pos(uchar x,uchar y)
{
    uchar pos;
    if(x == 0)
    {x = 0x80;}
    else if(x == 1)
    {x = 0x90;}
    else if(x == 2)
    {x = 0x88;}
    else if(x == 3)
    {x = 0x98;}
    pos = x + y;
    write_cmd(pos);
}
/*******************************************************/
//LCD12864 初始化
void LCD_init(void)
{
    write_cmd(0x30);                       //基本指令操作
    delay(5);
    write_cmd(0x0C);                       //显示开,关光标
    delay(5);
    write_cmd(0x01);                       //清除 LCD 的显示内容
    delay(5);
```

```
    write_cmd(0x02);                    //将 AC 设置为 00H,且游标移到原点位置
    delay(5);
}

void hzkdis(uchar * S)
{
    while ( * S > 0)
    {
        write_dat( * S);
        S++;
    }
}

void display(int num)
{
    if(num <= 9&&num >= 0)
    {
        dis_flag = 1;
        table[0] = num % 10 + '0';
        table[1] = ' ';
        for(k = 0;k < 2;k++)
        {
            write_dat(table[k]);
            delay(5);
        }
    }
    else if(num <= 99&num > 9)
    {
        dis_flag = 2;
        table[0] = num/10 + '0';
        table[1] = num % 10 + '0';
        table[2] = ' ';
        for(k = 0;k < 3;k++)
        {
            write_dat(table[k]);
            delay(5);
        }
    }
    else if(num <= 999&num > 99)
    {
        dis_flag = 3;
        table[0] = num/100 + '0';
        table[1] = num/10 % 10 + '0';
        table[2] = num % 10 + '0';
```

```
            table[3] = ' ';
            for(k = 0;k < 4;k++)
            {
                write_dat(table[k]);
                delay(5);
            }
        }
        else if(num <= 9999&num > 999)
        {
            dis_flag = 4;
            table[0] = num/1000 + '0';
            table[1] = num/100 % 10 + '0';
            table[2] = num/10 % 10 + '0';
            table[3] = num % 10 + '0';
            table[4] = ' ';
            for(k = 0;k < 4;k++)
            {
                write_dat(table[k]);
                delay(5);
            }
        }
    }

    void main()
    {
        uchar flag,mode ;
        uint d,shu5 = 0,shu,shu1;
        WDTCTL = WDTPW + WDTHOLD;
        int_clk();
        P1DIR = 0xff;
        P4OUT = 0x0f;
        P4DIR = BIT0 + BIT1 + BIT2;
        LCD_init();
        P5DIR = 0xf0;
        v = 3;
        lcd_pos(0,0);
        hzkdis(tab0);
        lcd_pos(1,0);
        hzkdis(tab1);
        while(1)
        {
            keyvalue = 17;
            keyscan();
            key_shu = keyvalue;
```

```
if(key_shu<10)
{
    shu5 = shu5 * 10 + key_shu;
    shu = shu5;
}
if(shu>0)
{
    mode = 1;
}
else
{
    mode = 0;
    flag = 0;
}
if(key_shu == 10)
{
    flag = 1;
    shu1 = 0;
}
if(key_shu == 11) {v = 1; lcd_pos(2,6);hzkdis(tab2);}
if(key_shu == 12) {v = 4; lcd_pos(2,6); hzkdis(tab3);}
if(key_shu == 13) {d = 0; lcd_pos(2,0); hzkdis(tab4);}
if(key_shu == 14){d = 1; lcd_pos(2,0);hzkdis(tab5);}
if(key_shu == 15)
{
    shu = 0;
    P1OUT| = 0x60;
}
if(mode == 1&&flag == 1)
{
if(d == 0)
{
    P1OUT = 0x1c;
    delay_ms(v);
    P1OUT = 0x0c;
    delay_ms(v);
    P1OUT = 0x2c;
    delay_ms(v);
    P1OUT = 0x24;
    delay_ms(v);
    P1OUT = 0x34;
    delay_ms(v);
    P1OUT = 0x30;
    delay_ms(v);
```

```
            P1OUT = 0x38;
            delay_ms(v);
            P1OUT = 0x18;
            delay_ms(v);
            a++;
        }
        else
        {
            P1OUT = 0x18;
            delay_ms(v);
            P1OUT = 0x38;
            delay_ms(v);
            P1OUT = 0x30;
            delay_ms(v);
            P1OUT = 0x34;
            delay_ms(v);
            P1OUT = 0x24;
            delay_ms(v);
            P1OUT = 0x2c;
            delay_ms(v);
            P1OUT = 0x0c;
            delay_ms(v);
            P1OUT = 0x1c;
            delay_ms(v);
            a++;
            }
        }
        if(a == 512)
        {
            P1OUT = 0x00;
            a = 0;
            shu -- ;
        }
        lcd_pos(1,5);
        display(shu);
    }
}
```

部分程序说明：

首先看步进电机通电方式。首先将 P1 口设置为输出(P1DIR = 0xff)。语句 P1OUT=0x1c 表明除 P1.5 输出低电平外，P1.4～P1.2 输出均是高电平，对应 ULN2003AN 的 OUT4 就输出高电平，步进电机 A 相绕组通电。delay1(v)作用是调速，根据 v 的不同，步进电机的转速就发生变化。语句 P1OUT=0x0c 表明除 P1.5、P1.4 输出低电平外，P1.3～

P1.2 输出均是高电平。对应 ULN2003AN 的 OUT4、OUT3 就输出高电平，步进电机 A 相、B 相绕组通电。延时后 P1OUT＝0x2c 表明除 P1.4 输出低电平外，P1.5、P1.3、P1.2 输出均是高电平。对应 ULN2003AN 的 OUT3 就输出高电平，步进电机 B 相绕组通电。依此类推，可以看出步进电机采用八拍（A-AB-B-BC-C-CD-D-DA-A…）供电方式。

if(key_shu＝＝11)和 if(key_shu＝＝12)的区别是延时函数的参数(v)不同，造成了步进电动机转速改变，并在液晶上显示。

由于步进电机 28BYJ48 内部机械结构，通电循环了 512 次电机才旋转一圈，所以 if(a＝＝512)，把液晶显示圈数减 1。

if(key_shu＝＝13) 和 if(key_shu＝＝14){…}的作用是正反转切换并在液晶上显示。

if(key_shu＝＝15)的作用是急停，当按下对应的按钮后，步进电机停止，同时液晶显示的圈数为 0。

本次设计实物展示如图 3-10 所示。设定好圈数后，按正(反)转和高(低)速按钮后，再按确认键，步进电机按照设定的控制方式运行。

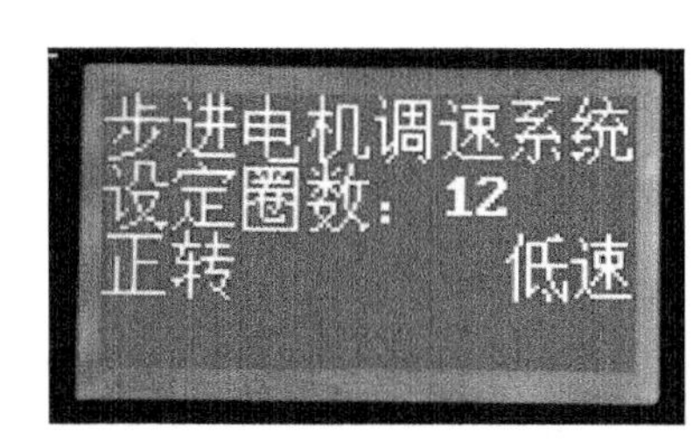

图 3-10　实物展示图

3.5　温度检测系统设计

DS18B20 数字温度计提供 9～12 位(二进制)温度读数，以指示器件温度。数据经过单线接口送入 DS18B20 或从 DS18B20 送出，因此从主机 CPU 到 DS18B20 仅需一条线。

每一个 DS18B20 在出厂时，就设定了唯一的 64 位长的序号，因此可以将多个 DS18B20 连接在单线总线上，这就可以在许多不同的地方放置 DS18B20，并使用一条总线连接在一起。DS18B20 的测量范围为－55℃～＋125℃，最小分辨率为 0.0625℃。DS18B20 采用与常用的小功率三极管相同的 TO-92 封装方式。

DS18B20 内部地址分配如表 3-1 所示的 9 字节 RAM。其中字节 0 和字节 1 存放 DS18B20 的温度测量值，字节 4 存放配置字节，用于设定温度测量的分辨率等参数，字节 8 是 DS18B20 自己生成的循环余校验码，在 CPU 读取 DS18B20 数据时，用于检查读取数据的正确性。

表 3-1　DS18B20 内部 RAM 分配

字节 0	温度值低字节(TL)	字节 5	保留
字节 1	温度值高字节(TH)	字节 6	保留
字节 2	TL 或用户字节 1	字节 7	保留
字节 3	TH 或用户字节 2	字节 8	CRC 校验字节
字节 4	配置字节		

主CPU经DQ向DS18B20发送温度测量等变换命令，DS18B20将测量的温度值存放在DS18B20的RAM的字节0和字节1中，除温度变换命令外，再介绍几个命令，见表3-2。

表3-2 DS18B20的部分命令

指令	代码(十六进制)	指令	代码(十六进制)
Skip ROM(跳过ROM)	CCh	Read Scratchpad(读RAM)	BEh
Convert Temperature(温度变换)	44h	Write Scratchpad(写RAM)	4Eh

命令CCh，跳过ROM。该命令跳过ROM中的64位长的序号，即不关心每一个DS18B20中唯一序号，因此该命令只能在一总线上仅接有一个DS18B20时应用。在仅使用单个DS18B20时，使用该命令可以简化程序。

命令44h，温度变换。DS18B20接收到该命令后将触发温度测量，收到命令数百毫秒后，温度才能测量完毕，将测量的值存入RAM的字节0和字节1中。

命令BEh，读RAM存储器。该命令读取DS18B20内部RAM中的数据。读取数据中的头两个字节就是测量的温度值。DS18B20收到BEh命令后，将内部RAM中的数据释放到一总线DQ上。

设定DS18B20使用默认的12位转换，DS18B20内部RAM中温度值存放在字节0(TL)和字节1(TH)中，TL和TH的格式如下：

TL	bit7	bit6	bit5	bit4	bit3	bit2	bit1	bit0
	2^3	2^2	2^1	2^0	2^{-1}	2^{-2}	2^{-3}	2^{-4}

TH	bit15	bit14	bit13	bit12	bit11	bit10	bit9	bit8
	S	S	S	S	S	2^6	2^5	2^4

存储器TH中的bit15～bit11为符号位，如果温度为负数，则bit15～bit11全为1，否则全为0。存储器TH的bit10～bit8及存储器TL共11位存储温度值。TL的bit3～bit0存储温度的小数部分TLLSB的"1"的表示0.0625℃，如果温度是负数，将存储器中的二进制求反加1，再分别将整数部分和小数部分转换成十进制数合并后就得到被测温度值。

比如，当DS18B20的数据为0000 0000 1010 0010，即TH＝0000 0000、TL＝1010 0010，根据TL和TH的格式计算温度值为

$2^6\times0+2^5\times0+2^4\times0+2^3\times1+2^2\times0+2^1\times1+2^0\times0+2^{-1}\times0+2^{-2}\times0+2^{-3}\times1+2^{-4}\times0=10.125$℃

当DS18B20的数据为1111 1111 0101 1110，即TH＝1111 1111、TL＝0101 1110，表明所测温度为负值，取反得加1得0000 0000 1010 0010，根据TL和TH的格式计算温度值为

$2^6\times0+2^5\times0+2^4\times0+2^3\times1+2^2\times0+2^1\times1+2^0\times0+2^{-1}\times0+2^{-2}\times0+2^{-3}\times1+2^{-4}\times0=-10.125$℃

DS18B20 中测试数据与温度值对应关系如表 3-3 所示。

表 3-3　DS18B20 中测量数据与温度值对应关系的例子

温　　度	二进制输出	十六进制输出
+125℃	0000 0111 1101 0000	07D0h
+85℃	0000 0101 0101 0000	0550h
+25.0626℃	000 0001 1001 0001	0191h
+10.125℃	0000 0000 1010 0010	00A2h
+0.5℃	0000 0000 0000 1000	0008h
0℃	0000 0000 0000 0000	0000h
−0.5℃	1111 1111 1111 1000	FFF8h
−10.125℃	1111 1111 0101 111	FF5Eh
−25.0625℃	1111 111 0110 1111	FE6Fh
−55℃	1111 1100 1001 0000	FC90h

由于单片机与 DS18B20 通过一总线进行数据交换，无论读和写均是从最低位开始，数据线 DQ 是双向的，既承担单片机 DS18B20 传输命令，也是 DS18B20 向单片机回送温度等数据的通道，因此时序关系十分重要，有 3 个关键时序需要掌握。

1. DS18B20 的初始化

DS18B20 的初始化是由单片机控制的，是 DS18B20 一切命令的初始条件，DS18B20 的初始化时序如图 3-11 所示，主机发送一个复位脉冲接着释放总线并进入接收状态，DS18B20 会在检测到上升沿后等待，然后发送一个低电平的存在脉冲告知主机，主机在 60～240μs 的期间接收到低电平，即表示 DS18B20 存在，并已初始化成功。

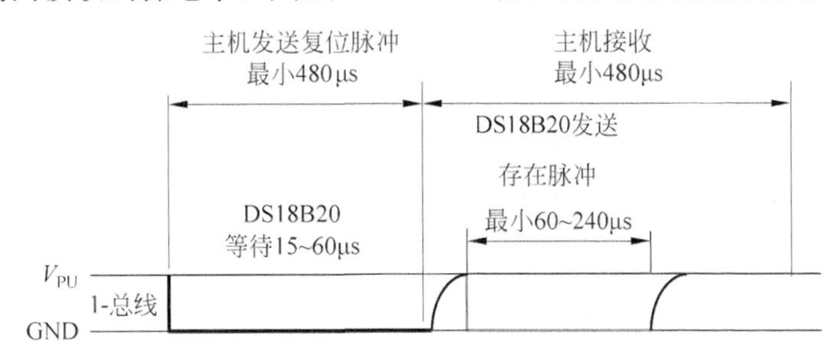

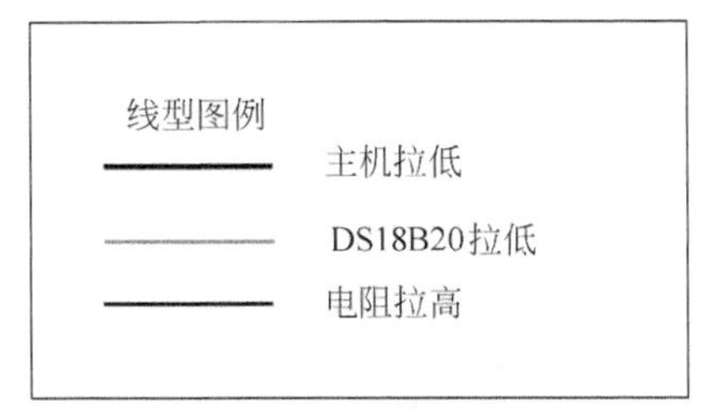

图 3-11　DS18B20 初始化时序图

图 3-11 看起来比较晦涩，下面把这图标注一下，如图 3-12 所示。

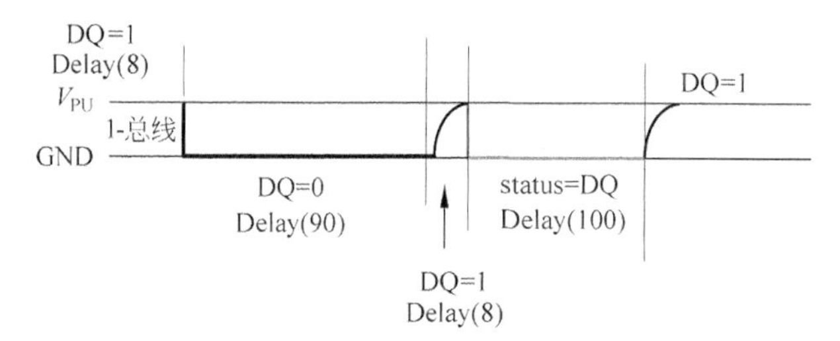

图 3-12 DS18B20 初始化时序图标注

用程序描述如下。假设 DS18B20 的 DQ 引脚接单片机 P6.5 端口。

```
void DS18B20_RESET(void)                    //复位
{
    SDAOUT;
    DS18B20_DQ_L;
    delay_us(550);                          //至少 480μs 的低电平信号
    DS18B20_DQ_H;                           //拉高等待接收 18B20 的存在脉冲信号
    delay_us(60);
    SDAIN;
    delay_us(1);
DS18B20_Presence = SDADATA; //检测 DQ 电压,如果 DQ 是低电平,就表明 DS18B20 存在或正常,如果
                            //DQ 是高电平,就表明没有 DS18B20 或损坏
    delay_us(200);
}
```

2. DS18B20 的写时序

如图 3-13 所示，整个写时间隙需要持续至少，连续写 2 位数据的间隙最小，主机将总线由高电平拉至低电平后就触发了一个写时间间隙，主机必须在 15μs 内将所写的位送到总线上。DS18B20 在 15～60μs 间开始对总线进行采样，如果此时总线为低电平，写入的位是 0；若为高电平，写入的位是 1。

同样也把这图标注一下，如图 3-14 所示。

用程序描述如下：

```
void Write_DS18B20_OneChar(uchar dat) //写一个字节
{
    uchar i = 0;
    for(i = 8; i > 0; i -- )
    {
        SDAOUT;
        DS18B20_DQ_L;
        delay_us(6);
        if((dat&0x01)> 0) DS18B20_DQ_H;
        Else DS18B20_DQ_L;
```

```
        delay_us(50);
        DS18B20_DQ_H;
        dat >>= 1;
        delay_us(10);
    }
}
```

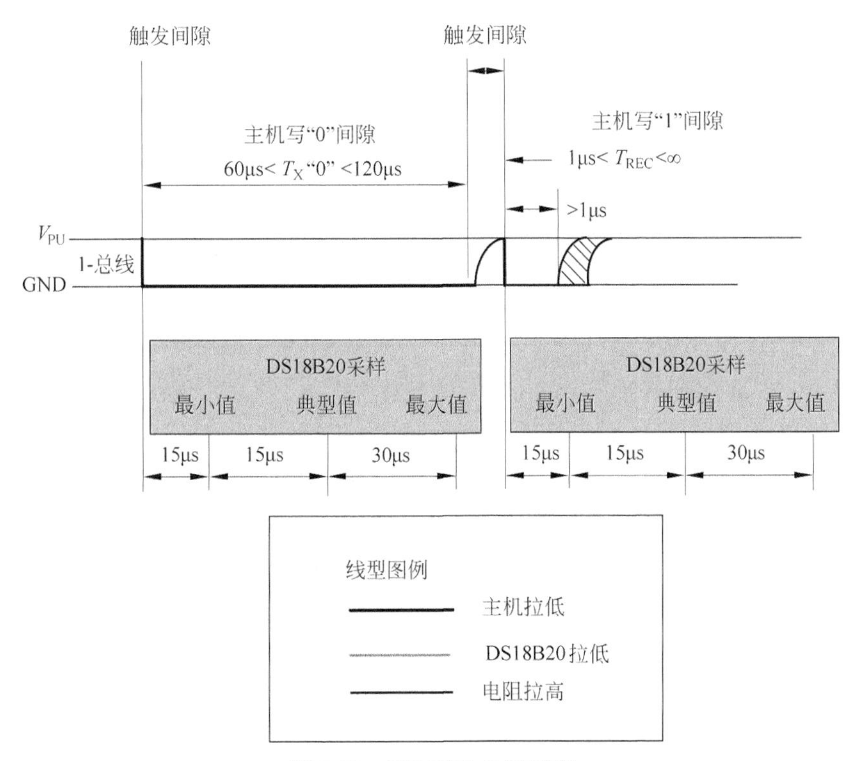

图 3-13　DS18B20 的写时序

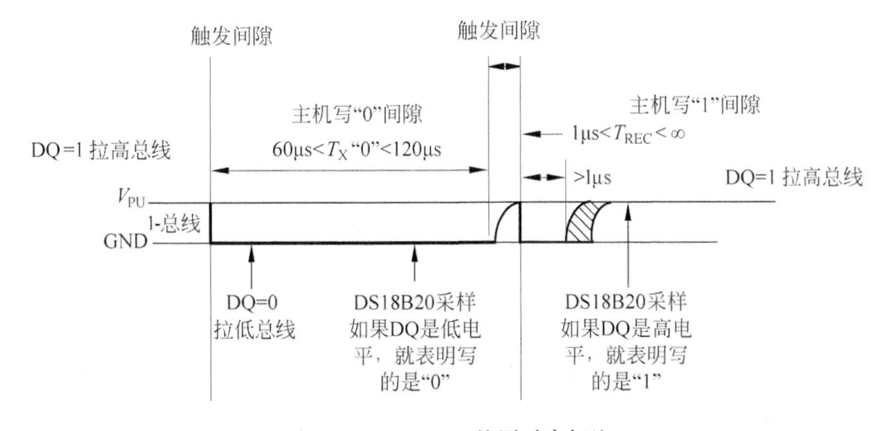

图 3-14　DS18B20 的写时序标注

现在假如我们希望向DS18B20写数dat为1101 0001(D7～D0)，注意在写的过程中是低位在前，高位在后，i=0，一开始DS18B20_DQ_L(拉低总线)，因为dat第一位(D0)是高电平1，满足if((dat&0x01)>0)条件。DS18B20采样是高电平1，就知道写的是"1"。延时后，又把总线拉高(DS18B20_DQ_H)，表明1写入。dat >>= 1的作用是右移，把dat的数据变为0110 1000。i=1，DS18B20_DQ_L，不满足if((dat&0x01)>0)条件。DS18B20采样是低电平0，就知道写的是"0"。延时后，又把总线拉高(DS18B20_DQ_H)，表明"0"写入。这样重复8次，就把1101 0001写入DS18B20。

3. DS18B20的读时序

如图3-15所示主机将总线由高电平拉至低电平并保持1后释放总线就产生了一个读时间隙。读时间隙产生后DS18B20会将1或0传至总线，若传送0则拉低总线，若传送1则保持总线为高电平。在读时间隙产生后的15μs内为主机采集数据时间。

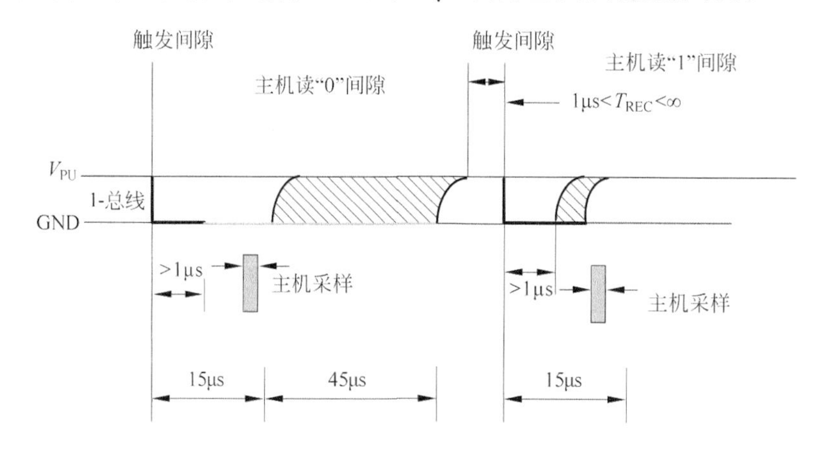

图3-15 DS18B20的读时序

把图3-15标注一下，如图3-16所示。图3-16就比较容易理解DS12B"读"的时序图，一开始由主机把DQ拉高，然后把DQ拉低，再释放总线(DQ=1)，再检测DQ的电压，如果DQ电压为0，就表明写的是"0"，如果DQ电压为高电平，就表明读的是"1"，再把总线拉高，表明一位数据读完。用程序描述如下：

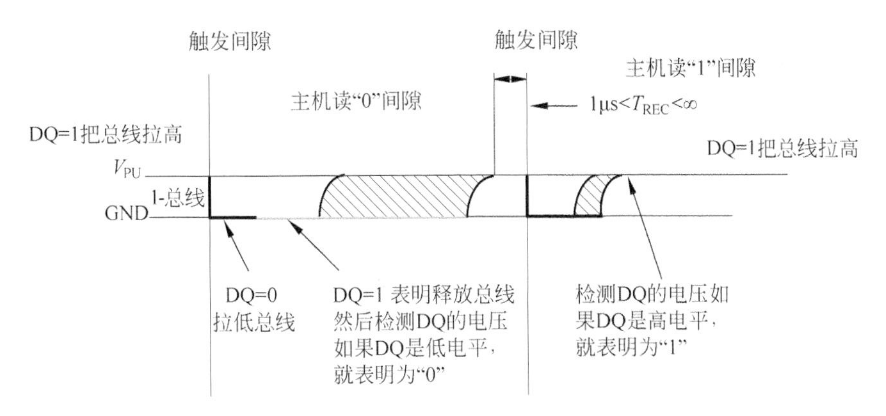

图 3-16 DS18B20 的读时序标注

```
uchar Read_DS18B20_OneChar(void)            //读一个字节
{
    uchar date = 0;
    uchar j = 0;
    for(j = 8; j > 0; j -- )
    {
        DS18B20_DQ_L;
        date >> = 1;
        delay_us(2);
        DS18B20_DQ_H;
        delay_us(5);
        SDAIN;
        delay_us(1);
        if((SDADATA)> 0)
        date| = 0x80;
        delay_us(30);
        SDAOUT;
        DS18B20_DQ_H;
        delay_us(5);
    }
    return date;
}
```

现在假如我们读 DS18B20 的数为 1101 0101(D7～D0)，注意"读"还是低字节在前，高字节在后，j=0 时，一开始 DS18B20_DQ_L(拉低总线)，初始 date 为 0000 0000，然后 date 右移一位，仍为 0000 0000，DS18B20_DQ_H 就是释放总线，被读的数第一位是 1(因为 DQ 输出了高电平)。if((SDADATA)> 0)的含义是如果 DQ 不为 0，主机采样就成立，date |= 0X80 后，date 数据就是 1000 0000，延时 delay_us(30)，再把总线输出并拉高 SDAOUT，

DS18B20_DQ_H，第一位采样就完成。j=1，DS18B20_DQ_L(拉低总线)，右移位后，date数据就变为0100 0000，释放总线(DS18B20_DQ_H)，因为被读的数第二位是0(表明DQ输出是低电平)，主机采样是低电平，不满足if((SDADATA)> 0的条件，date数据保持不变，仍为0100 0000。再把总线输出并拉高SDAOUT，DS18B20_DQ_H，第二位采样就完成。j=2，DS18B20_DQ_L；(拉低总线)，右移位后，date数据就变为0010 0000，释放总线(DS18B20_DQ_H)，因为被读的数第三位是1(因为DQ输出了高电平)，主机采样是高电平，满足if((SDADATA)> 0)的条件，date |= 0X80后，date就变为1010 0000。再把总线输出并拉高SDAOUT，DS18B20_DQ_H，第三位采样就完成……这样重复8次后，读DS18B20的数就为1101 0101。

由于单片机仅接一个DS18B20，所以可以省掉读取序列号及匹配等过程，即直接使用命令[CCh]跳过ROM。

硬件电路图如图3-17所示。

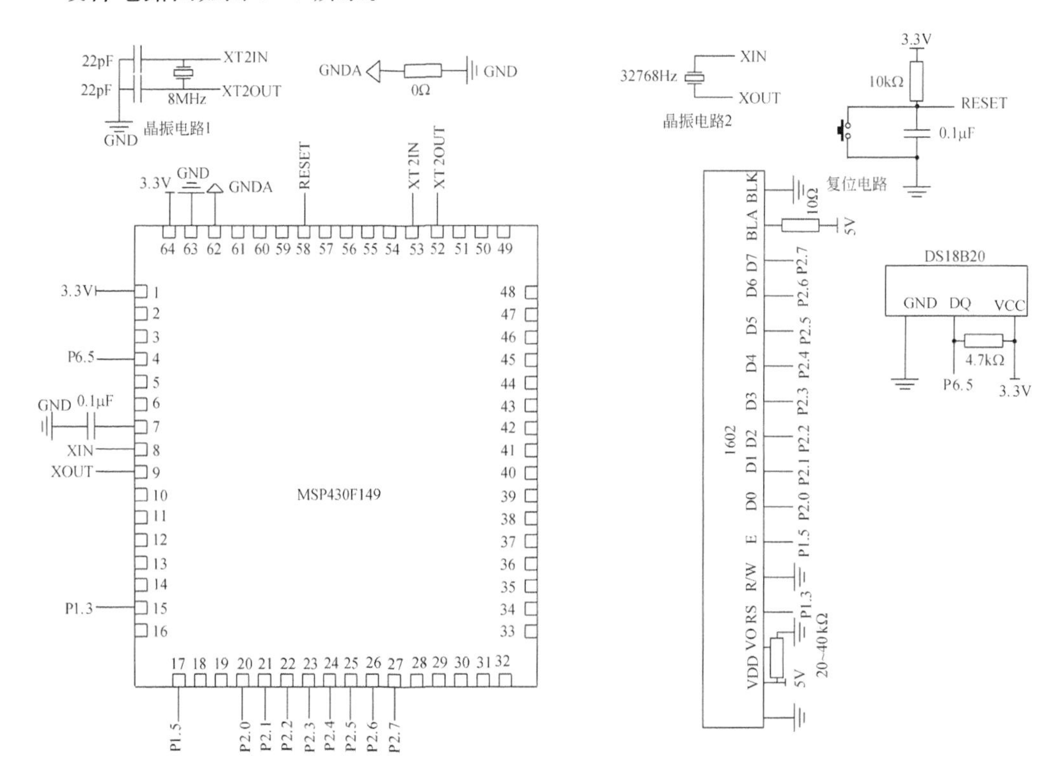

图3-17 基于单片机的温度检测控制系统设计电路图

从电路图可以看出，DS18B20的DQ端接单片机P6.5口，液晶数据端口接P2口，RS接单片机P1.3口，RW接地，E接单片机P1.5口。

DS18B20的DQ端与电源端之间的电阻4.7kΩ即为上拉电阻。特别需要注意的是DS18B20电源接3.3V，而不能接5V。这是因为DS18B20工作电压在2.0～5.5V之间，而

MSP430 单片机端口电压是 3.3V，如果 DS18B20 接 5V 工作电源，就不能读出数据。

整个程序清单如下：

```
#include< msp430x16x.h>
#define CPU_F ((double)8000000)
#define delay_us(x) __delay_cycles((long)(CPU_F * (double)x/1000000.0))
#define delay_ms(x) __delay_cycles((long)(CPU_F * (double)x/1000.0))
#define uchar unsigned char
#define uchar unsigned char
#define uint unsigned int
#define set_rs P1OUT| = BIT3
#define clr_rs P1OUT& = ~BIT3
#define set_lcden P1OUT| = BIT5
#define clr_lcden P1OUT& = ~BIT5
#define dataout P2DIR = 0XFF
#define dataport P2OUT
#define DS18B20_DQ_L P6OUT& = ~BIT5
#define DS18B20_DQ_H P6OUT| = BIT5
#define SDAOUT P6DIR| = BIT5
#define SDAIN P6DIR& = ~BIT5
#define SDADATA (P6IN&BIT5)
uchar Tem_dispbuf[5] = {0,0,0,0,0};          //显示数据暂存
uchar Tem_dispbuf1[5] = {0,0,0,0,0};         //显示数据暂存
uchar DS18B20_Temp_data[4] = {0x00,0x00,0x00,0x00};                  //储存温度值的数组
uchar DS18B20_Temp_data1[4] = {0x00,0x00,0x00,0x00};                 //储存温度值的数组
uchar DS18B20_TEM_Deccode[16] = {0x00,0x01,0x01,0x02,0x03,0x03,0x04,0x04,
                                             //温度小数位查表数组
                                            0x05,0x06,0x06,0x07,0x08,0x08,0x09,0x09};
uchar DS18B20_Presence,state;                //18b20 复位成功标示位, = 0 成功, = 1 失败
uchar tab[] = {"TEMP: "};
void int_clk()
{
    unsigned char i;
    BCSCTL1& = ~XT2OFF;                      //打开 XT 振荡器
    BCSCTL2| = SELM1 + SELS;                 //MCLK 为 8MHz,SMCLK 为 1MHz
    do
    {
        IFG1& = ~OFIFG;                      //清除振荡器错误标志
        for(i = 0; i< 100; i++)
        _NOP();                              //延时等待
    }
    while((IFG1&OFIFG)!= 0);                 //如果标志为 1,则继续循环等待
    IFG1& = ~OFIFG;
}

void delay5ms(void)
{
```

```
    unsigned int i = 40000;
    while (i != 0)
    {
        i--;
    }
}

void DS18B20_RESET(void)                    //复位
{
    SDAOUT;
    DS18B20_DQ_L;
    delay_us(550);                          //至少 480μs 的低电平信号
    DS18B20_DQ_H;                           //拉高等待接收 18B20 的存在脉冲信号
    delay_us(60);
    SDAIN;
    delay_us(1);
    DS18B20_Presence = SDADATA;
    delay_us(200);
}

void Write_DS18B20_OneChar(uchar dat)       //写一个字节
{
    uchar i = 0;
    for(i = 8; i > 0; i--)
    {
        SDAOUT;
        DS18B20_DQ_L;
        delay_us(6);
        if((dat&0x01)> 0)
        DS18B20_DQ_H;
        else
        DS18B20_DQ_L;
        delay_us(50);
        DS18B20_DQ_H;
        dat >>= 1;
        delay_us(10);
    }
}

uchar Read_DS18B20_OneChar(void)            //读一个字节
{
    uchar date = 0;
    uchar j = 0;
    for(j = 8; j > 0; j--)
    {
        DS18B20_DQ_L;
        date >>= 1;
        delay_us(2);
```

```
        DS18B20_DQ_H;
        delay_us(5);
        SDAIN;
        delay_us(1);
        if((SDADATA)> 0)
        date| = 0x80;
        delay_us(30);
        SDAOUT;
        DS18B20_DQ_H;
        delay_us(5);
    }
    return date;
}
/ *********** 读 DS18B20 温度 ************** /
void Read_18B20_Temperature1()
{
    DS18B20_RESET();                        //复位 18B20
    if(DS18B20_Presence == 0)               //复位成功
    {
        Write_DS18B20_OneChar(0XCC);        //跳过读序列号
        Write_DS18B20_OneChar(0X44);        //启动温度转换
        //delay_us(5);                      //等待温度转换时间 500μs 左右
        delay_us(620);
        DS18B20_RESET();                    //复位 18B20
        Write_DS18B20_OneChar(0xCC);        //发送匹配 ROM 指令
        Write_DS18B20_OneChar(0xBE);
        delay_us(620);
        DS18B20_Temp_data[0] = Read_DS18B20_OneChar();              //Temperature LSB
        DS18B20_Temp_data[1] = Read_DS18B20_OneChar();              //Temperature MSB
        Tem_dispbuf[0] = DS18B20_TEM_Deccode[DS18B20_Temp_data[0]&0x0f];        //小数位
        Tem_dispbuf[4] = ((DS18B20_Temp_data[1]&0x0f)<< 4)|
                         ((DS18B20_Temp_data[0]&0xf0)>> 4);      //取出温度值的整数位
        Tem_dispbuf[3] = Tem_dispbuf[4]/100;
        Tem_dispbuf[2] = Tem_dispbuf[4] % 100/10;
        Tem_dispbuf[1] = Tem_dispbuf[4] % 10;
        delay_us(800);
    }
    delay_us(5);
}

void write_com(uchar com)                   //1602 写命令
{
    P1DIR| = BIT3 ;
    P1DIR| = BIT5 ;
    P2DIR = 0xff;
    clr_rs;
```

```
    clr_lcden;
    P2OUT = com;
    delay5ms();
    delay5ms();
    set_lcden;
    delay5ms();
    clr_lcden;
}

void write_date(uchar date)                     //1602 写数据
{
    P1DIR| = BIT3 ;
    P1DIR| = BIT5 ;
    P2DIR = 0xff;
    set_rs;
    clr_lcden;
    P2OUT = date;
    delay5ms();
    delay5ms();
    set_lcden;
    delay5ms();
    clr_lcden;
}

void lcddelay()
{
    unsigned int j;
    for(j = 400; j > 0; j -- );
}

void init()
{
    clr_lcden;
    write_com(0x38);
    delay5ms();
    write_com(0x0c);
    delay5ms();
    write_com(0x06);
    delay5ms();
    write_com(0x01);
}

void lcd_pos(unsigned char x,unsigned char y)
{
    dataport = 0x80 + 0x40 * x + y;
    P1DIR| = BIT3 ;
    P1DIR| = BIT5 ;
```

```
    P2DIR = 0xff;
    clr_rs;
    clr_lcden;
    delay5ms();
    delay5ms();
    set_lcden;
    delay5ms();
    clr_lcden;
}

void display(unsigned long int num)
{
    uchar k;
    uchar dis_flag = 0;
    uchar table[7];
    if(num <= 9&num > 0)
    {
        dis_flag = 1;
        table[0] = num % 10 + '0';
    }
    else if(num <= 99&num > 9)
    {
        dis_flag = 2;
        table[0] = num/10 + '0';
        table[1] = num % 10 + '0';
    }
    else if(num <= 999&num > 99)
    {
        dis_flag = 3;
        table[0] = num/100 + '0';
        table[1] = num/10 % 10 + '0';
        table[2] = num % 10 + '0';
    }
    else if(num <= 9999&num > 999)
    {
        dis_flag = 4;
        table[0] = num/1000 + '0';
        table[1] = num/100 % 10 + '0';
        table[2] = num/10 % 10 + '0';
        table[3] = num % 10 + '0';
    }
    for(k = 0; k < dis_flag; k++)
    {
        write_date(table[k]);
        delay5ms();
    }
}
```

```
void disp(unsigned char * s)
{
    while( * s > 0)
    {
        write_date( * s);
        s++;
    }
}

void main()
{
    WDTCTL = WDTPW + WDTHOLD;                //关闭看门狗
    int_clk();
    dataout;
    init();
    P1DIR| = BIT3 + BIT5;
    DS18B20_DQ_H;
    SDAOUT;
    while(1)
    {
        Read_18B20_Temperature1();
        lcd_pos(0,0);
        disp(tab);
        lcd_pos(0,6);
        display(Tem_dispbuf[4]);
        write_date('.');
        display(Tem_dispbuf[0]);
        write_date(0xdf);
        write_date('C');
        delay_us(500);
    }
}
```

效果图如图 3-18 所示。

图 3-18　基于单片机的温度检测控制系统设计效果图

3.6　温湿度传感器的设计

设计要求：由温湿度传感器(DHT11)检测的环境温度及湿度信号送入单片机，通过12864显示出环境温度和湿度并校验。

显示环境温湿度的设计关键是温湿度传感器(DHT11)的应用，DHT11与DS18B20的功能类似，均通过单线制串行接口与单片机进行数据传输，两者对于时序要求也相当严格。DHT11工作原理是先由单片机发送一个复位脉冲，释放总线并进入接收状态，在检测到单片机发出的上升沿后发送一个低电平返回主机，初始化完成。此后，由低功耗模式转变为高速模式，将所测量的40Bit数据送回单片机内部，测量完成。

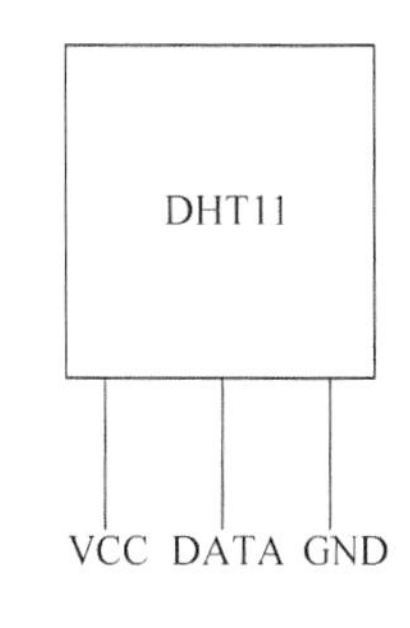

图3-19　DHT11引脚图

DHT11是具有自校验功能的数字信号输出的温湿度复合信号传感器，信号具有极高的稳定性，传输距离可达将近20m，内部自带"自校验"功能，是在没有温湿度标准下用来判断所测数据是否正确的一个重要的评判标准。其引脚图如图3-19所示。

DHT11芯片引脚简介：引脚1VCC：连接单片机电源，工作电压为3.3～5V，最大不超过5.5V；引脚2DATA：数据传送口，单总线制，串口一共向单片机发送5组8位二进制数据，具体形式为：温度高8位＋温度低8位＋湿度高8位＋湿度低8位＋校验8位，其中低8位数值默认值为0；引脚3悬空，有的元器件无此引脚；引脚4GND：与单片机的电源地相连。

温湿度传感器的相关的时序如图3-20所示。

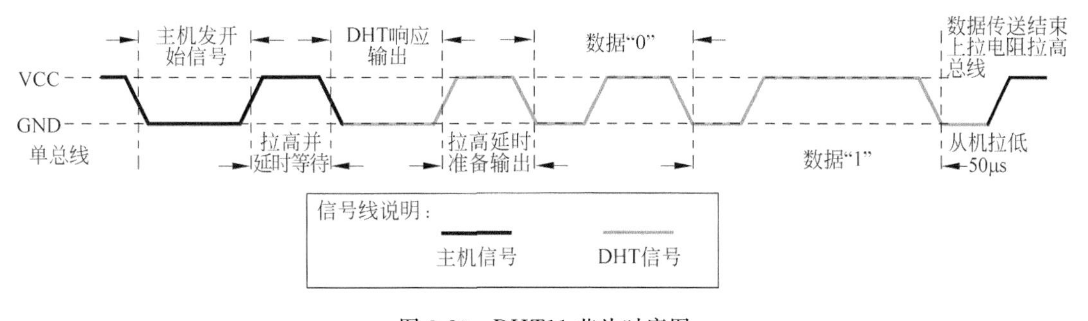

图3-20　DHT11芯片时序图

图3-20为DHT11整体的通讯时序图。首先，在空闲状态下，DATA为高电平，单片机发送开始信号，主机拉低总线至少18ms，然后又拉高总线20～40μs，再等待DHT11响应，过程为DHT11把总线拉低80μs，再拉高总线80μs后就开始传输数据。具体时序如图3-21所示。

综上所述，DHT11对时序要求比较严格，这是正确接收DHT11数据的关键。数据一共五组，每组数据为8位二进制数。对于每位的数据，都相隔有50μs低电平间隙，高电平的

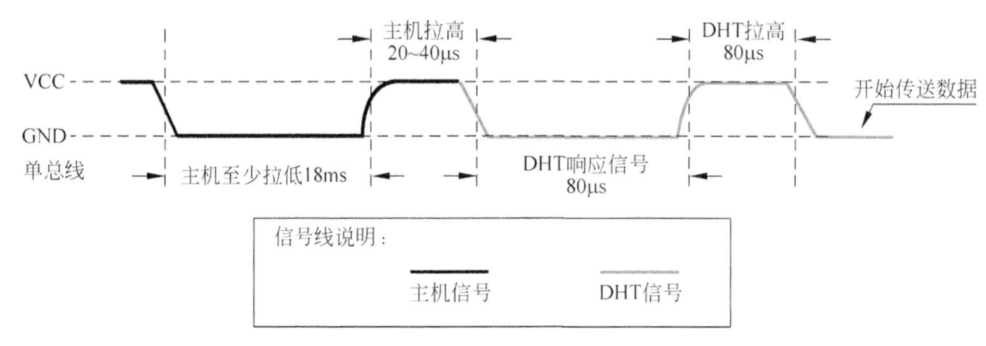

图 3-21 时序图

时间长短决定了数据是 0 还是 1。如果高电平的时间为 26～28μs,那么就是 0,如果高电平的时间约为 70μs,那么就是 1。采集数据完成后,数据发送返回单片机芯片存储。数字 0 和数字 1 信号如图 3-22、图 3-23 所示。

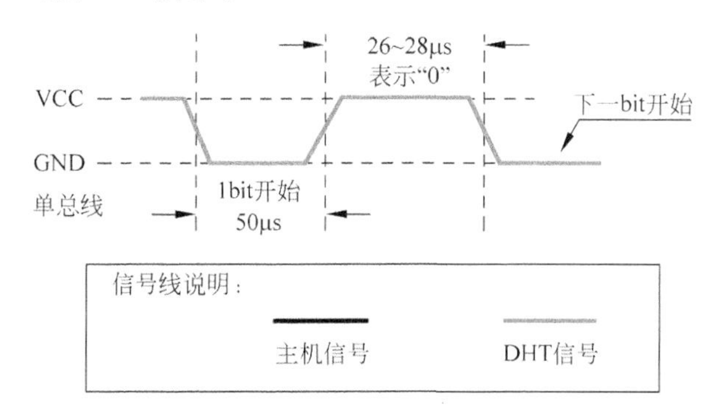

图 3-22 数字 0 的表示

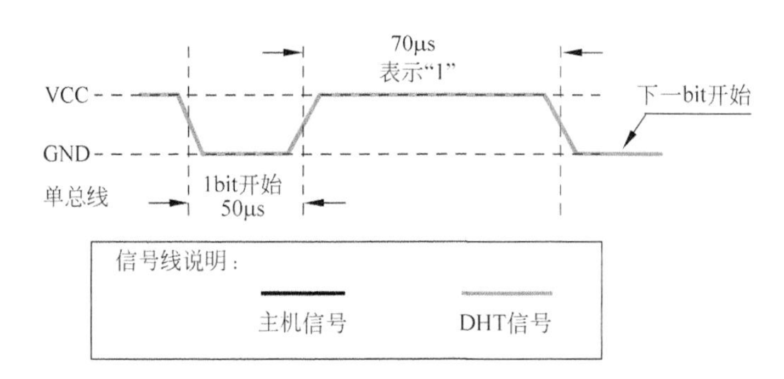

图 3-23 数字 1 的表示

上述所提及的关键延时如 18ms、80μs 以及 50μs 是编写传感器 DHT11 的关键,如果不能确定程序的延时是否正确,可以先编写延时函数,通过示波器观测,修改延时函数符合要求后加入程序中。本程序中 delay_us(x)和 delay_ms(x)是非常精确的,直接调用即可。

那么在程序中如何判断接收的数据是 1 还是 0? 从图 3-21 可以看出,DHT11 拉高总线

80μs 后有 50μs 的低电平，这段 50μs 时间可以用语句 while(！(D7_R))表示，当进入高电平时，再延时 40μs，从图 3-22 和图 3-23 可以看出，如果此时采样的数值是低电平，那么该位就是 0；如果此时采样的数值为高电平，那么该位就是 1。循环 8 次，就把一个字节的数值读出来。这样重复 5 次，依次读出温度高 8 位，温度低 8 位(都是 0)，湿度高 8 位，湿度低 8 位(都是 0)以及校验和。如果温度数值与湿度数值之和等于校验和，就说明温湿度传感器输出数据正确。

基于单片机的温湿度传感器的电路图如图 3-24 所示。

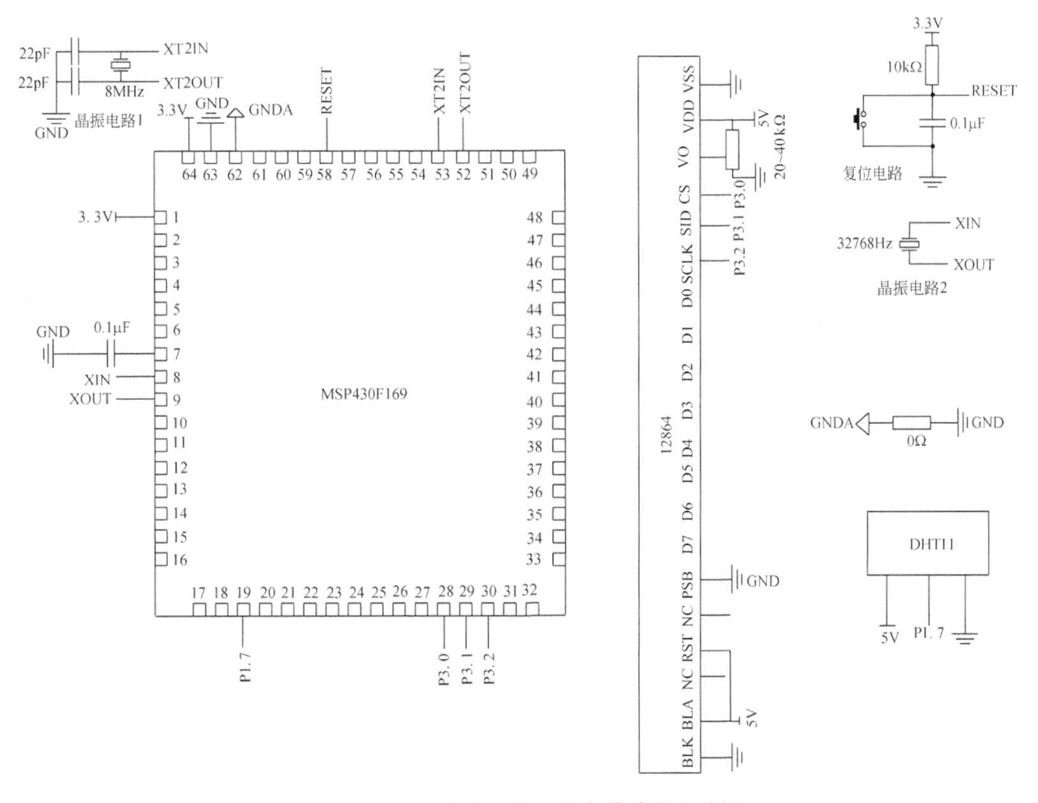

图 3-24　基于单片机的温湿度传感器电路图

```
#include <MSP430x14x.h>
#define CPU_F ((double)8000000)
#define delay_us(x) __delay_cycles((long)(CPU_F*(double)x/1000000.0))
#define delay_ms(x) __delay_cycles((long)(CPU_F*(double)x/1000.0))
#define uint unsigned int
#define uchar unsigned char
#define ulong unsigned long
#define D7_IN P1DIR&=~BIT7
#define D7_OUT P1DIR|=BIT7              //D7 口设置为输出
#define D7_CLR P1OUT&=~BIT7             //输出 0
#define D7_SET P1OUT|=BIT7              //输出 1
```

```
#define D7_R P1IN&(0x80)                        //读

#define SID BIT1
#define SCLK BIT2
#define CS BIT0
#define LCDPORT P3OUT

#define SID_1 LCDPORT |= SID                    //SID 置高 P3.1
#define SID_0 LCDPORT &= ~SID                   //SID 置低

#define SCLK_1 LCDPORT |= SCLK                  //SCLK 置高 P3.2
#define SCLK_0 LCDPORT &= ~SCLK                 //SCLK 置低
#define CS_1 LCDPORT |= CS                      //CS 置高 P3.0
#define CS_0 LCDPORT &= ~CS                     //CS 置低
uchar dis_flag,k,U8FLAG,U8cont,U8temp,
U8T_data_H,U8T_data_L,U8RH_data_H,U8RH_data_L,t,i,
U8checkdata,U8comdata,U8T_data_H_temp,U8T_data_L_temp,U8RH_data_H_temp,U8RH_data_L_temp,
U8checkdata_temp;

#define SCL_H P3OUT| = BIT3
#define SCL_L P3OUT& = ~BIT3

#define SDA_H P3OUT| = BIT1
#define SDA_L P3OUT& = ~BIT1

#define SCL_read P3IN&BIT3
#define SDA_read P3IN&BIT1

uchar table[7] = " ";
uchar tab0[] = {"温湿度检测系统"};
uchar tab1[] = {"温度: "};
uchar tab2[] = {"湿度"};
uchar tab3[] = {"校验和"};
void Clk_Init()
{
    unsigned char i;
    BCSCTL1& = ~XT2OFF;                         //打开 XT2 振荡器
    BCSCTL2| = DIVS0 + DIVS1;                   //MCLK 为 8MHz, SMCLK 为 8MHz
    BCSCTL2| = SELM1 + SELS;
    do
    {
        IFG1 &= ~OFIFG;                         //清除振荡错误标志
        for(i = 0; i < 100; i++)
        _NOP();
    }
    while ((IFG1 & OFIFG) != 0);                //如果标志为 1,继续循环等待
    IFG1& = ~OFIFG;
```

```
}

//////////////////////////////////////////////////
void RH(void)                          //检测子程序
{
    D7_OUT;
    D7_CLR;
    delay_ms(18);
    D7_SET;
    delay_us(30);                      //拉高 20～40μs,取 30μs,关键所在
    D7_IN;
    while(D7_R);
    if(!(D7_R))
    {
        while(!(D7_R));                //低电平 80μs
        while((D7_R));                 //高电平 80μs
        for(t = 0; t < 8; t++)
        {
            while(!(D7_R));
            U8temp = 0;
            delay_us(40);              //延时 40μs
            if(D7_R)                   //判断是数据 0 还是 1
            {
                U8temp = 1;
            }
            else
            {
                U8temp = 0;
            }
            U8comdata = U8comdata << 1;
            U8comdata| = U8temp;
            for(i = 0; i < 1; i++);
            while(D7_R);
        }
        U8T_data_H_temp = U8comdata;   //温度高 8 位
        U8comdata = 0;                 //清空
        for(t = 0; t < 8; t++)
        {
            while(!(D7_R));
            U8temp = 0;
            delay_us(40);
            if(D7_R)
            {
                U8temp = 1;
            }
            else
```

```
        {
            U8temp = 0;
        }
        U8comdata = U8comdata << 1;
        U8comdata| = U8temp;
        for(i = 0; i < 1; i++);
        while(D7_R);
    }
    U8T_data_L_temp = U8comdata;
    U8comdata = 0;
    for(t = 0; t < 8; t++)
    {
        while(!(D7_R));
        U8temp = 0;
        delay_us(40);
        if(D7_R)
        {
            U8temp = 1;
        }
        else
        {
            U8temp = 0;
        }
        U8comdata = U8comdata << 1;
        U8comdata| = U8temp;
        for(i = 0; i < 1; i++);
        while(D7_R);
    }
    U8RH_data_H_temp = U8comdata;
    U8comdata = 0;
    for(t = 0; t < 8; t++)
    {
        while(!(D7_R));
        U8temp = 0;
        delay_us(40);
        if(D7_R)
        {
            U8temp = 1;
        }
        else
        {
            U8temp = 0;
        }
        U8comdata = U8comdata << 1;
        U8comdata| = U8temp;
        while(D7_R);
    }
```

```
    }
    U8RH_data_L_temp = U8comdata;
    U8comdata = 0;
    for(t = 0; t < 8; t++)
    {
        while(!(D7_R));
        U8temp = 0;
        delay_us(40);
        if(D7_R)
        {
            U8temp = 1;
        }
        else
        {
            U8temp = 0;
        }
        U8comdata = U8comdata << 1;
        U8comdata| = U8temp;
        while(D7_R);
    }
    U8checkdata_temp = U8comdata;
    D7_OUT;
    D7_SET;
    U8temp = (U8T_data_H_temp + U8T_data_L_temp + U8RH_data_H_temp + U8RH_data_L_temp);
    if(U8temp == U8checkdata_temp)            //自校验功能
    {
        U8RH_data_H = U8RH_data_H_temp;
        U8RH_data_L = U8RH_data_L_temp;
        U8T_data_H = U8T_data_H_temp;
        U8T_data_L = U8T_data_L_temp;
        U8checkdata = U8checkdata_temp;
    }
}
/////////////////////////////////////////////////////
void delay(unsigned char ms)
{
    unsigned char i,j;
    for(i = ms; i > 0; i -- )
    for(j = 120; j > 0; j -- );
}

void sendbyte(uchar zdata)                   //数据传送函数
{
    uint i;
    for(i = 0; i < 8; i++)
    {
        if((zdata << i)&0x80)
```

```
        {
            SID_1;
        }
        else
        {
            SID_0;
        }
        delay(1);
        SCLK_0;
        delay(1);
        SCLK_1;
        delay(1);
    }
}

/**************************************************************
* 名    称: LCD_Write_cmd()
* 功    能: 写一个命令到 LCD12864
* 入口参数: cmd 为待写入的命令,无符号字节形式
* 出口参数: 无
* 说    明: 写入命令时,RW = 0,RS = 0 扩展成 24 位串行发送
* 格    式: 11111 RW0 RS 0 xxxx0000 xxxx0000
*          |最高的字节 |命令的 bit7~4|命令的 bit3~0|
**************************************************************/
void write_cmd(uchar cmd)
{
    CS_1;
    sendbyte(0xf8);
    sendbyte(cmd&0xf0);
    sendbyte((cmd << 4)&0xf0);
}
/**************************************************************
* 名    称: LCD_Write_Byte()
* 功    能: 向 LCD12864 写入一个字节数据
* 入口参数: byte 为待写入的字符,无符号形式
* 出口参数: 无
* 范    例: LCD_Write_Byte('F')           //写入字符'F'
**************************************************************/
void write_dat(uchar dat)
{
    CS_1;
    sendbyte(0xfa);
    sendbyte(dat&0xf0);
    sendbyte((dat << 4)&0xf0);
}
/**************************************************************
* 名    称: LCD_pos()
```

```
* 功      能: 设置液晶的显示位置
* 入口参数: x 为第几行,1~4 对应第 1 行~第 4 行
*           y 为第几列,0~15 对应第 1 列~第 16 列
* 出口参数: 无
* 范      例: LCD_pos(2,3)                    //第 2 行,第 4 列
********************************************************* /
void lcd_pos(uchar x,uchar y)
{
    uchar pos;
    if(x == 0)
    {x = 0x80; }
    else if(x == 1)
    {x = 0x90; }
    else if(x == 2)
    {x = 0x88; }
    else if(x == 3)
    {x = 0x98; }
    pos = x + y;
    write_cmd(pos);
}
/ ***************************************************** /
//LCD12864 初始化
void LCD_init(void)
{
    write_cmd(0x30);                    //基本指令操作
    delay(5);
    write_cmd(0x0C);                    //显示开,关光标
    delay(5);
    write_cmd(0x01);                    //清除 LCD 的显示内容
    delay(5);
    write_cmd(0x02);                    //将 AC 设置为 00H,且游标移到原点位置
    delay(5);

}

void hzkdis(uchar * S)
{
    while ( * S > 0)
    {
        write_dat( * S);
        S++;
    }
}

void display(int num)
{
    if(num <= 9&&num >= 0)
```

```
    {
        dis_flag = 1;
        table[0] = num % 10 + '0';
        for(k = 0; k < 1; k++)
        {
            write_dat(table[k]);
            delay(5);
        }
    }
    else if(num <= 99&num > 9)
    {
        dis_flag = 2;
        table[0] = num/10 + '0';
        table[1] = num % 10 + '0';
        for(k = 0; k < 2; k++)
        {
            write_dat(table[k]);
            delay(5);
        }
    }
    else if(num <= 999& num > 99)
    {
        dis_flag = 3;
        table[0] = num/100 + '0';
        table[1] = num/10 % 10 + '0';
        table[2] = num % 10 + '0';
        for(k = 0; k < 3; k++)
        {
            write_dat(table[k]);
            delay(5);
        }
    }
    else if(num <= 9999& num > 999)
    {
        dis_flag = 4;
        table[0] = num/1000 + '0';
        table[1] = num/100 % 10 + '0';
        table[2] = num/10 % 10 + '0';
        table[3] = num % 10 + '0';
        for(k = 0; k < 4; k++)
        {
            write_dat(table[k]);
            delay(5);
        }
    }
}
//*******************************************************************
```

```
int main(void)
{

    WDTCTL = WDTPW + WDTHOLD;
    Clk_Init();
    P3OUT = 0x0f;
    P3DIR = BIT0 + BIT1 + BIT2;
    LCD_init();
    delay(40);
    D7_OUT;
    D7_CLR;
    while(1)
    {
        lcd_pos(0,0);
        hzkdis(tab0);
        lcd_pos(1,0);
        hzkdis(tab1);
        RH();
        lcd_pos(1,3);
        display(U8T_data_H);
        lcd_pos(1,5);
        hzkdis(tab2);
        lcd_pos(1,7);
        display(U8RH_data_H);
        lcd_pos(2,0);
        hzkdis(tab3);
        lcd_pos(2,4);
        display(U8checkdata);
    }
}
```

实物图如图 3-25 所示。

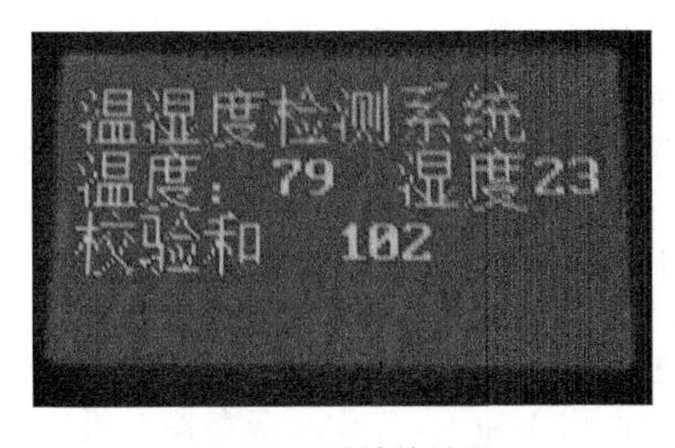

图 3-25 设计效果图

可能有读者认为温度检测的数值有误，这是由于本次购买的温湿度传感器质量不稳定造成的，那么如何判定硬件和软件设计正确呢？通过校验和就可以看出，温度和湿度之和等于校验和，就说明系统设计的正确性。

3.7 电子秤的设计

设计要求：由压力传感器检测的物品重量信号送入单片机，矩阵式键盘设定价格，按下确认按键后，显示出物品的价格。

电子秤的设计，关键是称重传感器专用模拟/数字转换芯片，数据采集电路包括压力传感器和 A/D 转换模块。其中 HX711 采用了海芯科技集成电路专利技术，是专为 24 位 A/D 转换芯片设计的高精度电子秤芯片，其典型电路如图 3-26 所示。与同类型的其他芯片相比，该芯片集成了外围电路，包括电源供应器、片内时钟振荡器和其他类似类型的芯片，具有集成度高、响应速度快、抗干扰等优点，使电子秤制作成本极大降低，其整体性和可靠性大大增加。该芯片与后端 MCU 芯片的接口和编程非常简单，所有控制信号由引脚驱动，无须对芯片内部的寄存器编程。

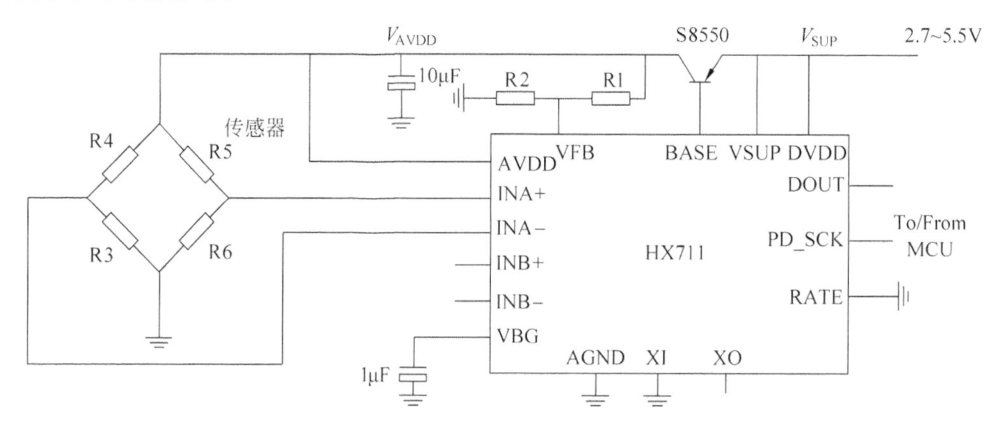

图 3-26　电子秤应用典型电路

该芯片含有通道 A 或通道 B，并且与其内部可编程低噪声放大器连接。通道 A 的可编程增益为 128 或 64，相应的差分输入信号的满额度幅值为 ±20mV 或 ±40mV。通道 B 的作用是对系统参数进行检测，是一个增益为 32 的固定通道。在工作板上不需要添加额外电源，因为芯片本身就可以提供稳定的电源。片内时钟振荡器不需要任何外部设备。自动上电复位简化了初始化过程启动。

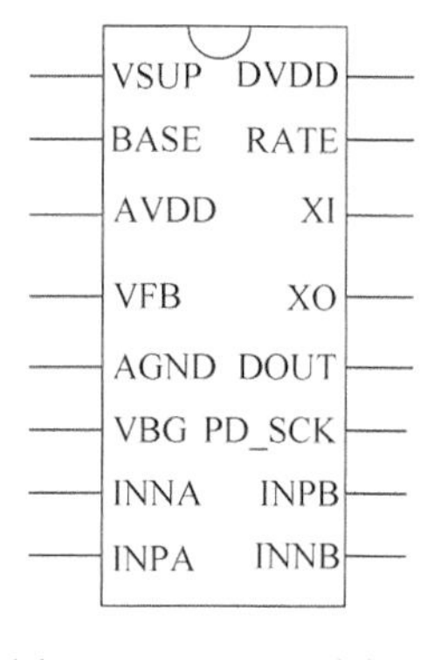

图 3-27　HX711 引脚图

HX711 两路可选择差分输入，片内低噪声可编程放大器，可选增益为 64 和 128。片内稳压电路可直接向外部传感器和芯片内 A/D 转换器提供电源。片内时钟振荡器无须任何外接器件，必要时也可使用外接晶振或时钟，上电自动复位电路，简单的数字控制和串口通信。所有控制由引脚输入，芯片内寄存器无须编程。可选择 10Hz 或 80Hz 的输出数据速率。同步抑制 50Hz 和 60Hz 的电源干扰。耗电量（含稳压电源电路）：典型工作电流小于 1.7mA，断电电流小于 1μA，工作电压为 2.6～5.5V，工作温度范围 −20～85℃，16 引脚的 SOP-16 封装。HX711 引脚如图 3-27 所示。性能如表 3-4 所示。

表 3-4 HX711 引脚与性能

引脚号	名称	性能	描 述
1	VSUP	电源	稳压电路供电电源：2.6～5.5V(不用稳压电源时应接AVDD)
2	BASE	模拟输出	稳压电路控制输出(不用稳压电源时无连接)
3	AVDD	电源	模拟电源
4	VFB	模拟输入	稳压电路控制输入(不用稳压电源时无连接)
5	AGND	地	模拟地
6	VBG	模拟输出	参考电源输出
7	INNA	模拟输入	通道 A 负输入端
8	INPA	模拟输入	通道 A 正输入端
9	INNB	模拟输入	通道 B 负输入端
10	INPB	模拟输入	通道 B 正输入端
11	PD_SCK	数字输入	断电控制(高电平有效)和串口时钟输入
12	DOUT	数字输出	串口数据输出
13	XO	数字输入	晶振输入(不用晶振时无连接)
14	XI	数字输入	外部时钟或晶振输入，0：使用片内振荡器
15	RATE	数字输入	输出数据速率控制，0：10Hz，1：80Hz
16	DVVD	电源	数字电源：2.6～5.5V

HX711 主要电气参数如表 3-5 所示。

表 3-5 HX711 主要电气参数

参 数	条件及说明	最小值 典型值 最大值	单 位
满额度差分输入范围	$V_{inp}-V_{inn}$	±0.5(AVDD/GAIN)	V
输入共模电压范围		AGND+0.6 AVVD−0.6	V
输出数据速率	使用片内振荡器，RATE=0	10	Hz
	使用片内振荡，RATE=DVDD	80	
	外部时钟或晶振，RATE=0	f_{clk}/1105920	
	外部时钟或晶振，RATE=DVDD	f_{clk}/138240	
输出数据编码	二进制补码	800000 7FFFFF(HEX)	
输出稳定时间	RATE=0	400	ms
	RATE=DVDD	50	
输入零点漂移	增益=128	0.2	mV
	增益=64	0.8	
输入噪声	增益=128，RATE=0	50	nV(rms)
	增益=128，RATE=DVDD	90	
温度系数	输入零点漂移(增益=128)	±7	nV/℃
	增益漂移(增益=128)	±3	ppm/℃

续表

参　　数	条件及说明	最小值 典型值 最大值	单　　位
输入共模信号抑制比	增益=128,RATE=0	100	dB
电源干扰抑制比	增益=128,RATE=0	100	dB
输出参考电压(VBG)		1.25	
外部时钟或晶振频率		1,11.0592,30	MHz
电源电压	DVDD	2.6,5.5	V
	AVDD,VSUP	2.6,5.5	
模拟电源电流(含稳压电路)	正常工作	1600	μA
	断电	0.3	
数字电源电流	正常工作	100	μA
	断电	0.2	

1. 模拟输入

通道 A 模拟差分输入可直接与桥式传感器的差分输出相接。由于桥式传感器输出的信号较小,为了充分利用 A/D 转换器的输入动态范围,该通道的可编程增益较大,为 128 或 64。这些增益所对应的满量程差分输入电压分别为±20mV 或±40mV。通道 B 为固定的 64 增益,所对应的满量程差分输入电压为±40mV。通道 B 应用于包括电池在内的系统参数检测。

2. 供电电源

数字电源(DVDD)应使用与 MCU 芯片相同的数字供电电源。HX711 芯片内的稳压电路可同时向 A/D 转换器和外部传感器提供模拟电源。稳压电源的供电电压(VSUP)可与数字电源(DVDD)相同。稳压电源的输出电压值(VAVDD)由外部分压电阻 R1、R2 和芯片的输出参考电压 VBG 决定,VAVDD=VBG(R1+R2)/R2。应选择该输出电压比稳压电源的输入电压(VSUP)低少至 100mV。如果不使用芯片内的稳压电路,引脚 VSUP 和引脚 AVDD 应相连,并接到电压为 2.6～5.5V 的低噪声模拟电源。引脚 VBG 上不需要外接电容,引脚 VFB 应接地,引脚 BASE 为无连接。

3. 时钟选择

如果将引脚 XI 接地,HX711 将自动选择使用内部时钟振荡器,并自动关闭外部时钟输入和晶振的相关电路。这种情况下,典型输出数据速率为 10Hz 或 80Hz。如果需要准确的输出数据速率,可将外部输入时钟通过一个 20pF 的隔直电容连接到引脚 XI 上,或将晶振连接到引脚 XI 和 XO 上。这种情况下,芯片内的时钟振荡器电路会自动关闭晶振时钟或外部输入时钟电路被采用。此时,若晶振频率为 11.0592MHz,输出数据速率为准确的 10Hz 或 80Hz。输出数据速率与晶振频率跟上述关系按比例增加或减少。使用外部输入时钟时,外部时钟信号不一定需要为方波。可将 MCU 芯片的晶振输出引脚上的时钟信号通过

20pF 的隔直电容连接到引脚 XI 上作为外部时钟输入。外部时钟输入信号的幅值可低至 150mv。

4. 串口通信

串口通信线由引脚 PD_SCK 和 DOUT 组成,用来输出数据,选择输入通道和增益。当数据输出引脚 DOUT 为高电平时,表明 A/D 转换器还未准备好输出数据,此时串口时钟输入信号 PD_SCK 应为低电平。当 DOUT 从高电平变低电平后,PD_SCK 应输入 25～27 个不等的时钟脉冲。其中第一个时钟脉冲的上升沿将读出输出 24 位数据的最高位(MSB),直至第 24 个时钟脉冲完成,24 位输出数据从最高位至最低位逐位输出完成。第 25～27 个时钟脉冲用来选择下一次 A/D 转换的输入通道和增益,见表 3-6。

表 3-6 PD_SCK 的脉冲数与增益

PD_SCK	脉冲数输入通道	增益
25	A	128
26	B	64
27	A	64

值得注意的是,PD_SCK 的输入时钟脉冲数不应少于 25 或多于 27,否则会造成串口通信错误。

当 A/D 转换器的输入通道或增益改变时,A/D 转换器需要 4 个数据输出周期才能稳定。DOUT 在 4 个数据输出周期后才会从高电平变为低电平,输出有效数据。HX711 时序图见图 3-28。对于图 3-28 的时序图用表 3-7 来说明。

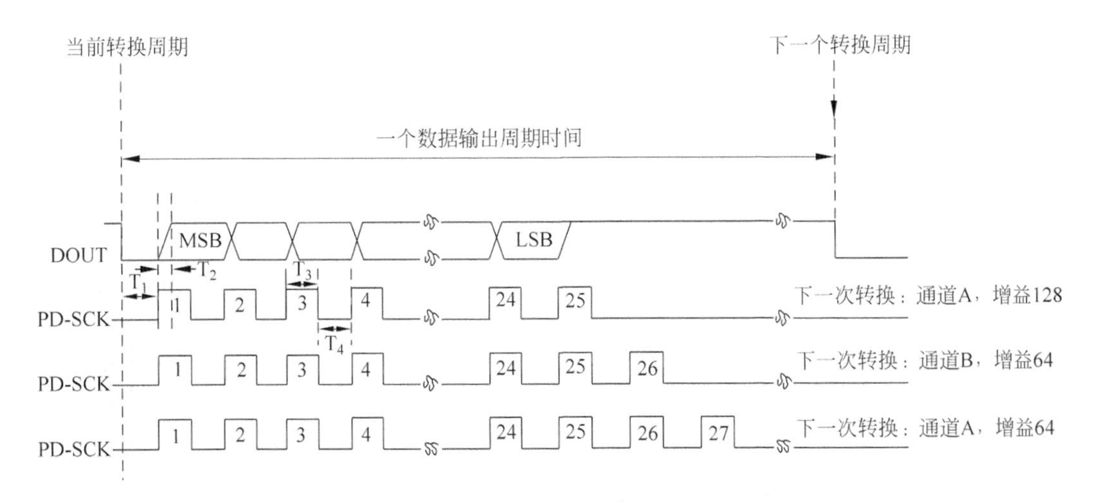

图 3-28 HX711 时序图

表 3-7 HX711 延时时间取值范围

符号	说　明	最小值	典型值	最大值	单位
T1	DOUT 下降沿到 PD_SCK 脉冲上升沿	0.1			μs
T2	PD_SCK 脉冲上升沿到 DOUT 数据有效			0.1	μs
T3	PD_SCK 正脉冲电平时间	0.2		50	μs
T4	PD_SCK 负脉冲电平时间	0.2			μs

5. 复位和断电

当芯片上电时，芯片内的上电自动复位电路会使芯片自动复位。引脚 PD_SCK 输入用来控制 HX711 的断电。当 PD_SCK 为低电平时，芯片处于正常工作状态。

如果 PD_SCK 从低电平变高电平并保持在高电平的时间超过 60μs，HX711 即进入断电状态，如使用片内稳压电源电路，断电时，外部传感器和片内 A/D 转换器会被同时断电。当 PD_SCK 重新回到低电平时，芯片会自动复位后进入正常工作状态。芯片从复位或断电状态进入正常工作状态后，通道 A 和增益 128 会被自动选择作为第一次 A/D 转换的输入通道和增益。随后的输入通道和增益选择由 PD_SCK 的脉冲数决定，参见串口通信一节。芯片从复位或断电状态进入正常工作状态后，A/D 转换器需要 4 个数据输出周期才能稳定。DOUT 在 4 个数据输出周期后才会从高电平变成低电平，输出有效数据。

网购的称重传感器一般情况都是 HX711 和外围电路已经合成好的，与压力传感器只要接四根不同颜色线，如图 3-29 所示。

而合成后的 HX711 的输出也是四根线，电源正、电源地以及 DT 端口、SCL 端口。其实物图如图 3-30 所示。

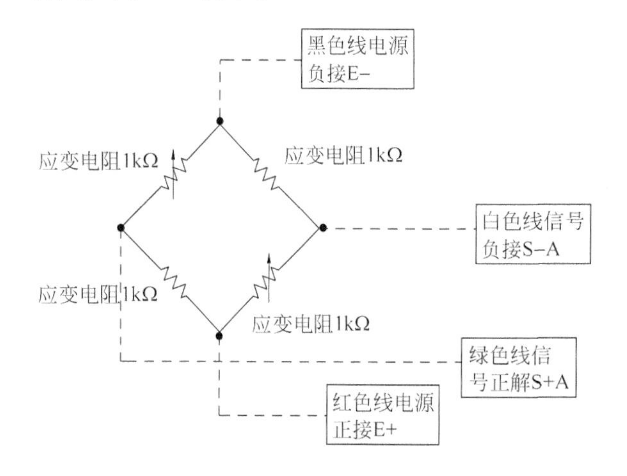

图 3-29 压力传感器与 HX711 连接

图 3-30 压力传感器及 HX711 实物图

基于单片机的电子秤的电路图如图 3-31 所示。

12864 采用串行工作方式，在 HX711 与外围电路合成模块的输出端，连接两个 10kΩ 的

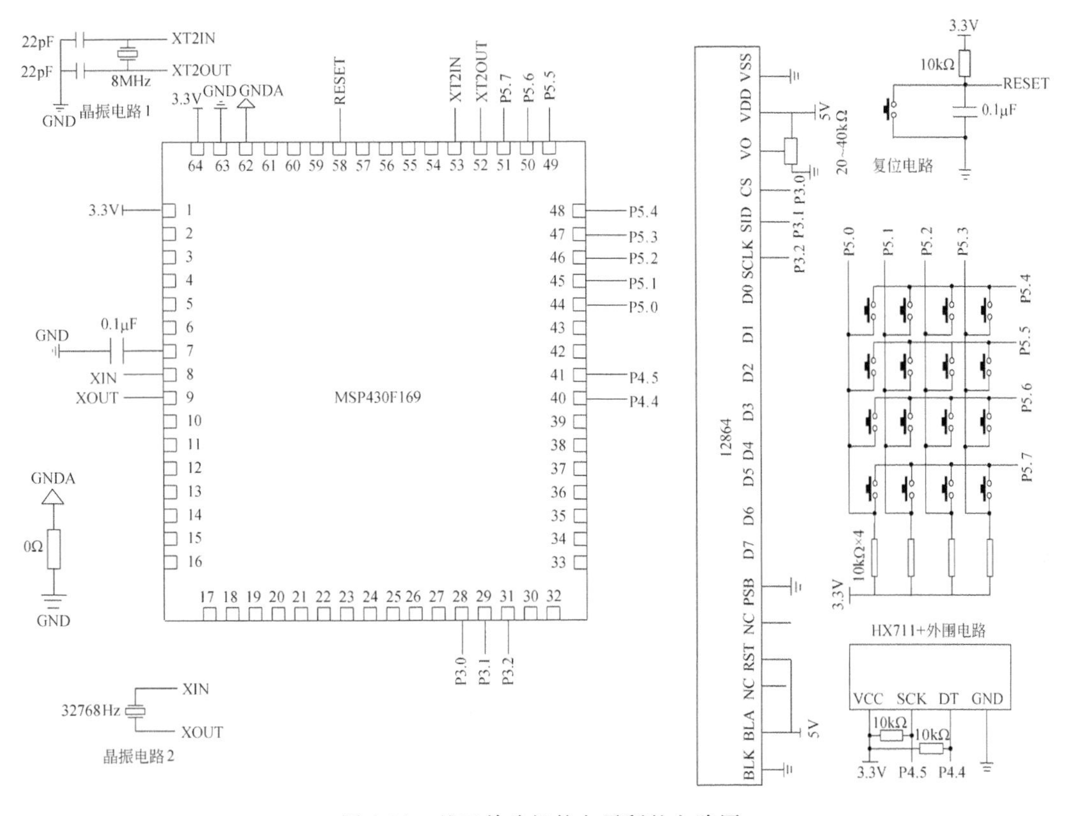

图 3-31　基于单片机的电子秤的电路图

上拉电阻。

完整程序清单如下：

```
#include<MSP430x14x.h>
#define CPU_F ((double)8000000)
#define delay_us(x) __delay_cycles((long)(CPU_F*(double)x/1000000.0))
#define delay_ms(x) __delay_cycles((long)(CPU_F*(double)x/1000.0))
#define uint unsigned int
#define uchar unsigned char
#define ulong unsigned long
#define HX P4OUT
#define HX711_DOUT0 HX&0Xef
#define HX711_DOUT1 HX|0X10
#define HX711_SCK0 HX&0Xdf
#define HX711_SCK1 HX|0X20
#define SID BIT1
#define SCLK BIT2
#define CS BIT0
#define LCDPORT P3OUT
#define SID_1 LCDPORT |= SID                //SID置高 P3.1
```

```
#define SID_0 LCDPORT &= ~SID                    //SID 置低
#define SCLK_1 LCDPORT |= SCLK                   //SCLK 置高 P3.2
#define SCLK_0 LCDPORT &= ~SCLK                  //SCLK 置低
#define CS_1 LCDPORT |= CS                       //CS 置高 P3.0
#define CS_0 LCDPORT &= ~CS                      //CS 置低
int shu8;
uchar keyvalue,lcd_bus;
uchar table[ ];
uchar dis2[ ]={"重量:"};
uchar dis3[ ]={"单价:"};
uchar dis4[ ]={"总价:"};
uchar dis5[ ]={"元"};
uchar dis6[ ]={"克"};
int num=0;
int i,j;
void int_clk( )
{
    unsigned char i;
    BCSCTL1&=~XT2OFF;                            //打开 XT 振荡器
    BCSCTL2|=SELM1+SELS;                         // MCLK 为 8MHz,SMCLK 为 1MHz
    do
    {
        IFG1&=~OFIFG;                            //清除振荡器错误标志
        for(i=0;i<100;i++)
          _NOP( );                               //延时等待
    }
    while((IFG1&OFIFG)!=0);                      //如果标志为 1,则继续循环等待
    IFG1&=~OFIFG;
}

void delay(unsigned char ms)
{
    unsigned char i,j;
    for(i=ms;i>0;i--)
      for(j=120;j>0;j--);
}

void sendbyte(uchar zdata)                       //数据传送函数
{
   for(i=0;i<8;i++)
   {
      if((zdata<<i)&0x80)
      {
         SID_1;
      }
      else
      {
```

```
            SID_0;
        }
        delay(1);
        SCLK_0;
        delay(1);
        SCLK_1;
        delay(1);
    }
}
/*************************************************************
* 名    称:LCD_Write_cmd( )
* 功    能:写一个命令到 LCD12864
* 入口参数:cmd 为待写入的命令,无符号字节形式
* 出口参数:无
* 说    明:写入命令时,RW = 0,RS = 0 扩展成 24 位串行发送
* 格    式:11111 RW0 RS 0 xxxx0000 xxxx0000
*           |最高的字节 |命令的 bit7~4|命令的 bit3~0|
*************************************************************/
void write_cmd(uchar cmd)
{
    CS_1;
    sendbyte(0xf8);
    sendbyte(cmd&0xf0);
    sendbyte((cmd << 4)&0xf0);
}
/*************************************************************
* 名    称:LCD_Write_Byte()
* 功    能:向 LCD12864 写入一个字节数据
* 入口参数:byte 为待写入的字符,无符号形式
* 出口参数:无
* 范    例:LCD_Write_Byte('F')              //写入字符'F'
*************************************************************/
void write_dat(uchar dat)
{
  CS_1;
   sendbyte(0xfa);
   sendbyte(dat&0xf0);
   sendbyte((dat << 4)&0xf0);
}
/*************************************************************
* 名    称:LCD_pos( )
* 功    能:设置液晶的显示位置
* 入口参数:x 为第几行,1~4 对应第 1 行~第 4 行
*         y 为第几列,0~15 对应第 1 列~第 16 列
* 出口参数:无
* 范    例:LCD_pos(2,3)                     //第 2 行,第 4 列
*************************************************************/
```

```
void lcd_pos(uchar x,uchar y)
{
    uchar pos;
    if(x == 0)
    {x = 0x80;}
    else if(x == 1)
    {x = 0x90;}
    else if(x == 2)
    {x = 0x88;}
    else if(x == 3)
    {x = 0x98;}
    pos = x + y;
    write_cmd(pos);
}
/ ***************************************************** /
//LCD12864 初始化
void LCD_init(void)
{
    write_cmd(0x30);                            //基本指令操作
    delay(5);
    write_cmd(0x0C);                            //显示开,关光标
    delay(5);
    write_cmd(0x01);                            //清除 LCD 的显示内容
    delay(5);
    write_cmd(0x02);                            //将 AC 设置为 00H,且游标移到原点位置
    delay(5);
}
void hzkdis(unsigned char * S)
{
    while ( * S > 0)
    {
        write_dat( * S);
        S++;
    }
}

void display(int num)
{
    uchar k;
    uchar dis_flag = 0;
    uchar table[7];
    if(num <= 9&num >= 0)
    {
        dis_flag = 1;
        table[0] = num % 10 + '0';
    }
    else if(num <= 99&num > 9)
```

```
    {
        dis_flag = 2;
        table[0] = num/10 + '0';
        table[1] = num % 10 + '0';
    }
    else if(num <= 999&num > 99)
    {
        dis_flag = 3;
        table[0] = num/100 + '0';
        table[1] = num/10 % 10 + '0';
        table[2] = num % 10 + '0';
    }
    else if(num <= 9999&num > 999)
    {
        dis_flag = 4;
        table[0] = num/1000 + '0';
        table[1] = num/100 % 10 + '0';
        table[2] = num/10 % 10 + '0';
        table[3] = num % 10 + '0';
    }
    for(k = 0;k < dis_flag;k++)
    {
        write_dat(table[k]);
        delay_ms(5);
    }
}

uchar keyscan(void)
{
    P5OUT = 0xef;
    if((P5IN&0x0f)!= 0x0f)
    {
        delay_us(100);
        if((P5IN&0x0f)!= 0x0f)
        {
            if((P5IN&0x01) == 0)
            keyvalue = 1;
            if((P5IN&0x02) == 0)
            keyvalue = 2;
            if((P5IN&0x04) == 0)
            keyvalue = 3;
            if((P5IN&0x08) == 0)
            keyvalue = 4;
            while((P5IN&0x0f)!= 0x0f);
        }
    }
    P5OUT = 0xdf;
```

```
if((P5IN&0x0f)!= 0x0f)
{
    delay_us(100);
    if((P5IN&0x0f)!= 0x0f)
    {
        if((P5IN&0x01) == 0)
        keyvalue = 5;
        if((P5IN&0x02) == 0)
        keyvalue = 6;
        if((P5IN&0x04) == 0)
        keyvalue = 7;
        if((P5IN&0x08) == 0)
        keyvalue = 8;
        while((P5IN&0x0f)!= 0x0f);
    }
}
P5OUT = 0xbf;
if((P5IN&0x0f)!= 0x0f)
{
    delay_us(100);
    if((P5IN&0x0f)!= 0x0f)
    {
        if((P5IN&0x01) == 0)
        keyvalue = 9;
        if((P5IN&0x02) == 0)
        keyvalue = 0;
        if((P5IN&0x04) == 0)
        keyvalue = 10;
        if((P5IN&0x08) == 0)
        keyvalue = 11;
        while((P5IN&0x0f)!= 0x0f);
    }
}
P5OUT = 0x7f;
if((P5IN&0x0f)!= 0x0f)
{
    delay_us(100);
    if((P5IN&0x0f)!= 0x0f)
    {
        if((P5IN&0x01) == 0)
        keyvalue = 12;
        if((P5IN&0x02) == 0)
        keyvalue = 13;
        if((P5IN&0x04) == 0)
        keyvalue = 14;
        if((P5IN&0x08) == 0)
        keyvalue = 15;
```

```
            while((P5IN&0x0f)!= 0x0f);
        }
    }
    return keyvalue;
}
int HX711_Read(void)                        //增益 128
{
unsigned long count = 0;
count = count&0x0000000;                    //第 25 个脉冲下降沿来时,转换数据
P4DIR| = 0xef;
     HX = HX711_DOUT1;                      //数据口
    delay_us(4);
   HX = HX711_SCK0;                         //控制口
     while((P4IN&0X10) == 0X10);
    delay_us(40);
    for(j = 0;j < 24;j++)
    {
        HX = HX711_SCK1;
        count = count << 1;
        HX = HX711_SCK0;
        if((P4IN&0X10) == 0X10)
            count++;
    }
    HX = HX711_SCK1;
    count = count&0x007FFFFF;               //第 25 个脉冲下降沿来时,转换数据
         delay_us(840);
    HX = HX711_SCK0;
      delay_us(4);
    return(count/405);                      //校正
}

void main( )
{
    int shu2 = 0,key2,shu9 = 0;
    shu8 = 0;
    WDTCTL  =  WDTPW  +  WDTHOLD;
    int_clk( );
    P3OUT = 0x0f;
    P3DIR  =  BIT0  +  BIT1  +  BIT2;
    LCD_init( );
    delay(40);
    P5DIR = 0xf0;
    while(1)
    {
        shu8 = HX711_Read();
        shu8 = shu8 - 378;                  //去皮
        keyvalue = 17;
```

```
keyscan( );
key2 = keyvalue;
if(key2 <= 9)
{
    shu2 = shu2 * 10 + key2;
}
if(key2 == 11)
{
    shu9 = shu8 * shu2;
}
write_cmd(0x80);
for(num = 0;num < 5;num++)
{
    write_dat(dis2[num]);
    delay(5);
}
write_cmd(0x83);
display(shu8);
write_cmd(0x87);
for(num = 0;num < 2;num++)
{
    write_dat(dis6[num]);
    delay(5);
}
write_cmd(0x90);
for(num = 0;num < 6;num++)
{
    write_dat(dis3[num]);
    delay(5);
}
write_cmd(0x93);
display(shu2);
write_cmd(0x97);
for(num = 0;num < 2;num++)
{
    write_dat(dis5[num]);
    delay(5);
}
write_cmd(0x88);
for(num = 0;num < 6;num++)
{
    write_dat(dis4[num]);
    delay(5);
}
write_cmd(0x88 + 0x03);
display(shu9);
write_cmd(0x8f);
```

```
        for(num = 0;num < 2;num++)
        {
            write_dat(dis5[num]);
            delay(5);
        }
    }
}
```

效果图如图 3-32 所示，图(a)是电子秤未放物品的图片；图(b)是设定物品单价为 3，电子秤放 50g 物品后的图片。

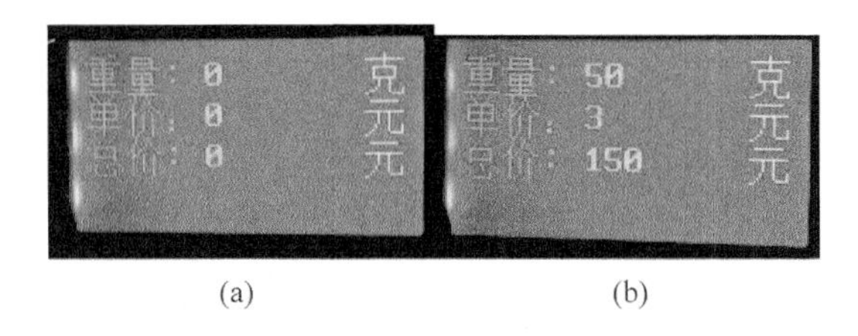

(a) (b)

图 3-32 基于单片机的电子秤设计效果图

第4章

定时器/计数器和外部中断系统设计

4.1 MSP430单片机时钟源

MSP430F169有三种时钟源，分别是高频XT2CLK(8MHz)、低频LFXT1CLK(32768Hz)和内部振荡器DCOCLK(1MHz)。默认工作在低频模式。时钟信号有以下三种：

(1) ACLK辅助时钟(Auxillary Clock)。ACLK是LFXT1CLK时钟源经1、2、4、8分频后得到的。ACLK可由软件选择作为各个外围模块的时钟信号，一般用于低速外设。

(2) MCLK主系统时钟(Main System Clock)。MCLK可由软件从LFXT1CLK、XT2CLK、DCOCLK三者中选择其一，然后经1、2、4、8分频。MCLK通常用于CPU运行、程序的执行和其他使用高速时钟的模块。

(3) SMCLK子系统时钟(Sub System Clock)。SMCLK可由软件从XT2CLK或DCOCLK中选择，然后经1、2、4、8分频。SMCLK通常用于高速外围模块。

时钟源和时钟信号的关系如图4-1所示。

低频晶振(32768Hz)经过XIN和XOUT引脚直接连接到单片机，不需要其他外部器件(内部有12pF的负载电容)。此时LFXT1振荡器工作于低频模式(XTS=0)。

如果单片机外接高速晶体振荡器或谐振器时，OSCOFF=0可使LFXT1振荡器工作于高频模式(XTS=1)。此时高速晶体振荡器或谐振器经过XIN和XOUT引脚连接，并且需要外接电容，电容的大小根据晶体振荡器或谐振器的特性来选择。

如果LFXT1CLK信号没有用作SMCLK或MCLK信号，可用软件将OSCOFF=1以禁止LFXT1工作，从而减少单片机耗电。

XT2振荡器产生XT2CLK时钟信号，它的工作特性与LFXT1振荡器工作在高频模式时类似。如果XT2CLK没有用作MCLK和SMCLK时钟信号，可用控制位XT2OFF禁止XT2振荡器。

单片机的XT2振荡器产生的时钟信号可以经过1、2、4、8分频后当作系统主时钟

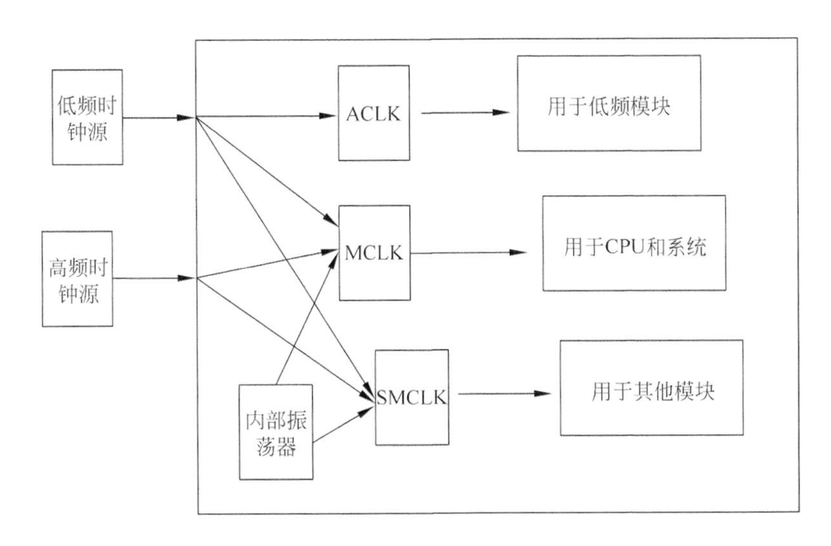

图 4-1 时钟源和时钟信号的关系

MCLK。当振荡器失效时，DCO 振荡器会被自动选为 MCLK 的时钟源。

DCO 振荡器的频率可通过软件对 DCOx、MODx 和 RSELx 位的设置来调整。当 DCOCLK 信号没有用作 SMCLK 和 MCLK 时钟信号时，可以用控制位 SCG0 禁止直流发生器。

在 PUC 信号之后，DCOCLK 被自动选作 MCLK 时钟信号，根据需要，MCLK 的时钟源可以另外设置为 LFXT1 或者 XT2。设置顺序如下：

(1) 让 OSCOFF=1；

(2) 让 OFIFG=0；

(3) 延时等待至少 50ps；

(4) 再次检查 OFIFG，如果 OFIFG=1，重复(3)、(4)步骤，直到 OFIFG=0 为止。

下面介绍基本时钟系统寄存器。

MSP4630F169 单片机的基本时钟系统寄存器包括 DCO 控制寄存器 DCOCTL、基本时钟系统控制寄存器 1 BCSCTL1 和基本时钟系统控制寄存器 2 BCSCTL2。

1. DCO 控制寄存器——DCOCTL

DCO 控制寄存器的各位定义如下：

7	6	5	4	3	2	1	0
DCOx			MODx				

DCOx：DCO 频率选择。用来选择 8 种频率，可分段调节 DCOCLK 频率。该频率是建立在 RSELx 选定的频段上。DCOx、RSELx 与内部时钟的关系如图 4-2 所示。

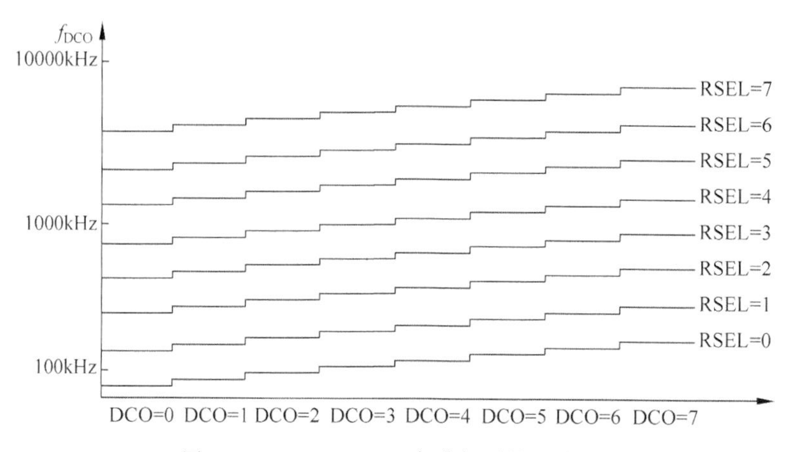

图 4-2 DCOx、RSELx 与内部时钟源关系

MODx：DAC 调制器设定。控制切换 DCOx 和 DCOx＋1 选择的两种频率，来微调 DCO 的输出频率。如果 DCOx 常数是 7，表示已经选择最高频率，此时 MODx 失效，不能用来进行频率调整。

2. 基本时钟系统控制寄存器 1——BCSCTL1

BCSCTL1 控制寄存器的各位定义如下：

位	7	6	5	4	3	2	1	0
	XT2OFF	XTS	DIVAx		XT5V	RSELx		

XT2OFF：XT2 高速晶振控制，此位用于控制 XT2 振荡器的开启与关闭。0：XT2 高速晶振开；1：XT2 高速晶振关。

XTS：LFXT1 高速/低速模式选择。0：LFXT1 工作在低速晶振模式（默认）；1：LFXT1 工作在高速晶振模式。

DIVAx：ACLK 分频选择，其关系如表 4-1 所示。

表 4-1 时钟源 ACLK 分频选择

DIVA1	DIVA0	MCLK 时钟源	宏定义
0	0	不分频	DIVA_0
0	1	2 分频	DIVA_1
1	0	4 分频	DIVA_2
1	1	8 分频	DIVA_3

XT5V：不使用，通常此位复位 XT5V＝0。

RSELx：DCO 振荡器的频段选择。该 3 位控制某个内部电阻以决定标称频率。

0：选择最低的标称频率。

……

7：选择最高的标称频率。

3. 基本时钟系统控制寄存器 2——BCSCTL2

基本时钟系统控制寄存器 1 的各位定义如下：

位	7	6	5	4	3	2	1	0
	SELMx		DIVMx		SELS	DIVSx		DCOR

SELMx：选择 MCLK 时钟源，其关系如表 4-2 所示。

表 4-2　时钟源 MCLK 选择

SELM1、SELM0		MCLK 时钟源	宏定义
0	0	DCOCLK(默认)	SELM_0
0	1	DCOCLK	SELM_1
1	0	XT2CLK	SELM_2
1	1	LFXT1CLK	SELM_3

DIVMx：选择 MCLK 分频，其关系如表 4-3 所示。

表 4-3　时钟源 MCLK 分频选择

DIVM1、DIVM0		MCLK 时钟源	宏定义
0	0	不分频(默认)	DIVM_0
0	1	2 分频	DIVM_1
1	0	4 分频	DIVM_2
1	1	8 分频	DIVM_3

SELS：选择 SMCLK 时钟源。0：SMCLK 时钟源为 DCOCLK(默认)1：SMCLK 时钟源为 XT2CLK。

DIVSx：选择 SMCLK 分频，其关系如表 4-4 所示。

表 4-4　时钟源 SMCLK 分频选择

DIVS1、DIVS0		SMCLK 时钟源	宏定义
0	0	不分频(默认)	DIVS_0
0	1	2 分频	DIVS_1
1	0	4 分频	DIVS_2
1	1	8 分频	DIVS_3

DCOR：选择 DCO 振荡电阻。0：内部电阻；1：外部电阻。

4.2 定时器/计数器概述

MSP430F169 常用的定时器有定时器 A 和定时器 B。它是程序设计的核心,它由一个 16 位定时器和多路比较/捕获通道组成。每一个比较/捕获通道都以 16 位定时器的定时功能为核心进行单独的控制。MSP430 系列单片机的 TIMER_A 有以下特性:

(1) 输入时钟可以有多种选择,可以是慢时钟,快时钟以及外部时钟。

(2) 虽然没有自动重装功能,但产生的定时脉冲或 PWM(脉宽调制)信号没有软件带来的误差。

(3) 不仅能捕获外部事件发生的时间,还可锁定其发生时的高低电平。

(4) 可实现串口通信。

(5) 完善的中断服务功能。

(6) 4 种计数功能选择。

(7) 8 路输出方式选择。

(8) 支持多时序控制。

(9) DMA 使能。

这里需要指出的是,MSP430F169 定时器/计数器功能比 51 单片机要多,51 单片机只有简单的定时/计数功能,当寄存器的值到达时溢出就产生中断,而 MSP430F169 不仅有这功能,还可以产生 PWM 波,所以对许多需要 PWM 控制的场合,MSP430F169 就方便得多。MSP430 系列单片机的 TIMER_A 结构复杂,功能强大,适用于工业控制,如数字化电机控制,电表和手持式仪表的理想配置。它给开发人员提供了较多灵活的选择余地。例如,虽然在采用廉价的单片机进行产品设计时,用 RC 充放电原理测量已经是很平常的事,但是,由于单片机比较廉价,往往分辨率很低。MSP430 系列单片机采用 16 位的 TIMER_A 定时器,再加上内部的比较器,至少能达到 10 位的 A/D 测量精度;利用 TIMER_A 生成的 PWM,能用软件任意改变占空比和周期,配合滤波器件可方便地实现 D/A 转换;当 PWM 不需要修改占空比和时间时,TIMER_A 能自动输出 PWM,而不需利用中断维持 PWM 输出。

其实,像 MSP430F169 这样中高档的单片机,寄存器的正确设置是 MSP430F169 工作的前提,现在介绍与定时器 A 相关的寄存器及定义。

1. TIMER_A 控制寄存器——TACTL

全部关于 TIMER_A 定时器及其操作的控制位都包含在定时器控制寄存器 TACTL 中。POR 信号后 TACTL 的所有位都自动复位,但在 PUC 信号后不受影响。TACTL 各位的定义如下:

位	15～10	9	8	7	6	5	4	3	2	1	0
	未用	TASSELx		IDx		MCx		未用	TACLR	TAIE	TAIFG

TASSELx：选择定时器进入输入分频器的时钟源，其关系如表 4-5 所示。

表 4-5　选择定时器进入输入分频器的时钟源

TASSEL1、TASSEL0		选择定时器进入输入分频器的时钟源	宏定义
0	0	TACLK 特定的外部引脚时钟	TASSEL_0
0	1	ACLK 辅助时钟	TASSEL_1
1	0	MCLK 系统时钟	TASSEL_2
1	1	INCLK 器件特有时钟	TASSEL_3

IDx：输入分频选择，其关系如表 4-6 所示。

表 4-6　输入分频选择

ID1、ID0		输入分频选择	宏定义
0	0	不分频	ID_0
0	1	2 分频	ID_1
1	0	4 分频	ID_2
1	1	8 分频	ID_3

MCx：计数模式控制位，其关系如表 4-7 所示。

表 4-7　计数模式控制位

MC1、MC0		计数模式控制位	宏定义
0	0	停止模式	MC_0
0	1	增计数模式	MC_1
1	0	连续计数模式	MC_2
1	1	增/减计数模式	MC_3

TACLR：定时器 A 清除位，该位置位将计数器 TAR 清零、分频系数清零、计数模式设置为增数计数模式。TACLR 由硬件自动复位，其读出始终为 0。定时器在下一个有效输入沿开始工作。

POR 或 CLR 置位时定时器和输入分频器复位。CLR 由硬件自动复位，其读出始终为 0。定时器在下一个有效输入沿开始工作。如果不是被清除模式控制位暂停，则定时器以增计数模式开始工作。0：无操作；1：清除。

TAIE：定时器中断允许位。0：禁止定时器溢出中断；1：允许定时器溢出中断。

TAIFG：定时器溢出标志位。增计数模式时，当定时器由 CCR0 计数到 0，TAIFG 置位；连续计数模式时，当定时器由 0FFFFH 计数到 0，TAIFG 置位。增/减计数模式时，当定时器由 CCR0 减计数到 0，TAIFG 置位。0：没有 TA 中断请求；1：有 TA 中断请求。

2. TIMER_A 计数器——TAR

TIMER_A 计数器的各位定义如下：

位	15～0
	TARx

该单元就是执行计数的单元，是计数器的主体，其内容可读可写。

3. TIMER_A 捕获/比较控制寄存器 x——TACCTLx

TIMER_A 有多个捕获/比较模块，每个模块都有自己的控制字 TACCTLx，这里 x 为捕获/比较模块序号。该寄存器在 POR 信号后全部复位，但在 PUC 信号后不受影响。该寄存器中各位的定义如下：

位	15～14	13～12	11	10	9	8	7	6	5	4	3	2	1	0
	CMx	CCISx	SCS	SCCI	未用	CAP	OUTMODx			CCIE	CCI	OUT	COV	CCIFG

CMx：选择捕获模式，其关系如表 4-8 所示。

表 4-8 选择捕获模式

CM1、CM0		选择捕获模式	宏定义
0	0	禁止捕获模式	CM_0
0	1	上升沿捕获	CM_1
1	0	下降沿捕获	CM_2
1	1	上升沿和下降沿都捕获	CM_3

CCISx：在捕获模式中用来定义提供捕获事件的输入源，其关系如表 4-9 所示。

表 4-9 在捕获模式中用来定义提供捕获事件的输入源

CCIS1、CCIS0		在捕获模式中用来定义提供捕获事件的输入源	宏定义
0	0	选择 CCIxA	CCIS_0
0	1	选择 CCIxB	CCIS_1
1	0	选择 GND	CCIS_2
1	1	选择 VCC	CCIS_3

SCS：选择捕获信号与定时时钟同步/异步关系。异步捕获模式允许在请求时立即将 CCIFG 置位和捕获定时器值，适用于捕获信号的周期远大于定时器周期的情况。但是，如果定时器时钟和捕获信号发生时间竞争，则捕获寄存器的值可能出错。0：异步捕获；1：同步捕获。

SCCI：同步比较/捕获输入。比较相等信号(EQU 信号)，将选中的捕获/比较输入信号 CCI 进行锁存，然后可由 SCCI 读出。

CAP：选择捕获模式/比较模式。如果通过捕获/比较寄存器 TACCTLx 中的 CAP 使工作模式从比较模式变为捕获模式，那么不应同时进行捕获，否则，在捕获/比较寄存器中的值是不可预料的。

推荐的指令顺序如下：①修改控制寄存器，由比较模式切换到捕获模式。②捕获。0：比较模式；1：捕获模式。

OUTMODx：选择输出模式，其关系如表 4-10 所示。

表 4-10　选择输出模式

OUTMOD2、OUTMOD1、OUTMOD0			选择输出模式	宏　定　义
0	0	0	输出	OUTMOD_0
0	0	1	置位	OUTMOD_1
0	1	0	PWM 翻转/复位	OUTMOD_2
0	1	1	置位/复位	OUTMOD_3
1	0	0	翻转	OUTMOD_4
1	0	1	复位	OUTMOD_5
1	1	0	PWM 翻转/置位	OUTMOD_6
1	1	1	PWM 复位/置位	OUTMOD_7

CCIE：捕获/比较模块中断允许位。0：禁止中断(TACCRx)；1：允许中断(TACCRx)。

CCI：捕获/比较模块的输入信号。捕获模式：由 CCIS0 和 CCIS1 选择的输入信号可通过该位读出。比较模式：CCI 复位。

OUT：输出信号。如果 OUTMODx 选择输出模式 0(输出)，则该位对应于输入状态。0：输出低电平；1：输出高电平。

COV：捕获溢出标志。当 CAP＝0 时，选择比较模式。捕获信号发生复位，没有使 COV 置位的捕获事件。当 CAP＝1 时，选择捕获模式。如果捕获寄存器的值被读出前在此发生捕获事件，则 COV 置位。程序可检测 COV 来判断原值读出前是否发生捕获事件。读捕获寄存器时不会使溢出标志复位，须用软件复位。0：没有捕获溢出；1：发生捕获溢出。

CCIFG：捕获比较中断标志。捕获模式：寄存器 CCRx 捕获了定时器 TAR 值时置位。比较模式：定时器 TAR 值等于寄存器 CCRx 值时置位。0：没有中断请求(TACCRx)；1：有中断请求(TACCRx)。

4. TIMER_A 捕获/比较寄存器 0——TACCRx

TACCRx 的各位定义如下：

位	15～0
	TACCRx

在捕获/比较模块中，可读可写。在捕获方式，当满足捕获条件，硬件自动将计数器TAR数据写入该寄存器。如果测量某窄脉冲(高电平)脉冲长度，可定义上升沿和下降沿都捕获。在上升沿时，捕获一个定时器数据，这个数据在捕获寄存器中读出；再等待下降沿到了，在下降沿时又捕获一个定时器数据；那么两次捕获的定时器数据就是窄脉冲的高电平宽度。其中CCR0经常用作周期寄存器，其他CCRx相同。

5. TIMER_A 中断向量寄存器——TAIV

TAIV的各位定义如下：

位	15	14	13	12	11	10	9	8	7	6	5	4	3	2	1	0
	0												TAIVx			0

TIMER_A中断可由计数器溢出引起，也可以来自捕获/比较寄存器。每个捕获/比较模块可独立编程，捕获/比较外部信号以产生中断。外部信号可以是上升沿，也可以是下降沿，也可以两者都有。

Timer_A模块使用两个中断向量，一个单独分配给捕获/比较寄存器CCR0，另一个作为共用中断向量用于定时器和其他的捕获/比较寄存器。

中断矢量值确定申请TAIVx中断的中断源，其关系如表4-11所示。

表4-11　中断源含义

TAIV3、TAIV2、TAIV1、TAIV0				中　断　源	中断标志位	中断优先级
0	0	0	0	没有中断		高
0	0	1	0	捕捉/比较器1	TACCR1　CCIFG	
0	1	0	0	捕捉/比较器2	TACCR2　CCIFG	
0	1	1	0	保留		
1	0	0	0	保留		
1	0	1	0	定时器溢出	TAIFG	
1	1	0	0	保留		
1	1	1	0	保留		低

捕获/比较寄存器CCR0中断向量具有最高的优先级，因为CCR0能用于定义增计数和增/减计数模式的周期，因此，它需要最高的服务。CCIFG0在被中断服务时能自动复位。

CCR1～CCRx与定时器共用另一个中断向量，属于多源中断，对应的中断标志CCIFG1～CCIFGx和TAIFG1在读中断向量字TAIV后，自动复位。如果不访问TAIV

寄存器，则不能自动复位，须用软件清除。

如果对应的中断允许位复位(不允许中断)，则将不会产生中断请求，但中断标志仍然存在，这时须用软件清零。

4.3 TIMER_A 工作模式

TIMER_A 共有 4 种技术模式，可以根据需要，灵活选用，分别为停止模式、增计数模式、连续技术模式和增/减计数模式。

1. 停止模式

停止模式用于定时器暂停，并不发生复位，所有寄存器现行的内容在停止模式结束后都可用。当定时器暂停后重新计数时，计数器将从暂停的值开始以暂停前的计数方向计数。例如，停止模式前，TIMER_A 工作于增/减计数模式并且处于下降计数方向，停止模式后，TIMER_A 仍然工作于增/减计数模式，从暂停前的状态开始继续沿着下降方向开始计数。如果不能这样，则可通过 TACTL 中的 CLR 控制位来清除定时器的方向记忆特性。

2. 增计数模式

捕获/比较寄存器 TACCR0 用作 TIMER_A 增计数模式的周期寄存器，因为 TACCR0 为 16 位寄存器，所以该模式适用于定时器周期小于 65536 的连续计数情况。计数器 TAR 可以增计数到 TACCR0 的值，当计数值与 TACCR0 的值相等(或定时器值大于 TACCR0 的值)时，定时器复位并从 0 开始重新计数。计数器中数值变化如图 4-3 所示。

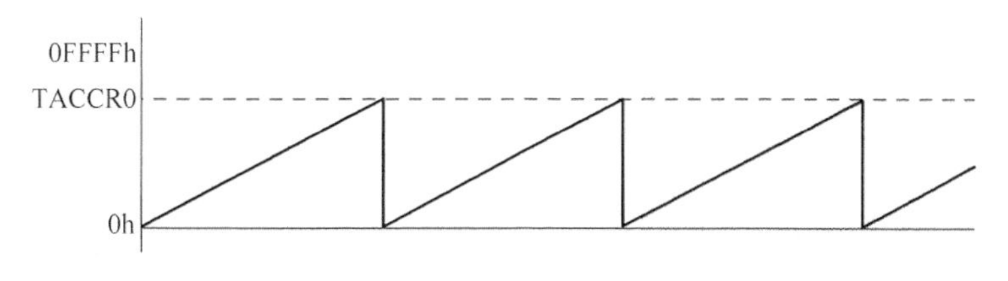

图 4-3　增计数模式计数器中数值的变化

在中断标志位的设置过程中，当定时器的值等于 TACCR0 的值时，设置标志位 CCIFG0(捕获比较中断标志)为 1，而当定时器从 TACCR0 计数到 0 时，设置标志位 TAIFG (定时器溢出标志)为 1，如图 4-4 所示。

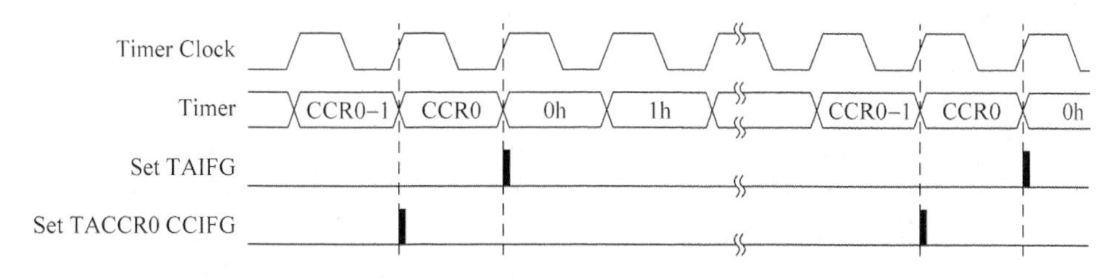

图 4-4　增计数模式中断标志位

计数过程中还可以通过改变 TACCR0 的值来重置计数周期。当新周期大于旧周期时，定时器会直接增计数到新周期。当新周期小于旧周期时，改变 TACCR0 时的定时器时钟相位会影响定时器响应新周期的情况。若时钟为高时改变 TACCR0 的值；则定时器会在下一个时钟周期上升沿返回到 0；若时钟周期为低时改变 TACCR0 的值，则定时器接受新周期并在返回到 0 之前，继续增加一个时钟周期。

3. 连续计数模式

在需要 65536 个时钟周期的定时应用场合常用连续计数模式。定时器从当前值计数到 0xFFFF 后，又从 0 开始重新计数。计数器中数值的变化情况如图 4-5 所示。

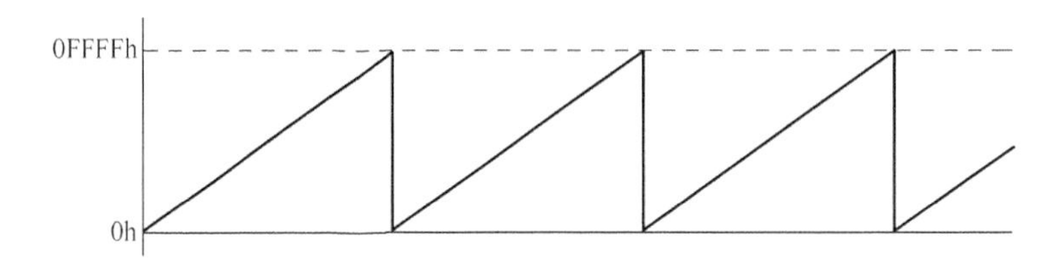

图 4-5　连续计数模式计数器中数值的变化

当定时器从 0xFFFF 计数到 0 时，设置标志位 TAIFG，如图 4-6 所示。

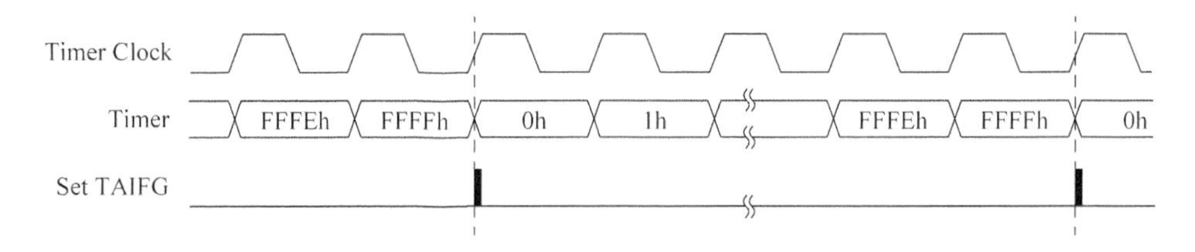

图 4-6　连续计数模式中断标志位

连续计数模式的典型应用：

(1) 产生多个独立的时序信号。利用捕获比较寄存器捕获各种其他外部事件发生的定时器数据。

(2) 产生多个定时信号。通过中断处理程序在相应的比较寄存器 TACCRx 上加上一个时间差来实现。这个时间差是当前时刻(即相应的 TACCRx 中的值)到下一次中断发生时刻所经历的时间。

连续计数模式中可以产生多个定时信号，如图 4-7 所示。

4. 增/减计数模式

需要生成对称波形的情况经常可以使用增/减计数模式，该模式下定时器先增计数模式到 TACCR0 的值，然后反向减计数到 0。计数周期仍由 TACCR0 定义，它是 TACCR0 计数器数值的 2 倍。增/减计数模式时计数器中数值的变化情况如图 4-8 所示。

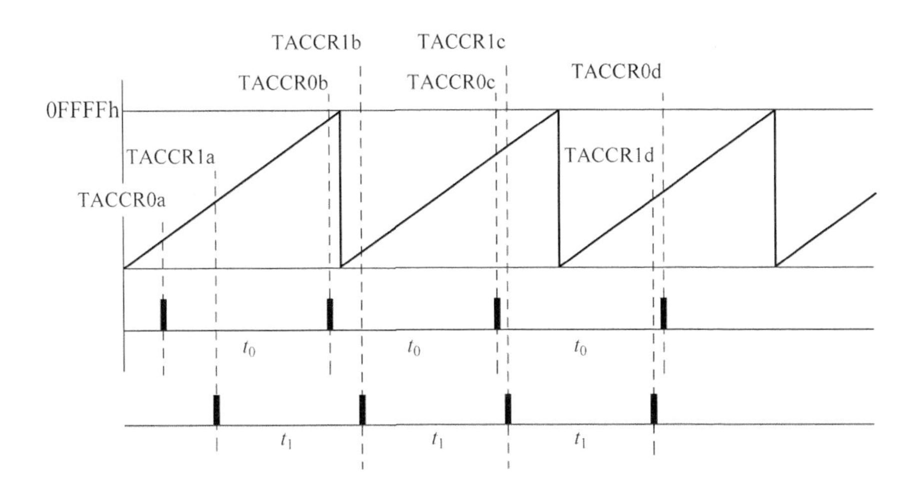

图 4-7 连续计数模式多定时信号

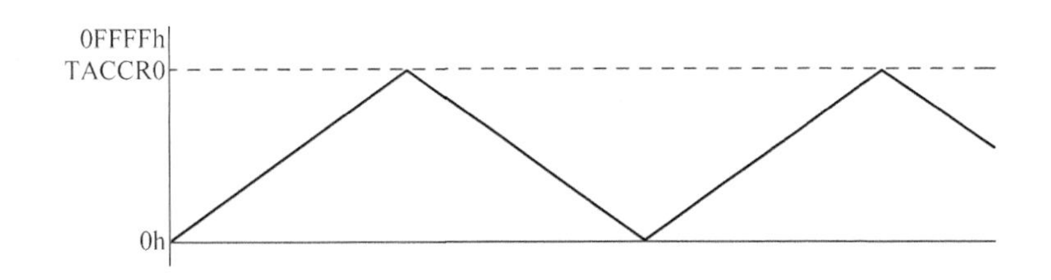

图 4-8 增/减计数模式计数器中数值的变化

标志位的设置情况如图 4-9 所示，定时器 TAR 的值从 TACCR0－1 计数到 TACCR0 时，中断标志 CCIFG0 置位；当定时器从 1 减计数到 0 时，中断标志 TAIFG 置位。

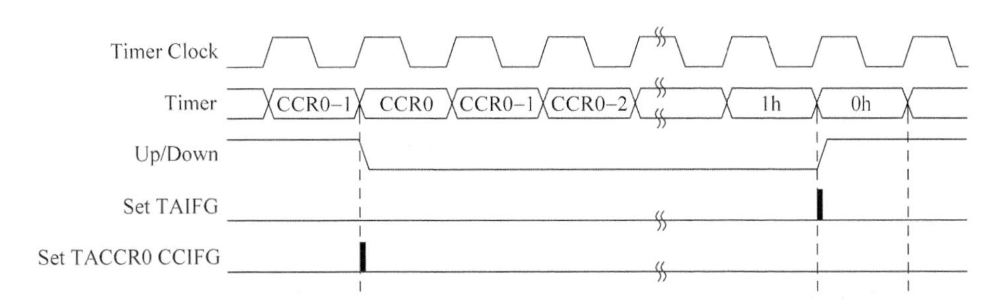

图 4-9 增/减计数模式中断标志位

在增/减计数模式过程中，也可以通过改变 TACCR0 的值来重置计数周期。在增计数阶段，新周期要在减计数完成(计数到 0)后才开始有效。

4.4 定时器 A 模块捕获/比较工作原理

TIMER_A 有多个相同的捕获/比较模块,为实时处理提供灵活的手段,每个模块都有可用于捕获事件发生的时间或产生定时间隔。当发生捕获事件发生或定时时间到达时将引起中断。捕获/比较寄存器与定时器总线相连:可在满足捕获条件时,将 TAR 的值写入捕获寄存器;可在 TAR 的值与比较器值相等时,设置标志位。通过 TACCTLx 中的 CAP 选择模式,该模块既可用于捕获模式,也可用于比较模式。用 CMx 选择捕获条件,可以禁止捕获,上升沿捕获,下降沿捕获或者上下沿都捕获。可用 CCISx 选择捕获的输入信号源,输入信号可以来自外部引脚,也可来自内部信号,还可暂存在一个触发器中由 SCCI 信号输出。

1. 捕获模式

当 TACCTLx 中的 CAP=1 时,该模块工作在捕获模式,这时如果在选定的引脚上发生设定的脉冲触发沿(上升沿,下降沿或任意跳变),则 TAR 中的值将写到 TACCRx 中。

每个捕获/比较寄存器都能被软件用于时间标记,可用于各种目的。例如,测量软件程序所用时间,测量硬件事件间的时间,测量系统频率等。

当捕获完成后,中断标志位 CCIFG 被置位。如果总的中断允许位 GIE 允许,相应的中断允许位 CCIE 也允许,则将产生中断请求。增捕获/比较模式中断标志位如图 4-10 所示。

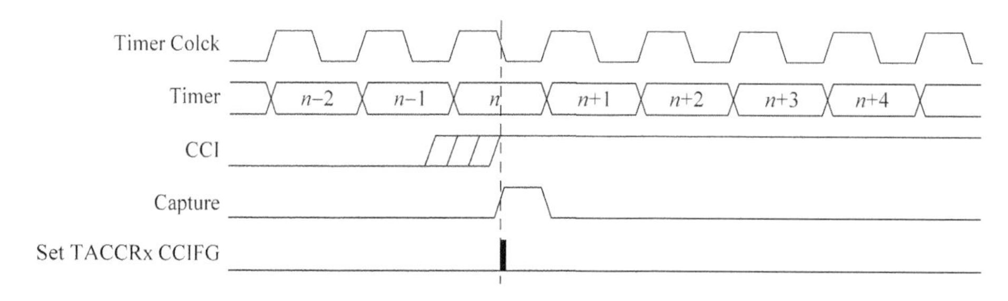

图 4-10　增捕获/比较模式中断标志位

2. 比较模式

比较方式主要用于为软件或应用硬件产生定时,还可为 D/A 转换功能或者马达控制等各种用途产生脉宽调制(PWM)输出信号。独立的输出模块被分配给每个捕获/比较寄存器,输出模块可以独立运行于比较功能,或以各种方式触发。

当 TACCTLx 中的 CAP=0 时,该模块工作在比较模式。这时与捕获有关的硬件停止工作,在计数器 TAR 中计数值等于比较器中的值时设置标志位,产生中断请求;也可结合输出单元产生所需要的信号。3 个捕获/比较器在比较模式时设置 EQUx 信号有差别:当 TAR 的值大于等于 TACCR0 中的数值时,EQU0=1;当 TAR 的值等于相应的 TACCR1

或 TACCR2 的值时,EQU1=1 或 EQU2=1。

4.5 定时器/计数器 A 与 PWM

定时器 A 每个捕获/比较模块都包含一个输出单元,用于产生 PWM 信号。每个输出单元有 8 种工作模式,可产生基于 EQUx 的多种信号。

最终的输出信号源于一个 D 触发器。该触发器的数据输入源于输出控制模块,输出控制模块又分 3 个输入信号(EQU0、EQU1、EQU2 和 OUTx)经模式控制位 OMx0、OMx1 和 OMx2 运算后输出到 D 触发器。D 触发器的置位端和复位端都将影响到最终的输出。D 触发器的时钟信号为定时器的时钟,在时钟为低电平时采样 EQU0 和 EQU1、EQU2,在时钟的下一个上升沿锁存入 D 触发器中。

输出模式由模式控制位 OMx0、OMxc1 及 OMx2 决定,共有 8 种输出模式,分别对应 OMx2、OMx1 及 OMx0 的值。除模式 0 外,其他的输出都在定时时钟上升沿发生变化。输出模式 2、3、6、7 不适合输出单元 0,因为 EQUx=EQU0。

(1) 输出模式 0——输出模式:输出信号 OUTx 由每个捕获/比较模块的控制寄存器 TACCTLx 中的 OUTx 位定义,并在写入该寄存器后立即更新,最终位 OUTx 直通。

(2) 输出模式 1——置位模式:输出信号在 TAR 等于 TACCRx 时置位,并保持置位到定时器复位或选择另一种输出模式为止。

(3) 输出模式 2——PWM 翻转/复位模式:输出信号在 TAR 的值等于 TACCRx 时翻转,当 TAR 的值等于 TACCR0 时复位。

(4) 输出模式 3——PWM 置位/复位模式:输出信号在 TAR 的值的等于 TACCRx 时置位,当 TAR 的值等于 TACCR0 时复位。

(5) 输出模式 4——翻转模式:输出信号在 TAR 的值等于 TACCRx 时翻转,输出周期是定时器周期的 2 倍。

(6) 输出模式 5——复位模式:输出信号在 TAR 的值等于 TACCRx 时复位,并保持低电平直到选择另一种输出模式。

(7) 输出模式 6——PWM 翻转/置位模式:输出信号在 TAR 的值等于 TACCRx 时翻转,当 TAR 值等于 TACCR0 时置位。

(8) 输出模式 7——PWM 复位/置位模式:输出信号在 TAR 的值等于 TACCRx 时复位,当 TAR 的值等于 TACCR0 时置位。

综上所述,输出单元在控制位的控制下,有 8 种输出模式输出信号。这些模式与 TAR,TACCRx,TACCR0 的值有关。在增计数模式下,当 TAR 增加到 TACCRx 或从 TACCR0 计数到 0 时,OUTx 信号按选择的输出模式发生变化。增计数模式下的输出波形如图 4-11 所示。

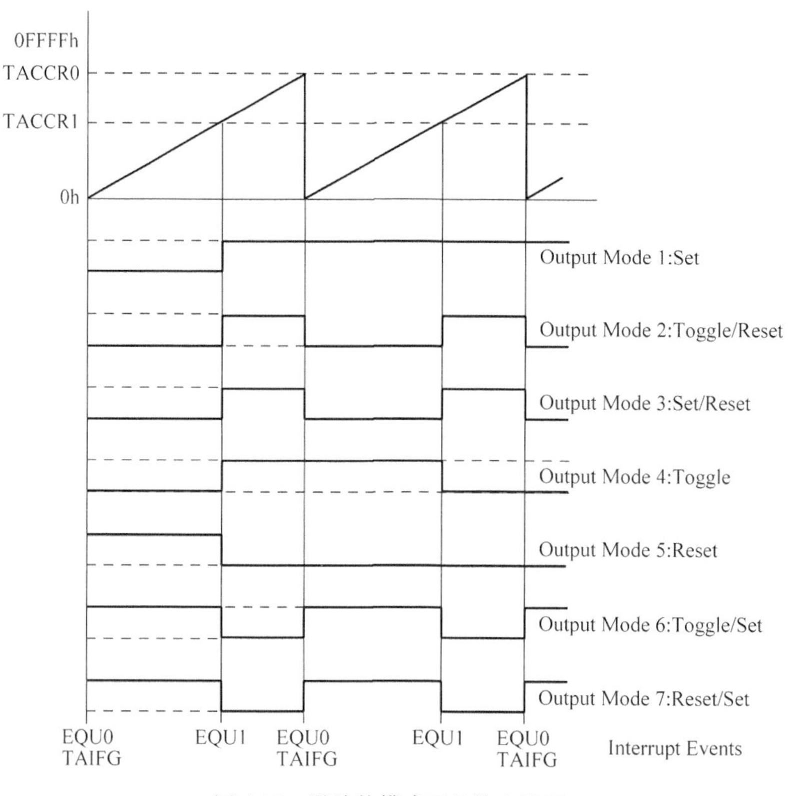

图 4-11 增计数模式下的输出波形

连续计数模式下的输出波形与增计数模式一样，只是计数器在增计数到 TACCR0 后还要继续计数到 0xFFFF，这样就延长了计数器计数到 TACCR1 的数值后的时间，这是与增计数模式不同的地方。连续计数模式下的输出波形如图 4-12 所示。

在增/减计数模式下的输出波形如图 4-13 所示，这时的各种输出波形与定时器增计数模式或连续计数模式不同。当定时器在任意计数方向等于 TACCRx 时，OUTx 信号都按选择的输出模式发生改变。

下面采用两种方式在单片机 P1.2 和 P1.3 端口产生相反的 50%占空比波形，外部晶振为 8MHz。

增计数模式程序如下：

```
#include <msp430x14x.h>
#define uchar unsigned char
 void Clk_Init( )                          //时钟函数
{
    unsigned char i;
    BCSCTL1& = ~XT2OFF;
    BCSCTL2| = DIVS0 + DIVS1;              //SMCLK 时钟源 8 分频
    BCSCTL2| = SELS;                       //SMCLK 时钟源
```

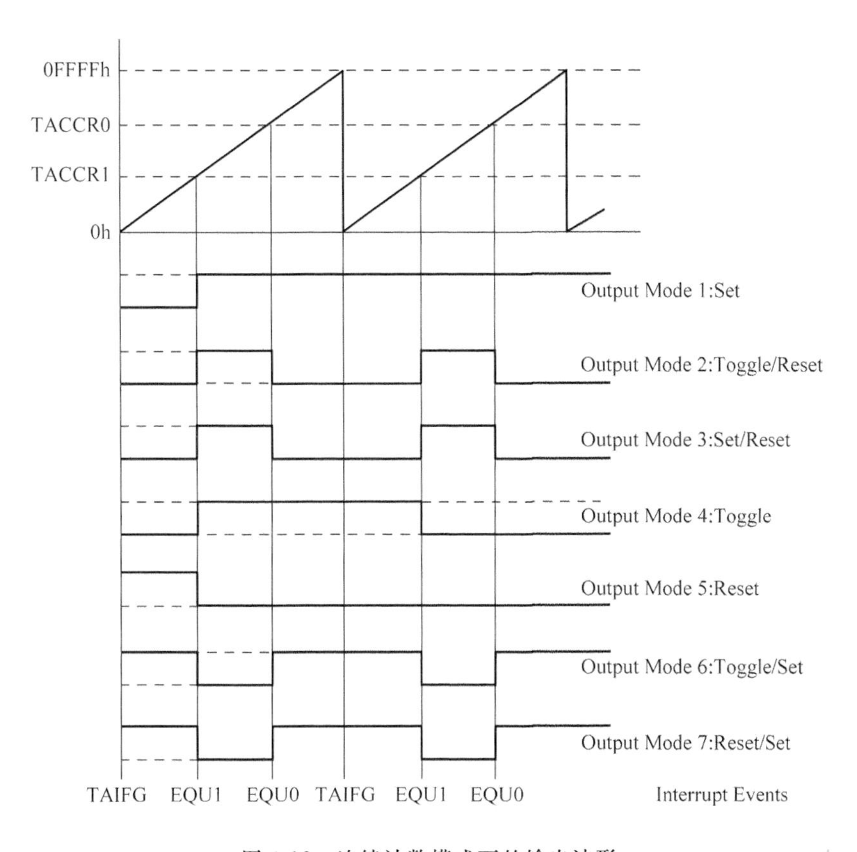

图 4-12　连续计数模式下的输出波形

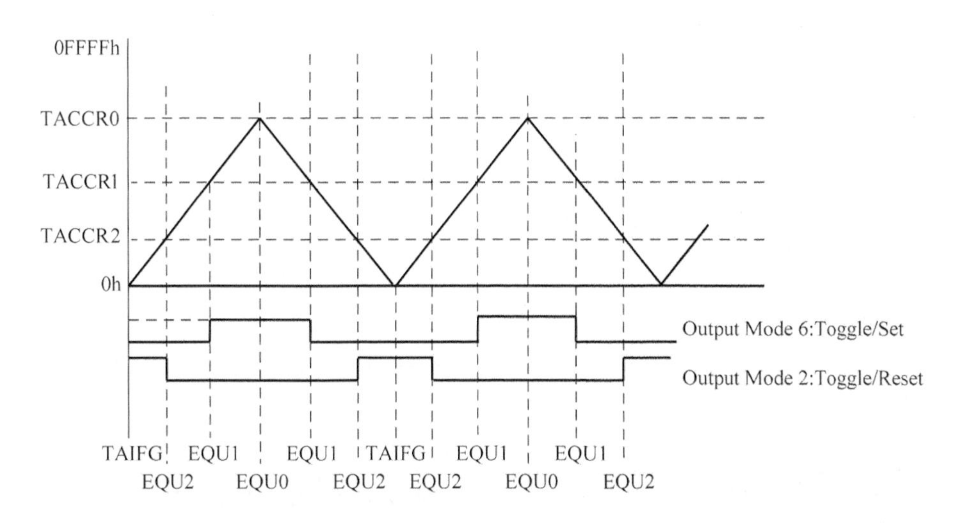

图 4-13　增/减计数模式下的输出波形

```
    do
    {
        IFG1 &= ~OFIFG;                          //清除振荡错误标志
        for(i=0; i<100; i++)
        _NOP( );
    }
    while ((IFG1 & OFIFG) != 0);                 //如果标志为1,继续循环等待
    IFG1&=~OFIFG;
}

void main( )
{
    WDTCTL = WDTPW + WDTHOLD;                    //关闭看门狗
    Clk_Init( );
    P1DIR|=0X0f;                                 //P1.2、P1.3输出,对应TA1,TA2
    P1SEL|=0X0f;
    CCR0 =20000;                                 //终点值
    TACTL = TASSEL_2 + MC_1;                     //SMCLK时钟源,增计数模式
    while(1)
    {
        CCR1=10000;
        CCTL1=OUTMOD_2;                          //P1.2对应输出
        CCR2=10000;
        CCTL2=OUTMOD_7;                          //P1.3对应输出
    }
}
```

连续计数模式程序如下:

```
#include<msp430x14x.h>
#define uchar unsigned char

void Clk_Init( )
{
    unsigned char i;
    BCSCTL1&=~XT2OFF;
    BCSCTL2|=DIVS_3;
    BCSCTL2|=SELS;
    do
    {
        IFG1 &= ~OFIFG;                          //清除振荡错误标志
        for(i=0; i<100; i++)
        _NOP( );
    }
    while ((IFG1 & OFIFG) != 0);                 //如果标志为1,继续循环等待
    IFG1&=~OFIFG;
}
```

```
void main( )
{
    WDTCTL = WDTPW + WDTHOLD;
    Clk_Init( );
    P1DIR| = 0X0f;                      //P1.2、P1.3 输出,对应 TA1、TA2
    P1SEL| = 0X0f;
    CCR0  = 43690;
    CCR1 = 10922;
    CCR2 = 10922;
    TACTL = TASSEL_2 + MC_2;            //SMCLK 时钟源,连续计数模式
    while(1)
    {
        CCTL1 = OUTMOD_2;
        CCTL2 = OUTMOD_7;
    }
}
```

连续模式不再注释。请读者自己理解。上面程序有缺陷,就是只强调产生了50%占空比的PWM波,请思考一下,上述三种方式PWM波的频率是多少?如果需要设定20MHz的占空比为50%的PWM波,上述两个程序如何修改?

4.6 外部中断的概述

与51系列单片机不同的是,MSP430F169的外部中断源是整个P1和P2端口,而其他端口没有外部中断功能。一旦使能了中断,只要电平发生了合适的变化,P1或P2引脚端口就会触发中断。这个特点可以用来产生软件中断。

通过设置中断触发沿控制寄存器PxIES,可以由下降沿、上升沿触发触发外部中断。通过设置中断允许寄存器PxIE,标志相应引脚就能响应中断请求。而中断标志寄存器PxIFG判断标志相应引脚是否发生外部中断。

下面介绍相关外部寄存器的定义。

1. 中断标志寄存器——PxIFG

其各位定义如下:

位	7	6	5	4	3	2	1	0
	PxIFG. 7	PxIFG. 6	PxIFG. 5	PxIFG. 4	PxIFG. 3	PxIFG. 2	PxIFG. 1	PxIFG. 0

该寄存器只有P1和P2口才有,该寄存器有8个标志位,标志相应引脚是否有中断请求。

PxIFG. x:中断标志。0:该引脚无中断请求;1:该引脚有中断请求。

引脚外部中断发生后,中断标志位必须清零,为下一次外部中断作准备。

2. 中断允许寄存器——PxIE

其各位定义如下：

位	7	6	5	4	3	2	1	0
	PxIE. 7	PxIE. 6	PxIE. 5	PxIE. 4	PxIE. 3	PxIE. 2	PxIE. 1	PxIE. 0

该寄存器只有 P1 和 P2 口才有，该寄存器有 8 个标志位，标志相应引脚是否能响应中断请求。

PxIE. x：中断允许标志。0：该引脚中断禁止；1：该引脚中断允许。

3. 中断触发沿控制寄存器——PxIES

其各位定义如下：

位	7	6	5	4	3	2	1	0
	PxIES. 7	PxIES. 6	PxIES. 5	PxIES. 4	PxIES. 3	PxIES. 2	PxIES. 1	PxIES. 0

该寄存器只有 P1 和 P2 口才有，该寄存器有 8 个标志位，标志相应引脚的中断触发沿。

PxIES. x：中断触发沿选择。0：上升沿产生中断；1：下降沿产生中断。

4.7 秒表设计

分别采用 MSP430 的 8MHz 和 32768Hz 两种时钟源，用定时器 A 来设计秒表。数码管显示分、秒，从 0～60 秒后秒又自动回到 0 循环，而分加 1。在时钟显示过程中，如果按下键盘，则时钟停止，数码管显示的时间保持不变，再按同一个按键，时钟继续显示。

硬件电路图如图 4-14 所示。可以看出，数码管段选接 P2 口，位选直接接单片机 P3 口，一个独立式键盘接单片机 P1.0 口。

本次设计对独立式键盘用普通 I/O 口扫描方式和外部中断两种方式编程。本程序只用了 32768Hz 时钟源，屏蔽了 8MHz 时钟源，若需使用 8MHz 时钟源，可以打开相关语句，并屏蔽 32768Hz 时钟源以及相关语句。

程序清单如下：

```
#include <msp430x14x.h>
#define CPU_F ((double)8000000)
#define delay_us(x) __delay_cycles((long)(CPU_F*(double)x/1000000.0))
#define delay_ms(x) __delay_cycles((long)(CPU_F*(double)x/1000.0))
#define uchar unsigned char
#define uint unsigned int
#define KEYin1  (P1IN&BIT0)
char flag;
uchar yd,xh,yhm;
```

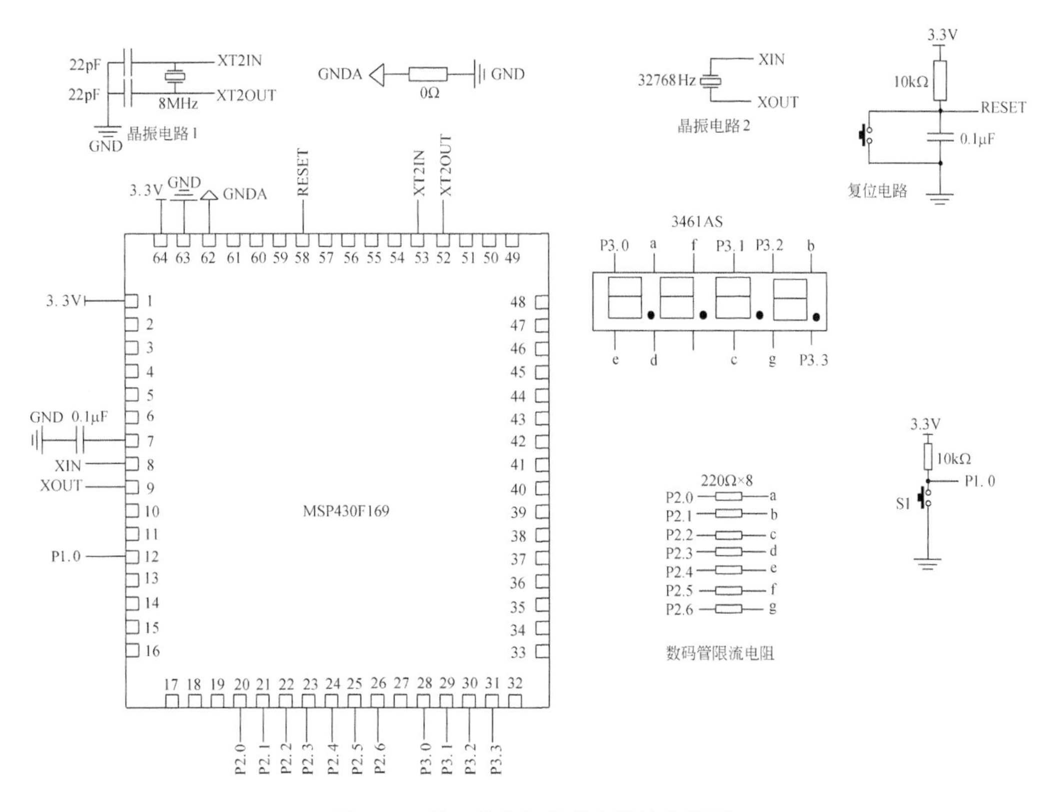

图 4-14　基于单片机的秒表设计电路图

```
uint aa,bb,cc,sec,min;
uchar buf[4] = {0,0,0,0};
uchar tab[ ] = {0,0,0,0};
uchar tab1[ ] = {0,0,0,0};
uchar LED[ ] = {0x3f,0x06,0x5b,0x4f,0x66,0x6d,0x7d,0x07,0x7f,0x6f};
uchar LED1[ ] = {0xbf,0x86,0xdb,0xcf,0xe6,0xed,0xfd,0x87,0xff,0xef};
void port_init(void)
{
    P2DIR = 0xff;
    P2OUT = 0X00;
    P3DIR = 0Xff;
    P3OUT = 0Xff;
}

void init_port1(void)
{
    P1DIR& = ~BIT0;                         //设置为输入方向
    P1IES| = BIT0;                          //选择下降沿触发
    P1IE| = BIT0;                           //打开中断允许
```

```
    P1IFG& = ~BIT0;                          //P1IES 的切换可能使 P1IFG 置位,需清除
}

/* void Clk_Init( )
{
    unsigned char i;
    BCSCTL1& = ~XT2OFF;                      //打开 XT2 振荡器
    BCSCTL2| = DIVS0 + DIVS1;                //8 分频
    do
    {
        IFG1 &=  ~OFIFG;                     //清除振荡错误标志
        for(i = 0; i < 0xff; i++)  _NOP();   //延时等待
    }
    while ((IFG1 & OFIFG) != 0);             //如果标志为 1,继续循环等待
    IFG1& = ~OFIFG;
}  */

void display(int num)
{
    tab[0] = num % 10;
    tab[1] = num/10 % 10;
    if(num <= 9)
    {
        P2OUT = LED[tab[0]];
        P3OUT = 0Xf7;
        delay_ms(1);
    }
    if(num > 9&&num <= 99)
    {
        P2OUT = LED[tab[0]];
        P3OUT = 0xf7;
        delay_ms(1);
        P3OUT = 0xff;
        P2OUT = LED[tab[1]];
        P3OUT = 0xfb;
        delay_ms(1);
    }
}
void display1(int num)
{
    tab1[0] = num % 10;
    tab1[1] = num/10 % 10;
    if(num <= 9)
    {
        P2OUT = LED[tab1[0]];
        P3OUT = 0Xfd;
        delay_ms(1);
```

```
    }
    if(num>9&&num<=99)
    {
        P2OUT=LED[tab1[0]];
        P3OUT=0xfd;
        delay_ms(1);
        P3OUT=0xff;
        P2OUT=LED[tab1[1]];
        P3OUT=0xfe;
        delay_ms(1);
    }
}

#pragma vector =PORT1_VECTOR                    //外部中断函数
__interrupt void Port1_ISR(void)
{
    if(KEYin1==0)
    {
        delay_ms(20);
        flag=~flag;
        delay_ms(5);
        if(flag==0)
        {
            TACCTL0 =CCIE;
        }
        if(flag==255)
        {
            TACCTL0 =~CCIE;
        }
    }
    P1IFG = 0;
    delay_ms(5);
}

/*#pragma vector=TIMERA0_VECTOR
__interrupt void Timer_A(void)
{
    aa++;
    if(aa==100)
    {
        aa=0;
        sec++;
    }
}  */

#pragma vector=TIMERA0_VECTOR
__interrupt void Timer_A(void)
```

```
{
    sec++;
}

void main( )
{
    WDTCTL = WDTPW + WDTHOLD;
    init_port1( );
    //Clk_Init( );
    port_init( );
    TACCTL0 = CCIE;                    //CCR0 中断使能
    // TACCR0 = 10000;                 //终点值
    TACCR0 = 32768;                    //终点值
    // TACTL = TASSEL_2 + MC_1;        //控制定时器 A 选择 timer 时钟 SMCLK 和连续计数模式
    TACTL = TASSEL_2 + MC_1;           //控制定时器 A 选择 timer 时钟 ACLK 和连续计数模式
    // BCSCTL2| = SELS;
    _EINT();                           //开启总中断
    while(1)
    {
        if(sec == 60)
        {
            sec = 0;
            min++;
        }
        display(sec);
        if(min>0)
        {
            if(sec>=0&&sec<10)
            {
                P2OUT = 0x3f;
                P3OUT = 0xfb;
                delay_ms(1);
            }
            display1(min);
        }
    }
}
```

由于 MSP430 单片机默认的时钟源是 32768Hz，所以不需要对此时钟源进行设置。而若采用 8MHz 时钟源，必须增加 void Clk_Init()函数使得外部高频晶振起振。把 TACCR0 设置成 32768(TACCR0 = 32768)，是当计数器加 1 时，需要经过(1/32678)s，而当计数器达到 32678 时，正好为 1s。所以在定时器中断函数__interrupt void Timer_A(void)中，我们只设置为 sec++。而若采用 8MHz 时钟源时，在时钟初始化函数 void Clk_Init()中，进行了 8 分频(BCSCTL2 | = DIVS0 + DIVS1)，所以当计数器加 1 时，需要 1μs 时间。把 TACCR0 设置成 10000(TACCR0 = 10000)，而采用当计数器达到 10000 时溢出产生定时

中断为0.01s。这样重复100次(if(aa==100)),正好为1s。其次是对于定时器A,TACTL的不同设置表明采用不同的时钟源,采用SMCLK时钟源时,还必须把BCSCTL2的SELS位置1(BCSCTL2|=SELS)。参见BCSCTL2寄存器各位的含义。

在需要外部中断时,首先必须进行初始化,在外部中断初始化函数(void init_port1(void))中,可以看出把P1.0端口设置为输入、下降沿触发以及中断允许等,为了保证外部中断能够正确发生,还把相应中断标志位清零。当P1.0端口发生外部中断时,在中断函数(#pragma vector =PORT1_VECTOR)中首先要判断哪个端口发生中断(if(KEYin1==0)),然后把标志位(flag)取反,根据标志位不同的数值,关闭或打开定时器,这样就能满足停止计时或继续计时的要求。其中有一些延时函数是为了对键盘消抖。

用普通I/O口扫描方式程序清单如下。本程序只用了32768Hz时钟源,屏蔽了8MHz时钟源,若需要使用8MHz时钟源,可以打开相关语句,并屏蔽32768Hz时钟源以及相关语句。

程序清单如下:

```
#include <msp430x14x.h>
#define CPU_F ((double)8000000)
#define delay_us(x) __delay_cycles((long)(CPU_F * (double)x/1000000.0))
#define delay_ms(x) __delay_cycles((long)(CPU_F * (double)x/1000.0))
#define uchar unsigned char
#define uint unsigned int
#define KEYin1 (P1IN&BIT0)
char flag;
uchar yd,xh,yhm;
uint aa,bb,cc,sec,min;
uchar buf[4] = {0,0,0,0};
uchar tab[] = {0,0,0,0};
uchar tab1[] = {0,0,0,0};
uchar LED[] = {0x3f,0x06,0x5b,0x4f,0x66,0x6d,0x7d,0x07,0x7f,0x6f};
uchar LED1[] = {0xbf,0x86,0xdb,0xcf,0xe6,0xed,0xfd,0x87,0xff,0xef};
void port_init(void)
{
    P2DIR = 0xff;
    P2OUT = 0X00;
    P3DIR = 0Xff;
    P3OUT = 0Xff;
}

void init_port1(void)
{
    P1DIR& = ~BIT0;                            //设置为输入方向
    P1OUT| = BIT0;
}

/* void Clk_Init( )
```

```
{
    unsigned char i;
    BCSCTL1& = ~XT2OFF;                        //打开 XT2 振荡器
    BCSCTL2| = DIVS0 + DIVS1;                  //MCLK 为 8MHz, SMCLK 为 8MHz
    do
    {
        IFG1 &=  ~OFIFG;                       //清除振荡错误标志
        for(i = 0; i < 0xff; i++) _NOP(); //延时等待
    }
    while ((IFG1 & OFIFG) != 0);               //如果标志为 1,继续循环等待
    IFG1& = ~OFIFG;
}  */

void display(int num)
{
    tab[0] = num % 10;
    tab[1] = num/10 % 10;
    if(num <= 9)
    {
        P2OUT = LED[tab[0]];
        P3OUT = 0Xf7;
        delay_ms(1);
    }
    if(num > 9&&num <= 99)
    {
        P2OUT = LED[tab[0]];
        P3OUT = 0xf7;
        delay_ms(1);
        P3OUT = 0xff;
        P2OUT = LED[tab[1]];
        P3OUT = 0xfb;
        delay_ms(1);
    }
}

void display1(int num)
{
    tab1[0] = num % 10;
    tab1[1] = num/10 % 10;
    if(num <= 9)
    {
        P2OUT = LED[tab1[0]];
        P3OUT = 0Xfd;
        delay_ms(1);
    }
    if(num > 9&&num <= 99)
    {
```

```
        P2OUT = LED[tab1[0]];
        P3OUT = 0xfd;
        delay_ms(1);
        P3OUT = 0xff;
        P2OUT = LED[tab1[1]];
        P3OUT = 0xfe;
        delay_ms(1);
    }
}

#pragma vector = TIMERA0_VECTOR
__interrupt void Timer_A(void)
{
    aa++;
    if(aa == 100)
    {
        aa = 0;
        sec++;
    }
}

void main()
{
    WDTCTL = WDTPW + WDTHOLD;
    init_port1();
    // Clk_Init();
    port_init();
    TACCTL0 = CCIE;                          //CCR0 中断使能
    // TACCR0 = 10000;                       //终点值
    TACCR0 = 32768;                          //终点值
    // TACTL = TASSEL_2 + MC_1;              //控制定时器 A 选择 timer 时钟 SMCLK 和连续计数模式
    TACTL = TASSEL_2 + MC_1;                 //控制定时器 A 选择 timer 时钟 ACLK 和连续计数模式
    // BCSCTL2 | = SELS;
    _EINT();                                 //开启总中断
    while(1)
    {
        if(KEYin1 == 0)
        {
            delay_ms(20);
            flag = ~flag;
            delay_ms(5);
            if(flag == 0)
            {
                TACCTL0 = CCIE;
            }
            if(flag == 255)
            {
```

```
                TACCTL0 = ~CCIE;
            }
        }
        if(sec == 60)
        {
            sec = 0;
            min++;
        }
        display(sec);
        if(min > 0)
        {
            if(sec >= 0&&sec < 10)
            {
                P2OUT = 0x3f;
                P3OUT = 0xfb;
                delay_ms(1);
            }
            display1(min);
        }
    }
}
```

与上一个程序相比较，对按键 S1 采用扫描法，端口初始化函数(void init_port1(void))时把 P1.0 设置成输入并上拉，在主程序中扫描按键是否被按下，若按下(if(KEYin1==0))，标志位 flag 取反，由于 flag 的数据类型为 char。0 取反是 255，根据不同的 flag 值，打开或关闭定时器 A(TACCTL0 =CCIE)。

最后再说明一下 if(sec>=0&&sec<10)语句的含义，当过了 60s 到达 1min 后，秒继续增加时，为了防止第二数码管无显示，加了上述语句后，可以使得秒小于 10 时，第二数码管显示为 0，比如显示 103，增加了可观性。

实际上定时器 A 分成定时器 A0 和定时器 A1。两者中断向量入口地址不同，在 C 语言上，定时器 A0 中断函数写为 #pragma vector=TIMERA0_VECTOR，而定时器 A1 在 C 语言中写为 #pragma vector=TIMERA1_VECTOR，定时器 A0 和 A1 的区别是 A0 是比较/捕捉 0 模块，计数器 ART 只对 RRC0 的数值进行比较。以增模式为例，设定好 RRC0 数值后，计数器从 0 增加到与 RRC0 数值相等时，产生一个定时中断，而 A1 包括三个定时模块，分别是比较/捕捉 1、比较/捕捉 2 和溢出中断，以是比较/捕捉 1 为例，设定好 RRC1 数值后，当计数器从 0 增加到与 RRC1 数值相等时，产生一个定时中断(其标志位置 0)，但与 A0 不同的是，后者产生定时中断后，计数器 ART 清零，又重新从零开始计数，而前者的计数器 ART 继续增加。如果需要使比较/捕捉 1 和 A0 功能相同，就必须把计数器 ART 清零，比较/捕捉 2 与比较/捕捉 1 工作原理相同，而 A1 的溢出中断，是当计数器从 0 增加到与 RRC0 数值相等时，产生一个定时中断，与 A0 比较/捕捉不同的是，A1 的溢出中断允许位不同，A1 的溢出中断允许位是 TAIE，而 A0 比较/捕捉中断是 CCIE。现在继续以秒表为例，采用外部 8MHz 晶振，以 A1 的比较/捕捉 1 模块进行定时，则定时器 A 中断函数修改如下：

```
#pragma vector = TIMERA1_VECTOR
__interrupt void Timer_A(void)
{
    switch(TAIV)
    {
        case2:
        {
            ART = 0;
            aa++;
            if(aa == 100)
            {
                aa = 0;
                sec++;
            }
        }
        break;
        case4: break;
        case10: break;
    }
}
```

把 TACCTL0=CCIE 语句改为 TACCTL1=CCIE，表示比较/捕捉 1 模块中断允许。把 TACCR0 =10000 语句改为 TACCR1 =10000，表示当计数器 ART 计数到 10000 时，产生比较中断。注意要把计数器 ART 置 0，为下一次准确定时作准备。

现采用外部 8MHz 晶振，以 A1 的溢出模块进行定时，则定时器 A 中断函数修改如下：

```
#pragma vector = TIMERA1_VECTOR
__interrupt void Timer_A(void)
{
    switch(TAIV)
    {
        case2: break;
        case4: break;
        case10:
        {
            ART = 0;
            aa++;
            if(aa == 100)
            {
                aa = 0;
                sec++;
            }
```

```
            }
            break;
        }
    }
```

这里不需要 TACCTL0＝CCIE 语句。把 TACTL ＝ TASSEL_2 ＋ MC_1 语句改为 TACTL ＝ TASSEL_2 ＋ MC_1＋TAIE 表示定时器中断允许。TACCR0 ＝10000 表示当计数器 ART 计数到 10000 时，产生比较中断。注意要把计数器 ART 置 0，为下一次准确定时作准备。

4.8 红外遥控设计

设计要求：按下遥控器键盘发送信号（数字），红外接收头收到信号后，送达单片机，单片机经过处理后，把对应的数字显示在数码管上。

本次设计的关键是红外接收头，红外遥控接收可以用红外接收二极管附加专用的红外处理电路的方法，如 CXA20106，但采用这种方法时，电路的复杂性高，通常不使用。因此，更好的接收方法是使用集成红外接收头。此次设计采用 VS1838B 芯片。VS1838B 为直立侧面收光型，功耗低，灵敏度高。它接收红外信号频率为 38 kHz，信号可以在被放大的同时进行检波、整形，然后取得 TTL 电平的编码信号。三个引脚分别是解调信号输出端、地、＋5 V 电源。由于红外接收电路是产生的编码通过单片机外部中断进入单片机的，故把 VS1838B 的输出端接入单片机的外部中断端口的 INTO 脚。当遥控器发出一串信号时，通过中断来检测遥控器的信号，再用定时器设定的时间来解码，从而判断遥控器发出信号的高低电平。其引脚图如图 4-15 所示。

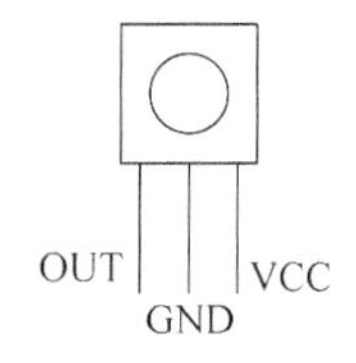

图 4-15　VS1838B 引脚图

在遥控电路中以设定的代码发送信号，来实现各种功能。代码由编码芯片或电路完成，而解码则由相对的解码芯片完成。但编码芯片在实际操作设计中不一定能完成所预想的功能，所以必须了解它的编码方式，然后依据其方式定制解码方案。

远程发出的一串二进制代码，称为数据。按照各自功能，将其划分为引导码、地址码（用户码）、地址码（用户码）、数据码、数据反码 5 部分，由 33 位二进制组成。遥控器发射代码时，均是低位在前，高位在后。遥控器发出的数据格式如图 4-16 所示。由图 4-16 分析可知引导码为 9ms。在接收到引导码后，真正的数据才开始发送，在此时就可以准备接收了。8 位数据码可有 256 种编码状态，代表实际所按下的键。求反数据码可以得到数据反码，对比两者，可检验接收到的数据。如果两者之间不满足相反关系，表明接收的数据不正确。

从图 4-16 可看出，遥控器发出一串编码，开始是引导码，然后是用户码，最后才是数据码，对于同一遥控器来说，按下任意键用户码都是相同的，区别在于数据码不同。本次设计

引导码	用户码	用户码	数据码	$\overline{数据反码}$
9ms	C0 C1 C2 C3 C4 C5 C6 C7	C0 C1 C2 C3 C4 C5 C6 C7	D0 D1 D2 D3 D4 D5 D6 D7	$\overline{D0}$ $\overline{D1}$ $\overline{D2}$ $\overline{D3}$ $\overline{D4}$ $\overline{D5}$ $\overline{D6}$ $\overline{D7}$

图 4-16　红外编码数据格式

关键是对数据码进行处理。红外接收头收到一帧数据送到单片机,单片机如何解码的呢?仅以图 4-17 为例说明。

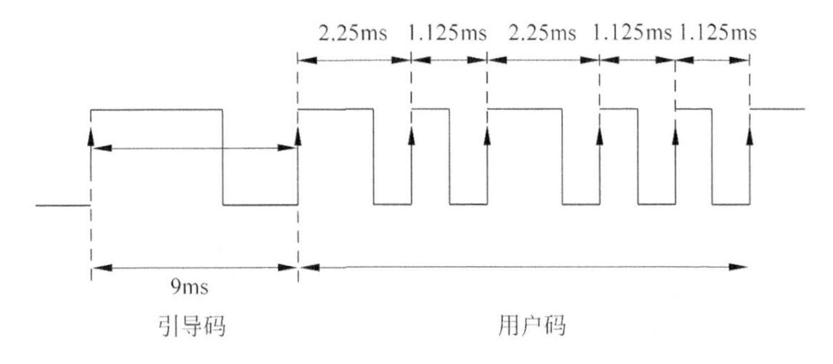

图 4-17　红外解码说明

红外接收头收到一帧数据后,送入单片机外部中断端口,单片机在信号上升沿时产生一个中断并开始计时,到下一个外部中断发生,计时时间大概 9ms,说明就是引导码。重新计时,第三个外部中断发生,如果这中断与前一个外部中断的时间差约为 2.25ms,就说明是高电平 1,如果两个相邻外部中断的时间差约为 1.125ms,说明就是低电平 0,从图 4-17 可以看出,第一个字节用户码是 10100…(注意是低位在前,高位在后)。

下面对中断程序进行说明:

```
#pragma vector  = PORT1_VECTOR
__interrupt void Port1_ISR(void)
{
    if(cou > 32)
    {
        BIT = 0;
    }
    Data[BIT] = cou;
    cou = 0;
    BIT++;
    if(BIT == 33)
    {
        BIT = 0;
        start = 1;
```

```
    }
    P1IFG = 0;
}

#pragma vector = TIMERA0_VECTOR
__interrupt void Timer_A(void)
{
    aa++;
    if(aa == 8)
    {
        aa = 0;
        cou++;
    }
}
```

interrupt void Timer_A(void)是定时器 A 中断，由于采用外部 8MHz 晶振，在初始化里函数(void Clk_Init())时进行 8 分频(BCSCTL2|=DIVS0+DIVS1)，计数器每增加 1 需要 1μs。定时器 A 终点值为 33(TACCR0 =33)，那么产生一次定时中断约为 33μs。重复 8 次后，就是经过 264μs，即 cou 等于 1。__interrupt void Port1_ISR(void)是外部中断函数，如果 cou 大于 32，就说明两个外部中断的时间差是 264μs×32=8ms，即为引导码。然后把 cou 的个数(即两个相邻上升沿时间)放入数组 Data[i]中，根据 cou 个数判断是 1 还是 0。当 BIT==33 时表明这一帧数据接收完成。由 start=1 来标志，然后清除外部中断标志位，为下一次接收数据做准备。

```
if(start == 1)
{
    uchar k = 1, i, j, value;
    for(j = 0; j < 4; j++)
    {
        for(i = 0; i < 8; i++)
        {
            value = value >> 1;
            if(Data[k]> 6)
            {
                value = value|0x80;
            }
            k++;
        }
```

这是解码函数，上面是把相邻外部中断之间的 cou 个数放入 Data[i]数组中，根据数组元素 cou 的个数就能判断是“1”还是“0”，由图 4-17 可以看出，相邻外部中断的时间差为2.25ms 时，值是 1，即 cou 的个数是 6(6×264μs=1.5ms)。相邻外部中断的时间差为 1.125ms 时，值是 0，即 cou 的个数小于 6。由于一开始是引导码，所以 *k* 取 1，把引导码丢弃。

现假定 Data [0]是 8,Data [1]是 4,Data [2]是 8,Data [3]是 4,Data [4]是 4,Data [5]是 8,Data [6]是 8,Data [7]是 4,value >> 1 含义是右移,初始值 value 是 0000 0000,右移后还是 0000 0000;由于 Data [0]是 8,满足 if(Data [k]>6)条件,value=value|0x80 后,value 是 1000 0000;再次重复,右移后,value 是 0100 0000,不满足 if(Data[k]>6)条件,所以 value 值保持不变。这样重复 8 次,ircode[0]的值就是 0110 0101。

由于是 4 个 8 位二进制码,所以循环 4 次,用 for(j=0; j<4; j++)语句。这样 ircode[0]就是第一个用户码,ircode[1]就是第二个用户码,ircode[3]就是数据码,ircode[4]就是数据反码。

根据设计要求,整个硬件电路图如图 4-18 所示。

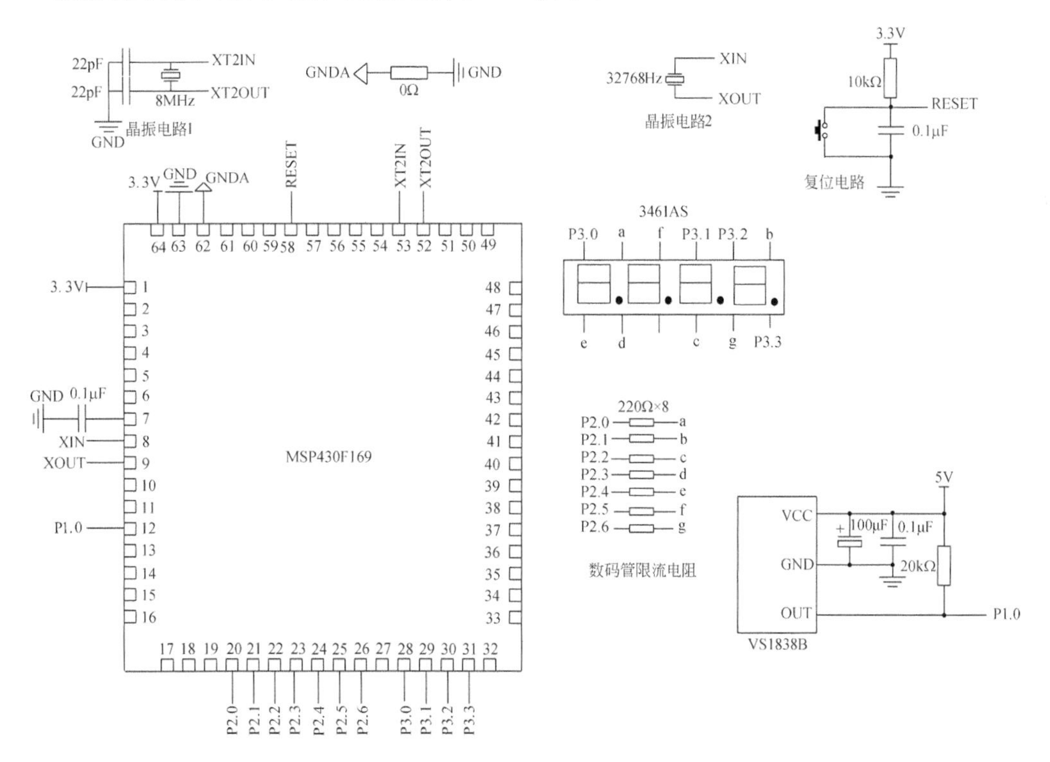

图 4-18　基于单片机的红外遥控设计电路图

由电路图 4-18 可以看出,红外接收头 VS1838B 在电源与地之间接有极性电容和瓷片电容,其作用是滤波。其输出端 OUT 接单片机第 12 引脚,即 P1.0 口。采用外部振荡电路,晶振为 8MHz。

整个程序清单如下:

```
#include <msp430x14x.h>
#define CPU_F ((double)8000000)
#define delay_us(x) __delay_cycles((long)(CPU_F*(double)x/1000000.0))
#define delay_ms(x) __delay_cycles((long)(CPU_F*(double)x/1000.0))
```

```
#define uchar unsigned char
#define uint unsigned int
#define KEYin1 (P1IN&BIT0)
uchar aa;
uint cou,shu2 = 0;
uchar BIT,start;
uchar Data[33];
uchar dis1[8];
uchar ircode[4];
uchar buf[4] = {0,0,0,0};
uchar tab[ ] = {0,0,0,0};
uchar LED[ ] = {0x3f,0x06,0x5b,0x4f,0x66,0x6d,0x7d,0x07,0x7f,0x6f};

void port_init(void)
{
    P2DIR = 0xff;
    P2OUT = 0X00;
    P3DIR = 0Xff;
    P3OUT = 0Xff;
}

void init_port1(void)
{
    P1DIR& = ~BIT0;                          //设置为输入方向
    P1IES| = BIT0;                           //选择下降沿触发
    P1IE| = BIT0;                            //打开中断允许
    P1IFG& = ~BIT0;                          //P1IES 的切换可能使 P1IFG 置位,需清除
}

void Clk_Init( )
{
    unsigned char i;
    BCSCTL1& = ~XT2OFF;                      //打开 XT2 振荡器
    BCSCTL2| = DIVS0 + DIVS1;                //8 分频
    do
    {
        IFG1 &=  ~OFIFG;                     //清除振荡错误标志
        for(i = 0; i < 0xff; i++) _NOP();    //延时等待
    }
    while ((IFG1 & OFIFG) != 0);             //如果标志为 1,继续循环等待
    IFG1& = ~OFIFG;
}

void init_devices(void)
{
    init_port1();
    Clk_Init();
```

```
    TACCTL0 = CCIE;                    //CCR0 中断使能
    TACCR0 = 33;                       //终点值
    TACTL = TASSEL_2 + MC_1;           //控制定时器 A 选择 timer 时钟 SMCLK 和连续计数模式
    BCSCTL2| = SELS;
    _EINT();                           //开启总中断
}

void display(int num)
{
    tab[0] = num % 10;
    tab[1] = num/10 % 10;
    tab[2] = num/100 % 10;
    tab[3] = num/1000 % 10;
    if(num <= 9)
    {
        P2OUT = LED[tab[0]];
        P3OUT = 0Xf7;
        delay_us(10);
    }
    if(num > 9&&num <= 99)
    {
        P2OUT = LED[tab[0]];
        P3OUT = 0xf7;
        delay_us(10);
        P3OUT = 0xff;
        P2OUT = LED[tab[1]];
        P3OUT = 0xfb;
        delay_us(10);
        P3OUT = 0xff;
    }
    if(num > 99&&num <= 999)
    {
        P2OUT = LED[tab[0]];
        P3OUT = 0xf7;
        delay_us(10);
        P3OUT = 0xff;
        P2OUT = LED[tab[1]];
        P3OUT = 0xfb;
        delay_us(10);
        P3OUT = 0xff;
        P2OUT = LED[tab[2]];
        P3OUT = 0Xfd;
        delay_us(10);
        P3OUT = 0xff;
    }
    if(num > 999&&num <= 9999)
    {
```

```
            P2OUT = LED[ tab[ 0 ] ];
            P3OUT = 0xf7;
            delay_us(10);
            P3OUT = 0xff;
            P2OUT = LED[ tab[ 1 ] ];
            P3OUT = 0xfb;
            delay_us(10);
            P3OUT = 0xff;
            P2OUT = LED[ tab[ 2 ] ];
            P3OUT = 0xfd;
            delay_us(10);
            P3OUT = 0xff;
            P2OUT = LED[ tab[ 3 ] ];
            P3OUT = 0xfe;
            delay_us(10);
            P3OUT = 0Xff;
        }
}

#pragma vector  = PORT1_VECTOR
__interrupt void Port1_ISR(void)
{
    if(cou > 32)
    {
        BIT = 0;
    }
    Data[BIT] = cou;
    cou = 0;
    BIT++;
    if(BIT == 33)
    {
        BIT = 0;
        start = 1;
    }
    P1IFG  =  0;
}

#pragma vector = TIMERA0_VECTOR
__interrupt void Timer_A(void)
{
    aa++;
    if(aa == 8)
    {
        aa = 0;
        cou++;
    }
}
```

```
void main()
{
    uchar num1 = 0;
    WDTCTL = WDTPW + WDTHOLD;
    port_init();
    init_devices();
    _EINT();                                //开启总中断
    while(1)
    {
        if(start == 1)
        {
            uchar k = 1,i,j,value;
            for(j = 0; j < 4; j++)
            {
                for(i = 0; i < 8; i++)
                {
                    value = value >> 1;
                    if(Data[k]> 6)
                    {
                        value = value|0x80;
                    }
                    k++;
                }
                ircode[j] = value;
                start = 0;
            }
            dis1[0] = ircode[0]/16;
            dis1[1] = ircode[0] % 16;
            dis1[2] = ircode[1]/16;
            dis1[3] = ircode[1] % 16;
            dis1[4] = ircode[2]/16;
            dis1[5] = ircode[2] % 16;
            dis1[6] = ircode[3]/16;
            dis1[7] = ircode[3] % 16;
            num1 = dis1[5];
            delay_us(4);
            if(num1 < = 9)
            {
                shu2 = shu2 * 10 + num1;
            }
            if(num1 == 10)
            {
                shu2++;
            }
        }
        display(shu2);
    }
}
```

不同的遥控器，按下数值键和数码管显示的数值可能不一样，读者可以自行摸索，笔者使用的遥控器上的键盘数值和数码管显示数值相差1，比如按下遥控器键盘3后，再按下遥控器键盘2，数码管显示21。这可以在程序中进行调整。if(num1==10)语句的作用是数码管显示的数值依次单增，当按下遥控器键盘2，数码管显示1，现在想把数码管显示变成2，按下num1==10对应的键盘即可。

4.9 超声波测距系统设计

设计要求：利用超声波测距模块，检测前方障碍物的距离，通过单片机处理后，在1602上显示出来。

本次设计的超声波测距模块选择HC-SR04，其产品特色是：工作电压为5V，超小的静态工作电流，感应角度不大于15°，探测距离为2～400cm，高精度可达0.3cm，盲区为2cm，其实物图和引脚图如图4-19所示。

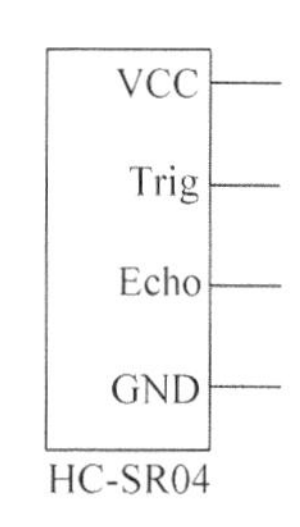

图4-19 超声波测距模块HC-SR04的实物图和引脚图

本产品使用方法：控制口发出一个10μs以上的高电平，就可以在接收口等待高电平的输出，一旦产生输出就开定时器计时，当此口变成低电平时就可以读定时器的值，即此次测距的时间，以此算出距离，如此不断地周期测量，就可以得到测量值。其工作原理是：

(1) 采用IO触发测距，Trig端口提供至少10μs的高电平信号。

(2) HC-SR04模块自动发出8个40kHz的方波，自动检测是否有信号返回。

(3) 有信号返回(Echo端口为低电平)，Echo端口就输出一个高电平，高电平持续时间就是超声波从发射到返回的时间。测试距离=(高电平时间×声速(340m/s))/2。超声波测距模块HC-SR04时序图如图4-20所示。

以上时序图表明只要提供一个10μs以上的脉冲触发信号，该模块内部将发出8个40kHz周期电平并检测回波，一旦检测到回波信号则输出回响信号。回响信号的宽度与检测距离成正比。由此根据发射信号到收到的回响信号时间间隔可以计算距离。

假定Trig端口接单片机P6.6端口，Echo端口接单片机P6.4端口，首先把P6.6端口设置为输出，Echo端口设置为输入并上拉，再用程序来描述。

```
P6OUT| = BIT6;                          //P6.6 端口拉高
delay_us(15);                           //延时 15μs
```

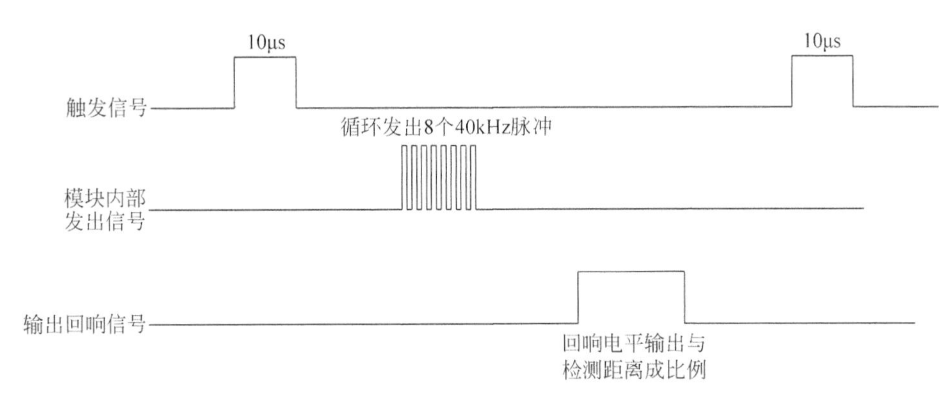

图 4-20　超声波测距模块 HC-SR04 时序图

```
P6OUT& = ~BIT6;                      //P6.6 端口拉低
while(!keyin1);                      //读 P6.4 端口,如果是低电平,就一直等待
TACCTL0 = CCIE;                      //P6.4 端口为高电平,打开定时中断
while(keyin1);                       //P6.4 端口为高电平,持续等待
TACCTL0 = ~CCIE;                     //P6.4 端口为低电平,关断定时中断
count();                             //计算距离
```

硬件电路如图 4-21 所示。

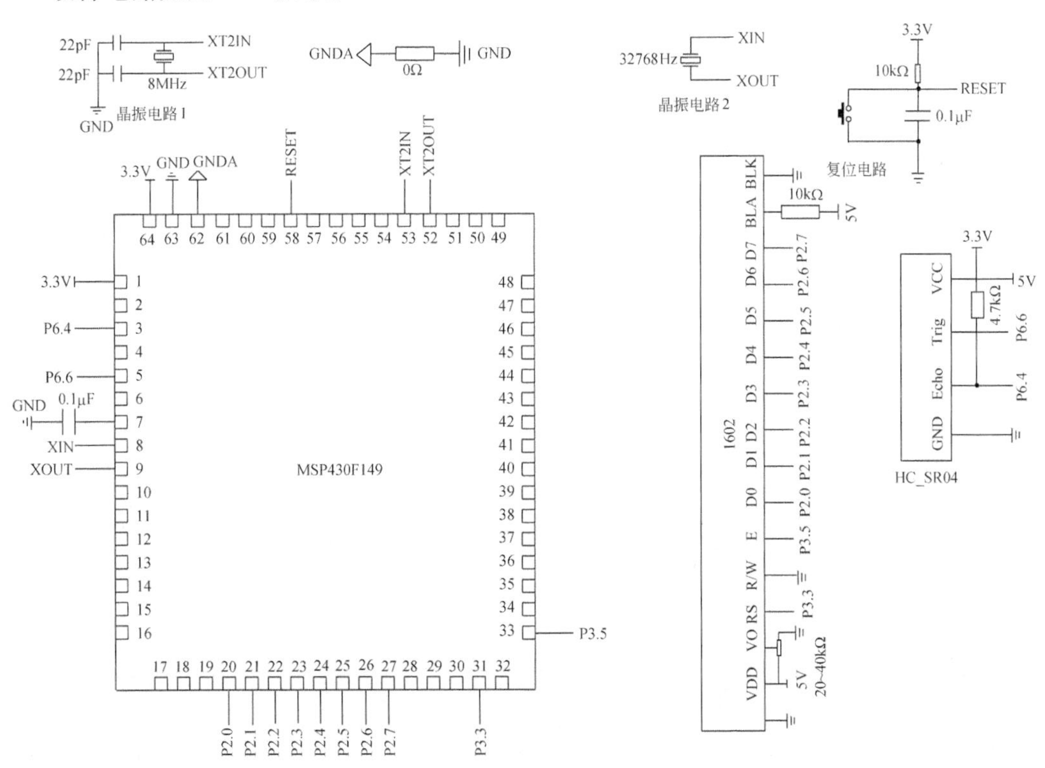

图 4-21　超声波测距系统设计电路图

注意 Echo 端必须接 4.7kΩ 上拉电阻，电压为 3.3V，仅靠程序拉高 P6.4 端口是不完善的。

完整程序清单如下：

```
#include<msp430x16x.h>
#define CPU_F ((double)8000000)
#define delay_us(x) __delay_cycles((long)(CPU_F*(double)x/1000000.0))
#define delay_ms(x) __delay_cycles((long)(CPU_F*(double)x/1000.0))
#define uchar unsigned char
#define uchar unsigned char
#define uint unsigned int
#define set_rs P3OUT|=BIT3
#define clr_rs P3OUT&=~BIT3
#define set_lcden P3OUT|=BIT5
#define clr_lcden P3OUT&=~BIT5
#define dataout P2DIR=0XFF
#define dataport P2OUT
uintaa,bb,cc,min;
longS,sec;
uchar table[7];
#define keyin1 (P6IN&BIT4)                    //读 P6.4 端口电平
voidint_clk()
{
    unsigned char i;
    BCSCTL1&=~XT2OFF;                         //打开 XT2 振荡器
    BCSCTL2|=DIVS0+DIVS1;                     //MCLK 为 8MHz,SMCLK 为 8MHz
    do
    {
        IFG1 &= ~OFIFG;                       //清除振荡错误标志
        for(i = 0; i< 0xff; i++) _NOP();      //延时等待
    }
    while ((IFG1 & OFIFG) != 0);              //如果标志为 1,继续循环等待
    IFG1&=~OFIFG;
}

void delay5ms(void)
{
    unsigned inti=400;
    while (i != 0)
    {
        i--;
    }
}

void write_com(uchar com)                     //1602 写命令
{
```

```
    P3DIR| = BIT3 ;
    P3DIR| = BIT5 ;
    P2DIR = 0xff;
    clr_rs;
    clr_lcden;
    P2OUT = com;
    delay5ms();
    delay5ms();
    set_lcden;
    delay5ms();
    clr_lcden;
}

void write_date(uchar date)                //1602 写数据
{
    P3DIR| = BIT3 ;
    P3DIR| = BIT5 ;
    P2DIR = 0xff;
    set_rs;
    clr_lcden;
    P2OUT = date;
    delay5ms();
    delay5ms();
    set_lcden;
    delay5ms();
    clr_lcden;
}

void lcddelay()
{
    unsigned int j;
    for(j = 400;j > 0;j -- );
}

void init()
{
    clr_lcden;
    write_com(0x38);
    delay5ms();
    write_com(0x0c);
    delay5ms();
    write_com(0x06);
    delay5ms();
    write_com(0x01);
}

void lcd_pos(unsigned char x,unsigned char y)
```

```
{
    dataport = 0x80 + 0x40 * x + y;
    P3DIR| = BIT3 ;
    P3DIR| = BIT5 ;
    P2DIR = 0xff;
    clr_rs;
    clr_lcden;
    delay5ms();
    delay5ms();
    set_lcden;
    delay5ms();
    clr_lcden;
}

void display(unsigned long int num)
{
    uchar k;
    uchar dis_flag = 0;
    if(num < = 9&num > 0)
    {
        dis_flag = 1;
        table[0] = num % 10 + '0';
    }
    else if(num < = 99&num > 9)
    {
        dis_flag = 2;
        table[0] = num/10 + '0';
        table[1] = num % 10 + '0';
    }
    else if(num < = 999&num > 99)
    {
        dis_flag = 3;
        table[0] = num/100 + '0';
        table[1] = num/10 % 10 + '0';
        table[2] = num % 10 + '0';
    }
    else if(num < = 9999&num > 999)
    {
        dis_flag = 4;
        table[0] = num/1000 + '0';
        table[1] = num/100 % 10 + '0';
        table[2] = num/10 % 10 + '0';
        table[3] = num % 10 + '0';
    }
    for(k = 0;k < dis_flag;k++)
    {
        write_date(table[k]);
```

```
            delay5ms();
        }
}

void disp(unsigned char * s)
{
    while( * s > 0)
    {
        write_date( * s);
        s++;
    }
}

#pragma vector = TIMERA0_VECTOR
__interrupt void Timer_A(void)
{
    aa++;
    if(aa == 10)
    {
        aa = 0;
        sec++;
    }
}

void count()
{
    S = (sec * 17)/10;
    lcd_pos(0,0);
    display(S);
    sec = 0;
}

void main()
{
    WDTCTL = WDTPW + WDTHOLD;           //关闭看门狗
    int_clk();
    dataout;
    init();
    P3DIR| = BIT3 + BIT5;
    P6DIR| = BIT6;                      //P6.6 端口为输出
    P6OUT| = BIT4;                      //P6.4 端口高电平
    P6DIR& = ~BIT4;                     //P6.4 端口为输入
    TACCR0 = 100;                       //终点值
    TACTL = TASSEL_2 + MC_1;            //控制定时器 A 选择 timer 时钟 SMCLK 和连续计数模式
    BCSCTL2| = SELS;
    _EINT();                            //开启总中断
    while(1)
```

```
    {
        P6OUT| = BIT6;
        delay_us(15);
        P6OUT& = ~BIT6;
        while(!keyin1);
        TACCTL0 = CCIE;
        while(keyin1);
        TACCTL0 = ~CCIE;
        count();
        delay_us(10);
    }
}
```

实物图如图 4-22 所示，测量单位为毫米。

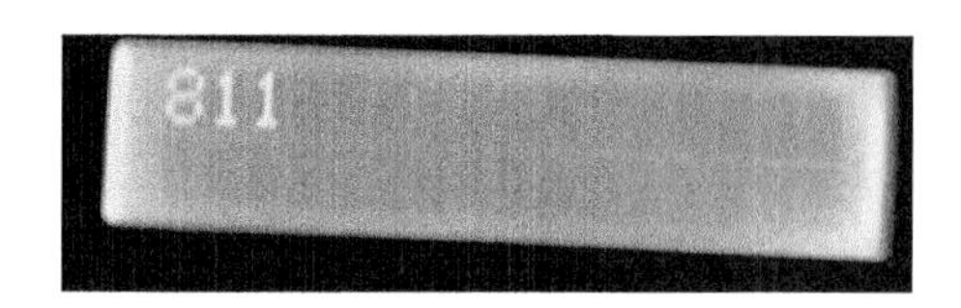

图 4-22 超声波测距系统设计效果图

4.10 定时器/计数器 B

16 位的定时器/计数器 B 具有 7 个捕捉/比较寄存器，可以支持多种捕捉/比较功能、PWM 输出和定时功能，也具有较多的中断功能。中断可以来自计数器溢出，也可以来自捕捉/比较寄存器。其捕捉/比较寄存器是双缓冲结构，比定时器 A 应用更为灵活。

定时器 B 和定时器 A 的大多数功能相同，它们的主要区别有，定时器 B 的长度可编程，可编程为 8、10、12、16 位；定时器 B 的 TBCCRx 是双缓冲结构，可以组合使用；定时器 B 的输出可以是高阻抗状态；SCII 位功能在定时器 B 中不存在。

定时器 B 可以通过 CNTLx 位配置为 8、10、12 或 16 位定时器，相应的最大计数数值分别为 0FFh、03FFh、0FFFh 和 0FFFFh。在 8、10 和 12 位模式下，对 TBR 写入数据时，数据的高 4 位必须为零。

时钟源的选择和分频：定时器的时钟源包括内部时钟源 ACLK、SMCLK 或外部时钟源 TBCLK 和 INCLK，时钟源由 TBSSELx 位来选择，所选择的时钟源可以通过 IDx 位进行分频，当 TBCLR 置位时，分频器复位。

定时器可以通过以下两种方式启动或重新启动：

(1) 当定时器 B 的 TBCLR 寄存器中的 MCx>0 并且时钟源处于活动状态时。

(2) 当定时器模式是单增或增/减模式时，定时器可以通过写 0 到 TBCLR 来停止计数，定时器可以通过写一个非 0 的数值来重新开始计数，在这种情况下，定时器从 0 开始增计数。

捕捉比较寄存器 TBCCRx 中的 CCIFG 和 TBIFG 标志共用一个中断向量(不包括 TBCCR0_CCIFG),中断向量寄存器 TBIV 用于确定它们中的哪个中断要求得到响应。最高优先级的中断(不包括 TBCCR0_CCIFG,TBCCR0 单独使用一个中断向量)在 TBIV 寄存器中产生一个数字,这个数字是规定的数字,可以在程序中识别并自动进入相应的子程序。禁止定时器 B 中断不会影响 TBIV 的值。定时器 B 相关寄存器如表 4-12 所示。

表 4-12　定时器 B 相关寄存器

序号	地址	简写	寄存器名称
0	0180h	TBCTL	定时器 B 控制寄存器
1	0182h	TBCCTL0	捕捉/比较控制寄存器 0
2	0184h	TBCCTL1	捕捉/比较控制寄存器 1
3	0186h	TBCCTL2	捕捉/比较控制寄存器 2
4	0188h	TBCCTL3	捕捉/比较控制寄存器 3
5	018Ah	TBCCTL4	捕捉/比较控制寄存器 4
6	018Ch	TBCCTL5	捕捉/比较控制寄存器 5
7	018Eh	TBCCTL6	捕捉/比较控制寄存器 6
8	0190h	TBR	定时器 B 计数器
9	0192h	TBCCR0	捕捉/比较寄存器 0
10	0194h	TBCCR1	捕捉/比较寄存器 1
11	0196h	TBCCR2	捕捉/比较寄存器 2
12	0198h	TBCCR3	捕捉/比较寄存器 3
13	019Ah	TBCCR4	捕捉/比较寄存器 4
14	019Ch	TBCCR5	捕捉/比较寄存器 5
15	019Eh	TBCCR6	捕捉/比较寄存器 6
16	011Eh	TBIV	中断向量寄存器

下面分别介绍定时器 B 相关寄存器。

1. TIMER_B 控制寄存器——TBCTL

全部关于 TIMER_B 定时器及其操作的控制位都包含在定时器控制寄存器 TBCTL 中。TBCTL 各位的定义如下:

位	15	14	13	12	11	10	9	8
	Unused	TBCLGRPx		CNTLx		Unused	TBSSELx	
位	7	6	5	4	3	2	1	0
	IDx		MCx		Unused	TBCLR	TBIE	TBIFG

位 15——Unused 不使用。

位 14、13——TBCLGRPx。这两位确定定时器 B 比较寄存器组合控制,如表 4-13 所示。

表 4-13　定时器 B 比较寄存器组合控制

TBCLGRP1、TBCLGRP0		说　　明	宏定义
0	0	每个 TBCLx 锁存器独立加载	TBCLGRP_0
0	1	TBCL1+TBCL2(TBCCR1 CLLDx 位控制更新) TBCL3+TBCL4(TBCCR3 CLLDx 位控制更新) TBCL5+TBCL6(TBCCR5 CLLDx 位控制更新) TBCL0 单独更新	TBCLGRP_1
1	0	TBCL1+TBCL2+TBCL3(TBCCR1 CLLDx 位控制更新) TBCL4+TBCL5+TBCL6(TBCCR4 CLLDx 位控制更新) TBCL0 单独更新	TBCLGRP_2
1	1	TBCL0+TBCL1+TBCL2+TBCL3+TBCL4+TBCL5+TBCL6(TBCCR1 CLLDx 位控制更新)	TBCLGRP_3

位 12、11——CNTLx。定时器 B 计数长度选择，如表 4-14 所示。

表 4-14　定时器 B 计数长度选择

CNTL1、CNTL0		计数长度	TBR 最大值	宏定义
0	0	16	0FFFFh	CNTL_0
0	1	12	0FFFh	CNTL_1
1	0	10	03FFh	CNTL_2
1	1	8	0FFh	CNTL_3

位 10——Unused 不使用。

位 9、8——TBSSELx。定时器 B 时钟源选择，如表 4-15 所示。

表 4-15　定时器 B 时钟源选择

TBSSEL1、TBSSEL0		时钟源	说　　明	宏定义
0	0	TBCLK	外部引脚输入时钟	TBSSEL _0
0	1	ACLK	辅助时钟	TBSSEL_1
1	0	SMCLK	子系统时钟	TBSSEL_2
1	1	INCLK	TBCLK 的反向信号	TBSSEL_3

位 7、6—— IDx。定时器 B 分频系数选择，如表 4-16 所示。

表 4-16　定时器 B 分频系数选择

ID1、ID0		分频系数	宏定义
0	0	直通	ID_0
0	1	2 分频	ID_1
1	0	4 分频	ID_2
1	1	8 分频	ID_3

位 5、4——MCx。定时器 B 模式选择，如表 4-17 所示。

表 4-17　定时器 B 模式选择

MC1、MC0	模式选择	说明	宏定义
0　0	停止		MC_0
0　1	增计数模式	计数值上限为 TBCCR0	MC_1
1　0	连续计数模式	计数值上限为 TBmax	MC_2
1　1	增/减计数模式	计数值上限为 TBCCR0	MC_3

位 3——Unused 不使用。

位 2——TBCLR 定时器 B 清除位，若该位置位，将计数器 TBR 清零，分频系数清零，计数模式置为增计数模式。由硬件自动复位，其读出始终为 0。定时器在下一个有效输入沿开始工作。

位 1—— TBIE 定时器 B 中断允许位。0 为中断禁止，1 为中断允许。

位 0—— TBIFG 定时器 B 中断标志位。0 为没有中断，1 为有中断产生。

2. TIMER_B 捕捉/比较寄存器——TBBCCTLx

TBBCCTLx 各位的定义如下：

位	15	14	13	12	11	10	9	8
	CMx		CCISx		SCS	CLLDx		CAP
位	7	6	5	4	3	2	1	0
	OUTMODx			CCIE	CCI	OUT	COV	CCIFG

位 15、14——CMx：捕获模式，其关系如表 4-18 所示。

表 4-18　选择输出模式

CM1、CM0	捕获模式	宏定义
0　0	无捕获	CM_0
0　1	上升沿捕获	CM_1
1　0	下降沿捕获	CM_2
1　1	上升沿、下降沿都捕获	CM_3

位 13、12——CCISx：捕获/比较输入选择，其关系如表 4-19 所示。

表 4-19　捕获/比较输入选择

CCIS1、CCIS0	捕获/比较输入选择	宏定义
0　0	CCIxA	CCIS_0
0　1	CCIxB	CCIS_1
1　0	GND	CCIS_2
1　1	VCC	CCIS_3

位 11——SCS 同步捕捉信号源选择。0：异步捕捉；1：同步捕捉。

位 10、9——CCLDx 比较锁存加载，其关系如表 4-20 所示。

表 4-20 比较锁存加载

CCLD1、CCLD0		说明	宏定义
0	0	TBCCRx 写入时，TBCLx 加载(x=0～6)	CCLD_0
0	1	TBR 计数到 0 时，TBCLx 加载	CCLD_1
1	0	TBR 计数到 0 时，TBCLx 加载(增模式或连续模式) TBR 计数到 TBCL0 或 0 时，TBCLx 加载(增/减模式)	CCLD_2
1	1	TBR 计数到 TBCLx 时，TBCLx 加载	CCLD_3

位 8——CAP 模式选择。0：比较模式；1：捕捉模式。

位 7、6、5——OUTMODx：输出模式选择，其关系如表 4-21 所示。

表 4-21 输出模式选择

OUTMOD2 OUTMOD1 OUTMOD0	模式名称	说明	宏定义
0 0 0	输出	输出信号由 TACCTLx 的 OUT 决定	OUTMOD_0
0 0 1	置位	当计数值达到 TBCLx 寄存器中的值时，输出信号为高电平并保持，直到定时器复位	OUTMOD_1
0 1 0	翻转/复位	当计数值达到 TBCLx 寄存器中的值时，输出信号翻转；当计数值达到 TBCL0 寄存器中的值时，输出信号复位	OUTMOD_2
0 1 1	置位/复位	当计数值达到 TBCLx 寄存器中的值时，输出信号置位；当计数值达到 TBCL0 寄存器中的值时，输出信号复位	OUTMOD_3
1 0 0	翻转	当计数值达到 TBCLx 寄存器中的值时，输出信号翻转	OUTMOD_4
1 0 1	复位	当计数值达到 TBCLx 寄存器中的值时，输出信号复位	OUTMOD_5
1 1 0	翻转/置位	当计数值达到 TBCLx 寄存器中的值时，输出信号翻转；当计数值达到 TBCL0 寄存器中的值时，输出信号置位	OUTMOD_6
1 1 1	复位/置位	当计数值达到 TBCLx 寄存器中的值时，输出信号复位；当计数值达到 TBCL0 寄存器中的值时，输出信号置位	OUTMOD_7

模式 2、3、6 和 7 不适用于 TBCL0，因为 EQUx=EQU0。

位 4——CCIE：捕获/比较中断使能。0：中断禁止；1：中断使能。

位 3——CCI：捕获/比较输入，用来读取选择的输入信号。

位 2——OUT 输出位模式 0 输出，由输出状态控制。0：输出低电平；1：输出高电平。

位 1——COV 捕捉溢出标志，此位表明是否产生捕捉溢出，当此位置 1 后，必须用软件复位。0：没有产生捕捉溢出；1：产生捕捉溢出。

位 0——CCIFG 捕捉/比较中断标志位。0：没有产生捕捉/比较中断；1：产生捕捉/比较中断。捕获模式：由 CCIS0 和 CCIS1 选择的输入信号可通过该位读出。比较模式：CCI 复位。

3. TIMER_B 16 位计数器——TBR

各位的定义如下所示：

位	15	14	13	12	11	10	9	8
	TBRx							
位	7	6	5	4	3	2	1	0
	TBRx							

这是计数器的主体，内部可读可写，如有要写入 TBR 计数值或用 TBCLK 控制寄存器中控制位来改变定时器工作，特别是修改输入选择位，输入分频器和定时器清除位时，修改时应先停止定时器，否认输入时钟和软件所用的系统时钟异步可能引起时间竞争，使定时器出错。

4. TIMER_B 中断向量寄存器——TBIV

TBTV 各位的定义如下所示：

位	15	14	13	12	11	10	9	8
	0	0	0	0	0	0	0	0
位	7	6	5	4	3	2	1	0
	0	0	0	0	TBIVx			0

位 3、2、1——TBIVx，这是中断向量寄存器确定申请 TBIV 中断的中断源，具体含义如表 4-22 所示。

表 4-22　TBIV 中断的中断源

TVB3、TVB2、TVB1、TVB0				TVB 的值	中　断　源	中 断 标 志	中断优先级
0	0	0	0	0	没有中断		
0	0	1	0	2	捕捉/比较器 1	TBCCR1 CCIFG	高
0	1	0	0	4	捕捉/比较器 2	TBCCR2 CCIFG	↑
0	1	1	0	6	捕捉/比较器 3	TBCCR3 CCIFG	
1	0	0	0	8	捕捉/比较器 4	TBCCR4 CCIFG	
1	0	1	0	10	捕捉/比较器 5	TBCCR5 CCIFG	
1	1	0	0	12	捕捉/比较器 6	TBCCR6 CCIFG	低
1	1	1	0	14	定时器溢出	TBIFG	

现在用定时器 B 和内部时钟源 DOC 编制秒表程序,外部中断方式。完整程序清单如下:

```
#include <msp430x14x.h>
#define CPU_F ((double)8000000)
#define delay_us(x) __delay_cycles((long)(CPU_F*(double)x/1000000.0))
#define delay_ms(x) __delay_cycles((long)(CPU_F*(double)x/1000.0))
#define uchar unsigned char
#define uint unsigned int
#define KEYin1  (P1IN&BIT0)
char flag;
uchar yd,xh,yhm;
uint aa,bb,cc,sec,min;
uchar buf[4] = {0,0,0,0};
uchar tab[] = {0,0,0,0};
uchar tab1[] = {0,0,0,0};
uchar LED[] = {0x3f,0x06,0x5b,0x4f,0x66,0x6d,0x7d,0x07,0x7f,0x6f};
uchar LED1[] = {0xbf,0x86,0xdb,0xcf,0xe6,0xed,0xfd,0x87,0xff,0xef};
void int_clk()
{
    DCOCTL| = DCO2;
    BCSCTL1| = RSEL2;
}

void port_init(void)
{
    P2DIR = 0xff;
    P2OUT = 0X00;
    P3DIR = 0Xff;
    P3OUT = 0Xff;
}

void init_port1(void)
{
    P1DIR& = ~BIT0;                    //设置为输入方向
    P1IES| = BIT0;                     //选择下降沿触发
    P1IE| = BIT0;                      //打开中断允许
    P1IFG& = ~BIT0;                    //P1IES 的切换可能使 P1IFG 置位,需清除
}

void display(int num)
{
    tab[0] = num%10;
    tab[1] = num/10%10;
    if(num<=9)
```

```
    {
        P2OUT = LED[tab[0]];
        P3OUT = 0Xf7;
        delay_ms(1);
    }
    if(num > 9&&num <= 99)
    {
        P2OUT = LED[tab[0]];
        P3OUT = 0xf7;
        delay_ms(1);
        P3OUT = 0xff;
        P2OUT = LED[tab[1]];
        P3OUT = 0xfb;
        delay_ms(1);
    }
}

void display1(int num)
{
    tab1[0] = num % 10;
    tab1[1] = num/10 % 10;
    if(num <= 9)
    {
        P2OUT = LED[tab1[0]];
        P3OUT = 0Xfd;
        delay_ms(1);
    }
    if(num > 9&&num <= 99)
    {
        P2OUT = LED[tab1[0]];
        P3OUT = 0xfd;
        delay_ms(1);
        P3OUT = 0xff;
        P2OUT = LED[tab1[1]];
        P3OUT = 0xfe;
        delay_ms(1);
    }
}

#pragma vector = PORT1_VECTOR                //外部中断函数
__interrupt void Port1_ISR(void)
{
    if(KEYin1 == 0)
    {
        delay_ms(20);
```

```
            flag = ~flag;
            delay_ms(5);
            if(flag == 0)
            {
                TACCTL0  = CCIE;
            }
            if(flag == 255)
            {
                TACCTL0  = ~CCIE;
            }
        }
        P1IFG = 0;
        delay_ms(5);
}

#pragma vector = TIMERB0_VECTOR
__interrupt void Timer_B(void)
{
    aa++;
    if(aa == 100)
    {
        aa = 0;
        sec++;
    }
}

void main( )
{
    WDTCTL = WDTPW + WDTHOLD;
    init_port1( );
    int_clk( );
    port_init( );
    TBCCTL0 = CCIE;                    //定时器 B 中断使能
    TBCCR0  = 10000;                   //终点值
    TBCTL = TBSSEL_2 + MC_1;           //控制定时器 B 选择 timer 时钟 SMCLK 和连续计数模式
    _EINT();                           //开启总中断
    while(1)
    {
        if(sec == 60)
        {
            sec = 0;
            min++;
        }
        display(sec);
        if(min > 0)
```

```
        {
            if(sec>=0&&sec<10)
            {
                P2OUT = 0x3f;
                P3OUT = 0xfb;
                delay_ms(1);
            }
            display1(min);
        }
    }
}
```

由于采用定时器 B,连续计数模式,所以注意中断函数的写法。另外采用内部时钟源,DCOCTL|=DCO2 意味着寄存器 DCOCTL 的数值第 7 位为 1,其他位均为 0,即DCO=4,BCSCTL1|=RSEL2 意味着寄存器 BCSCTL 的数值第 2 位为 1,其他位均为 0,即 RSEL=4,从图 4-2 可以看出时钟频率接近 1000kHz,把 TBCCR0 设置成 10000(TBCCR0 = 10000),是当计数器加 1 时,需要经过 1μs,而采用当计数器达到 10000 时正好 0.01s。这样重复 100 次(if(aa==100)),正好为 1s。这里需要特别指出的是,采用内部时钟源存在精度不高、误差较大的缺点,对于时序要求比较高的场合如串行通信、I2C 总线以及 SPI 总线等,强烈建议采用外部时钟源。

4.11　定时器/计数器 B 与 PWM

与定时器 A 类似,定时器 B 每个捕获/比较模块都包含一个输出单元,用于产生 PWM 信号。每个输出单元有 8 种工作模式,可产生基于 EQUx 的多种信号。TBOUTH 引脚功能可以使得定时器 B 的输出为高阻态状态。

输出模式由模式控制位 OUTMODx 决定,共有 8 种输出模式。除模式 0 外,其他的输出都在定时时钟上升沿发生变化。输出模式 2、3、6、7 不适合输出模式 0,因为EQUx=EQU0。

(1) 输出模式 0 输出模式。输出信号 OUTx 由每个捕获/比较模块的控制寄存器 TACCTLx 中的 OUTx 位定义,并在写入该寄存器后立即更新,最终位 OUTx 直通。

(2) 输出模式 1 置位模式。输出信号在 TAR 等于 TACCRx 时置位,并保持置位到定时器复位或选择另一种输出模式为止。

(3) 输出模式 2 PWM 翻转/复位模式。输出在 TAR 的值等于 TACCRx 时翻转,当 TAR 的值等于 TACCR0 时复位。

(4) 输出模式 3 PWM 置位/复位模式。输出在 TAR 的值等于 TACCRx 时置位,当 TAR 的值等于 TACCR0 时复位。

(5) 输出模式 4 翻转模式。输出电平在 TAR 的值等于 TACCRx 时翻转,输出周期是定时器周期的 2 倍。

(6) 输出模式 5 复位模式。输出在 TAR 的值等于 TACCRx 时复位，并保持低电平直到选择另一种输出模式。

(7) 输出模式 6 PWM 翻转/置位模式。输出电平在 TAR 的值等于 TACCRx 时翻转，当 TAR 值等于 TACCR0 时置位。

(8) 输出模式 7 PWM 复位/置位模式。输出电平在 TAR 的值等于 TACCRx 时复位，当 TAR 的值等于 TACCR0 时置位。

综上所述，输出单元在控制位的控制下，有 8 种输出模式输出信号。这些模式与 TAR、TACCRx、TACCR0 的值有关。在增计数模式下，当 TAR 增加到 TACCRx 或从 TACCR0 计数到 0 时，OUTx 信号按选择的输出模式发生变化。

当 TBR 计数器的值增加到 TBCLx 或从 TBCL0 计数到 0 时，OUTx 信号按选择的输出模式发生变化，如图 4-23 所示。

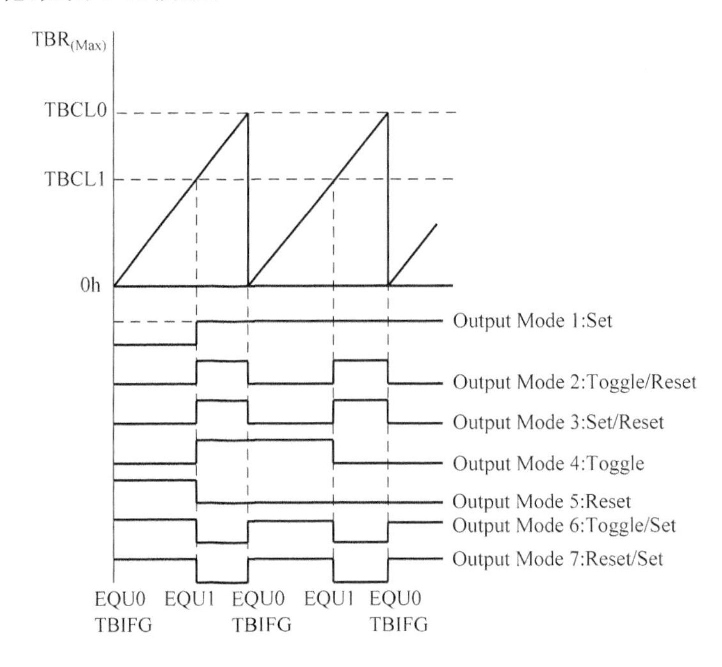

图 4-23 增计数模式下的输出波形图

连续计数模式下的输出波形与增计数模式一样，只是计数器在增计数到 TBCCR0 后还要继续计数到 TBR(max)，这样就延长了计数器计数到 TBCCR1 的数值后的时间，这是与增计数模式不同的地方。连续计数模式下的输出波形如图 4-24 所示。

在增/减计数模式下，这时的各种输出波形与定时器增计数模式或连续计数模式不同。当定时器在任意计数方向等于 TBCLx 时，OUTx 信号都按选择的输出模式发生改变。在增/减计数模式下的输出波形如图 4-25 所示。

下面编程用两种方式在 P4.2 端口和 P4.3 端口产生相反的占空比为 50%PWM 波。

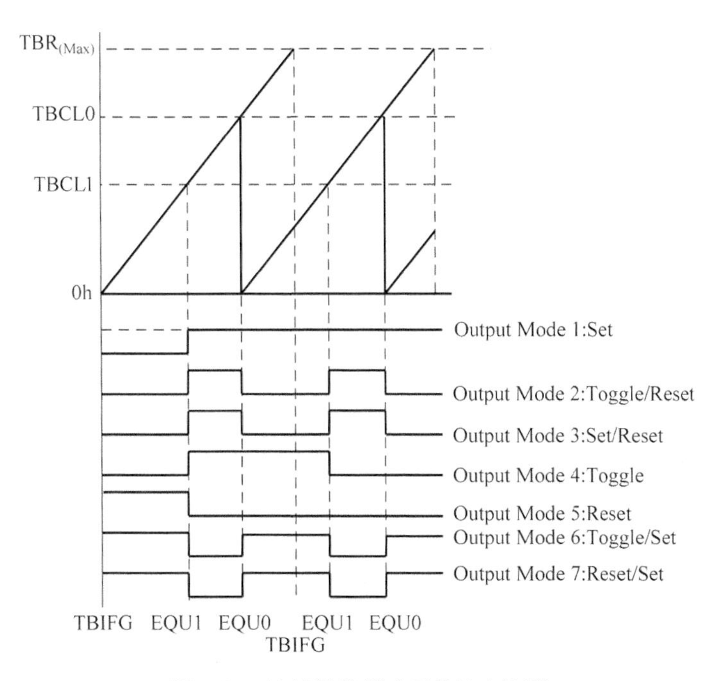

图 4-24 连续计数模式下的输出波形

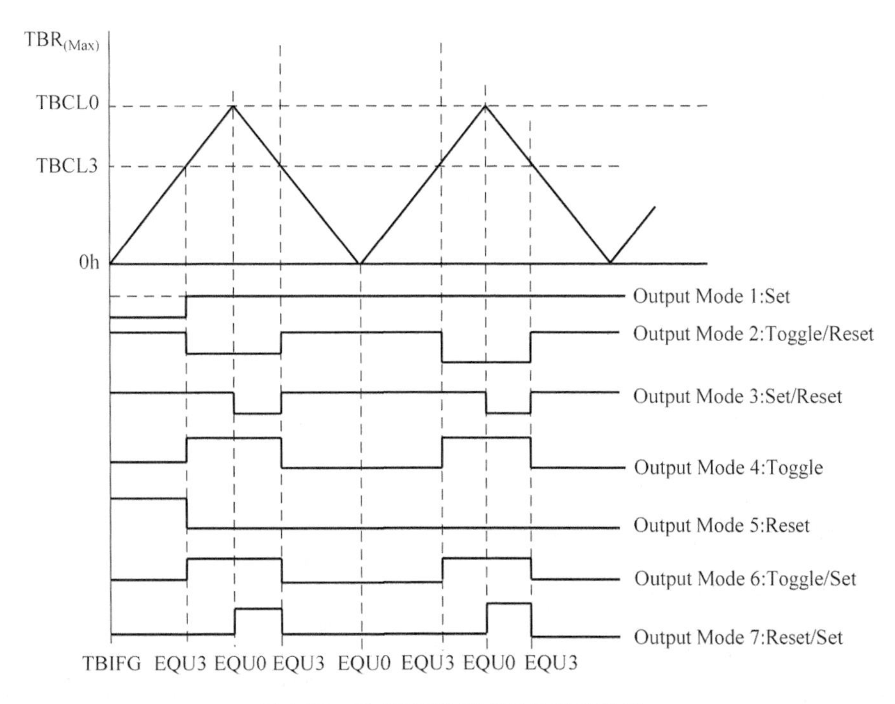

图 4-25 增/减计数模式下的输出波形

增计数模式程序如下：

```
#include <msp430x14x.h>

#define uchar unsigned char

void Clk_Init()
{
    unsigned char i;
    BCSCTL1& = ~XT2OFF;
    BCSCTL2| = DIVS0 + DIVS1;              //MCLK 时钟源,8 分频
    BCSCTL2| = SELM1 + SELS;
    do
    {
        IFG1 &=  ~OFIFG;                   //清除振荡错误标志
        for(i = 0; i < 100; i++)
        _NOP();
    }
    while ((IFG1 & OFIFG) != 0);           //如果标志为 1,继续循环等待
    IFG1& = ~OFIFG;
}

void main( )
{
    WDTCTL = WDTPW + WDTHOLD;
    Clk_Init();
    P4DIR| = 0X0c;                         //P4.2、P4.3 输出,对应 TB1,TB2
    P4SEL| = 0X0c;
    TBCCR0 = 10000;                        //终点值
    TBCTL = CNTL_0 + TBSSEL_2 + MC_1;      //16 位,最大值为 0ffffh ,MCLK 时钟源,增计数模式
    while(1)
    {
        TBCCR2 = 5000;
        TBCCTL2 = OUTMOD_7;
        TBCCR3 = 5000;
        TBCCTL3 = OUTMOD_2;
    }
}
```

连续计数模式程序如下。

```
#include <msp430x14x.h>
#define uchar unsigned char

void Clk_Init( )
{
    unsigned char i;
```

```
        BCSCTL1& = ~XT2OFF;
        BCSCTL2| = DIVS_3;
        BCSCTL2| = SELS;
        do
        {
            IFG1 &=  ~OFIFG;                    //清除振荡错误标志
            for(i = 0; i < 100; i++)
            _NOP();
        }
        while ((IFG1 & OFIFG) != 0);           //如果标志为1,继续循环等待
        IFG1& = ~OFIFG;
}

void main()
{
        WDTCTL = WDTPW + WDTHOLD;
        Clk_Init();
        P4DIR| = 0X0f;                          //P4.2、P4.3 输出,对应 TB1,TB2
        P4SEL| = 0X0f;
        TBCCR0 = 43690;                         //终点值
        TBCCR2 = 10922;
        TBCCR3 = 10922;
        TBCTL = CNTL_0 + TBSSEL_2 + MC_2;

        while(1)
        {
            TBCCTL2 = OUTMOD_2;                 //P4.2 对应 PWM 输出
            TBCCTL3 = OUTMOD_7;                 //P4.3 对应 PWM 输出
        }
}
```

4.12　直流电机控制系统设计

由于单片机驱动电流比较小,直接驱动直流电动机是不可能的。本设计的直流电机驱动模块采用 H 桥式电机驱动电路,如图 4-26 所示。该 H 桥式电机驱动电路包括 4 个三极管和一个电机,电路之所以叫"H 桥驱动电路"是因为它的形状酷似字母 H。

要使电机运转,必须使对角线上的一对三极管导通。例如,当 NPN1 管和 NPN4 管导通,而 NPN2 管和 NPN3 管截至时,电流就从电源正极经 NPN1 从左至右穿过电机,然后再经 NPN4 回到电源负极,该流向的电流将驱动电机转动。当三极管 NPN2 和 NPN3

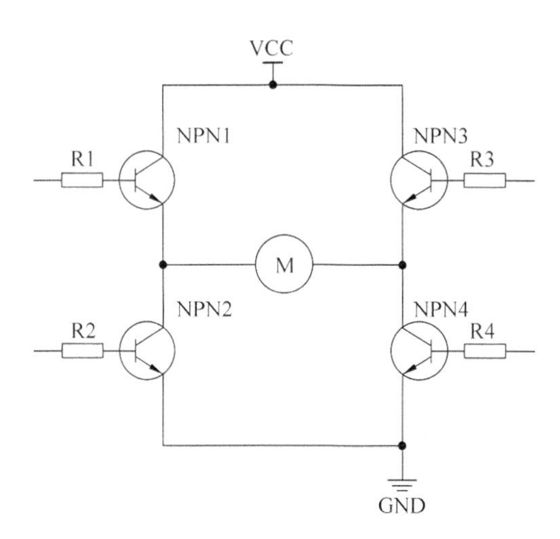

图 4-26　H 桥驱动电路

导通，而 NPN1 管和 NPN4 管截至时，电流将从左至右流过电机，从而驱动电机按反方向转动。

从理论上来说，驱动电路一般是上臂桥为 NPN 型三极管，下臂桥为 PNP 型三极管。但由于采用 MSP430 单片机端口电压是 3.3V，如果给直流电机供电的是 5V，对于 PNP 型三极管，当基集电压是高电平 3.3V，需要把这三极管截止时，发射集与基集存在电压差(5V−3.3V)，而使得 PNP 三极管导通，会造成短路现象。故本设计采用的 4 个三极管均为 NPN 型，电路图如图 4-27 所示。

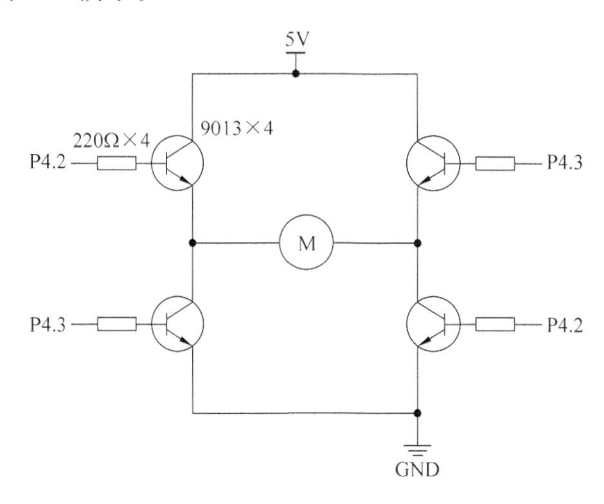

图 4-27　4 个三极管均为 NPN 型 H 桥电路图

由于负载为直流电机，属于电感性负载，在电机两端电压反向时候，电感电流不能突变，电感的储能不能释放，容易击穿三极管，为了保护三极管，在三极管发射极和集电极并联二极管，起着续流作用，为电感储能释放提供回路。但由于这次设计的是小功率直流电机，续流二极管可以省略。

本次设计的要求是通过按键设定直流电动机工作时间(s)在12864上显示，当按下确认键盘后，电动机正转，时间每减小1s，都在12864上显示出来，等时间达到时，电动机停止。其中还有电机高低速、正反转和急停功能。

整个硬件电路图如图4-28所示。

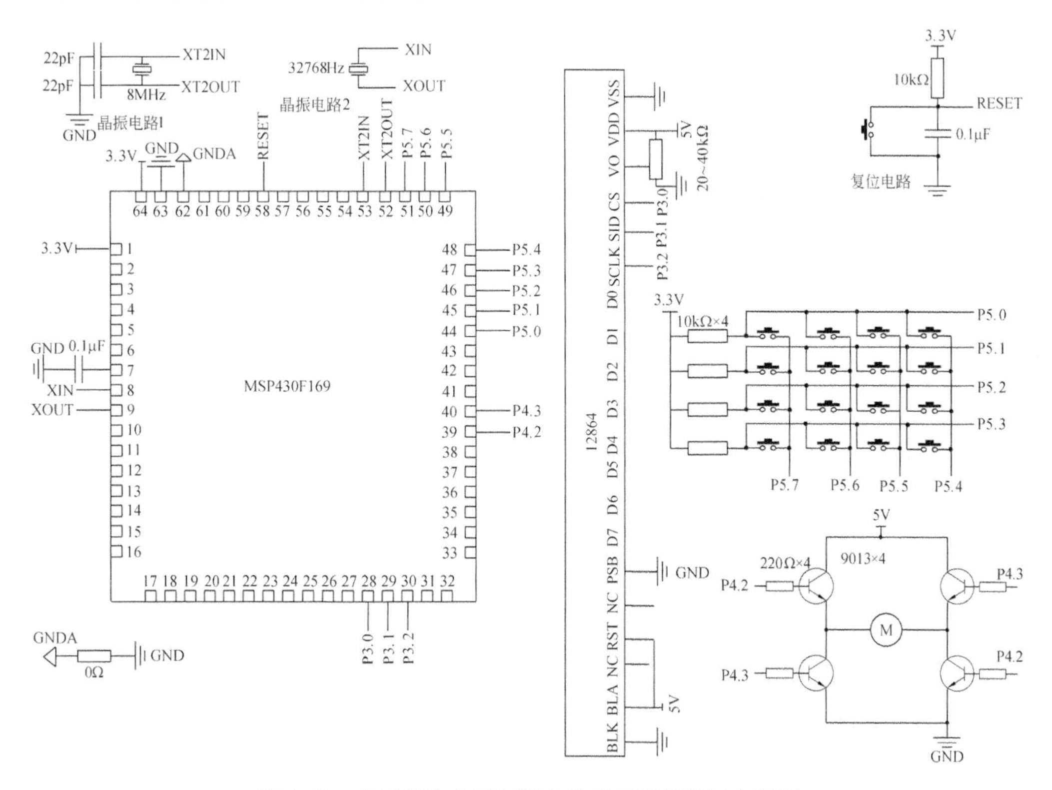

图4-28 基于单片机的直流电机控制系统设计电路图

从硬件电路图4-28可以看出，基于单片机的直流电动机设计主要由矩阵式键盘、12864和桥式电路组成。12864采用串行工作方式。桥式电路采用4个NPN型三极管，9013串电阻分别接在单片机P4.3和P4.2口上。由于本次设计采用定时器B产生的PWM波控制直流电机调速，所以必须接对应的端口。矩阵式键盘接在单片机P5端口。

整个程序清单如下：

```
#include <MSP430x14x.h>
#define CPU_F ((double)8000000)
#define delay_us(x) __delay_cycles((long)(CPU_F * (double)x/1000000.0))
#define delay_ms(x) __delay_cycles((long)(CPU_F * (double)x/1000.0))
#define uint unsigned int
#define uchar unsigned char
#define ulong unsigned long
```

```
#define SID BIT1
#define SCLK BIT2
#define CS BIT0
#define LCDPORT P3OUT

#define SID_1 LCDPORT |= SID                //SID 置高 P3.1
#define SID_0 LCDPORT &= ~SID               //SID 置低

#define SCLK_1 LCDPORT |= SCLK              //SCLK 置高 P3.2
#define SCLK_0 LCDPORT &= ~SCLK             //SCLK 置低

#define CS_1 LCDPORT |= CS                  //CS 置高 P3.0
#define CS_0 LCDPORT &= ~CS                 //CS 置低

typedef unsigned char BYTE;
typedef unsigned short WORD;

unsigned char TX_DATA[4];
BYTE BUF[8];                                //接收数据缓存区
uchar FALSE,TRUE;
char test=0,keyvalue;
int Temperature,Temp_h,Temp_l;

uchar dis_data,dis_flag,k,time_1s_ok,bb,state;
uchar dis[4];
uchar table[7]="       ";
uchar tab0[ ]={"直流电机调速系统"};
uchar tab1[ ]={"设定时间: "};
uchar tab2[ ]={"高速"};
uchar tab3[ ]={"低速"};
uchar tab4[]={"正转"};
uchar tab5[ ]={"反转"};

void Clk_Init( )
{
    unsigned char i;
    BCSCTL1&=~XT2OFF;                       //打开 XT2 振荡器
    BCSCTL2|=DIVS0+DIVS1;
    BCSCTL2|=SELM1+SELS;
    do
    {
        IFG1 &= ~OFIFG;                     //清除振荡错误标志
        // for(i = 0; i<0xff; i++) _NOP(); //延时等待
        for(i=0; i<100; i++)
        _NOP( );
    }
    while ((IFG1 & OFIFG) != 0);            //如果标志为1,继续循环等待
```

```
    IFG1& = ~OFIFG;
}

void delay(unsigned char ms)
{
    unsigned char i,j;
    for(i = ms; i > 0; i -- )
    for(j = 120; j > 0; j -- );
}
void sendbyte(uchar zdata)                    //数据传送函数
{
    uint i;
    for(i = 0; i < 8; i++)
    {
        if((zdata << i)&0x80)
        {
            SID_1;
        }
        else
        {
            SID_0;
        }
        delay(1);
        SCLK_0;
        delay(1);
        SCLK_1;
        delay(1);
    }
}
/ *********************************************************
* 名    称: LCD_Write_cmd()
* 功    能: 写一个命令到 LCD12864
* 入口参数: cmd 为待写入的命令,无符号字节形式
* 出口参数: 无
* 说    明: 写入命令时,RW = 0,RS = 0 扩展成 24 位串行发送
* 格    式: 11111 RW0 RS 0 xxxx0000 xxxx0000
*          |最高的字节 |命令的 bit7~4|命令的 bit3~0|
********************************************************* /

void write_cmd(uchar cmd)
{
    CS_1;
    sendbyte(0xf8);
    sendbyte(cmd&0xf0);
    sendbyte((cmd << 4)&0xf0);
}
/ *********************************************************
* 名    称: LCD_Write_Byte( )
```

```
* 功    能: 向 LCD12864 写入一个字节数据
* 入口参数: byte 为待写入的字符,无符号形式
* 出口参数: 无
* 范    例: LCD_Write_Byte('F')         //写入字符'F'
*********************************************************** /
void write_dat(uchar dat)
{
    CS_1;
    sendbyte(0xfa);
    sendbyte(dat&0xf0);
    sendbyte((dat << 4)&0xf0);
}
/ ***********************************************************
* 名    称: LCD_pos( )
* 功    能: 设置液晶的显示位置
* 入口参数: x 为第几行,1~4 对应第 1 行~第 4 行
*           y 为第几列,0~15 对应第 1 列~第 16 列
* 出口参数: 无
* 范    例: LCD_pos(2,3)               //第 2 行,第 4 列
*********************************************************** /
void lcd_pos(uchar x,uchar y)
{
    uchar pos;
    if(x == 0)
    {x = 0x80; }
    else if(x == 1)
    {x = 0x90; }
    else if(x == 2)
    {x = 0x88; }
    else if(x == 3)
    {x = 0x98; }
    pos = x + y;
    write_cmd(pos);
}
/ ************************************************** /
//LCD12864 初始化
void LCD_init(void)
{
    write_cmd(0x30);                   //基本指令操作
    delay(5);
    write_cmd(0x0C);                   //显示开,关光标
    delay(5);
    write_cmd(0x01);                   //清除 LCD 的显示内容
    delay(5);
    write_cmd(0x02);                   //将 AC 设置为 00H,且游标移到原点位置
    delay(5);
```

```
}

void hzkdis(uchar * S)
{
    while ( * S > 0)
    {
        write_dat( * S);
        S++;
    }
}

void display(int num)
{
    if(num <= 9&&num >= 0)
    {
        dis_flag = 1;
        table[0] = num % 10 + '0';
        table[1] = ' ';
        for(k = 0;k < 2;k++)
        {
            write_dat(table[k]);
            delay(5);
        }
    }
    else if(num <= 99&num > 9)
    {
        dis_flag = 2;
        table[0] = num/10 + '0';
        table[1] = num % 10 + '0';
        table[2] = ' ';
        for(k = 0;k < 3;k++)
        {
            write_dat(table[k]);
            delay(5);
        }
    }
    else if(num <= 999& num > 99)
    {
        dis_flag = 3;
        table[0] = num/100 + '0';
        table[1] = num/10 % 10 + '0';
        table[2] = num % 10 + '0';
        table[3] = ' ';
        for(k = 0;k < 4;k++)
        {
            write_dat(table[k]);
            delay(5);
```

```
            }
        }
        else if(num <= 9999& num > 999)
        {
            dis_flag = 4;
            table[0] = num/1000 + '0';
            table[1] = num/100 % 10 + '0';
            table[2] = num/10 % 10 + '0';
            table[3] = num % 10 + '0';
            table[4] = ' ';
            for(k = 0;k < 4;k++)
            {
                write_dat(table[k]);
                delay(5);
            }
        }
    }

    uchar keyscan(void)
    {
        P5OUT = 0xef;
        if((P5IN&0x0f)!= 0x0f)
        {
            delay_ms(10);
            if((P5IN&0x0f)!= 0x0f)
            {
                if((P5IN&0x01) == 0)
                keyvalue = 1;
                if((P5IN&0x02) == 0)
                keyvalue = 2;
                if((P5IN&0x04) == 0)
                keyvalue = 3;
                if((P5IN&0x08) == 0)
                keyvalue = 4;
                while((P5IN&0x0f)!= 0x0f);
            }
        }
        P5OUT = 0xdf;
        if((P5IN&0x0f)!= 0x0f)
        {
            delay_ms(10);
            if((P5IN&0x0f)!= 0x0f)
            {
                if((P5IN&0x01) == 0)
                keyvalue = 5;
                if((P5IN&0x02) == 0)
                keyvalue = 6;
```

```
            if((P5IN&0x04) == 0)
            keyvalue = 7;
            if((P5IN&0x08) == 0)
            keyvalue = 8;
            while((P5IN&0x0f)!= 0x0f);
        }
    }
    P5OUT = 0xbf;
    if((P5IN&0x0f)!= 0x0f)
    {
        delay_ms(10);
        if((P5IN&0x0f)!= 0x0f)
        {
            if((P5IN&0x01) == 0)
            keyvalue = 9;
            if((P5IN&0x02) == 0)
            keyvalue = 0;
            if((P5IN&0x04) == 0)
            keyvalue = 10;
            if((P5IN&0x08) == 0)
            keyvalue = 11;
            while((P5IN&0x0f)!= 0x0f);
        }
    }
    P5OUT = 0x7f;
    if((P5IN&0x0f)!= 0x0f)
    {
        delay_ms(10);
        if((P5IN&0x0f)!= 0x0f)
        {
            if((P5IN&0x01) == 0)
            keyvalue = 12;
            if((P5IN&0x02) == 0)
            keyvalue = 13;
            if((P5IN&0x04) == 0)
            keyvalue = 14;
            if((P5IN&0x08) == 0)
            keyvalue = 15;
            while((P5IN&0x0f)!= 0x0f);
        }
    }
    return keyvalue;
}
//************************************************************************

#pragma vector = TIMERB0_VECTOR
__interrupt void Timer_B(void)
```

```
{
    bb++;
    if(bb == 100)
    {
        bb = 0;
        time_1s_ok = 1;
    }
}

//**********************************************************************

int main(void)
{
    char shu2 = 0,key2,num1,direction,speed,start;
    WDTCTL = WDTPW + WDTHOLD;
    Clk_Init( );
    P3OUT = 0x0f;
    P3DIR = BIT0 + BIT1 + BIT2;
    LCD_init( );
    delay(40);
    P4DIR| = 0X0c;
    P4SEL| = 0X0c;
    TBCCR0 = 10000;
    TBCTL = CNTL_0 + TBSSEL_2 + MC_1;
    BCSCTL2| = SELS;
    _EINT( );                              //开启总中断
    P5DIR = 0xf0;
    while(1)
    {
        lcd_pos(0,0);
        hzkdis(tab0);
        lcd_pos(1,0);
        hzkdis(tab1);
        keyvalue = 17;
        keyscan( );
        key2 = keyvalue;
        num1 = key2;
        if(key2 <= 9)
        {
            shu2 = shu2 * 10 + key2;
        }
        if(num1 == 10)
        {
            state = 1;
        }
        else if(num1 == 11){direction = 1; lcd_pos(2,0); hzkdis(tab4);}
        else if(num1 == 12){direction = 0;lcd_pos(2,0); hzkdis(tab5);}
        else if(num1 == 13) {speed = 1; lcd_pos(2,6); hzkdis(tab2);}
        else if(num1 == 14) {speed = 0;  lcd_pos(2,6); hzkdis(tab3);}
        else if(num1 == 15)
```

```
{
    TBCCR3 = 0; TBCCR2 = 0; TBCCR0  = 0;
    state = 0; shu2 = 0;
    TBCCTL2 = OUTMOD_0;
    TBCCTL3 = OUTMOD_0;
}
if(state == 1)
{
    if((direction == 0)&&(speed == 0))
    {
        TBCCR0  = 10000;
        TBCCTL0 = CCIE;
        TBCCTL2 = OUTMOD_7;        //CCR1 输出为 reset/set 模式
        TBCCR2 = 1000;             //CCR1 的 PWM 占空比设定
        TBCCTL3 = OUTMOD_2;        //CCR2 输出为 reset/set 模式
        TBCCR3 = 1000;
    }
    else if((direction == 0)&&(speed == 1))
    {
        TBCCR0  = 10000;
        TBCCTL0 = CCIE;
        TBCCTL2 = OUTMOD_7;        //CCR1 输出为 reset/set 模式
        TBCCR2 = 3000;             //CCR1 的 PWM 占空比设定
        TBCCTL3 = OUTMOD_2;        //CCR2 输出为 reset/set 模式
        TBCCR3 = 3000;
    }
    else if((direction == 1)&&(speed == 0))
    {
        TBCCR0  = 10000;
        TBCCTL0 = CCIE;
        TBCCTL2 = OUTMOD_2;        //CCR1 输出为 reset/set 模式
        TBCCR2 = 1000;             //CCR1 的 PWM 占空比设定
        TBCCTL3 = OUTMOD_7;        //CCR2 输出为 reset/set 模式
        TBCCR3 = 1000;
    }
    else if((direction == 1)&&(speed == 1))
    {
        TBCCR0  = 10000;
        TBCCTL0 = CCIE;
        TBCCTL2 = OUTMOD_2;        //CCR1 输出为 reset/set 模式
        TBCCR2 = 3000;             //CCR1 的 PWM 占空比设定
        TBCCTL3 = OUTMOD_7;        //CCR2 输出为 reset/set 模式
        TBCCR3 = 3000;
    }
    if(time_1s_ok == 1)
    {
        time_1s_ok = 0;
        shu2 =  shu2 -- ;
    }
    else if(shu2 == 0)
```

```
                {
                    TBCCR3 = 0; TBCCR2 = 0; TBCCR0  = 0;
                    state = 0;
                    TBCCTL2 = OUTMOD_0;
                    TBCCTL3 = OUTMOD_0;
                }
            }
            lcd_pos(1,5);
            display(shu2);
        }
    }
```

部分程序说明：

先看显示函数 void display(int num)，由于电机运转时间需要实时显示，当经过了 1s 后，时间减 1 并显示。

但 12864 显示时间的位数发生改变时，由于 12864 寄存器显示的位数保持不变，这样就会显示错误，比如，当 12864 从 10s 显示到 9s 时，会显示 90。解决的方法是给 12864 寄存器显示的位数打上“补丁”。先看个位显示语句：

```
if(num <= 9&&num >= 0)
{
    dis_flag = 1;
    table[0] = num % 10 + '0';
    table[1] = ' ';
    for(k = 0;k < 2;k++)
    {
        write_dat(table[k]);
        delay(5);
    }
```

个位有具体的数值，但十位却赋值“空格”（注意要加上英文单引号），这样当时间从 10 变为 9 时，个位就显示 1 位数 9，而不是显示 2 位数 90。其他位显示语句同理。

shu2＝ shu2－－是在 12864 上实时显示当前时间，if(time_1s_ok＝＝1)是定时器产生的时间，定时到 1s，当过了 1s 后 12864 显示的数值减 1。

现在看产生 1s 的定时器函数：

```
#pragma vector = TIMERB0_VECTOR
__interrupt void Timer_B(void)
{
    bb++;
    if(bb == 100)
    {
        bb = 0;
        time_1s_ok = 1;
    }
}
```

从定时器函数中断向量可以看出，采用定时器 B0，捕捉比较方式。再从时钟函数 void Clk_Init()上可以看出，分频系数为 8 分频，也就意味着 8MHz 的时钟，计数器（TBCCR0 = 10000）每增加 1，经过了 1μs，TBCTL = CNTL_0＋TBSSEL_2 ＋ MC_1 语句说明计数的终值是 TBCCR0，那么计数到终值时需要 1μs×10000，重复 100 次（if(bb==100)），1μs×10000×100 就是 1s。

if(key2 <=9){…}中的语句是设定直流电机运转时间(s)。

else if(num1==11){…}和 else if(num1==12){…}中的语句是设定直流电机旋转方向，并在 12864 上显示。

else if(num1==13){…}和 else if(num1==14){…}中的语句是设定直流电机高低速，并在 12864 上显示。

if(num1==10){…}是确认键，当设定好时间、方向和高低速后，按下确认键。

if((direction==0)&&(speed==0)){…}是直流电动机的正转低速运行的程序，可以看出，当运行这条语句时，打开定时器 B 中断（TBCCTL0＝CCIE），TBCCTL2 对应的单片机引脚是 P4.2，产生的 PWM 波控制 H 桥对角三极管基集，而 TBCCTL3 对应单片机引脚是 P4.3，产生的 PWM 波控制基集，两者占空比相同（TBCCR2＝1000；TBCCR3＝1000；），但 PWM 波方向相反（TBCCTL2＝OUTMOD_7；TBCCTL3＝OUTMOD_2；）。

if((direction==1)&&(speed==0)){…}等语句同理，只不过占空比改变，改变电机转速，PWM 波方向改变，改变电机旋转方向。

else if(shu2==0)语句是电动机停止，当液晶显示的数值为 0 时，占空比均为 0，注意设置 TBCCTL2＝OUTMOD_0；TBCCTL3＝OUTMOD_0，电动机停止。

else if(num1==15)是急停，当需要急停时，按下中断按钮，电机就停止，同时 12864 显示的时间为 0。其工作原理与 else if(shu2==0)相同。

基于单片机的直流调速系统的实物图如图 4-29 所示。图 4-29(a)是设定电机旋转时间为 12s、正转和低速的运行状态。图 4-29(b)是设定电机旋转时间为 33s、反转和高速的运行状态。

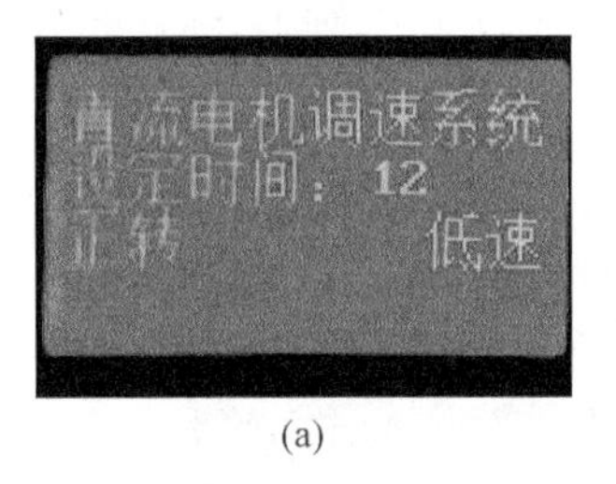

(a)

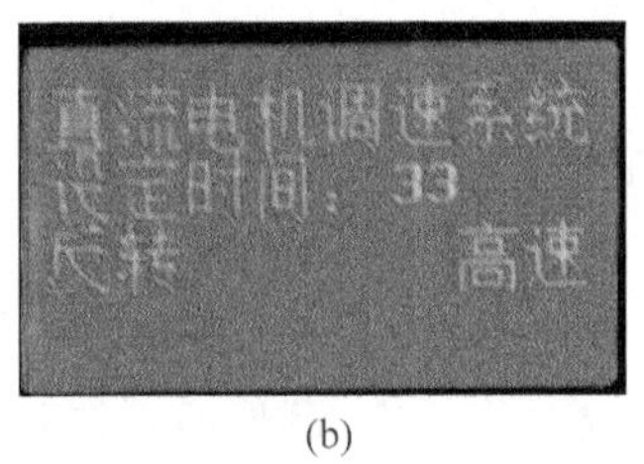

(b)

图 4-29　基于单片机的直流调速系统的实物图

第5章 串行通信

5.1 串行通信概述

MSP430F169 单片机的串行通信模块 USART 包括三个部分：UART 异步串行通信、SPI 同步串行通信和 I2C 同步串行通信。本章仅针对 UART 异步串行通信。

串口是系统与外界联系的重要手段，在嵌入式系统开发和应用中，经常需要上位机实现系统调试及现场数据的采集和控制。一般是通过上位机本身配置的串行口，借助串行通信技术，与嵌入式系统进行连接通信。

MSP430 系列的单片机可实现的串行通信功能有 USART 硬件直接实现和通过定时器软件实现两种。片内具有 USART 模块的 MSP430 系列单片机，由于系列不同，片内可包含一个或多个 USART 块。USART 模块可以自动从任何一种低功耗模式 LPMx 开始工作。所有 USART0 和 USART1 都可以实现两种通信方式：USRT 异步通信和 SPI 同步通信。另外，MSP430F16X 系列单片机的 USART0 还可以实现 I2C 通信。其中，UART 异步通信和 SPI 同步通信的硬件是通用的，经过适当的软件设计，这两种通信方式可以交替使用。

MSP430 串行异步通信模式通过两个引脚(即接收引脚 URXD 和发送引脚 UTXD)与外界相连。

异步通信的特点如下：

(1) 异步模式，包括线路空闲/地址位通信协议。

(2) 两个独立移位寄存器：输入移位寄存器和输出移位寄存器。

(3) 传输 7 位或 8 位数据，可采用奇校验或偶校验或者无校验。

(4) 从最低位开始的数据发送和接收。

(5) 可编程实现分频因子为整数或小数的波特率。

(6) 独立的发送和接收中断。

(7) 通过有效的起始位检测将 MSP430 从低功耗唤醒。

(8) 状态标志检测错误或者地址位。

1. 异步通信字符格式

异步通信字符格式由四部分组成：起始位、数据位、奇偶校验位和停止位，如图 5-1 所示。

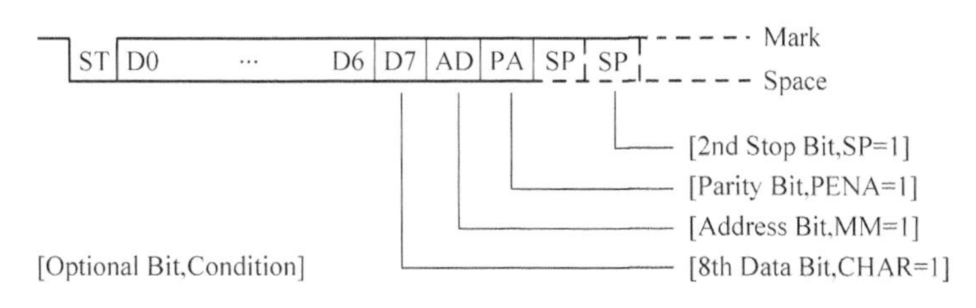

图 5-1 异步通信字符格式

用户可以通过软件设置数据位、停止位的位数，还可以设置奇偶位的有无。通过选择时钟源的波特率寄存器的数据来确定位周期。

接收操作以收到有效起始位开始。起始位由检测 URXD 端口的下降沿开始，然后以 3 次采样多数表决的方法取值。如果 3 次采样至少两次是 0 才表明是下降沿，然后开始接收初始化操作，这一过程实现错误起始位的拒收和帧中各数据的中心定位功能。

MSP430 可以处于低功耗模式，通过上述过程识别正确起始位后，MSP430 可以被唤醒，然后按照通用串口接口控制寄存器中设定的数据格式，开始接收数据，直到本帧采集完毕。

异步模式下，传送数据以字符为单位传送。因为每个字符在起始位处被唤醒，所以传输时多个字符可以一个接一个地连续传送，也可以断续发送和接收。

2. 异步多机通信模式

在异步模式下，USART 支持两种多机通信模式，即线路空闲多机模式和地址位多机模式。信息以一个多帧数据块，从一个指定的源传送到一个或者多个目的位置。在同一个串行链路上，多个处理机之间可以用这些格式来交换信息，实现了在多处理器通信系统间的有效数据传输。它们也用于使系统的激活状态压缩最低，以节省电流消耗或处理器所用资源。控制寄存器的 MM 位用来确定这两种模式。这两种模式采用唤醒发送、地址特性和激活等功能。

1) 线路空闲多机模式

在这种模式下，数据块被空闲时间分割。在字符的第一个停止位之后，收到 10 个以上的 1，则表示检测到接收线路空闲，如图 5-2 所示。

如果采用两位停止位，则第二个停止位被认为空闲周期的第一个标志。空闲周期的第一个字符是地址字符。RXWAKE 位可用于地址字符的标志。当接收到的字符是地址字符时，RXWAKE 被置位，并送入接收缓存。用发送空闲帧来识别地址字符的步骤如下：

(1) TXWAKE=1，将任意数据写入 UTXBUF(UTXIFG=1)。当发送移位寄存器为空时，UTXBUF 的内容将被送入发送移位寄存器，同时 TXWAKE 的值移入 WUF。

(2) 如果此时 WUT=1，则发送的起始位、数据位及校检位等被抑止，发送一个正好 11

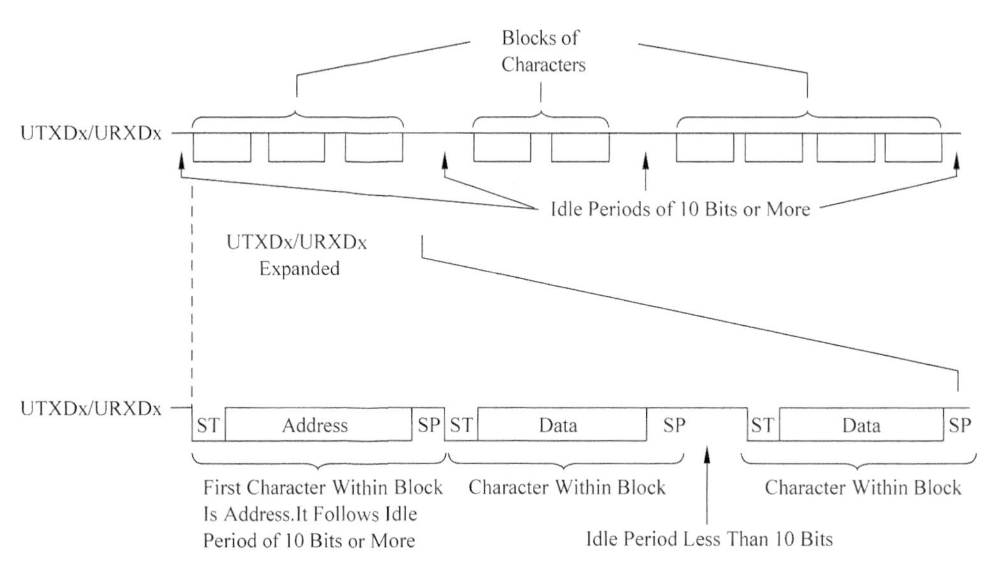

图 5-2 线路空闲多机模式

位的空闲周期。

(3) 在地址字符识别空闲周期后移出串口的下一个数据是 TXWAKE 置位后写入 UTXBUF 中的第二个字符。当地址识别被发送后,写入 UTXBUF 中的第一个字符被抑制,并在以后被忽略。这时须随便往 UTXBUF 中写入一个字符,以便能将 TXWAKE 的值移入 WUF 中。

2) 地址位多机模式

地址位多机模式的格式如图 5-3 所示。在这种模式下,字符包含一个附加的位作为地

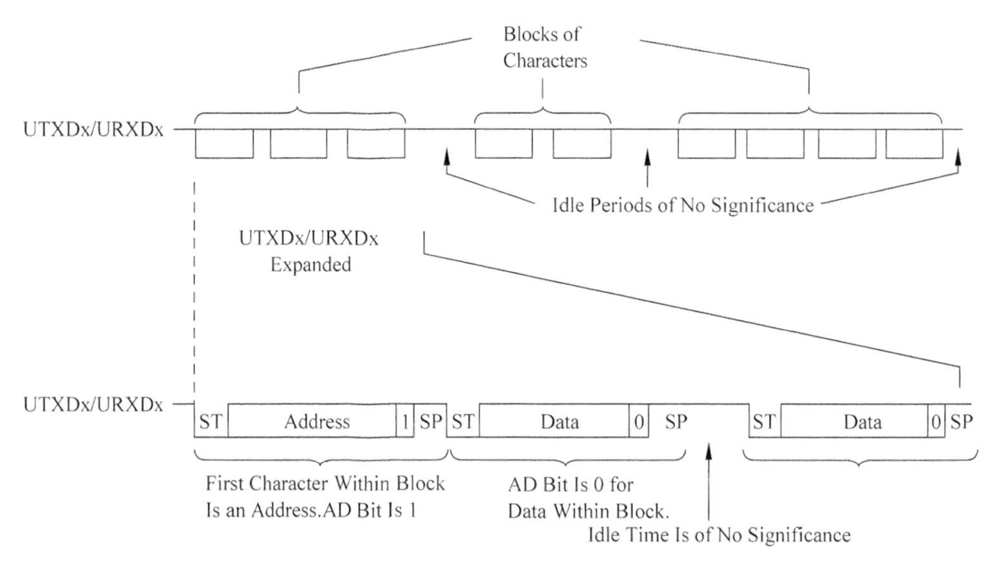

图 5-3 地址位多机模式

址标志。数据块的第一个字符带有一个置位的地址位，用以表明该字符是一个地址。当接收字符是地址时，RXWAKE 置位，并且将接收的字符送入接收缓存 URXBUF。

当 USART 的 URXWIE=1 时，数据字符在通常方式的接收器内拼装成字节，但它们不会被送入接收缓存，也不产生中断。只有当接收到一个地址位为 1 的字符时，接收器才被激活，接收到的字符被送往 URXBUF，同时 URXIFG 被置位。如果有错误，则相应的错误标志被设置。应用软件在判断后作出相应的处理。在地址位多机模式下，通过写 TXWAKE 位控制字符的地址位。每当字符由 UTXBUF 传送到发送器时，TXWAKE 位装入字符的地址位，再由 USART 将 TXWAKE 位清除。

3. 串行操作自动错误检测

USART 模块接收字符时，能够自动进行校验错误、帧错误、溢出错误和打断状态检测。各种检测错误的含义标志如下：

(1) FE：标志帧错误。当一个接收字符的停止位为 0 并被装入接收缓存时，则认为接收到一个错误帧。

(2) PE：奇偶校验错误。当接收的 1 的个数与它的效验位不相符时，则认为接收到一个错误帧。

(3) OE：溢出错误标志。当一个字节写入 UxRXBUF 时，前一个字符还没有被读出，则溢出。

(4) BRK：打断检测标志。当发生一次打断且 UxRXEIE 置位时，该位为 1。

当上述任何一种错误出现，位 RXERR 置位，表明有一个或者多个出错标志(FE、PE、OE 和 BRK 等)被置位。

如果 URXEIE=0 并且有错误被检测到，那么接收缓存不接收任何数据。如果 URXEIE=1，接收缓存接收字符，相应的错误检测标志置位，直到用户软件复位或者接收缓存内容被读出，才能复位。

4. 波特率的产生

在异步通信中，波特率是很重要的指标，表示每秒钟传送二进制数码的位数。波特率反映了异步串行通信的速度。波特率发生器产生同步信号表明各位的位置。波特率部分由时钟输入选择和分频、波特率发生器、调整器和波特率寄存器组成。串行通信时，数据接收和发送的速率就由这些构件控制。

整个模块的时钟源来自内部 3 个时钟或外部输入时钟，由 SSEL1 和 SSEL0 选择，以决定最终进入模块的时钟信号 BRCLK 的模式。

时钟信号 BRCLK 送入一个 15 位的分频器，通过一系列的硬件控制，最终输出两移位寄存器使用的移位时钟 BITCLK 信号。这个信号(BITCLK)的产生，是分频器在起作用。当计数器减计数到 0 时，输出触发器翻转，送给 BITCLK 信号周期的一半就是定时器(分频计数器)的定时时间。

5. 波特率的设置与计算

采集每位数据时，在每位数据的中间都要进行 3 次采样，以多数表决的原则进行数据标定与移位接收操纵，依次逐位采集。由此看出，分频因子要么很大，要么是整数，否则，由于采集点的积累偏移，会导致每帧后面的几位数据采样点不在其数据的有效范围内。

MSP430 的波特率发生器使用一个分频计数器和一个调整器，能够用低时钟频率实现高速通信，从而在系统低功耗的情况下实现高性能的串行通信。使用分频因子加调整的方法可以实现每一帧的各位有不同的分频因子，从而保证每个数据钟的 3 个采样状态都处于有效的范围内。

分频因子 N 由分频计数器的时钟(BRCLK)的频率和所需的波特率来决定：

$$N = \text{BRCLK}/\text{波特率} \tag{5-1}$$

如果使用常用的波特率与常用晶体产生的 BRCLK，则一般得不到整数的 N，还有小数部分。分频计数器实现分频因子的整数部分，调整器使得小数部分尽可能准确。

波特率可由下式计算：

$$\text{波特率} = \text{BRCLK}/\text{N} = \text{BRCLK}/(\text{UBR} + (\text{M7} + \text{M6} + \cdots + \text{M0})/8) \tag{5-2}$$

其中，N 为目标分频因子；UBR 为 UXBR0 中的 16 位数据值；MX 为调整寄存器(UXMTCL)中的各数据位。

例如：BRCLK=32.768kHz，要产生 BITCLK=2400Hz，分频器的分频系数为 32768/2400=13.65，所以设置分频器的计数值为 13。接下来用调整寄存器的值来设置小数部分的 0.65。调整器是一个 8 位寄存器，其中每一位分别对应 8 次分批情况，如果对应位 0，则分频器按照设定的分频系数分频计数；如果对应位为 1，则分频器按照设定的分频系数加 1 分频计数。按照这个原则 0.65 * 8=5，也就是说，8 次分频计数过程中应有 5 次加 1 计数，3 次不加 1 计数。调整寄存器的数据由 5 个 1 和 3 个 0 组成。调整器的数据每 8 次周而复始循环使用，最低位最先调整，比如设置调整寄存器的值为 6BH(01101011)，当然也可以设置其他值，必须有 5 个 1，而且 5 个 1 要相对分散。即分频器按顺序 13、14、14、13、14、13、14、14 来分频。在 8 位调整器调整位都使用后，再重复这一顺序。

常用波特率设置如表 5-1 所示。

表 5-1 常用波特率设置

Baud Rate	Divide by		A：BRCLK=32,768Hz						B：BRCLK=1,048,576Hz				
	A：	B：	UxBR1	UxBR0	UxMCTL	Max. TX Error %	Max. RX Error %	Synchr. RX Error %	UxBR1	UxBR0	UxMCTL	Max. TX Error %	Max. RX Error %
1200	27.31	873.81	0	1B	03	−4/3	−4/3	±2	03	69	FF	0/0.3	±2
2400	13.65	436.91	0	0D	6B	−6/3	−6/3	±4	01	B4	FF	0/0.3	±2
4800	6.83	218.45	0	06	6F	−9/11	−9/11	±7	0	DA	55	0/0.4	±2
9600	3.41	109.23	0	03	4A	−21/12	−21/12	±15	0	6D	03	−0.4/1	±2
19,200		54.61							0	36	6B	−0.2/2	±2
38,400		27.31							0	1B	03	−4/3	±2
76,800		13.65							0	0D	6B	−6/3	±4
115,200		9.1							0	09	08	−5/7	±7

在后面的例程中，对波特率设置有详细的解释。

5.2　USART 相关寄存器

1. 串口控制寄存器——UxCTL

其各位定义如下：

位	7	6	5	4	3	2	1	0
	PENA	PEV	SPB	CHAR	LISTEN	SYNC	MM	SWRST

PENA：校验允许位。0：校验禁止；1：校验允许。校验允许时，发送端发送校验，接收端接收该校验。地址位多机模式中，地址位包含校验操作。

PEV：奇偶位校验位，该位在校验允许时有效。0：奇校验；1：偶校验。

SPB：停止位选择。决定发送的停止位数，但接收时接收器只检测 1 位停止位。0：1 位停止位；1：2 位停止位。

CHAR：字符长度。0：7 位字符长度；1：8 位字符长度。

LISTEN：反馈选择。选择是否将发送数据由内部反馈给接收器。0：无反馈；1：有反馈，发送信号由内部反馈给接收器。

SYNC：USART 模块的模式选择。0：UART 模式(异步)；1：SPI 模式(同步)。

MM：多机模式选择位。0：线路空闲多机协议；1：地址多机协议。

SWRST：控制位。

该位的状态影响其他一些控制位和状态位的状态。在串行口的使用过程中，这一位是比较重要的控制位。一次正确的 USART 模块初始化应该是这样的顺序：先在 SWRST=1 时设置串行口；然后设置 SWRST=0；最后如果需要中断，则设置相应的中断使能。

2. 串口发送寄存器——UxTCTL

其各位定义如下：

位	7	6	5	4	3	2	1	0
	Unused	CKPL	SSELx		URXSE	TXWAKE	Unused	TXEPT

CKPL：时钟极性控制位。0：UCLKI 信号与 UCLK 信号极性相同；1：UCLKI 信号与 UCLK 信号极性相反。

SSELx：时钟源选择位。

这两位确定波特率发生器的时钟源，其关系如表 5-2 所示。

表 5-2 时钟源选择位

SSEL1、SSEL0	输入分频选择	宏 定 义
0 0	外部时钟 UCLKI	SSEL_0
0 1	辅助时钟 ACLK	SSEL_1
1 0	子系统时钟 SMCLK	SSEL_2
1 1	子系统时钟 SMCLK	SSEL_3

URXSE：接收触发沿控制位。0：没有接收触发沿检测；1：有接收触发沿检测。

TXWAKE：传输唤醒控制。0：下一个要传输的字符为数据；1：下一个要传输的字符为地址。

TXEPT：发送器空标志。它在异步模式与同步模式时不一样。0：正在传输数据或者发送缓冲器(UTXBUF)有数据；1：发送移位寄存器和 UTXBUF 空或者 SWRST=1。

3. 串口接收寄存器——UxRCTL

其各位定义如下：

位	7	6	5	4	3	2	1	0
	FE	PE	OE	BRK	URXEIE	URXWIE	RXWAKE	RXERR

FE：帧错误标志。0：没有帧错误；1：帧错误。

PE：校验错误标志位。0：校验正确；1：校验错误。

OE：溢出标志位。0：无溢出；1：有溢出。

BRK：打断检测位。0：没有被打断；1：被打断。

URXEIE：接收出错中断允许位。0：不允许中断，不接收出错字符并且不改变 URXIFG 标志位；1：允许中断，接收出错字符并且能够置位 URXIFG。

URXWIE：接收唤醒中断允许位。当接收到地址字符时，此位能够置位 URXIFG；当 URXEIE=0 时，如果接收内容有错误，此位不能置位。

URXIFG：传输中断标志位。0：所有接收的字符能够置位 URXIFG；1：只有接收到地址字符才能置位 URXIFG。

RXWAKE：接收唤醒检测位。在地址位多机模式，接收字符地址位置位时，该机被唤醒，在线路空闲多机模式，在接收到字符前检测到 URXD 线路空闲时，此位被唤醒，RXWAKE 置位。0：没有被唤醒，接收的字符是数据；1：唤醒，接收的字符是地址。

RXERR：接收错误标志位。0：没有接收错误；1：有接收错误。

4. 波特率控制寄存器

波特率控制寄存器 0——UxBR0，其各位定义如下：

位	7	6	5	4	3	2	1	0
	UxBR7～0							

波特率控制寄存器 1——UxBR1，其各位定义如下：

位	15	14	13	12	11	10	9	8
	UxBR15～8							

UxBR0 和 UxBR1 两个寄存器用于存放波特率分频因子的整数部分。其中 UXBR0 为低字节，UXBR1 为高字节。两字节合起来为一个 16 位字，成为 UBR。在异步通信时，UBR 的允许值不小于 3。如果 UBR＜3，则接收和发送会发生不可预测的错误。

5. 波特率调整寄存器——UxMCTL

其各位定义如下：

位	7	6	5	4	3	2	1	0
	M7	M6	M5	M4	M3	M2	M1	M0

如果波特率发生器的输入频率 BRCLK 不是所需的波特率的整数倍，带有一小数，则整数部分写入 UBR 寄存器，小数部分由调整控制寄存器 UxCTL 的内容反映。波特率由以下公式计算：

$$波特率 = BRCLK/(UBR + (M7 + M6 + \cdots + M0)/8) \quad (5\text{-}3)$$

其中 M0，M1，…，M6 及 M7 为控制器 UxMCTL 中的各位。调整寄存器的 8 位分别对应 8 次分频，如果 M=1，则相应次的分频增加一个时钟周期；如果 Mi=0，则分频计数器不变。

6. 串口接收缓冲寄存器——UxRXBUF

其各位定义如下：

位	7	6	5	4	3	2	1	0
UxRXBUF7～0								

接收缓存从接收移位寄存器最后接收的字符，可由用户访问。

当接收和控制条件为真时，接收缓存装入当前接收到的字符，如表 5-3 所示：

表 5-3　接收缓存装入当前接收到的字符

条　件		结　果			
URXEIE	URXWIE	装入 URXBUF	PE	PE	BRK
0	1	无差错地址字符	0	0	0
1	1	所有地址字符	×	×	×
0	0	无差错字符	0	0	0
1	0	所有字符	×	×	×

7. 串口发送缓冲寄存器——UxTXBUF

其各位定义如下：

位	7	6	5	4	3	2	1	0
UxTXBUF7～0								

发送缓存内容可以传送至发送移位寄存器，然后由 UxTXDx 传输。对发送缓存进行写操作可以复位 UxTXIFGx。

8. 串口模块控制寄存器——ME1、ME2

其各位定义如下：

ME1 模块允许寄存器 1

位	7	6	5	4	3	2	1	0
	UTXE0	URXE0						

ME2 模块允许寄存器 2

位	7	6	5	4	3	2	1	0
			UTXE1	URXE1				

UTXE0：串口 0 的发送允许。

URXE0：串口 0 的接收允许。

UTXE1：串口 1 的发送允许。

URXE1：串口 1 的接收允许。

0：禁止；1：允许。

9. 串口中断标志控制寄存器——IFG1、IFG2

其各位定义如下：

IFG1 中断标志寄存器 1

位	7	6	5	4	3	2	1	0
	UTXIFG0	URXIFG0						

IFG2 中断标志寄存器 2

位	7	6	5	4	3	2	1	0
			UTXIFG1	URXIFG0				

UTXIFG0：串口 0 的发送中断标志。

URXIFG0：串口 0 的接收中断标志。

UTXIFG1：串口 1 的发送中断标志。

URXIFG1：串口 1 的接收中断标志。

0：无中断请求标志；1：有中断请求标志。

10．串口中断控制寄存器——IE1、IE2

其各位定义如下：

IE1 中断控制寄存器 1

位	7	6	5	4	3	2	1	0
	UTXIE0	URXIE0						

IE2 中断控制寄存器 2

位	7	6	5	4	3	2	1	0
			UTXIE1	URXIE1				

UTXIE0：串口 0 的发送中断允许。

URXIE0：串口 0 的接收中断允许。

UTXIE1：串口 1 的发送中断允许。

URXIE1：串口 1 的接收中断允许。

0：中断请求禁止；1：中断请求允许。

这里总结一下 USART 使用方法：①初始化，包括工作模式、帧结构等；②波特率设置；③中断的相关设置；④编写中断服务函数。

5.3　串行通信协议

1．RS-232 协议简介

RS-232 是目前被广泛使用的异步串行数字通信电气标准，由美国电子工业协会(Electronics Industry Association，EIA)于 1962 年公布，于 1969 年最后修订而成，RS(Recommended Standard)表明它是一种被推荐的标准。该标准定义了数据终端设备(DTE)和数据通信设备(DCE)间按位串行传输的接口信息，合理安排了接口的电气信号和机械要求，过去数十年中，RS-232 在低速数据通信领域出尽了风头。这种传输速度不快、传输距离也不远的接口能够在几乎所有民用通信设备中占据主要角色，一个原因是早期用户对通信速度和距离的要求不高；另一个原因是它被所有 PC、服务器认同为标准串行接口，成为计算机与桌面设备之间最简单、有效、通用的连接通道之一。出于同样原因，在多单片机之间的通信中 RS-232 也占据着重要的位置。

2．RS-232 接口的引脚定义

RS-232 有 25 芯和 9 芯两种，9 芯的 EIA-RS-232C 的接口如图 5-4 所示。

9 芯信号线定义如下：

3 脚 TXD：发送数据(输出)。

2 脚 RXD：接收数据(输入)。

7 脚 RTS：请求发送数据(输出)。

8 脚 CTS：允许发送数据(输入)。

6 脚 DSR：对方准备好(输入)。

5 脚 SG(GND)：地脚。

1 脚 DCD：对方接收另一端(远地)数据时状态(输入)。

4 脚 DTR：本方准备好(输出)。

9 脚 RI：对方收到振铃时状态(输入)。

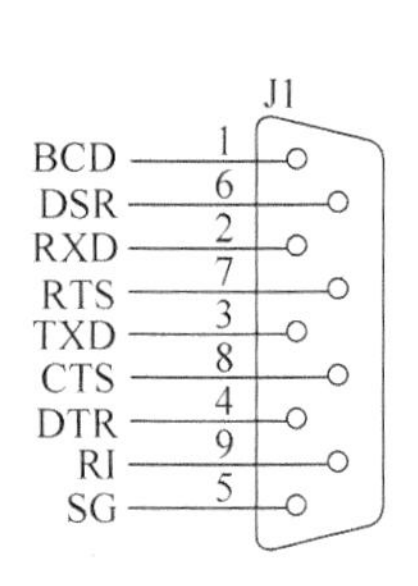

图 5-4　RS-232C 的接口

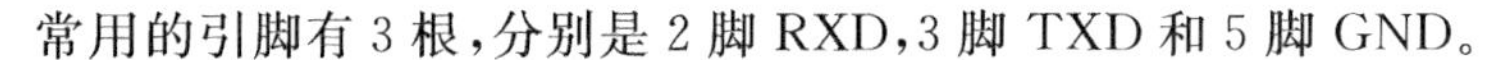

常用的引脚有 3 根，分别是 2 脚 RXD，3 脚 TXD 和 5 脚 GND。

3. 电气特性

RS-232 协议规定最大的通信速度为 20kb/s，这种速率基本可以满足早期信息传输的需要，但是随着科技的进步，人们对速度的要求越来越高，于是出现原始 RS-232 标准的修订版本，通信速率不断被加快。作为单片机系统，由于其处理能力有限，工作频率不是很高，一般可实现的最高通信速率约为 112kb/s。

RS-232 协议对数字信号的真值与电平的对应关系作了定义，即大于＋3V 的信号被认为是逻辑 0，小于－3V 的信号则被认为是逻辑 1。这里的“电平”是指相对于传输线“信号地”(Signal Ground)的电压。需要说明的是，一般单片机上的 UART 接口虽然在位格式上与 RS-232 协议的定义一样，但是它们在电平定义上是完全不同的。

AVR 单片机的输出信号实际上并不符合 RS-232 的标准，因为其串行通信管脚上的电压为 TTL 标准，即 0～5V 之间的两个状态，传输距离一般在 1～2m 以内。另一方面 RS-232 信号的电压一般在－12～＋12V 之间；另外，彼此对于逻辑 1 和逻辑 0 的定义也完全不同，因此，二者进行通信时，中间必须插入一个电平和逻辑转换环节。

EIA- RS-232C 电平：逻辑 1　－3～－15V

　　　　　　　　　逻辑 0　＋3～＋15V

TTL 电平：　　　　逻辑 1　＋2.7～＋5V

　　　　　　　　　逻辑 0　0～＋0.5V

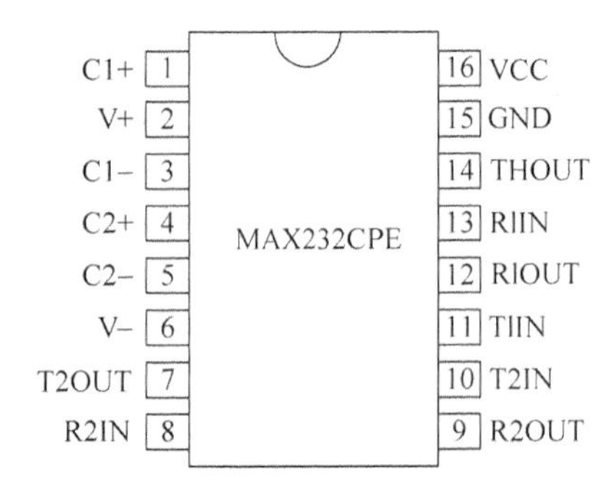

图 5-5　MAX232 芯片引脚图

近年来出现了许多单电源电平转换芯片，其中最为流行的是 MAXIM 公司的 MAX232 芯片，如图 5-5 所示。它提供 4 路转换通道，其中两路用于将 RS-232 电平转换为 TTL 电平，另外两路用于将 TTL 电平转换为 RS-232 信号。一般说来，该芯片需要 4 个外接电容，根据芯片型号的后缀不同，电容的最小值有不同的取值。MAX232 需要外接最小 1μF 的电容，而 MAX232A 只需要接 0.1μF 的电容即可。

进行具体设计时，将 9 芯的 RS-232 的 2 脚与 MAX232 芯片的输出引脚 7 脚 T2out 相连，9 芯的

RS-232 的 3 脚与 MAX232 芯片的输入引脚 8 脚 R2IN 相连，9 芯的 RS-232 的 5 脚接地。

但对于两个单片机直接连接而言，由于两者都是 TTL 电平，则不需要电平转换芯片，不过两者的 TXD 和 RXD 需要相互反接才能正常收发；此外，两者的波特率还需要一致。

4. 通信软件介绍

在完成各硬件连接后，使用友善串口调试助手进行软件调试。友善串口调试助手界面如图 5-6 所示。

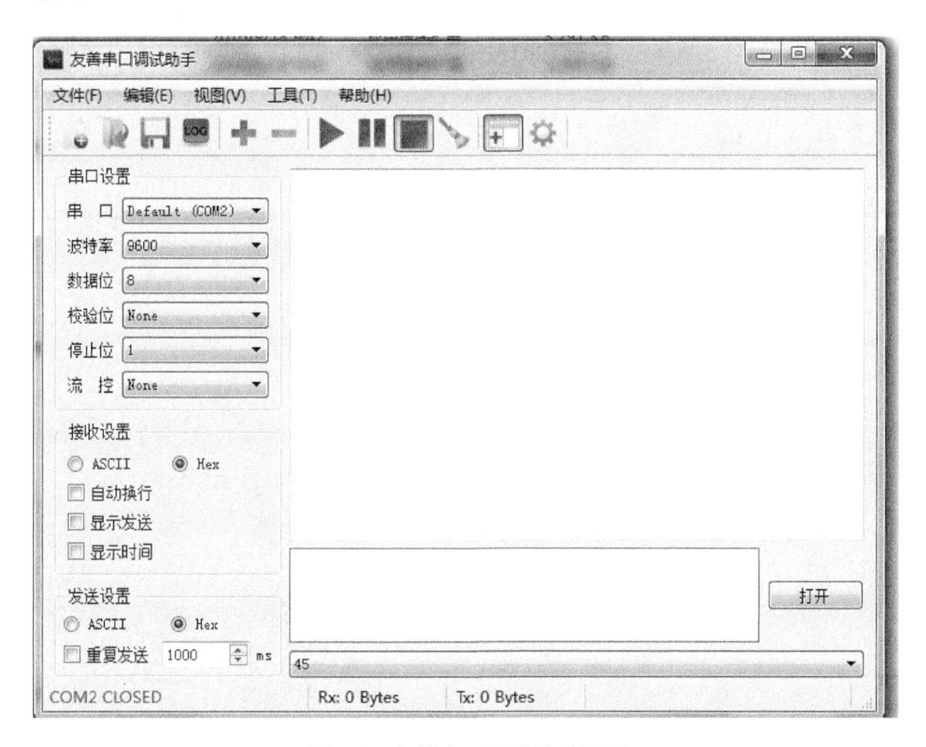

图 5-6　友善串口调试助手界面

当数据线一端接单片机 RS-232 接口，另一端接计算机 USB 端口，单片机上电后，设置正确的串口、波特率等就可以实现串行通信了，注意的是友善串口接收或发送装置的 Hex 就是十六进制数。

5.4　串行通信系统设计

设计举例；打开串行助手软件，设置串口号，十六进制显示以及输入十六进制发送，下位机（单片机）以十进制显示在 12864 上第一行。

硬件电路图如图 5-7 所示。

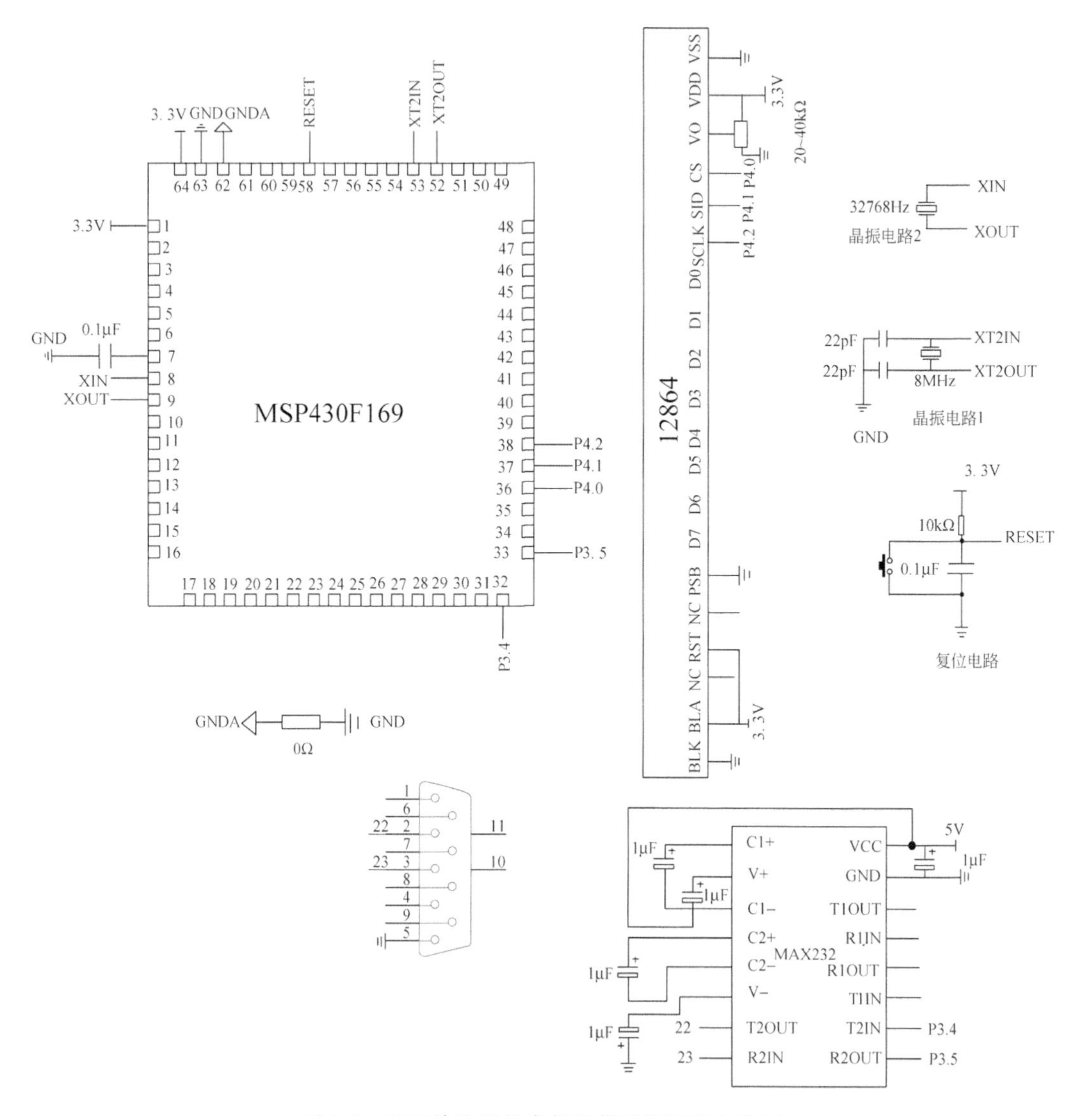

图 5-7 基于单片机的串行通信系统设计电路图

用 ACLK 作为时钟源，波特率为 9600bps，程序清单如下：

```
#include <MSP430x14x.h>
#include "string.h"
#define uint unsigned int
#define uchar unsigned char
#define ulong unsigned long
#define SID BIT1
#define SCLK BIT2
#define CS BIT0
#define LCDPORT P4OUT
```

```
#define SID_1     LCDPORT |= SID            //SID置高
#define SID_0     LCDPORT &= ~SID           //SID置低
#define SCLK_1    LCDPORT |= SCLK           //SCLK置高
#define SCLK_0    LCDPORT &= ~SCLK          //SCLK置低
#define CS_1      LCDPORT |= CS             //CS置高
#define CS_0      LCDPORT &= ~CS            //CS置低
uchar lcd_bus;
uchar table[7] = "       ";
uchar dis_flag;
int data,time1 = 0,k;
void delay(unsigned char ms)
{
    unsigned char i,j;
    for(i = ms;i > 0;i -- )
    for(j = 120;j > 0;j -- );
}

void delay_ms(uint aa)
{
    uint ii;
    for(ii = 0;ii < aa;ii++)
    __delay_cycles(8000);
}

void delay_us(uint aa)
{
    uint ii;
    for(ii = 0;ii < aa;ii++)
    __delay_cycles(8);
}

void sendbyte(uchar zdata)                  //数据传送函数
{
    uint i;
    for(i = 0;i < 8;i++)
    {
        if((zdata << i)&0x80)
        {
            SID_1;
        }
        else
        {
            SID_0;
        }
        delay(1);
        SCLK_0;
        delay(1);
```

```
        SCLK_1;
        delay(1);
    }
}
/************************************************************
*名    称:LCD_Write_cmd()
*功    能:写一个命令到LCD12864
*入口参数:cmd为待写入的命令,无符号字节形式
*出口参数:无
*说    明:写入命令时,RW=0,RS=0扩展成24位串行发送
*格    式:11111 RW0 RS 0 xxxx0000 xxxx0000
*           |最高的字节 |命令的bit7~4|命令的bit3~0|
************************************************************/
void write_cmd(uchar cmd)
{
    CS_1;
    sendbyte(0xf8);
    sendbyte(cmd&0xf0);
    sendbyte((cmd << 4)&0xf0);
}

/************************************************************
*名    称:LCD_Write_Byte()
*功    能:向LCD12864写入一个字节数据
*入口参数:byte为待写入的字符,无符号形式
*出口参数:无
*范    例:LCD_Write_Byte('F') //写入字符'F'
************************************************************/

void write_dat(uchar dat)
{
    CS_1;
    sendbyte(0xfa);
    sendbyte(dat&0xf0);
    sendbyte((dat << 4)&0xf0);
}
/************************************************************
*名    称:LCD_pos()
*功    能:设置液晶的显示位置
*入口参数:x为第几行,1~4对应第1行~第4行
*          y为第几列,0~15对应第1列~第16列
*出口参数:无
*范 例:LCD_pos(2,3) //第2行,第4列
************************************************************/
void lcd_pos(uchar x,uchar y)
{
    uchar pos;
```

```
    if(x == 0)
    {x = 0x80;}
    else if(x == 1)
    {x = 0x90;}
    else if(x == 2)
    {x = 0x88;}
    else if(x == 3)
    {x = 0x98;}
    pos = x + y;
    write_cmd(pos);
}
/ *************************************************** /
//LCD12864 初始化
void LCD_init(void)
{
    write_cmd(0x30);                          //基本指令操作
    delay(5);
    write_cmd(0x0C);                          //显示开,关光标
    delay(5);
    write_cmd(0x01);                          //清除 LCD 的显示内容
    delay(5);
    write_cmd(0x02);                          //将 AC 设置为 00H,且游标移到原点位置
    delay(5);
}

void display(int num)
{
    if(num <= 9&&num > 0)
    {
        dis_flag = 1;
        table[0] = num % 10 + '0';
        table[1] = ' ';
    }
    for(k = 0;k < 2;k++)
    {
        lcd_bus = table[k];
        write_dat(lcd_bus);
        delay(5);
    }
    else if(num <= 99&num > 9)
    {
        dis_flag = 2;
        table[0] = num/10 + '0';
        table[1] = num % 10 + '0';
        for(k = 0;k < 2;k++)
        {
            lcd_bus = table[k];
```

```
                write_dat(lcd_bus);
                delay(5);
            }
        }
        else if(num <= 999& num > 99)
        {
            dis_flag = 3;
            table[0] = num/100 + '0';
            table[1] = num/10 % 10 + '0';
            table[2] = num % 10 + '0';
            for(k = 0;k < 3;k++)
            {
                lcd_bus = table[k];
                write_dat(lcd_bus);
                delay(5);
            }
        }
        else if(num <= 9999& num > 999)
        {
            dis_flag = 4;
            table[0] = num/1000 + '0';
            table[1] = num/100 % 10 + '0';
            table[2] = num/10 % 10 + '0';
            table[3] = num % 10 + '0';
        }
        for(k = 0;k < 4;k++)
        {
            lcd_bus = table[k];
            write_dat(lcd_bus);
            delay(5);
        }
    }
}

#pragma vector = UART0RX_VECTOR
__interrupt void UART0_RXISR(void)
{
    data = RXBUF0;
    time1 = data;
    IFG1& = ~ URXIFG0;
}

int main( void )
{
    WDTCTL = WDTPW + WDTHOLD;
    P4OUT = 0x0f;
    P4DIR = BIT0 + BIT1 + BIT2;
```

```
    LCD_init( );
    P3SEL |= 0x30;                    // 选择 P3.4 和 P3.5 作 UART 通信端
    ME1 |= UTXE0 + URXE0;             // 使能 USART0 的发送和接收
    UCTL0 |= CHAR;                    // 选择 8 位字符
    UTCTL0 |= SSEL0;                  // UCLK = ACLK
    UBR00 = 0x03;                     // 波特率 9600
    UBR10 = 0x00;                     //
    UMCTL0 = 0x4A;                    // 波特率修正
    UCTL0 &= ~SWRST;                  // 初始化 UART 状态机
    IE1 |= URXIE0;                    // 使能 USART0 的接收中断
    IFG1&= ~ URXIFG0;
    _EINT( );
    delay(40);
    while(1)
    {
        while (!(IFG1 & URXIFG0));
        lcd_pos(0,0);
        display(time1);
    }
}
```

因为是采用 ACLK 作为时钟源，其频率为 32768Hz，设置波特率为 9600bps，则 32768/9600=3.4133，整数部分为 3，故 UBR00=0x03；UBR10=0x00；小数部分为 0.4133，则 0.4133×8=3.3，取整即为 3。即说明 UMCTL0 寄存器必须有 3 个 1，其他均为 0。把 1 分散排列，故 UMCTL0=0x4A 。

现在看串行接收中断函数 #pragma vector = UART0RX_VECTOR 的含义。

```
__interrupt void UART0_RXISR(void)
{
    data = RXBUF0;
    time1 = data;
    IFG1& = ~ URXIFG0;
}
```

发生中断时，寄存器 RXBUF0 把收到的数据传给 data，后又传给 time1，然后清除接收中断标志位(fIFG1&=~ URXIFG0)。在主函数中 while (! (IFG1 & URXIFG0))看串口 0 接收数据是否完成，若未完成，则继续等待。若完成，则显示收到的数据。

现用 SMCLK 作为时钟源，波特率为 9600bps，程序清单如下(为节省篇幅，程序相同部分省略)：

```
#include <MSP430x14x.h>
#define uint unsigned int
#define uchar unsigned char
#define ulong unsigned long
#define SID BIT1
```

```
#define SCLK BIT2
#define CS BIT0
#define LCDPORT P4OUT
#define SID_1     LCDPORT |= SID          //SID 置高
#define SID_0     LCDPORT &= ~SID         //SID 置低
#define SCLK_1    LCDPORT |= SCLK         //SCLK 置高
#define SCLK_0    LCDPORT &= ~SCLK        //SCLK 置低
#define CS_1      LCDPORT |= CS           //CS 置高
#define CS_0      LCDPORT &= ~CS          //CS 置低
uchar lcd_bus;
uchar table[7] = "     ";
uchar dis_flag;
int k,data,time = 0;;
void delay(unsigned char ms)
{
    …
}

void Clk_Init( )
{
    unsigned char i;
    BCSCTL1& = ~XT2OFF;                   //打开 XT2 振荡器
    BCSCTL2| = SELS;
    BCSCTL2| = DIVS0 + DIVS1;
    do
    {
        IFG1 &= ~OFIFG;                   //清除振荡错误标志
        for(i = 0; i < 0xff; i++) _NOP(); //延时等待
    }
    while ((IFG1 & OFIFG) != 0);          //如果标志为 1,继续循环等待
    IFG1& = ~OFIFG;
}

void delay_ms(uint aa)
{
    …
}

void delay_us(uint aa)
{
    …
}
void sendbyte(uchar zdata)                //数据传送函数
{
    …
}
```

```
void write_cmd(uchar cmd)
{
    …
}
void write_dat(uchar dat)
{
    …
}

void lcd_pos(uchar x,uchar y)
{
    …
}

void LCD_init(void)
{
    …
}
void display(int num)
{
    …
}

#pragma vector = UART0RX_VECTOR
__interrupt void UART0_RXISR(void)
{
    data = RXBUF0;
    time = data;
    IFG1& = ~URXIFG0;
}

int main( void )
{
    WDTCTL = WDTPW + WDTHOLD;
    Clk_Init();                          //时钟初始化
    P4OUT = 0x0f;
    P4DIR = BIT0 + BIT1 + BIT2;
    LCD_init();
    P3SEL | = 0x30;                      //选择 P3.4 和 P3.5 作 UART 通信端
    ME1 | = UTXE0 + URXE0;               //使能 USART0 的发送和接收
    UCTL0 | = CHAR;                      //选择 8 位字符
    UTCTL0 | = SSEL1;                    //UCLK = ACLK
    UBR00 = 0x68;                        //波特率为 9600
    UBR10 = 0x00;
    UMCTL0 = 0x02;                       //Modulation
    UCTL0 & = ~SWRST;                    //初始化 UART 状态机
    IE1 | = URXIE0;                      //使能 USART0 的接收中断
```

```
        IFG1& = ~ URXIFG0;
        _EINT( );
        delay(40);
        while(1)
        {
            while (!(IFG1 & URXIFG0));
            lcd_pos(0,0);
            display(time);
        }
    }
```

因为是采用 SMCLK 作为时钟源，其频率为 8MHz，8 分频（BCSCTL2 | = DIVS0 + DIVS1）后为 1MHz。设置波特率为 9600bps，则 1000 000/9600 = 104.166，整数部分为 104，故 UBR00 = 0x68；UBR10 = 0x00；小数部分为 0.166，则 0.166×8 = 1.328，取整即为 1。即说明 UMCTL0 寄存器必须有 1 个 1，其他均为 0，故 UMCTL0 = 0x02。

现用 SMCLK 作为时钟源，波特率为 38400bps，程序清单如下。为节省篇幅，程序相同部分省略。

```
#include <MSP430x14x.h>
#define uint unsigned int
#define uchar unsigned char
#define ulong unsigned long
#define SID BIT1
#define SCLK BIT2
#define CS BIT0
#define LCDPORT P4OUT
#define SID_1      LCDPORT | = SID          //SID 置高
#define SID_0      LCDPORT & = ~SID         //SID 置低
#define SCLK_1     LCDPORT | = SCLK         //SCLK 置高
#define SCLK_0     LCDPORT & = ~SCLK        //SCLK 置低
#define CS_1       LCDPORT | = CS           //CS 置高
#define CS_0       LCDPORT & = ~CS          //CS 置低
uchar lcd_bus;
uchar table[7] = "      ";
uchar dis_flag;
int k,data,time = 0;;
void delay(unsigned char ms)
{
    …
}

void Clk_Init( )
{
    unsigned char i;
    BCSCTL1& = ~XT2OFF;                     //打开 XT2 振荡器
    BCSCTL2| = SELS;
```

```
    do
    {
      IFG1 &= ~OFIFG;                        //清除振荡错误标志
        for(i = 0; i < 0xff; i++) _NOP();    //延时等待
    }
    while ((IFG1 & OFIFG) != 0);             //如果标志为 1,继续循环等待
    IFG1& = ~OFIFG;
}

void delay_ms(uint aa)
{
    …
}

void delay_us(uint aa)
{
    …
}

void sendbyte(uchar zdata)                   //数据传送函数
{
    …
}

void write_cmd(uchar cmd)
{
    …
}

void write_dat(uchar dat)
{
    …
}

void lcd_pos(uchar x,uchar y)
{
    …
}

void LCD_init(void)
{
    …
}

void display(int num)
{
    …
```

```
    }

    #pragma vector = UART0RX_VECTOR
    __interrupt void UART0_RXISR(void)
    {
        data = RXBUF0;
        time = data;
        IFG1& = ~ URXIFG0;
    }

    int main( void )
    {
        WDTCTL = WDTPW + WDTHOLD;
        Clk_Init( );                          //时钟初始化
        P4OUT = 0x0f;
        P4DIR = BIT0 + BIT1 + BIT2;
        LCD_init( );
        P3SEL | = 0x30;                       // 选择 P3.4 和 P3.5 作 UART 通信端
        ME1 | = UTXE0 + URXE0;                // 使能 USART0 的发送和接收
        UCTL0 | = CHAR;                       // 选择 8 位字符
        UTCTL0 | = SSEL1;                     // UCLK = smclk
        UBR00 = 0xd0;                         // 波特率为 38400
        UBR10 = 0x00;
        UMCTL0 = 0x92;                        // Modulation
        UCTL0 & = ~SWRST;                     // 初始化 UART 状态机
        IE1 | = URXIE0;                       // 使能 USART0 的接收中断
        IFG1& = ~ URXIFG0;
        _EINT( );
        delay(40);
        while(1)
        {
            while (!(IFG1 & URXIFG0));
            lcd_pos(0,0);
            display(time);
        }
    }
```

因为是采用 SMCLK 作为时钟源，其频率为 8MHz，设置波特率为 38400bps，则 8000000/38400＝208.33，整数部分为 208，故 UBR00＝0xd0；UBR10＝0x00；小数部分为 0.33，则 0.33×8＝2.64，四舍五入取整为 3。即说明 UMCTL0 寄存器必须有 3 个 1，其他均为 0。故 UMCTL0＝0x92。

请读者思考一下，如果仍采用 SMCLK 的 8MHz 作为时钟源，不分频，设置波特率为 9600bps，寄存器 UBR00、UBR10 和 UMCTL0 如何设置，这里提示一下，把 UBR00 装满，剩余部分装入 UBR10 即可。

图 5-8 是把串行助手软件设定的数据（十六进制）发送到 12864 显示屏上（十进制）。

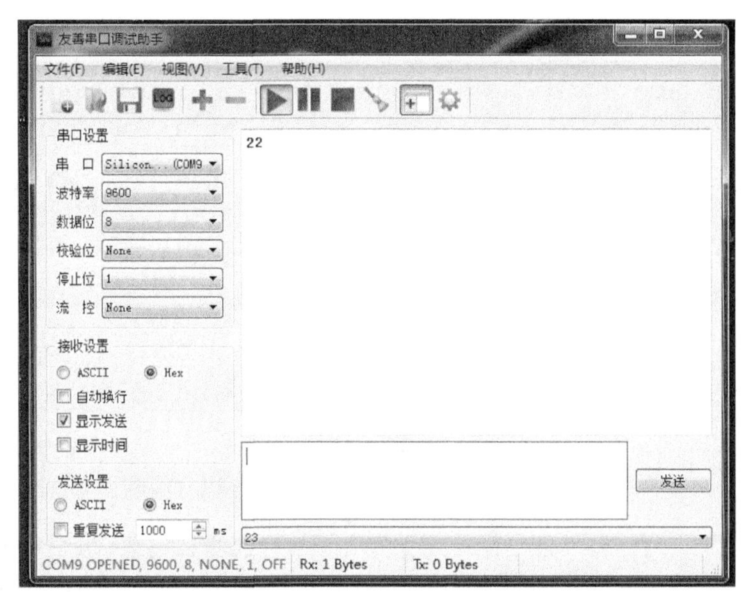

图 5-8　基于单片机的串行通信系统设计实验结果

第6章

I2C 接口的应用

6.1 I2C 通信协议概述

I2C 通信协议是一种高性能芯片间串行同步传输协议，它只需要两根信号线就能实现双工同步数据传输，能够极其方便地构成多机系统和外围器件扩展系统，I2C 接口采用器件地址的硬件设置方法，通过软件选址完全避免了器件片选寻址的缺点，使得硬件系统具有简单、灵活的扩展方法。

1. 两线串行接口总线定义

两线接口 I2C 很适合于典型的处理器应用。I2C 协议允许系统设计者只用两根双向传输线就可以将 128 个不同的设备连接到一起。这两根线一是时钟 SCL，一是数据 SDA。外部硬件只需要两个上拉电阻，每根线连接一个。所有连接到总线上的设备都有自己的地址。I2C 总线的连接如图 6-1 所示。

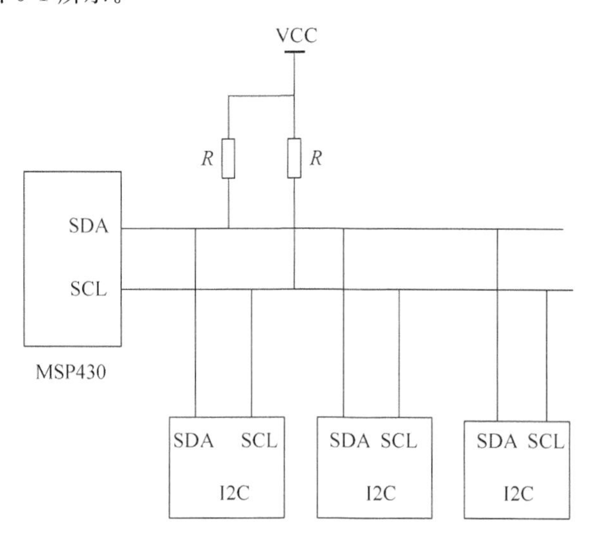

图 6-1　I2C 总线连接方式

从图 6-1 可以看出，两根线都通过上拉电阻与正电源连接。所有 I2C 兼容的器件的总线驱动都是漏极开路或集电极开路的，这样就实现了对接口操作非常关键的线与功能。I2C 器件输出为"0"时，I2C 总线会产生低电平。当所有的 I2C 器件输出为三态时，总线会输出高电平，允许上拉电阻将电压拉高。注意，为保证所有的总线操作，凡是与 I2C 总线连接的 AVR 器件必须上电。与总线连接的器件数目受如下条件限制：总线电容要低于 400pF，而且可以用 7 位从机地址进行寻址。这里给出了两个不同的规范，一种是总线速度低于 100kHz，而另外一种是总线速度高达 400kHz。

2. 数据传输和帧格式

I2C 总线上数据位的传送与时钟脉冲同步。时钟线为高时，数据线电压必须保持稳定，除非在启动与停止的状态下。

1) START/STOP 状态

主机启动与停止数据传输。主机在总线上发出 START 信号以启动数据传输；在总线上发出 STOP 信号以停止数据传输。在 START 与 STOP 状态之间，需要假定总线忙，不允许其他主机控制总线。特例是在 START 与 STOP 状态之间发出一个新的 START 状态。这被称为 REPEATED START 状态，适用于主机在不放弃总线控制的情况下启动新的传送。在 REPEATED START 之后，直到下一个 STOP，需要假定总线处于忙的状态，这与 START 是完全一样的。因此在本章中，如果没有特殊说明，START 与 REPEATED START 均用 START 表述。START 与 STOP 状态是在 SCL 线为高时，通过改变 SDA 电平来实现的。

2) 地址数据包格式

所有在 I2C 总线上传送的地址包为 9 位或 12 位，包括 7 位地址位或 10 位地址、1 位 READ/WRITE 控制位与 1 位应答位。如果 READ/WRITE 为 1，则执行读操作；否则执行写操作。从机被寻址后，必须在第 9 个 SCL (ACK)周期通过拉低 SDA 做出应答。若该从机忙或有其他原因无法响应主机，则应该在 ACK 周期保持 SDA 为高。然后主机可以发出 STOP 状态或 REPEATED START 状态重新开始发送。

地址字节的 MSB 首先被发送。从机地址由设计者自由分配，但需要保留地址 0000 000 作为广播地址。当发送广播呼叫时，所有的从机应在 ACK 周期通过拉低 SDA 做出应答。当主机需要发送相同的信息给多个从机时可以使用广播功能。当 WRITE 位在广播呼叫之后发送，所有的从机在 ACK 周期通过拉低 SDA 做出响应。所有的从机接收到紧跟的数据包。注意在整体访问中发送 READ 位没有意义，因为如果几个从机发送不同的数据会带来总线冲突。所有形如 1111 xxx 格式的地址都需要保留，以便将来使用。

3) 数据包格式

所有在 I2C 总线上传送的数据包为 9 位，包括 8 位数据位及 1 位应答位。在数据传送中，主机产生时钟及 START 与 STOP 状态，而接收器响应接收。应答是由从机在第 9 个 SCL 周期拉低 SDA 实现的。如果接收器使 SDA 为高，则发出 NACK 信号。接收器完成接收，或者由于某些原因无法接收更多的数据，应该在收到最后的字节后发出 NACK 来告知发送器。数据的 MSB 首先发送。

4）地址包和数据包组合为一个完整的传输过程

发送主要由 START 状态、元器件地址＋R/W、至少一个数据包及 STOP 状态组成。只有 START 与 STOP 状态的空信息是非法的。可以利用 SCL 的线与功能来实现主机与从机的握手。从机可通过拉低 SCL 来延长 SCL 低电平的时间。当主机设定的时钟速度相对于从机太快，或从机需要额外的时间来处理数据时，这一特性是非常有用的。从机延长 SCL 低电平的时间不会影响 SCL 高电平的时间，因为 SCL 高电平时间是由主机决定的。由上述可知，通过改变 SCL 的占空比可降低 I2C 数据传送速度。

6.2 I2C 模式操作

MSP430 的 I2C 模块支持 7 位和 10 位两种寻址模式，7 位寻址模式最多寻址 128 个设备，10 位寻址模式最多寻址 1024 个设备，I2C 总线理论上的最大设备数是以总线上所有器件的电容总和不超过 400pF 为限，总线上所有器件要依靠 SDA 发送的地址信号寻址，不需要片选信号。

1. SCL 和 SDA 引脚

SCL 与 SDA 为 MCU 的 I2C 接口引脚。引脚的输出驱动器包含一个波形斜率限制器以满足 I2C 规范。引脚的输入部分包括尖峰抑制单元以去除小于 50ns 的毛刺。当相应的端口设置为 SCL 与 SDA 引脚时，可以使能 I/O 口内部的上拉电阻，这样可省掉外部的上拉电阻。

2. 7 位寻址模式

7 位寻址模式下 I2C 数据传输格式如图 6-2 所示，第一个字节由 7 位从地址和位组成，不论总线上传送地址信息还是数据信息，每个字节传输完毕接收设备都会发送响应位，地址类信息传输之后是数据信息，直到接收到停止信号。

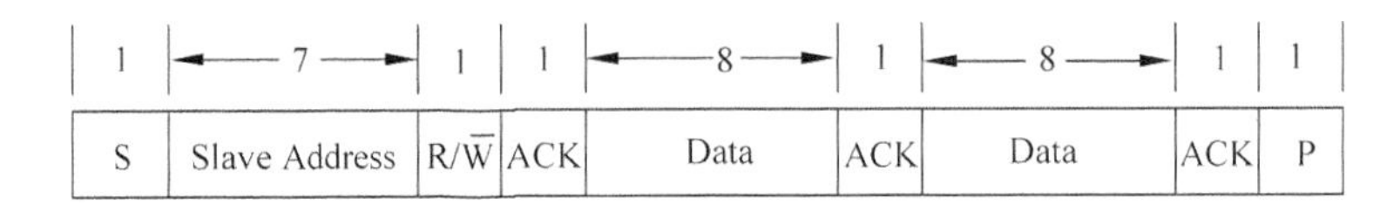

图 6-2　7 位寻址模式数据格式

3. 10 位寻址模式

10 位寻址模式下 I2C 数据传输格式如图 6-3 所示，第一个字节由二进制位 11110 和从地址的最高两位以及和位组成，第一个字节传输完毕依然还是响应位，第二个字节是 10 位从地址的低 8 位，后面是响应位和数据。

4. 电气特性

I2C 模块能在两个设备字节传输信息，采用的方法是总线电气特性、总线仲裁和时钟同

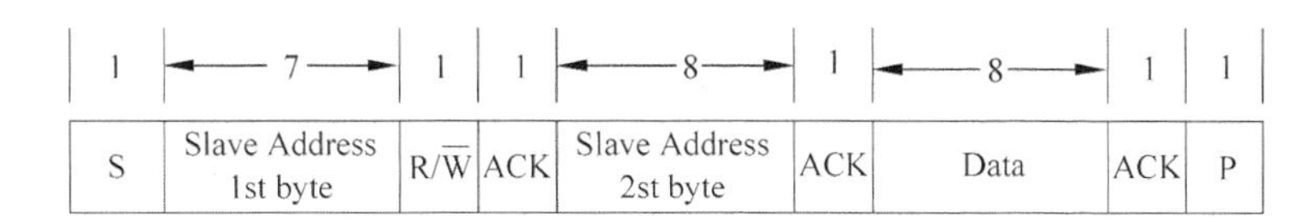

图 6-3　10 位寻址模式数据格式

步。所谓电气特性就是起始位时，SCL＝1，SDA 有下降沿；停止位时，SCL＝1，SDA 有上升沿。

起始位之后总线被认为忙，即有数据在传输，SCL 为高电平时，SDA 的数据必须保持稳定，否则由于起始位和停止位的电气边沿特性，SDA 上数据发生改变将被识别成起始位或停止位，所以只有当 SCL 为低电平时才允许 SDA 上的数据发生改变，停止位之后总线被认为闲，空闲状态时 SCL 和 SDA 都是高电平。当一个字节发送或接收完毕需要 CPU 干预时，SCL 一直保持低电平。

当两个或多个主发送设备在总线上同时开始发送数据时，总线仲裁过程能够避免总线冲突，当两个设备同时发出起始位进行数据传输时，相互竞争的设备使它们的时钟保持同步，正常发送数据，没有检测到冲突之前，每个设备都认为只有自己在使用总线。

仲裁过程中，要对来自不同设备的时钟进行同步处理，某个快速设备的速度可能被其他设备降低，在 SCL 上，第一个低电平的主设备强制其他主设备也发送低电平，SCL 保持为低，如果某些主设备已经结束低电平状态，就开始等待，直到所有的主设备都结束低电平时钟。

5. I2C 模块的传输模式

I2C 模块的传输模式为主从式，对系统中的某一器件来说，有 4 种可能的工作方式：主机发送方式、从机发送方式、主机接收方式和从机接收方式。

1）主机模式

（1）主机发送模式

设置 XA＝1 或 0 决定从器件的地址宽度，并写入 I2CSA 寄存器，I2CTRX＝1 为发送模式，I2CSTT＝1 则产生起始条件。

主机检测到 I2C 总线有效时，就会产生起始条件，发送从机地址，并且 TXRDYIFG 被置位，一旦接收到从机的应答信号，主机的 I2CSTT 就会被清除。

主机在传输从机地址期间，如果仲裁没有丢失，则写入到数据缓冲器 TXDBUF 中的数据就会被传送，一旦被传送到输出移位寄存器，TXRDYIFG 就会被立即置位，如果在收到从机应答信号之前，没有把要发送的数据写入发送缓冲器，则总线在 SCL 为低时保持应答周期，直到数据被写入到数据缓冲器 TXDBUF，只要主机的 I2CSTP 和 I2CSTT 仍未被置位，数据传送或者总线将被保持。

（2）主机接收模式

主机的初始化完成后，通过 XA＝1 或 0 决定从器件的地址宽度，并写入 I2CSA 寄存器，I2CTRX＝0 为接收模式，I2CSTT 则产生起始条件。

主机监测到I2C总线有效时，就会产生起始条件，发送从机地址，并且TXRDYIFG置位，主机一旦接收到从器件的应答信号，I2CSTT就会被清除。

主机接收到从器件的应答信号后，接收来自于从机的数据和应答信号，并置位RXRDYIFG，只要主机的I2CSTP和I2CSTT不被置位，就一直处于接收来自于从机数据的状态，如果主机不读取接收缓冲器RXBUF，主机就保持接收状态，直到读取接收缓冲器RXBUF为止。

如果从机不对地址做出应答，主机的非地址应答中断标志将会被置位，则需要发出停止条件，或者再次发出起始条件。

2）从机模式

（1）从机发送模式

当接收到主机发送的地址并被识别为自己地址时，从机会根据包含在地址中的读写信号，进入从发送工作状态，从机发送器在时钟信号（由主机产生）的作用下，将串行数据一位一位地发送到数据总线

如果主机请求从机发送数据，主机就会自动配置成接收者，SCL时钟保持为低，一直到要发送的数据写入发送数据缓冲器为止，然后从机做出地址相应，并且发送数据，一旦数据被转移到发送移位寄存器，置位后，以备发送新的数据，在主机发送应答信号后，从机就可以将下一个数据写入发送缓冲器TXBUF。

（2）从机接收模式

当接收到主机发送的地址，并识别为自己的地址时，从机就会根据包含在地址中的读写信息，进入从机接收工作状态，从机接收器在时钟信号（由主机产生）的作用下，就会从数据总线SDA上一位一位地接收数据。如果从机接收到来自于主机的数据，就会自动变成接收者，并且复位，接收到一个字节数据后，从机的RXRDYIFG被置位，并产生一个应答信号，以表明可以接收下一个数据了。

6.3 I2C寄存器说明

下面介绍与I2C接口相关寄存器定义。

1. 串行控制寄存器（I2C模式）——U0CTL

其各位定义如下：

位	7	6	5	4	3	2	1	0
	RXDMEAN	TXDMEAN	I2C	XA	LISTEN	SYNC	MST	I2CEN

位7——RXDMEAN，接收DMA使能。0：禁止；1：使能。

位6——TXDMEAN，发送DMA使能。0：禁止；1：使能。

位5——I2C，I2C模式使能。0：SPI模式；1：I2C模式。

位 4——XA,扩展地址。0：7 位地址；1：10 位地址。

位 3——LISTEN,反馈模式。0：正常模式；1：SDA 内部反馈给接收器。

位 2——SYNC 同步模式使能。0：UART 模式；1：SPI 或 I2C 模式。

位 1——MST 主机或从机选择。0：从机模式；1：主机模式。

位 0——I2CEN,I2C 使能位。0：I2C 不使能；1：I2C 使能。

2. I2C 发送控制寄存器——I2CTCTL

其各位定义如下：

位	7	6	5	4	3	2	1	0
	I2CWORD	I2CRM	I2CSSELx		I2CTRX	I2CSTB	I2CSTP	I2CSTT

位 7——I2CWORD：字或字节模式。0：字节模式；1：字模式。

位 6——I2CRM：I2C 重复模式。0：I2CNDAT 定义了被发送的字节数；1：被发送的字节数由软件控制,I2CNDAT 不起作用。

位 5、4——I2CSSELx：I2C 时钟源选择。

00：无时钟,I2C 模式不工作；

01：ACLK；10：SMCLK；11：SMCLK。

位 3——I2CTRX：发送或接收模式。0：接收模式；1：发送模式。

位 2——I2CSTB：起始字节。在主机模式下,当 I2CSTP 和 I2CSTT 置位,初始化 I2CSTB 自动清零。0：无响应；1：发送起始条件。

位 1——I2CSTP：停止位。0：无响应；1：发送停止条件。

位 0——I2CSTT：起始位。在主机模式下,当 I2CSTP 和 I2CSTT 置位,初始化 I2CSTB 自动清零。0：无响应；1：发送起始条件。

3. I2C 数据控制寄存器——I2CDCTL

其各位定义如下：

位	7	6	5	4	3	2	1	0
	Unused	Unused	I2CBUSY	I2C SCLLOW	I2CSBD	I2CTXUDF	I2CRXOVR	I2CBB

位 7 、位 6 不用。

位 5——I2CBUSY：I2C 忙检测。0：I2C 空闲；1：I2C 忙。

位 4——I2C SCLLOW：SCL 高低电平。0：SCL 高电平；1：SCL 低电平。

位 3——I2CSBD：字节。0：字有效；1：低字节有效

位 2——I2CTXUDF：发送下溢。0：下溢没有发生；1：下溢发生。

位 1——I2CRXOVR：接收超限。0：接收没有超限；1：接收超限。

位 0——I2CBB：I2C 总线忙检测。0：I2C 总线不忙；1：I2C 总线忙。

4. I2C 中断使能寄存器——I2CIE

其各位定义如下：

位	7	6	5	4	3	2	1	0
	STTIE	GCIE	TXRDYIE	RXRDYIE	ARDYIE	OAIE	NACKIE	ALIE

位 7——STTIE：起始位检测中断使能。0：该中断禁止；1：该中断使能。
位 6——GCIE：一般调用中断使能。0：该中断禁止；1：该中断使能。
位 5——TXRDYIE：发射准备好中断使能。0：该中断禁止；1：该中断使能。
位 4——RXRDYIE：接收准备好中断使能。0：该中断禁止；1：该中断使能。
位 3——ARDYIE：访问准备好中断使能。0：该中断禁止；1：该中断使能。
位 2——OAIE：本机地址中断使能。0：该中断禁止；1：该中断使能。
位 1——NACKIE：无响应中断使能。0：该中断禁止；1：该中断使能。
位 0——ALIE：仲裁失败中断使能。0：该中断禁止；1：该中断使能。

5. I2C 中断标志位寄存器——I2CIFG

其各位定义如下：

位	7	6	5	4	3	2	1	0
	STTIFG	GCIFG	TXRDYIFG	RXRDYIFG	ARDYIFG	OAIFG	NACKIFG	ALIFG

位 7——STTIFG：起始位检测中断标志位。0：该中断没有发生；1：该中断发生。
位 6——GCIFG：一般调用中断标志位。0：该中断没有发生；1：该中断发生。
位 5——TXRDYIFG：发射准备好中断标志位。0：该中断没有发生；1：该中断发生。
位 4——RXRDYIFG：接收准备好中断标志位。0：该中断没有发生；1：该中断发生。
位 3——ARDYIFG：访问准备好中断标志位。0：该中断没有发生；1：该中断发生。
位 2——OAIFG：本机地址中断标志位。0：该中断没有发生；1：该中断发生。
位 1——NACKIFG：无响应中断标志位。0：该中断没有发生；1：该中断发生。
位 0——ALIFG：仲裁失败中断标志位。0：该中断没有发生；1：该中断发生。

6. I2C 数据寄存器——I2CDRW、I2CDRB

其各位定义如下：

位	15	14	13	12	11	10	9	8
I2CDRW High Byte								

位	7	6	5	4	3	2	1	0
I2CDRW Low Byte								

I2C 数据寄存器，当 I2CWORD＝1 时，寄存器的名称为 I2CDRW；当 I2CWORD＝0 时，寄存器的名称为 I2CDRB。

7. 中断向量寄存器——I2CIV

其各位定义如下：

位	15	14	13	12	11	10	9	8
	0	0	0	0	0	0	0	0
位	7	6	5	4	3	2	1	0
	0	0	0	I2CIVx				0

该寄存器只有 4 个有效控制位，该控制位不同值就对应不同的中断向量，如表 6-1 所示。

表 6-1 I2CIV 值与中断向量对应关系表

I2CIVx	中　断　源	中断标志位	中断优先级
000h	无中断		
002h	仲裁失败	ALIFG	最高
004h	无应答	NACKIFG	
006h	本机地址	OAIFG	
008h	寄存器访问准备	ARDYIFG	
00Ah	接收数据准备	RXRDYIFG	
00Ch	发送数据准备	TXRDYIFG	
00Eh	广播呼叫	GCIFG	
010	启动信号接收	STTIFG	最低

8. I2C 发送字节数寄存器——I2CNDAT

其各位定义如下：

位	7	6	5	4	3	2	1	0
	I2CNDATx							

主机模式下发送字节数寄存器。

9. I2C 时钟预分频寄存器——I2CPSC

其各位定义如下：

位	7	6	5	4	3	2	1	0
	I2CPSCx							

I2C 预分频寄存器，I2C 时钟输入是由该寄存器值分频并提供给 I2C 内部时钟频率。分

频率是 I2CPSCx+1,不推荐的值大于4,I2CSCLL 和 I2CSCLH 寄存器用于设定 SCL 频率。I2CPSCx 的值与分频关系如下:

000h　1 分频

001h　2 分频

…

0FFh　256 分频

10. I2C 移位时钟 1——I2CSCLH

其各位定义如下:

位	7	6	5	4	3	2	1	0
	I2CSCLHx							

I2C 移位时钟 SCL 高电平时间,当作为主机模式时,这些位定义了 SCL 高电平的时间,SCL 高电平时间为(I2CSCLH+2)×(I2CPSC+1)。

000h SCL 高电平时间=5×(I2CPSC+1)

001h SCL 高电平时间=5×(I2CPSC+1)

002h SCL 高电平时间=5×(I2CPSC+1)

003h SCL 高电平时间=5×(I2CPSC+1)

004h SCL 高电平时间=6×(I2CPSC+1)

…

0FFh SCL 高电平时间=257×(I2CPSC+1)

11. I2C 移位时钟 2——I2CSCLL

其各位定义如下:

位	7	6	5	4	3	2	1	0
	I2CSCLLx							

I2C 移位时钟 SCL 低电平时间,当作为主机模式时,这些位定义了 SCL 低电平的时间,SCL 低电平时间为(I2CSCLH+2)×(I2CPSC+1)。

000h SCL 低电平时间=5×(I2CPSC+1)

001h SCL 低电平时间=5×(I2CPSC+1)

002h SCL 低电平时间=5×(I2CPSC+1)

003h SCL 低电平时间=5×(I2CPSC+1)

004h SCL 低电平时间=6×(I2CPSC+1)

…

0FFh SCL 高电平时间=257×(I2CPSC+1)

12. I2C 本机地址寄存器——I2COA

7 位地址模式,其各位定义如下:

位	15	14	13	12	11	10	9	8
	0	0	0	0	0	0	0	0
位	7	6	5	4	3	2	1	0
	0	I2COAx						

I2C 本机地址。第 6 位是最高位,15~7 位通常为零。

13. I2C 本机地址寄存器——I2COA

10 位地址模式,其各位定义如下:

位	15	14	13	12	11	10	9	8
	0	0	0	0	0	0	I2COAx	
位	7	6	5	4	3	2	1	0
	I2COAx							

I2C 本机地址。第 9 位是最高位,15~10 位通常为零。

14. I2C 从机地址寄存器——I2CSA

7 位地址模式,其各位定义如下:

位	15	14	13	12	11	10	9	8
	0	0	0	0	0	0	0	0
位	7	6	5	4	3	2	1	0
	0	I2CSAx						

I2C 从机地址。第 6 位是最高位,15~7 位通常为零。

15. I2C 从机地址寄存器——I2CSA

10 位地址模式,其各位定义如下:

位	15	14	13	12	11	10	9	8
	0	0	0	0	0	0	I2CSAx	
位	7	6	5	4	3	2	1	0
	I2CSAx							

I2C 从机地址。第 9 位是最高位,15~10 位通常为零。

6.4 具有断电保护的电子密码锁设计

6.4.1 AT24C02芯片简介

具有I2C总线接口的E^2PROM有多个厂家的多种类型产品，在此仅介绍ATMEL公司生产的AT24C系列E^2PROM，主要型号有AT24C01/02等，其对应的存储容量分别为128×8/256×8，采用这类芯片可解决掉电数据保存问题，可对所存数据保存100年，并可多次擦写，擦写次数可达10万次以上。

在一些应用系统设计中，有时需要对工作数据进行掉电保护，采用具有I2C总线接口的串行器件可以很好地解决掉电数据保存问题，且硬件电路简单，其引脚图如图6-4所示。

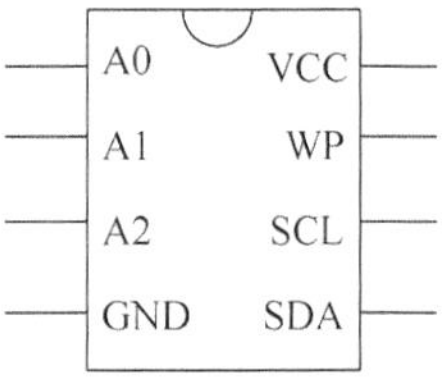

A0 VCC
A1 WP
A2 SCL
GND SDA

图6-4 AT24C02引脚图

各引脚功能如下：

- A0、A1、A2——可编程地址输入端。
- GND——电源地。
- SDA——串行数据输入输出电路。
- SCL——串行时钟输入端。
- WP——写保护输入端，用于硬件数据保护。当其为低电平时，可以对整个存储器进行正常的读/写操作；当其为高电平时，存储器具有写保护功能，但读操作不受影响。
- VCC——电源正。

I2C总线上所有器件要依靠SDA发送的地址信号寻址，不需要片选线。I2C器件在出厂时已经给定了这类器件的地址编码。I2C总线器件地址SLA格式如图6-5所示。

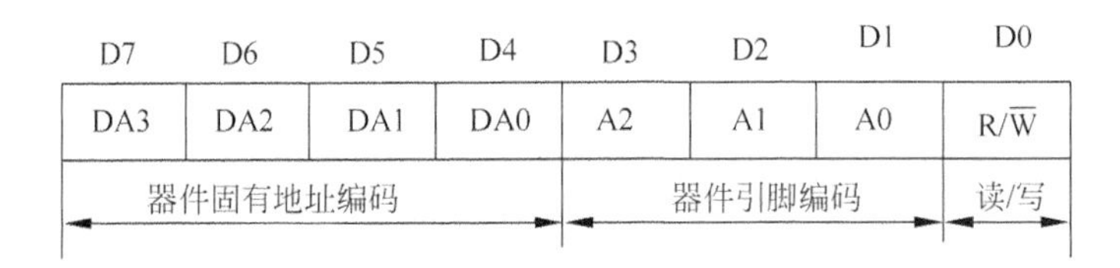

图6-5 I2C总线器件地址SLA格式

(1) DA3～DA0：4位器件地址是I2C总线器件固有的地址编码，器件出厂时就已给定，用户不能自行设置。对于AT24C02芯片，其芯片地址为1010，是固定不变的。而A2A1A0是变化的。

(2) A2～A0：3位引脚地址用于相同地址器件的识别。若I2C总线上挂有相同地址的器件，或同时挂有多片相同器件时，可用硬件连接方式对3位引脚接VCC或接地，以形成地址数据。参见图6-10，可以看出A2A1A0都是0。如果把A2端口接电源，A1A0端口接地，那么A2A1A0就是100。

(3) R/$\overline{W}$：确定数据传送方向。R/$\overline{W}$ 为 1 时，主机接收；R/$\overline{W}$ 为 0 时，主机发送。

如果单片机自带 I2C 总线接口，则所有 I2C 器件对应连接到该总线上即可；若无 I2C 总线接口，则可以使用 I/O 口模拟 I2C 总线。I2C 总线一次完整的数据传输通信格式如图 6-6 所示。

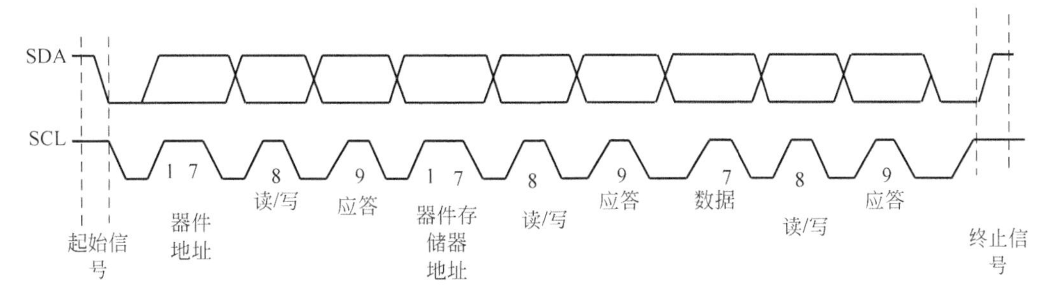

图 6-6 I2C 总线一次完整的数据传输通信格式

在数据传输过程中发送到 SDA 线上的每个字节必须是 8bit，每次传输可以发送的字节数量不受限制。每个字节后必须跟一个响应位，传输数据时高位在前。

SCL 为高电平期间，SDA 线上的数据必须在时钟 SCL 为高电平期间保持稳定，SDA 线上的数据状态只有在时钟 SCL 为低电平时才允许改变，如图 6-7 所示。

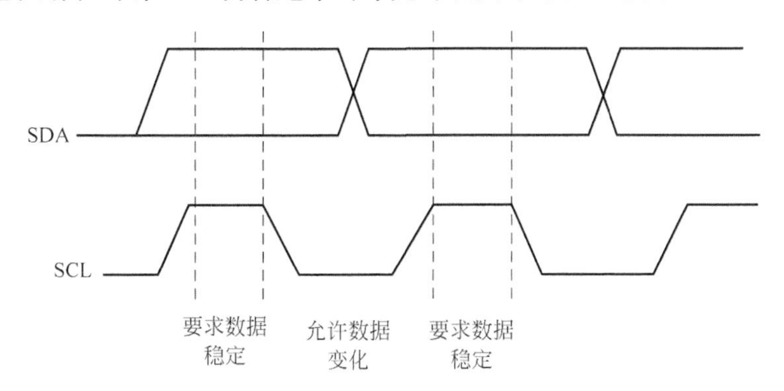

图 6-7 I2C 总线数据位的有效性规定

对于具有 I2C 总线的 AT24C02 芯片，其字节写入格式如图 6-8 所示。

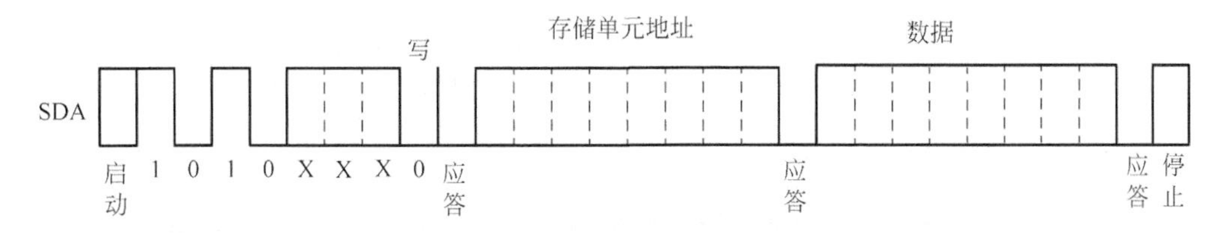

图 6-8 AT24C02 芯片字节写入格式

用模拟 I2C 时序方式描述如下：

```
void eeprom_write(unsigned char address,unsigned char data)
{
    I2C_Start( );                              //起始信号
    I2C_SendByte(0xa0);                        //写元器件地址
    I2CSendACK( );                             //等待应答
    I2C_SendByte(address);                     //写元器件中存储器地址
    I2CSendACK( );                             //等待应答
    I2C_SendByte(data);                        //在存储器中写入数据
    I2CSendACK( );                             //等待应答
    I2C_Stop( );                               //停止信号
    delayms(2);
}
```

在图 6-12 中,把 A2A1A0 都接地,所以地址 000,由于是写指令,所以是"0",即 10100000,其十六进制就是 0xa0。

用寄存器方式描述如下:

```
void Single_WriteI2C(unsigned char nAddr, unsigned char nVal)
{
    I2CNDAT = 0x02;                            //发送 2 字节
    U0CTL |= MST;                              //主机模式
    I2CTCTL |= I2CSTT + I2CSTP + I2CTRX;       //发送初始化,包括起始信号、停止信号和发送信号
    while ((I2CIFG & TXRDYIFG) == 0);          //等待发送准备好
    I2CDRB = nAddr;                            //装载数据
    delayms(9);
    while ((I2CIFG & TXRDYIFG) == 0);          //等待发送准备好
    I2CDRB = nVal;                             //装载数据
    delayms(9);
    while ((I2CTCTL & I2CSTP) == 0x02);        //等待停止信号
}
```

对于具有 I2C 总线的 AT24C02 芯片,其字节读操作格式如图 6-9 所示。

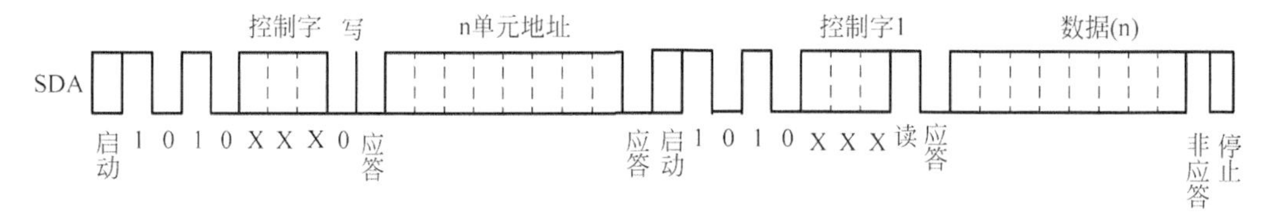

图 6-9　AT24C02 芯片字节读操作格式

用模拟 I2C 时序方式描述如下:

```
unsigned char eeprom_read(unsigned char address)
{
    unsigned char data;
    I2C_Start( );                              //起始信号
    I2C_SendByte(0xa0);                        //写元器件地址
```

```
    I2CSendACK( );                          //等待应答
    I2C_SendByte(address);                  //写元器件中存储器地址
    I2CSendACK( );                          //等待应答
    I2C_Start( );                           //起始信号
    I2C_SendByte(0xa1);                     //读元器件地址
    I2CSendACK( );                          //等待应答
    data = I2C_RecvByte();                  //读取数据
    I2C_Stop( );                            //停止信号
    return data;
}
```

看图6-9第三个字节的最后一位，由于是“读”操作，所以是“1”，即1010 0001，其十六进制就是0xa1。

用寄存器方式描述如下：

```
uchar Single_ReadI2C(unsigned char nAddr)
{
    I2CNDAT = 0x01;                         //发送1字节
    unsigned char ctlbyte;
    U0CTL | = MST;                          //主机模式
    2CTCTL | = I2CSTT + I2CSTP + I2CTRX;    //发送初始化，包括起始信号、停止信号和发送信号
    while ((I2CIFG & TXRDYIFG) == 0);       //等待发送准备好
    I2CDRB = nAddr;                         //装载数据
    delayms(9);
    U0CTL | = MST;                          //主机模式
    I2CIFG & = ~ARDYIFG;                    //清除接收标志位
    I2CTCTL & = ~I2CTRX;                    //接收模式
    I2CTCTL = I2CSTT + I2CSTP;              //起始信号和停止信号
    while ((I2CIFG & RXRDYIFG) == 0);       //等待接收准备好
    ctlbyte = I2CDRB;                       //装载数据
    delayms(9);
    while ((I2CTCTL & I2CSTP) == 0x02);     //等待停止信号
    return ctlbyte;
}
```

I2C总线数据传输的起始和停止

SCL保持高电平期间，SDA出现由高至低的转换将启动I2C总线，SDA出现由低至高的转换将停止数据传输，如图6-10所示。起始和终止信号通常由主机产生。I2C总线的信号时序有严格的规定，

对照图6-10可以看出，起始函数可以用模拟I2C时序语句描述如下：

```
void I2C_Start( )
{
    SCLOUT;                                 //SCL输出
    SDAOUT;                                 //SDA输出
    SDA1;                                   //SDA输出高电平
```

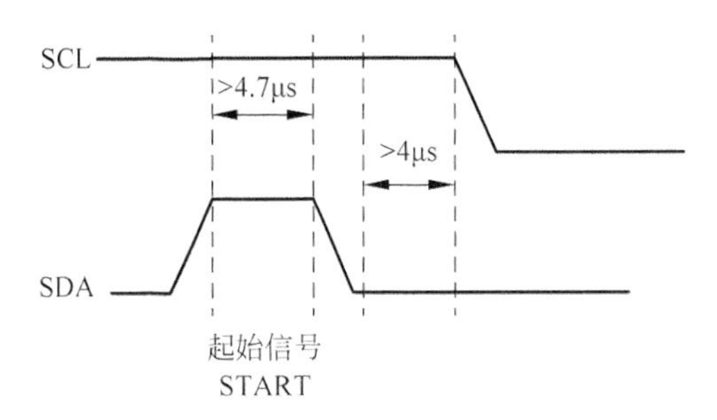

图 6-10　I2C 总线数据传输的起始信号时序图

```
    delayus(5);                        //延时 5μs
    SCL1;                              //SCL 输出高电平
    delayus(5);                        //延时 5μs
    SDA0;                              //SDA 输出低电平
    delayus(5);
}
```

用寄存器方式描述如下：

```
I2CTCTL | = I2CSTT;
```

I2C 总线数据传输的停止，其时序图如图 6-11 所示。

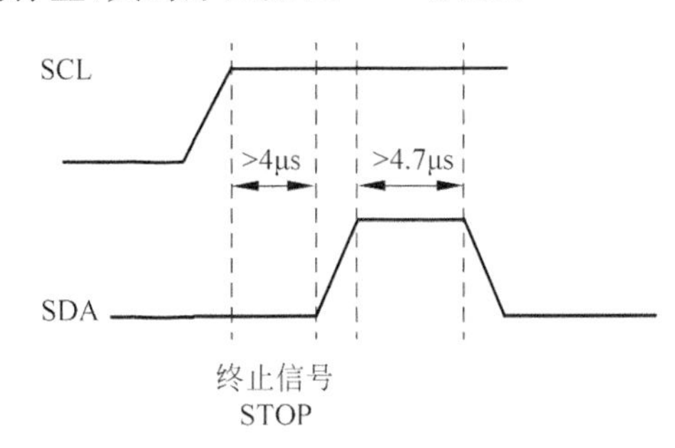

图 6-11　I2C 总线数据传输的停止信号时序图

对照图 6-11 可以看出，停止函数可以用模拟 I2C 时序方式描述如下：

```
void I2C_Stop( )
{
    SCLOUT;                            //SCL 输出
    SDAOUT;                            //SDA 输出
    SDA0;                              //SDA 输出低电平
    delayus(5);                        //延时 5μs
    SCL1;                              //SCL 输出高电平
    delayus(5);                        //延时 5μs
    SDA1;                              //SDA 输出高电平
    delayus(5);
}
```

用寄存器方式描述如下：

```
I2CTCTL |= I2CSTP;
```

对总线的“写”操作，用模拟 I2C 时序方式描述如下：

```
void I2C_SendByte(uchar dat)
{
    uchar i;
    SDAOUT;                              //SDA 输出
    SCLOUT;                              //SCL 输出
    SCL0;                                //SCL 拉低
    for (i = 0; i < 8; i++)              //1 字节位传输,先传输高位
    {
        if((dat&0x80))                   //"写"的数据同 0x80 相与,如果是"1"
        {
            SDA1;                        //SDA 为高电平
        }
        else                             //如果非"1" (为"0")
        {
            SDA0;                        //SDA 为低电平
        }
        dat = dat << 1;                  //数据左移
        delayus(6);
        SCL1;                            //SCL 拉高
        delayus(6);
        SCL0;                            //SCL 拉低
        delayus(6);
    }
    SDA1;                                //SDA 拉高
    delayus(3);
}
```

用寄存器方式描述如下：

```
I2CTCTL |= I2CTRX;                       //写模式
while ((I2CIFG & TXRDYIFG) == 0);        //等待发送准备好
I2CDRB = nAddr;                          //装载数据
```

I2CDRB = nAddr 的含义是把要“写”的“数据”或“地址”nAddr 送入 I2CDRB 寄存器，while ((I2CIFG & TXRDYIFG) == 0)表示等待发送准备好。

对总线的“读”操作：

对总线的读写都是高位在前，低位在后，一位一位传送的，下面用模拟 I2C 时序程序来描述。

```
uchar I2C_RecvByte( )
```

```
{
    uchar i,dat;
    SDAOUT;                     //SDA 输出
    SCLOUT;                     //SCL 输出
    SCL0;                       //SCL 拉低
    delayus(4);                 //延时 4μs
    SDA1;                       //SDA 拉高
    SDAIN;                      //读 SDA 电平
    for (i = 0; i<8; i++)       //1 字节位读,先读高位
    {
        SCL1;                   //SCL 拉高
        delayus(2);
        dat <<= 1;              //左移
        if(SDADATA)             //如果读 SDA 的电平是 1,如果读 SDA 的电平是 0,数据保持不变
        {
            dat++;              //数据 + 1
        }
        SCL0;                   //SCL 拉低
        delayus(2);
    }
    return dat;                 //返回数据
}
```

用寄存器方式描述如下:

```
I2CTCTL &= ~I2CTRX;                         //读模式
I2CTCTL = I2CSTT + I2CSTP;                  //起始信号和停止信号
while ((I2CIFG & RXRDYIFG) == 0);           //等待读准备好
ctlbyte = I2CDRB;                           //装载数据
```

其实,这个"读"函数关键语句就是 I2CTCTL &= ~I2CTRX; ctlbyte = I2CDRB 表示读取寄存器 I2CDRB 的内容,while ((I2CIFG & RXRDYIFG) == 0)表示读已准备好。

这里需要指出的是,对于 51 系列单片机没有 I2C 总线端口,在使用 I2C 时候,必须模拟 I2C 时序,字节的位一位一位传送,通过 SCL、SDA 端口电平拉高或拉低控制。而 MSP430F169 单片机的端口具有 I2C 总线,通过对寄存器的设置就能完成字节的传输,在此过程中,SCL、SDA 端口自动调节。也可以看出用模拟 I2C 时序方法易懂但烦琐,用寄存器方法方便但稍微难理解一点。

6.4.2 具有断电保护的电子密码锁设计

第 3 章的电子密码锁设计有个缺点,就是在单片机断电后,设定的密码丢失,必须重新设定密码,现在设计断电保护的电子密码锁,在设定密码单片机断电后,又重新上电后,密码保持不变。单片机一上电时,设定密码后按下确认键盘后,数码管显示"8888"以保护密码。

然后按下数字键后，按下确认键后，如果密码正确，发光二极管亮；如果输入密码错误，蜂鸣器响。只有在密码正确的情况下，才能修改密码。具体操作步骤是，按下输入正确密码后，按下确认键。这时再按"修改密码"键盘，输入新的密码，按下确认键后新的密码就确定了。同时，三次输入错误，单片机锁死，输入任何键盘都不起作用。必须按下复位键盘后，才能重新输入。要实现断电保护，必须把密码写在 AT24C02 芯片的 E2PROM 上。硬件电路图如图 6-12 所示，从图 6-12 可以看出，与图 3-6 的区别只是加了芯片 AT24C02。

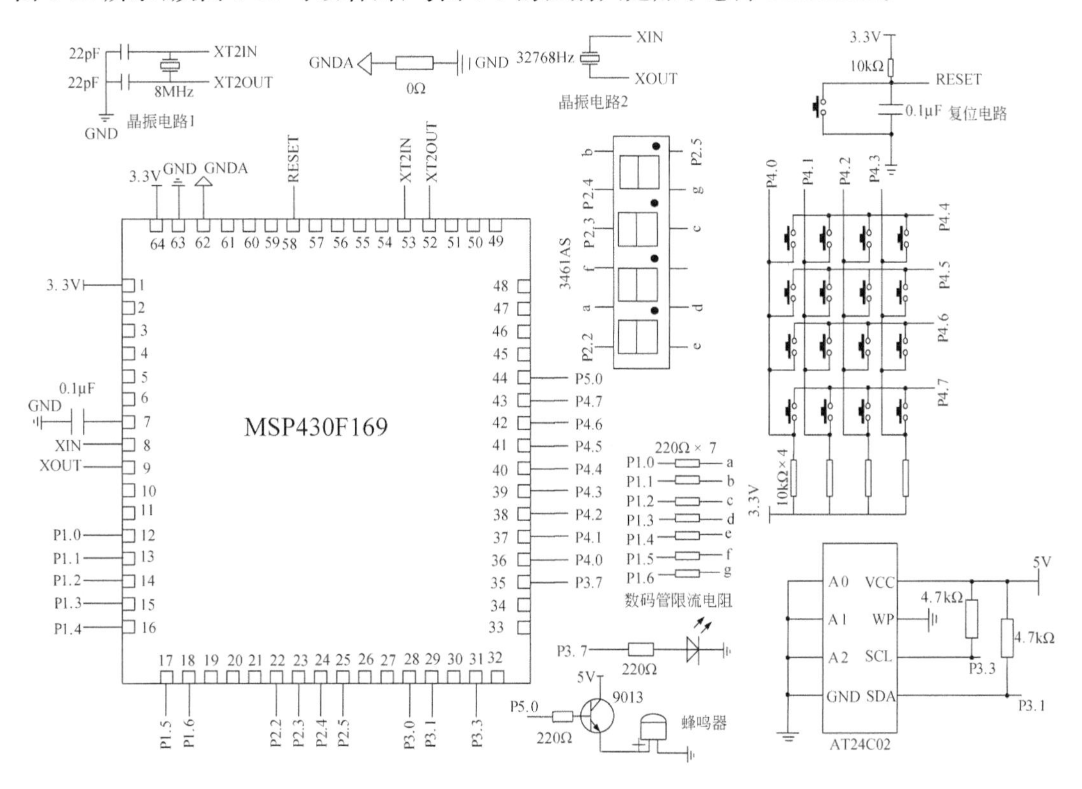

图 6-12 基于单片机的 I2C 控制硬件电路图

注意 AT24C02 芯片 SCL、SDA 分别接单片机的 P3.3 口和 P3.1 口，不能任意改成单片机其他端口。下面采用三种方式编写程序，一种方法是模拟 I2C 时序方式，第二种是采用 MSP430 单片机寄存器方式，第三种是采用中断方式。第一种方式的完整程序清单如下：

```
#include<msp430x16x.h>
#define uchar unsigned char
#define uint unsigned int
#define CPU_F ((double)8000000)
#define delayus(x)__delay_cycles((long)(CPU_F*(double)x/1000000.0))   //宏定义延时函数
#define delayms(x)__delay_cycles((long)(CPU_F*(double)x/1000.0))
uchar keyvalue;
uchar wei0 = 0,fuhao = 0,flag1 = 0,flag2 = 0;
uchar tab[ ] = {0,0,0,0};
```

```
uchar tab1[ ] = {0,0,0,0};
uchar LED[ ] = {0x3f,0x06,0x5b,0x4f,0x66,0x6d,0x7d,0x07,0x7f,0x6f};
#define LE   P3OUT
#define LED0 P3OUT& = ~BIT7
#define LED1 P3OUT| = BIT7
#define FMQ   P5OUT
#define FMQ0 P5OUT& = ~BIT0
#define FMQ1 P5OUT| = BIT0
#define SCL1 P3OUT | = BIT3
#define SCL0 P3OUT & = ~BIT3
#define SCLOUT P3DIR | =  BIT3
#define SDA1 P3OUT | = BIT1
#define SDA0 P3OUT & = ~BIT1
#define SDAIN P3DIR & = ~BIT1
#define SDAOUT P3DIR | = BIT1
#define SDADATA (P3IN & BIT1)
void init1(void)
{
    SDAOUT;
    SDA1;
    SCLOUT;
    SCL1;
}

void I2C_Start( )
{
    SCLOUT;
    SDAOUT;
    SDA1;
    delayus(5);
    SCL1;
    delayus(5);
    SDA0;
    delayus(5);
}


void I2C_Stop( )
{
    SCLOUT;
    SDAOUT;
    SDA0;
    delayus(5);
    SCL1;
    delayus(5);
    SDA1;
    delayus(5);
```

```
}

void I2C_NOACK(void)
{
    SCLOUT;
    SDAOUT;
    SDA1;
    delayus(4);
    SCL1;
    delayus(4);
    SCL0;
    delayus(4);
}

void I2CSendACK(void)
{
    uchar i;
    SDAOUT;
    SCLOUT;
    SCL1;
    delayus(4);
    while((SDADATA)&&(i<200))i++;
    SCL0;
    delayus(4);
}

void I2C_SendByte(uchar dat)
{
    uchar i;
    SDAOUT;
    SCLOUT;
    SCL0;
    for (i = 0; i<8; i++)
    {
       if((dat&0x80))
       {
          SDA1;
       }
       else
       {
          SDA0;
       }
       dat = dat << 1;
       delayus(6);
       SCL1;
       delayus(6);
       SCL0;
```

```
        delayus(6);
    }
    SDA1;
    delayus(3);
}

uchar I2C_RecvByte( )
{
    uchar i,dat;
    SDAOUT;
    SCLOUT;
    SCL0;
    delayus(4);
    SDA1;
    SDAIN;
    for (i = 0; i < 8; i++)
    {
        SCL1;
        delayus(2);
        dat <<= 1;
        if(SDADATA)
        {
            dat++;
        }
        SCL0;
        delayus(2);
    }
    return dat;
}

unsigned char eeprom_read(unsigned char address)
{
    unsigned char data;
    I2C_Start( );
    I2C_SendByte(0xa0);
    I2CSendACK( );
    I2C_SendByte(address);
    I2CSendACK( );
    I2C_Start( );
    I2C_SendByte(0xa1);
    I2CSendACK( );
    data = I2C_RecvByte();
    I2C_Stop( );
    return data;
}

void eeprom_write(unsigned char address,unsigned char data)
```

```
{
    I2C_Start( );
    I2C_SendByte(0xa0);
    I2CSendACK( );
    I2C_SendByte(address);
    I2CSendACK( );
    I2C_SendByte(data);
    I2CSendACK( );
    I2C_Stop( );
    delayms(2);
}

void int_clk()
{
    unsigned char i;
    BCSCTL1& = ~XT2OFF;                  //打开 XT 振荡器
    BCSCTL2| = SELM1 + SELS;             //MCLK 为 8MHz,SMCLK 为 1MHz
    do
    {
        IFG1& = ~OFIFG;                  //清除振荡器错误标志
        for(i = 0; i < 100; i++)
        _NOP( );                         //延时等待
     }
    while((IFG1&OFIFG)!= 0);             //如果标志为 1,则继续循环等待
    IFG1& = ~OFIFG;
}

void delay5ms(void)
{
    unsigned int i = 40000;
    while (i != 0)
    {
        i--;
     }
}

void display(int num)
{
    tab[0] = num % 10;
    tab[1] = num/10 % 10;
    tab[2] = num/100 % 10;
    tab[3] = num/1000 % 10;
    if(num <= 9)
    {
        P1OUT = LED[tab[0]];
        P2OUT = 0xdc;
        delayms(1);
```

```
        }
        if(num > 9&&num < = 99)
        {
            P1OUT = LED[tab[0]];
            P2OUT = 0xdc;
            delayms(1);
            P2OUT = 0xfC;
            P1OUT = LED[tab[1]];
            P2OUT = 0xec;
            delayms(1);
            P2OUT = 0xfC;
        }
        if(num > 99&&num < = 999)
        {
            P1OUT = LED[tab[0]];
            P2OUT = 0xdc;
            delayms(1);
            P2OUT = 0xfC;
            P1OUT = LED[tab[1]];
            P2OUT = 0xec;
            delayms(1);
            P2OUT = 0xfc;
            P1OUT = LED[tab[2]];
            P2OUT = 0xf4;
            delayms(1);
            P2OUT = 0xfc;
        }
        if(num > 999&&num < = 9999)
        {
            P1OUT = LED[tab[0]];
            P2OUT = 0xdc;
            delayms(1);
            P2OUT = 0xfc;
            P1OUT = LED[tab[1]];
            P2OUT = 0xec;
            delayms(1);
            P2OUT = 0xfc;
            P1OUT = LED[tab[2]];
            P2OUT = 0xf4;
            delayms(1);
            P2OUT = 0xfc;
            P1OUT = LED[tab[3]];
            P2OUT = 0xf8;
            delayms(1);
            P2OUT = 0xfc;
        }
    }
```

```
uchar  keyscan(void)
{
    P4OUT = 0xef;
    if((P4IN&0x0f)!= 0x0f)
    {
        delay5ms();
        if((P4IN&0x0f)!= 0x0f)
        {
            if((P4IN&0x01) == 0)
            keyvalue = 1;
            if((P4IN&0x02) == 0)
            keyvalue = 2;
            if((P4IN&0x04) == 0)
            keyvalue = 3;
            if((P4IN&0x08) == 0)
            keyvalue = 4;
            while((P4IN&0x0f)!= 0x0f);
        }
    }
    P4OUT = 0xdf;
    if((P4IN&0x0f)!= 0x0f)
    {
        delay5ms();
        if((P4IN&0x0f)!= 0x0f)
        {
            if((P4IN&0x01) == 0)
            keyvalue = 5;
            if((P4IN&0x02) == 0)
            keyvalue = 6;
            if((P4IN&0x04) == 0)
            keyvalue = 7;
            if((P4IN&0x08) == 0)
            keyvalue = 8;
            while((P4IN&0x0f)!= 0x0f);
        }
    }
    P4OUT = 0xbf;
    if((P4IN&0x0f)!= 0x0f)
    {
        delay5ms();
        if((P4IN&0x0f)!= 0x0f)
        {
            if((P4IN&0x01) == 0)
            keyvalue = 9;
            if((P4IN&0x02) == 0)
            keyvalue = 0;
```

```
                if((P4IN&0x04) == 0)
                keyvalue = 10;
                if((P4IN&0x08) == 0)
                keyvalue = 11;
                while((P4IN&0x0f)!= 0x0f);
            }
        }
        P4OUT = 0x7f;
        if((P4IN&0x0f)!= 0x0f)
        {
            delay5ms();
            if((P4IN&0x0f)!= 0x0f)
            {
                if((P4IN&0x01) == 0)
                keyvalue = 12;
                if((P4IN&0x02) == 0)
                keyvalue = 13;
                if((P4IN&0x04) == 0)
                keyvalue = 14;
                if((P4IN&0x08) == 0)
                keyvalue = 15;
                while((P4IN&0x0f)!= 0x0f);
            }
        }
        return keyvalue;
    }

    void main( )
    {
        WDTCTL = WDTPW + WDTHOLD;                //关闭看门狗
        int num = 0;
        int shu,shu2 = 0,aa = 0,flag = 0,shu1 = 0,shu3 = 0,shu4 = 0,shu5 = 0,shu6 = 0;
        shu = 0;
        int_clk( );
        P1DIR = 0xff;
        P1OUT = 0xff;
        P2DIR = 0xff;
        P2OUT = 0xff;
        P3DIR = 0xff;
        P3OUT = 0x7f;
        P4DIR = 0xf0;
        P5DIR = 0xff;
        FMQ0;
        init1( );
        shu3 = eeprom_read(230);
        shu4 = eeprom_read(231);
        shu5 = eeprom_read(232);
```

```
shu6 = eeprom_read(233);
shu1 = shu6 * 1000 + shu5 * 100 + shu4 * 10 + shu3;
if(shu1 == 0)
{
   flag = 0;
}
else
{
   flag = 1;
}
while(1)
{
   keyvalue = 17;
   keyscan();
   num = keyvalue;
   if(num <= 9&&flag == 0)
   {
       shu1 = shu1 * 10 + num;
       shu = shu1;
   }
   if(num >= 0&&num <= 9&&flag == 1)
   {
       shu2 = shu2 * 10 + num;
       shu = shu2;
   }
   if(num == 11&&flag == 0)
   {
       shu = 8888;
       flag = 1;
       num = 17;
       tab1[0] = shu1 % 10;
       tab1[1] = shu1/10 % 10;
       tab1[2] = shu1/100 % 10;
       tab1[3] = shu1/1000 % 10;
       eeprom_write(230,tab1[0]);
       eeprom_write(231,tab1[1]);
       eeprom_write(232,tab1[2]);
       eeprom_write(233,tab1[3]);
   }
   else if(num == 11&&flag == 1)
   {
       num = 17;
       if(shu1 == shu2)
       {
           aa = 0;
           flag1 = 1;
           LED1;
```

```
                    delayms(100);
                    LED0;
                    shu2 = 0;
                }
                else
                {
                    flag1 = 0;
                    shu2 = 0;
                    aa = aa + 1;
                    FMQ1;
                    delayms(10);
                    FMQ0;
                }
            }
            if(aa == 3)
            {
                shu = 0;
                while(1)
                {
                    P1OUT = 0x00;
                }
            }
            if((num == 12)&&(flag1 == 1))
            {
                shu1 = 0;
                shu2 = 0;
                eeprom_write(230,0);
                eeprom_write(231,0);
                eeprom_write(232,0);
                eeprom_write(233,0);
                flag = 0;
            }
            display(shu);
        }
    }
```

部分程序解释如下：

单片机一开始上电时候，没按任何键盘情况下，shu=0，所以数码管显示为零。按下键盘设定密码后，按主程序 void main()运行到 if(num==11&&flag==0)时把数据(密码)存在 AT240C02 芯片的 230、231、232、233 地址(eeprom_write(230,tab1[0]); eeprom_write(231,tab1[1]); eeprom_write(232,tab1[2]); eeprom_write(233,tab1[3]))并显示 8888。if(num>=0&&num<=9&&flag==1)是校验密码，如果校验密码正确，则发光二极管闪烁(if(shu1==shu2){... LED1; })；如果密码错误，则蜂鸣器响(MQ1)，同时开始计数(aa=aa+1)。当超过 3 次校验不正确时，if(aa==3) {…}就把键盘锁死，数码管不显示任何数字。重新上电后，重复进行。

寄存器方式的完整程序如下：

```
#include<msp430x16x.h>
#define uchar unsigned char
#define uint unsigned int
#define CPU_F ((double)8000000)
#define delayus(x) __delay_cycles((long)(CPU_F*(double)x/1000000.0))  //宏定义延时函数
#define delayms(x) __delay_cycles((long)(CPU_F*(double)x/1000.0))
uchar keyvalue;
uchar wei0=0,fuhao=0,flag1=0,flag2=0;
uchar tab[ ]={0,0,0,0};
uchar tab1[ ]={0,0,0,0};
uchar LED[ ]={0x3f,0x06,0x5b,0x4f,0x66,0x6d,0x7d,0x07,0x7f,0x6f};
#define LE   P3OUT
#define LED0 P3OUT&=~BIT7
#define LED1 P3OUT|=BIT7
#define FMQ P5OUT
#define FMQ0 P5OUT&=~BIT0
#define FMQ1 P5OUT|=BIT0
void int_clk( )
{
    unsigned char i;
    BCSCTL1&=~XT2OFF;                       //打开 XT 振荡器
    BCSCTL2|=SELM1+SELS;                    //MCLK 为 8MHz,SMCLK 为 1MHz
    do
    {
        IFG1&=~OFIFG;                       //清除振荡器错误标志
        for(i=0; i<100; i++)
        _NOP( );                            //延时等待
    }
    while((IFG1&OFIFG)!=0);                 //如果标志为 1,则继续循环等待
    IFG1&=~OFIFG;
}

void init1(void)
{
    P3SEL |= 0x0a;                          //I2C 引脚为第二功能
    P3DIR &= ~0x0A;                         //引脚方向为输入
    U0CTL |= I2C + SYNC;                    //把 USART0 转换为 I2C 模式
    U0CTL &= ~I2CEN;                        //复位
    I2CTCTL = I2CSSEL_2;                    //SMCLK 时钟
    I2CSA = 0x50;                           //从机地址
    U0CTL |= I2CEN;                         //使能 I2C, 7 位地址
}

void Single_WriteI2C(unsigned char nAddr, unsigned char nVal)
{
```

```
    I2CNDAT = 0x02;                           //发送 2 字节
    U0CTL |= MST;                             //主机模式
    I2CTCTL |= I2CSTT + I2CSTP + I2CTRX;      //发送初始化
    while ((I2CIFG & TXRDYIFG) == 0);         //等待发送准备好
    I2CDRB = nAddr;                           //装载数据
    delayms(9);
    while ((I2CIFG & TXRDYIFG) == 0);         //等待发送准备好
    I2CDRB = nVal;                            //装载数据
    delayms(9);
    while ((I2CTCTL & I2CSTP) == 0x02);       //等待停止信号
}

uchar Single_ReadI2C(unsigned char nAddr)
{
    I2CNDAT = 0x01;                           //发送 1 字节
    unsigned char ctlbyte;
    U0CTL |= MST;                             //主机模式
    I2CTCTL |= I2CSTT + I2CSTP + I2CTRX;      //发送初始化
    while ((I2CIFG & TXRDYIFG) == 0);         //等待发送准备好
    I2CDRB = nAddr;                           //装载数据
    delayms(9);
    U0CTL |= MST;                             //主机模式
    I2CIFG &= ~ARDYIFG;                       //清除接收标志位
    I2CTCTL &= ~I2CTRX;                       //读模式
    I2CTCTL = I2CSTT + I2CSTP;                //起始信号和停止信号
    while ((I2CIFG & RXRDYIFG) == 0);         //等待读准备好
    ctlbyte = I2CDRB;                         //装载数据
    delayms(9);
    while ((I2CTCTL & I2CSTP) == 0x02);       //等待停止信号
    return ctlbyte;
}

void delay5ms(void)
{
    unsigned int i = 40000;
    while (i != 0)
    {
        i--;
    }
}
void display(int num)
{
    tab[0] = num % 10;
    tab[1] = num/10 % 10;
    tab[2] = num/100 % 10;
    tab[3] = num/1000 % 10;
    if(num <= 9)
```

```
{
    P1OUT = LED[tab[0]];
    P2OUT = 0xfe;
    delayms(1);
}
if(num > 9&&num < = 99)
{
    P1OUT = LED[tab[0]];
    P2OUT = 0xfe;
    delayms(1);
    P2OUT = 0xff;
    P1OUT = LED[tab[1]];
    P2OUT = 0xfd;
    delayms(1);
    P2OUT = 0xff;
}
if(num > 99&&num < = 999)
{
    P1OUT = LED[tab[0]];
    P2OUT = 0xfe;
    delayms(1);
    P2OUT = 0xff;
    P1OUT = LED[tab[1]];
    P2OUT = 0xfd;
    delayms(1);
    P2OUT = 0xff;
    P1OUT = LED[tab[2]];
    P2OUT = 0xfb;
    delayms(1);
    P2OUT = 0xff;
}
if(num > 999&&num < = 9999)
{
    P1OUT = LED[tab[0]];
    P2OUT = 0xfe;
    delayms(1);
    P2OUT = 0xff;
    P1OUT = LED[tab[1]];
    P2OUT = 0xfd;
    delayms(1);
    P2OUT = 0xff;
    P1OUT = LED[tab[2]];
    P2OUT = 0xfb;
    delayms(1);
    P2OUT = 0xff;
    P1OUT = LED[tab[3]];
    P2OUT = 0xf7;
```

```
        delayms(1);
        P2OUT = 0xff;
    }
}

uchar  keyscan(void)
{
    P4OUT = 0xef;
    if((P4IN&0x0f)!= 0x0f)
    {
        delay5ms();
        if((P4IN&0x0f)!= 0x0f)
        {
            if((P4IN&0x01) == 0)
            keyvalue = 1;
            if((P4IN&0x02) == 0)
            keyvalue = 2;
            if((P4IN&0x04) == 0)
            keyvalue = 3;
            if((P4IN&0x08) == 0)
            keyvalue = 4;
            while((P4IN&0x0f)!= 0x0f);
        }
    }
    P4OUT = 0xdf;
    if((P4IN&0x0f)!= 0x0f)
    {
        delay5ms( );
        if((P4IN&0x0f)!= 0x0f)
        {
            if((P4IN&0x01) == 0)
            keyvalue = 5;
            if((P4IN&0x02) == 0)
            keyvalue = 6;
            if((P4IN&0x04) == 0)
            keyvalue = 7;
            if((P4IN&0x08) == 0)
            keyvalue = 8;
            while((P4IN&0x0f)!= 0x0f);
        }
    }
    P4OUT = 0xbf;
    if((P4IN&0x0f)!= 0x0f)
    {
        delay5ms( );
        if((P4IN&0x0f)!= 0x0f)
        {
```

```
            if((P4IN&0x01) == 0)
            keyvalue = 9;
            if((P4IN&0x02) == 0)
            keyvalue = 0;
            if((P4IN&0x04) == 0)
            keyvalue = 10;
            if((P4IN&0x08) == 0)
            keyvalue = 11;
            while((P4IN&0x0f)!= 0x0f);
        }
    }
    P4OUT = 0x7f;
    if((P4IN&0x0f)!= 0x0f)
    {
        delay5ms();
        if((P4IN&0x0f)!= 0x0f)
        {
            if((P4IN&0x01) == 0)
            keyvalue = 12;
            if((P4IN&0x02) == 0)
            keyvalue = 13;
            if((P4IN&0x04) == 0)
            keyvalue = 14;
            if((P4IN&0x08) == 0)
            keyvalue = 15;
            while((P4IN&0x0f)!= 0x0f);
        }
    }
    return keyvalue;
}

void main( )
{
    WDTCTL = WDTPW + WDTHOLD;                //关闭看门狗
    int num = 0;
    int shu,shu2 = 0,aa = 0,flag = 0,shu1 = 0,shu3 = 0,shu4 = 0,shu5 = 0,shu6 = 0;
    shu = 0;
    int_clk( );
    P1DIR = 0xff;
    P1OUT = 0xff;
    P2DIR = 0xff;
    P2OUT = 0xff;
    P3DIR = 0xff;
    P3OUT = 0x7f;
    P4DIR = 0xf0;
    P5DIR = 0xff;
    FMQ0;
```

```
        init1( );
        shu3 = Single_ReadI2C(230);
        shu4 = Single_ReadI2C(231);
        shu5 = Single_ReadI2C(232);
        shu6 = Single_ReadI2C(233);
        shu1 = shu6 * 1000 + shu5 * 100 + shu4 * 10 + shu3;
        if(shu1 == 0)
        {
            flag = 0;
        }
        else
        {
            flag = 1;
        }
        while(1)
        {
            keyvalue = 17;
            keyscan();
            num = keyvalue;
            if(num <= 9&&flag == 0)
            {
                shu1 = shu1 * 10 + num;
                shu = shu1;
            }
            if(num >= 0&&num <= 9&&flag == 1)
            {
                shu2 = shu2 * 10 + num;
                shu = shu2;
            }
            if(num == 11&&flag == 0)
            {
                shu = 8888;
                flag = 1;
                num = 17;
                tab1[0] = shu1 % 10;
                tab1[1] = shu1/10 % 10;
                tab1[2] = shu1/100 % 10;
                tab1[3] = shu1/1000 % 10;
                Single_WriteI2C(230,tab1[0]);
                Single_WriteI2C(231,tab1[1]);
                Single_WriteI2C(232,tab1[2]);
                Single_WriteI2C(233,tab1[3]);
            }
            else if(num == 11&&flag == 1)
            {
                num = 17;
                if(shu1 == shu2)
```

```
            {
                aa = 0;
                LED1;
                delayms(1000);
                LED0;
                shu2 = 0;
            }
            else
            {
                shu2 = 0;
                aa = aa + 1;
                FMQ1;
                delayms(1000);
                FMQ0;
            }
        }
        if(aa == 3)
        {
            shu = 0;
            while(1)
            {
                  P1OUT = 0x00;
            }
        }
        if(num == 12)
        {
            shu1 = 0;
            shu2 = 0;
            Single_WriteI2C(230,0);
            Single_WriteI2C(231,0);
            Single_WriteI2C(232,0);
            Single_WriteI2C(233,0);
            flag = 0;
        }
        display(shu);
    }
}
```

两种程序一对比，可以看出寄存器方法明显比模拟端口方法方便得多，也许某些读者很奇怪，向存储单元写数据是如何实现的？就是用 I2CTCTL |= I2CSTT + I2CSTP + I2CTRX 语句来实现的，那么读，就是通过 I2CTCTL &= ~I2CTRX，I2CTCTL = I2CSTT+I2CSTP 语句来实现的，在进行读写时候，还必须确定读写的字节数，比如通过 I2CNDAT = 0x01 语句来进行设置。还有读者很奇怪，怎么没有起始信号语句、应答信号语句以及停止信号语句？请不要用模拟方法的思路对待用寄存器方法，实际上 I2CTCTL= I2CSTT+I2CSTP 这条语句就包括起始信号和停止信号语句。至于应答语句，I2CNDAT =

0x02 和 while ((I2CIFG & TXRDYIFG) == 0)；语句就包含了应答信号。

用中断方法的完整程序清单如下：

```
#include<msp430x16x.h>
#define uchar unsigned char
#define uint unsigned int
#define CPU_F ((double)8000000)
#define delayus(x) __delay_cycles((long)(CPU_F*(double)x/1000000.0))  //宏定义延时函数
#define delayms(x) __delay_cycles((long)(CPU_F*(double)x/1000.0))
int keyvalue;
uchar wei0 = 0,fuhao = 0,flag1 = 0,flag2 = 0;
uchar tab[ ] = {0,0,0,0};
uchar tab1[ ] = {0,0,0,0};
uchar LED[ ] = {0x3f,0x06,0x5b,0x4f,0x66,0x6d,0x7d,0x07,0x7f,0x6f};
#define LE   P3OUT
#define LED0 P3OUT& = ~BIT7
#define LED1 P3OUT| = BIT7
#define FMQ P5OUT
#define FMQ0 P5OUT& = ~BIT0
#define FMQ1 P3OUT| = BIT0
int  nAddr,nVal,ctlbyte,nAddr1,nVa2,nAddr2;
void int_clk( )
{
    unsigned char i;
    BCSCTL1& = ~XT2OFF;                    //打开 XT 振荡器
    BCSCTL2| = SELM1 + SELS;               //MCLK 为 8MHz,SMCLK 为 1MHz
    do
    {
       IFG1& = ~OFIFG;                     //清除振荡器错误标志
       for(i = 0; i<100; i++)
       _NOP( );                            //延时等待
    }
    while((IFG1&OFIFG)!= 0);               //如果标志为 1,则继续循环等待
    IFG1& = ~OFIFG;
}

void init1(void)
{
    P3SEL | =  0x0a;                       //I2C 引脚为第二功能
    P3DIR &=  ~0x0A;                       //引脚方向为输入
    U0CTL | =  I2C + SYNC;                 //把 USART0 转换为 I2C 模式
    U0CTL | =  MST;                        //主机模式
    U0CTL &=  ~I2CEN;                      //复位
    I2CTCTL  =  I2CSSEL_2;                 //SMCLK 时钟
    I2CSCLH  =  0x03;                      //SCL 高电平时间
    I2CSCLL  =  0x03;                      //SCL 低电平时间
    I2CSA  =  0x50;                        //从机地址
```

```
    U0CTL | = I2CEN;                           //I2C 使能，7 位地址
}

void Single_WriteI2C(nAddr,nVal)               //写函数
{
    I2CNDAT = 0x02;                            //发送 2 字节
    U0CTL | = MST;                             //主机模式
    nAddr2 = nAddr;                            //参数传递
    nVa2 = nVal;                               //参数传递
    I2CTCTL | = I2CSTT + I2CSTP + I2CTRX;      //发送初始化
    I2CIE| = TXRDYIE;                          //写中断使能
    __enable_interrupt( );                     //打开分中断
    _EINT( );                                  //打开总中断
}

int Single_ReadI2C(nAddr1)                     //读函数
{
    I2CNDAT = 0x02;                            //发送 2 字节
    U0CTL | = MST;                             //主机模式
    U0CTL | = I2C + SYNC;                      //把 USART0 转换为 I2C 模式
    U0CTL &= ~I2CEN;
    U0CTL&= ~RXDMAEN;
    U0CTL | = I2CEN;
    I2CIFG &= ~ARDYIFG;
    I2CTCTL | = I2CSTT + I2CSTP + I2CTRX;      //发送初始化
    while ((I2CIFG & TXRDYIFG) == 0);          //等待发送准备好
    I2CDRB = nAddr1;                           //装载数据
    delayms(9);
    U0CTL | = MST;
    U0CTL | = I2C + SYNC;
    U0CTL &= ~I2CEN;
    U0CTL&= ~RXDMAEN;
    U0CTL | = I2CEN;
    I2CIFG &= ~ARDYIFG;
    I2CTCTL &= ~I2CTRX;
    I2CIE&= ~TXRDYIE;
    I2CIE| = RXRDYIE;                          //写中断使能
    I2CTCTL = I2CSTT + I2CSTP;
    __enable_interrupt( );                     //打开分中断
    _EINT( );                                  //开启总中断
    while ((I2CTCTL & I2CSTP) == 0x02);        //等待停止信号
    return ctlbyte;
}

#pragma vector = USART0TX_VECTOR               //中断函数
__interrupt void I2C_ISR(void)
{
```

```
    switch( I2CIV )
    {
       case  2: break;                          //仲裁失败
       case  4: break;                          //无应答
       case  6: break;                          //本机地址
       case  8: break;                          //寄存器访问准备
       case 10:                                 //接收数据
       while ((I2CIFG & RXRDYIFG) == 0);
       ctlbyte = I2CDRB ;
       I2CIFG& = ~RXRDYIFG;
       I2CIE& = ~RXRDYIE;
       break;
       case 12:                                 //发送数据
       I2CTCTL | = I2CSTP;
       while ((I2CIFG & TXRDYIFG) == 0);  //等待发送准备好
       delayus(3);
       I2CDRB = nAddr2;                         //装载数据
       delayms(9);
       while ((I2CIFG & TXRDYIFG) == 0);  //等待发送准备好
       I2CDRB = nVa2;
       I2CTCTL | = I2CSTP;
       while ((I2CTCTL & I2CSTP) == 0x02);
       break;
       case 14: break;                          //广播呼叫
       case 16: break;                          //起始信号
       default: break;
    }
    I2CIFG& = ~TXRDYIFG;                        //清除中断标志位
    I2CIFG& = ~RXRDYIFG;                        //清除中断标志位
}

void delay5ms(void)
{
    unsigned int i = 40000;
    while (i != 0)
    {
        i--;
    }
}

void display(int num)
{
    tab[0] = num % 10;
    tab[1] = num/10 % 10;
    tab[2] = num/100 % 10;
    tab[3] = num/1000 % 10;
    if(num <= 9)
```

```
{
    P1OUT = LED[tab[0]];
    P2OUT = 0xfe;
    delayms(1);
}
if(num > 9&&num <= 99)
{
    P1OUT = LED[tab[0]];
    P2OUT = 0xfe;
    delayms(1);
    P2OUT = 0xff;
    P1OUT = LED[tab[1]];
    P2OUT = 0xfd;
    delayms(1);
    P2OUT = 0xff;
}
if(num > 99&&num <= 999)
{
    P1OUT = LED[tab[0]];
    P2OUT = 0xfe;
    delayms(1);
    P2OUT = 0xff;
    P1OUT = LED[tab[1]];
    P2OUT = 0xfd;
    delayms(1);
    P2OUT = 0xff;
    P1OUT = LED[tab[2]];
    P2OUT = 0xfb;
    delayms(1);
    P2OUT = 0xff;
}
if(num > 999&&num <= 9999)
{
    P1OUT = LED[tab[0]];
    P2OUT = 0xfe;
    delayms(1);
    P2OUT = 0xff;
    P1OUT = LED[tab[1]];
    P2OUT = 0xfd;
    delayms(1);
    P2OUT = 0xff;
    P1OUT = LED[tab[2]];
    P2OUT = 0xfb;
    delayms(1);
    P2OUT = 0xff;
    P1OUT = LED[tab[3]];
    P2OUT = 0xf7;
```

```
            delayms(1);
            P2OUT = 0xff;
        }
    }

    int  keyscan(void)
    {
        P4OUT = 0xef;
        if((P4IN&0x0f)!= 0x0f)
        {
            delay5ms();
            if((P4IN&0x0f)!= 0x0f)
            {
                if((P4IN&0x01) == 0)
                keyvalue = 1;
                if((P4IN&0x02) == 0)
                keyvalue = 2;
                if((P4IN&0x04) == 0)
                keyvalue = 3;
                if((P4IN&0x08) == 0)
                keyvalue = 4;
                while((P4IN&0x0f)!= 0x0f);
            }
        }
        P4OUT = 0xdf;
        if((P4IN&0x0f)!= 0x0f)
        {
            delay5ms();
            if((P4IN&0x0f)!= 0x0f)
            {
                if((P4IN&0x01) == 0)
                keyvalue = 5;
                if((P4IN&0x02) == 0)
                keyvalue = 6;
                if((P4IN&0x04) == 0)
                keyvalue = 7;
                if((P4IN&0x08) == 0)
                keyvalue = 8;
                while((P4IN&0x0f)!= 0x0f);
            }
        }
        P4OUT = 0xbf;
        if((P4IN&0x0f)!= 0x0f)
        {
            delay5ms();
            if((P4IN&0x0f)!= 0x0f)
            {
```

```
                if((P4IN&0x01) == 0)
                keyvalue = 9;
                if((P4IN&0x02) == 0)
                keyvalue = 0;
                if((P4IN&0x04) == 0)
                keyvalue = 10;
                if((P4IN&0x08) == 0)
                keyvalue = 11;
                while((P4IN&0x0f)!= 0x0f);
            }
        }
        P4OUT = 0x7f;
        if((P4IN&0x0f)!= 0x0f)
        {
            delay5ms( );
            if((P4IN&0x0f)!= 0x0f)
            {
                if((P4IN&0x01) == 0)
                keyvalue = 12;
                if((P4IN&0x02) == 0)
                keyvalue = 13;
                if((P4IN&0x04) == 0)
                keyvalue = 14;
                if((P4IN&0x08) == 0)
                keyvalue = 15;
                while((P4IN&0x0f)!= 0x0f);
            }
        }
        return keyvalue;
}


void main( )
{
    WDTCTL = WDTPW + WDTHOLD;                //关闭看门狗
    int num = 0;
    int shu,shu2 = 0,aa = 0,flag = 0,shu1 = 0,shu3 = 0,shu4 = 0,shu5 = 0,shu6 = 0;
    shu = 0;
    int_clk( );
    P1DIR = 0xff;
    P1OUT = 0xff;
    P2DIR = 0xff;
    P2OUT = 0xff;
    P3DIR = 0xff;
    P3OUT = 0x7f;
    P4DIR = 0xf0;
    FMQ0;
```

```
    init1( );
    shu3 = Single_ReadI2C(230);
    _DINT();                                //关闭总中断
    delayms(9);
    shu4 = Single_ReadI2C(231);
    _DINT( );                               //关闭总中断
    delayms(9);
    shu5 = Single_ReadI2C(232);
    _DINT( );                               //关闭总中断
    delayms(9);
    shu6 = Single_ReadI2C(233);
    _DINT( );                               //关闭总中断
    delayms(9);

    shu1 = shu6 * 1000 + shu5 * 100 + shu4 * 10 + shu3;
    if(shu1 == 0)
    {
        flag = 0;
    }
    else
    {
        flag = 1;
    }
    while(1)
    {
        keyvalue = 17;
        keyscan();
        num = keyvalue;
        if(num <= 9&&flag == 0)
        {
            shu1 = shu1 * 10 + num;
            shu = shu1;
        }
        if(num >= 0&&num <= 9&&flag == 1)
        {
            shu2 = shu2 * 10 + num;
            shu = shu2;
        }
        if(num == 11&&flag == 0)
        {
            shu = 8888;
            flag = 1;
            num = 17;
            tab1[0] = shu1 % 10;
            tab1[1] = shu1/10 % 10;
            tab1[2] = shu1/100 % 10;
            tab1[3] = shu1/1000 % 10;
```

```
    Single_WriteI2C(230,tab1[0]);
    _DINT( );                    //关闭总中断
    delayms(9);
    Single_WriteI2C(231,tab1[1]);
    _DINT( );                    //关闭总中断
    delayms(9);
    Single_WriteI2C(232,tab1[2]);
    _DINT( );                    //关闭总中断
    delayms(9);
    Single_WriteI2C(233,tab1[3]);
    _DINT( );                    //关闭总中断
    delayms(9);
}
else if(num == 11&&flag == 1)
{
    num = 17;
    if(shu1 == shu2)
    {
        aa = 0;
        LED1;
        delayms(1000);
        LED0;
        shu2 = 0;
    }
    else
    {
        shu2 = 0;
        aa = aa + 1;
        FMQ = FMQ1;
        delayms(1000);
        FMQ = FMQ0;
    }
}
if(aa == 3)
{
    shu = 0;
    while(1)
    {
        P1OUT = 0x00;
    }
}
if(num == 12)
{
    shu1 = 0;
    shu2 = 0;
    Single_WriteI2C(230,0);
    _DINT( );                    //关闭总中断
    delayms(9);
    Single_WriteI2C(231,0);
    _DINT( );                    //关闭总中断
```

```
                delayms(9);
                Single_WriteI2C(232,0);
                _DINT( );                              //关闭总中断
                delayms(9);
                Single_WriteI2C(233,0);
                _DINT( );                              //关闭总中断
                delayms(9);
                flag = 0;
            }
            display(shu);
        }
    }
```

中断方法调试比寄存器方法调试复杂得多，两者相比较，首先在 I2C 初始化程序就有差别，前者必须设定 SCL 高低电平时间，在写函数(void Single_WriteI2C)中，特别要注意有参数传递这语句(nAddr2 = nAddr; nVa2 = nVal;)，否则在中断函数中，写函数的参数(nAddr,nVal)就变为 0。最后需要注意的是 nAddr、nVal、ctlbyte、nAddr1、nVa2、nAddr2 均为全局变量。

本次设计实物展示如图 6-13 所示。图(a)为实物上电前的状态；图(b)为实物通电后的状态；图(c)为设定密码，密码为：1256；图(d)为密码确定后显示；图(e)为输入密码正确 LED 灯亮；图(f)为断电后密码锁不变。

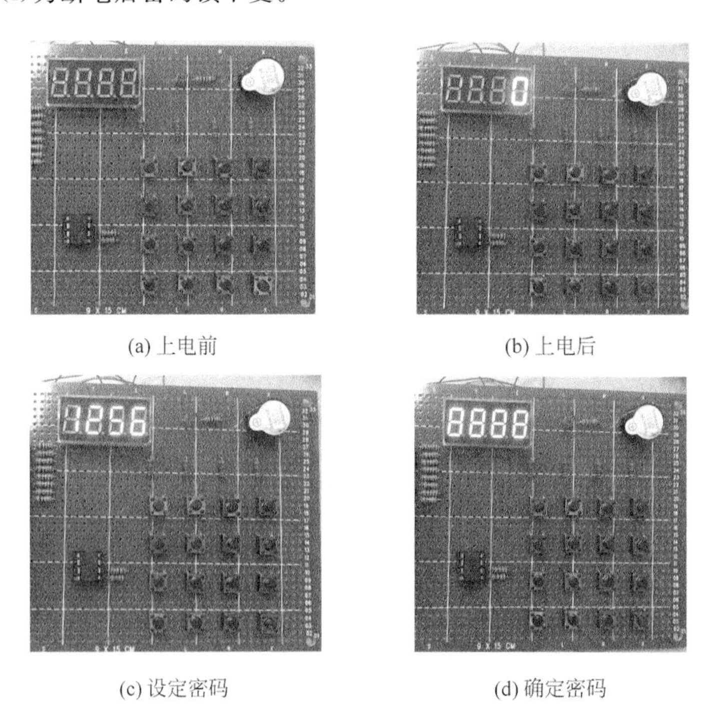

(a) 上电前　　(b) 上电后

(c) 设定密码　　(d) 确定密码

图 6-13　实物展示图

(e) 密码正确开锁

(f) 断电后密码锁不变

图 6-13 （续）

第7章 同步串行SPI接口

7.1 同步串行SPI接口概述

MSP430F169串行外设接口SPI允许单片机与外设或其他MSP430器件进行高速的同步数据传输。

MSP430F169 SPI的特点如下：

(1) 7位或8位数据长度；

(2) 3线或4线同步数据传输；

(3) 主机或从机操作；

(4) 独立的发送和接收移位寄存器；

(5) 独立的发送和接收缓冲器；

(6) 时钟的极性和相位可编程；

(7) 主模式的时钟频率可编程；

(8) 传输速率可编程；

(9) 接收和发送有独立的中断能力。

主机和从机之间的SPI连接如图7-1所示。系统包括两个移位寄存器和一个主机时钟发生器。通过将需要的从机的SS引脚拉低，主机启动一次通信过程。主机和从机将需要发送的数据放入相应的移位寄存器。主机在SCK引脚上产生时钟脉冲以交换数据。主机的数据从主机的MOSI移出，从从机的MOSI移入；从机的数据从从机的MISO移出，从主机的MISO移入。主机通过将从机的SS拉高实现与从机的同步。

配置为SPI主机时，SPI接口不自动控制SS引脚，必须由用户软件来处理。对SPI数据寄存器写入数据即启动SPI时钟，将8bit或7bit的数据移入从机。传输结束后SPI时钟停止，传输结束标志置位。如果此时IE1寄存器的SPI中断使能位UTXIE0置位，中断就会发生。主机可以继续往UxTXBUF写入数据以移位到从机中去，或者是将从机的SS拉高以说明数据包发送完成。最后进来的数据将一直保存于缓冲寄存器中。

配置为从机时，只要SS为高，SPI接口将一直保持睡眠状态，并保持MISO为三态。在

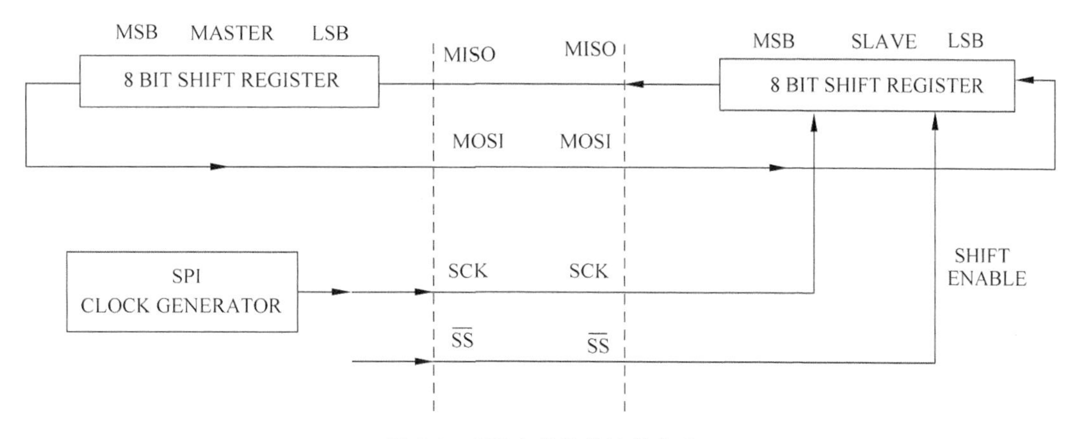

图 7-1　SPI 主从机的连接方式

这个状态下软件可以更新 SPI 数据寄存器 UxTXBUF 的内容。即使此时 SCK 引脚有输入时钟，UxTXBUF 的数据也不会移出，直至 SS 被拉低。一个字节完全移出之后，传输结束标志置位。如果此时 IE1 寄存器的 SPI 中断使能位 UTXIE0 置位，就会产生中断请求。在读取移入的数据之前从机可以继续往 UxTXBUF 写入数据。最后进来的数据将一直保存于缓冲寄存器中。

SPI 系统的发送方向只有一个缓冲器，而在接收方向有两个缓冲器。也就是说，在发送时一定要等到移位过程全部结束后才能对 SPI 数据寄存器执行写操作。而在接收数据时，需要在下一个字符移位过程结束之前通过访问 SPI 数据寄存器读取当前接收到的字符，否则第一个字节将丢失。

工作于 SPI 从机模式时，控制逻辑对 SCK 引脚的输入信号进行采样。为了保证对时钟信号的正确采样，SPI 时钟不能超过 $f_{osc}/4$。

SPI 使能后，MOSI、MISO、SCK 和 SS 引脚的数据方向将按照表 7-1 所示自动进行配置。更多自动重载信息请参考第 1 章端口的第二功能。

表 7-1　SPI 引脚重载

引　脚	方向，SPI 主机	方向，SPI 从机	引　脚	方向，SPI 主机	方向，SPI 从机
MOSI	用户定义	输入	SCK	用户定义	输入
MISO	输入	用户定义	SS	用户定义	输入

7.2　SPI 相关寄存器

SPI 的正确应用必须用到以下寄存器，现在分别介绍。

1. SPI 控制寄存器——UxCTL

其各位定义如下：

位	7	6	5	4	3	2	1	0
	Unused	Unused	I2C	CHAR	LISTEN	SYNC	MM	SWRST

位7、位6——不用。

位5——I2C：I2C使能。当设定SYNC=1时，此位决定是I2C操作还是SPI操作。0：SPI模式；1：I2C模式。

位4——CHAR：数据长度。0：7位数据；1：8位数据。

位3——LISTEN：使能。该位选择了闭环模式。0：不使能；1：使能。

位2——SYNC：同步模式使能。0：UART模式；1：SPI模式。

位1—— MM：主机模式。0：USART是从机；1：USART是主机。

位0——SWRST：软件复位使能。0：不使能；1：使能。

2. SPI发射控制寄存器——UxTCTL

其各位定义如下：

位	7	6	5	4	3	2	1	0
	CKPH	CKPL	SSELx		Unused	Unused	STC	TXEPT

位7——CKPH：时钟相位选择位。0：常规的UCLK时钟；1：UCLK时钟延时半个周期。

位6——CKPL：时钟极性选择位。0：非活动状态为低，数据在UCLK上升沿输出，数据在UCLK下降沿锁存；1：活动状态为高，数据在UCLK下降沿输出，数据在UCLK上升沿锁存。

位5 、位4——SSELx：时钟源选择。这两位决定了BRCLK时钟源。

0 0，外部UCLK(仅对从机有效)；

0 1，ACLK(仅对主机有效)；

1 0，SMCLK(仅对主机有效)；

1 1，SMCLK(仅对主机有效)；

位3 、位2：不用。

位1——STC：从机发送控制位。0：4线SPI模式，STE使能；1：3线SPI模式，STE禁止。

位0——TXEPT：发送清空标志位。此标志位不用于从机模式。0：发送状态以及数据装载在UxTXBUF寄存器；1：UxTXBUF和TX移位寄存器已清空。

3. SPI接收控制寄存器——UxRCTL

其各位定义如下：

位	7	6	5	4	3	2	1	0
	FE	Unused	OE	Unused	Unused	Unused	Unused	Unused

位 7——FE：产生错误标志位。当 MM=1 和 STC=0 时，此位表示总线冲突。FE 不用于从机模式。

位 6——不用。

位 5——OE：溢出错误标志位。0：无错误；1：溢出错误产生。

位 4、位 3、位 2、位 1、位 0——不用。

4. SPI 波特率控制寄存器 0——UxBR0

其各位定义如下：

位	7	6	5	4	3	2	1	0
	2^7	2^6	2^5	2^4	2^3	2^2	2^1	2^0

5. SPI 波特率控制寄存器 1——UxBR1

其各位定义如下：

位	7	6	5	4	3	2	1	0
	2^{15}	2^{14}	2^{13}	2^{12}	2^{11}	2^{10}	2^9	2^8

这两个寄存器设定波特率大小，注意：如果 UxBR < 2，就会产生无法预料的后果。

6. USART 模式控制寄存器——UxMCTL

其各位定义如下：

位	7	6	5	4	3	2	1	0
	M7	M6	M5	M4	M3	M2	M1	M0

这个寄存器不适用于 SPI 模式，应设定为 000h。

7. USART 接收缓冲器——UxRXBUF

其各位定义如下：

位	7	6	5	4	3	2	1	0
	2^7	2^6	2^5	2^4	2^3	2^2	2^1	2^0

这个寄存器用于接收数据。

8. USART 发送缓冲器——UxTXBUF

其各位定义如下：

位	7	6	5	4	3	2	1	0
	2^7	2^6	2^5	2^4	2^3	2^2	2^1	2^0

这个寄存器用于发送数据。

9. 模式使能寄存器 1——ME1

其各位定义如下：

位	7	6	5	4	3	2	1	0
	USPIE0							

位 7——可以用作其他模式。

位 6——USPIE0，USART0 SPI 使能，此位使能使得 USART0 变为 SPI 模式。0：模式禁止；1：模式使能。

位 4 、位 3、位 2、位 1、位 0——可以用作其他模式。

10. 模式使能寄存器 2——ME2

其各位定义如下：

位	7	6	5	4	3	2	1	0
				USPIE1				USPIE0

位 7、位 6、位 5——可以用作其他模式。

位 4——USPIE1：USART1 SPI 使能。此位使能使得 USART1 变为 SPI 模式。0：模式禁止；1：模式使能。

位 4 、位 3、位 2 、位 1、位 0——可以用作其他模式。

位 0——USPIE0：USART0 SPI 使能。此位使能使得 USART0 变为 SPI 模式。0：模式禁止；1：模式使能，仅用于 MSP430×12××型号。

11. 中断使能寄存器 1——IE1

其各位定义如下：

位	7	6	5	4	3	2	1	0
	UTXIE0	URXIE0						

位 7——UTXIE0：USART0 发送中断使能。0：中断禁止；1：中断使能。

位 6——URXIE0：USART0 接收中断使能。0：中断禁止；1：中断使能。

位 5、位 4 、位 3、位 2 、位 1、位 0——可以用作其他模式。

12. 中断使能寄存器 2——IE2

其各位定义如下：

位	7	6	5	4	3	2	1	0
			UTXIE1	URXIE1			UTXIE0	URXIE0

位 7、位 6——可以用作其他模式。

位 5——UTXIE1：USART1 发送中断使能。0：中断禁止；1：中断使能。

位 6——URXIE1：USART1 接收中断使能。0：中断禁止；1：中断使能。

位 3、位 2——可以用作其他模式。

位 1——UTXIE1：USART0 发送中断使能。0：中断禁止；1：中断使能。

位 0——UTXIE0：USART0 接收中断使能。0：中断禁止；1：中断使能。仅用于 MSP430×12××型号。

13．中断标志寄存器 1——IFG1

其各位定义如下：

位	7	6	5	4	3	2	1	0
	UTXIFG0	URXIFG0						

位 7——UTXIFG0：USART0 发送中断标志位。0：中断没有产生；1：中断产生。

位 6——URXIFG0：USART0 接收中断标志位。0：中断没有产生；1：中断产生。

14．中断标志寄存器 2——IFG2

其各位定义如下：

位	7	6	5	4	3	2	1	0
			UTXIFG1	URXIFG1			UTXIFG0	URXIFG0

位 5——UTXIFG1：USART1 发送中断标志位。0：中断没有产生；1：中断产生。

位 4——URXIFG1：USART1 接收中断标志位。0：中断没有产生；1：中断产生。

位 1——UTXIFG0：USART0 发送中断标志位。0：中断没有产生；1：中断产生，此位仅用于 MSP430×12××型号。

位 0——URXIFG0：USART0 接收中断标志位。0：中断没有产生；1：中断产生，此位仅用于 MSP430×12××型号。

7.3　SPI 通信设计举例——无线模块通信设计

设计要求：发射板由矩阵式键盘和无线模块等组成。接收板由数码管和无线模块等组成。在发射板按下矩阵式键盘某个键(对应数字)后，再按功能键(key==10)，把发射板上的数字发送到接收板上，在接收板上的数码管显示出来。

本次设计使用 nRF24L01 芯片。nRF24L01 是一款新型单片射频收发器件，工作于 2.4～2.5GHz ISM 频段。内置频率合成器、功率放大器、晶体振荡器、调制器等功能模块，并融合了增强型 ShockBurst 技术，其中输出功率和通信频道可通过程序进行配置。nRF24L01 功耗低，在以 −6dBm 的功率发射时，工作电流也只有 9mA 接收时，工作电流只有 12.3mA，多种低功率工作模式(掉电模式和空闲模式)使节能设计更方便。

nRF24L01 主要特性：

(1) GFSK 调制；

(2) 硬件集成 OSI 链路层；

(3) 具有自动应答和自动再发射功能；

(4) 片内自动生成报头和 CRC 校验码；

(5) 数据传输率为 1Mb/s 或 2Mb/s；

(6) SPI 速率为 0～10Mb/s；

(7) 125 个频道；

(8) 与其他 nRF24 系列射频器件相兼容；

(9) QFN20 引脚 4mm×4mm 封装；

(10) 供电电压为 1.9～3.6V。

nRF24L01 的实物图和引脚图如图 7-2 所示。

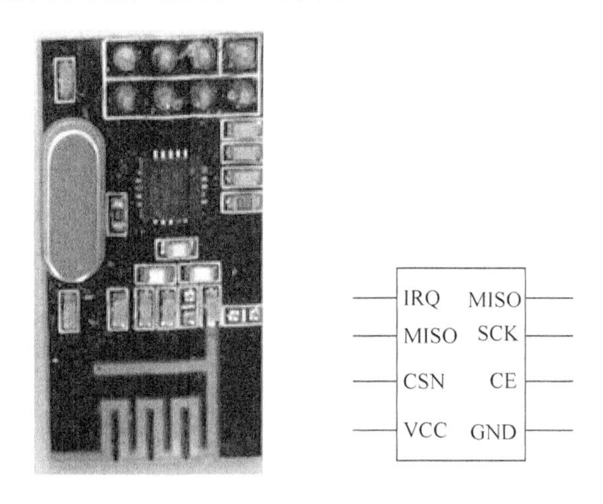

图 7-2 nRF24L01 的实物图和引脚图

引脚说明如下：

CE：使能发射或接收。

CSN、SCK、MOSI、MISO：SPI 引脚端，微处理器可通过此引脚配置 nRF24L01。

IRQ：中断标志位。

VDD：电源输入端。

VSS：电源地。

通过配置寄存器可将 nRF241L01 配置为发射、接收、空闲及掉电 4 种工作模式，如表 7-2 所示。

表 7-2　nRF241L01 四种工作模式

模　　式	PWR-UP	PRIM-RX	CE	FIFO 寄存器状态
接收模式	1	1	1	
发射模式	1	0	1	数据在 TX FIFO 寄存器中
发射模式	1	0	1→0	停留在发射模式，直至数据发送完
待机模式	1	0	1	TX FIFO 为空
待机模式 1	0		0	无数据传输
掉电	0			

待机模式 1 主要用于降低电流损耗，在该模式下晶体振荡器仍然是工作的。

待机模式 2 则是当 FIFO 寄存器为空且 CE=1 时进入此模式。

待机模式下，所有配置字仍然保留。

在掉电模式下电流损耗最小，同时 nRF24L01 也不工作，但其所有配置寄存器的值仍然保留。

1. 工作原理

发射数据时，首先将 nRF24L01 配置为发射模式，接着把接收节点地址 TX_ADDR 和有效数据 TX_PLD 按照时序由 SPI 口写入 nRF24L01 缓存区，TX_PLD 必须在 CSN 为低时连续写入，而 TX_ADDR 在发射时写入一次即可，然后 CE 置为高电平并保持至少 10μs，延迟 130μs 后发射数据；若自动应答开启，那么 nRF24L01 在发射数据后立即进入接收模式，接收应答信号(自动应答接收地址应该与接收节点地址 TX_ADDR 一致)。如果收到应答，则认为此次通信成功，TX_DS 置高，同时 TX_PLD 从 TX FIFO 中清除；若未收到应答，则自动重新发射该数据(自动重发已开启)，若重发次数(ARC)达到上限，MAX_RT 置高，TX FIFO 中数据保留以便再次重发；MAX_RT 或 TX_DS 置高时，使 IRQ 变低，产生中断，通知 MCU。最后发射成功时，若 CE 为低则 nRF24L01 进入空闲模式 1；若发送堆栈中有数据且 CE 为高，则进入下一次发射；若发送堆栈中无数据且 CE 为高，则进入空闲模式 2。

接收数据时，首先将 nRF24L01 配置为接收模式，接着延迟 130μs 进入接收状态等待数据的到来。当接收方检测到有效的地址和 CRC 时，就将数据包存储在 RX FIFO 中，同时中断标志位 RX_DR 置高，IRQ 变低，产生中断，通知 MCU 去取数据。若此时自动应答开启，接收方则同时进入发射状态回传应答信号。最后接收成功时，若 CE 变低，则 nRF24L01 进入空闲模式 1。

2. 配置字体

SPI 口为同步串行通信接口，最大传输速率为 10Mb/s，传输时先传送低位字节，再传送高位字节。但针对单个字节而言，要先送高位再送低位。与 SPI 相关的指令共有 8 个，使用时这些控制指令由 nRF24L01 的 MOSI 输入。相应的状态和数据信息从 MISO 输出给 MCU。

nRF24L01 所有的配置字都由配置寄存器定义，这些配置寄存器可通过 SPI 口访问。

nRF24L01 的配置寄存器共有 25 个，常用的配置寄存器如表 7-3 所示。

表 7-3　nRF241L01 常用的配置寄存器名称及功能

地址(H)	寄存器名称	功　能
00	CONFIG	设置 24L01 工作模式
01	EN_AA	设置接收通道及自动应答
02	EN_RXADDR	使能接收通道地址
03	SETUP_AW	设置地址宽度
04	SETUP_RETR	设置自动重发数据时间和次数
07	STATUS	状态寄存器，用来判定工作状态
0A～0F	RX_ADDR	设置接收通道地址
10	TX_ADDR	设置接收接点地址
11～16	RX_PW	设置接收通道的有效数据宽度

发射板电路图如图 7-3 所示。

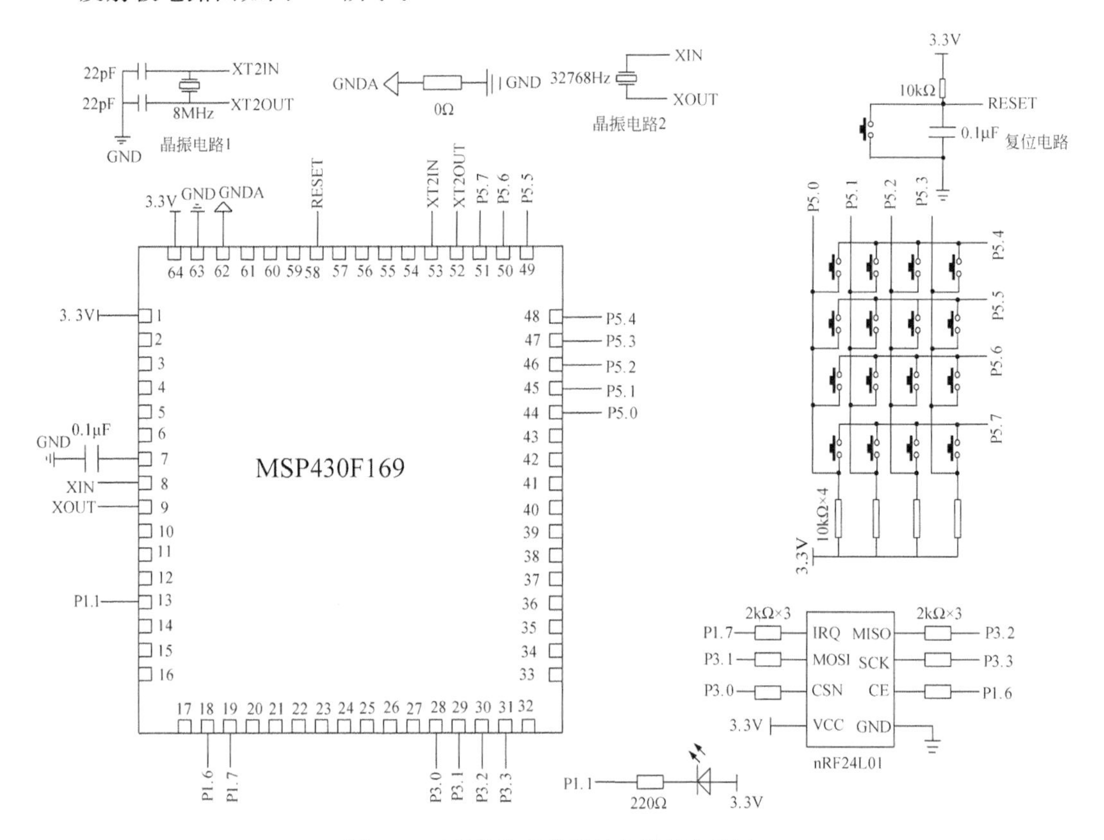

图 7-3　无线模块通信设计发射板电路图

nRF24L01 芯片每个端口都串联了一个 2kΩ 电阻，起到保护芯片作用，该电阻的参数不能改变。这里需要指出的是，如果采用模拟 SPI 时序方式，无线模块可以接单片机的任意端口；若采用寄存器方式，无线模块必须接单片机SPI总线端口，而不能任意接单片机其他端口，这是因为用到单片机端口第二功能。现在采用三种方式编程，第一种是采用模拟SPI时序方式，第二种是采用寄存器方式，第三种是采用中断方式。

模拟SPI时序方式的发射板完整程序清单如下：

```
#include<msp430x14x.h>
typedef unsigned char uchar;
typedef unsigned int  uint;
uchar keyvalue,key_shu,shu5;
#define  RF24L01_CE_0         P1OUT &= ~BIT6
#define  RF24L01_CE_1         P1OUT |= BIT6
//=========================RF24L01_CSN端口=============================
#define  RF24L01_CSN_0        P3OUT &= ~BIT0
#define  RF24L01_CSN_1        P3OUT |= BIT0
//=========================RF24L01_SCK=================================
#define  RF24L01_SCK_0        P3OUT &= ~BIT3
#define  RF24L01_SCK_1        P3OUT |= BIT3
//=========================MISO端口====================================
#define  RF24L01_MISO_0       P3OUT &= ~BIT2
#define  RF24L01_MISO_1       P3OUT |= BIT2
//========================== RF24L01_MOSI端口=========================
#define  RF24L01_MOSI_0       P3OUT &= ~BIT1
#define  RF24L01_MOSI_1       P3OUT |= BIT1
//==========================IRQ状态====================================
#define  RF24L01_IRQ_0        P1OUT &= ~BIT7
#define  RF24L01_IRQ_1        P1OUT |= BIT7
//==========================NRF24L01===================================
#define TX_ADR_WIDTH     5        //5 uints TX address width
#define RX_ADR_WIDTH     5        //5 uints RX address width
#define TX_PLOAD_WIDTH   32       //32 TX payload
#define RX_PLOAD_WIDTH   32       //32 uints TX payload
//=========================NRF24L01寄存器指令==========================
#define READ_REG         0x00     //读寄存器指令
#define WRITE_REG        0x20     //写寄存器指令
#define RD_RX_PLOAD      0x61     //读取接收数据指令
#define WR_TX_PLOAD      0xA0     //写待发数据指令
#define FLUSH_TX         0xE1     //重新发送 FIFO 指令
#define FLUSH_RX         0xE2     //重新接收 FIFO 指令
#define REUSE_TX_PL      0xE3     //定义重复装载数据指令
#define NOP1             0xFF     //保留
//========================SPI(nRF24L01)寄存器地址======================
#define CONFIG           0x00     //配置收发状态、CRC校验模式以及收发状态响应方式
#define EN_AA            0x01     //自动应答功能设置
#define EN_RXADDR        0x02     //可用信道设置
#define SETUP_AW         0x03     //收发地址宽度设置
#define SETUP_RETR       0x04     //自动重发功能设置
```

```
#define RF_CH           0x05     //工作频率设置
#define RF_SETUP        0x06     //发射速率、功耗功能设置
#define STATUS          0x07     //状态寄存器
#define OBSERVE_TX      0x08     //发送监测功能
#define CD              0x09     //地址检测
#define RX_ADDR_P0      0x0A     //频道 0 接收数据地址
#define RX_ADDR_P1      0x0B     //频道 1 接收数据地址
#define RX_ADDR_P2      0x0C     //频道 2 接收数据地址
#define RX_ADDR_P3      0x0D     //频道 3 接收数据地址
#define RX_ADDR_P4      0x0E     //频道 4 接收数据地址
#define RX_ADDR_P5      0x0F     //频道 5 接收数据地址
#define TX_ADDR         0x10     //发送地址寄存器
#define RX_PW_P0        0x11     //接收频道 0 接收数据长度
#define RX_PW_P1        0x12     //接收频道 1 接收数据长度
#define RX_PW_P2        0x13     //接收频道 2 接收数据长度
#define RX_PW_P3        0x14     //接收频道 3 接收数据长度
#define RX_PW_P4        0x15     //接收频道 4 接收数据长度
#define RX_PW_P5        0x16     //接收频道 5 接收数据长度
#define FIFO_STATUS     0x17     //FIFO 栈入栈出状态寄存器设置
//============================== RF24l01 状态 ==============================
char  TX_ADDRESS[TX_ADR_WIDTH] = {0x34,0x43,0x10,0x10,0x01};   //本地地址
char  RX_ADDRESS[RX_ADR_WIDTH] = {0x34,0x43,0x10,0x10,0x01};   //接收地址
char  sta;
char AD_TxBuf[32];
uchar RxBuf[32],temp[6];
void int_clk( )
{
    unsigned char i;
    BCSCTL1&=~XT2OFF;              //打开 XT 振荡器
    BCSCTL2|=SELM1+SELS;           //MCLK 为 8MHz,SMCLK 为 1MHz
    do
    {
        IFG1&=~OFIFG;              //清除振荡器错误标志
        for(i=0; i<100; i++)
        _NOP( );                   //延时等待
    }
    while((IFG1&OFIFG)!=0);        //如果标志为 1,则继续循环等待
    IFG1&=~OFIFG;
}
/**********************************************
函数名称：Delay_1ms
功    能：延时约 1ms 的时间
参    数：无
返回值  ：无
**********************************************/
void delay_ms(uint aa)
```

```
{
    uint ii;
    for(ii = 0; ii < aa; ii++)
    __delay_cycles(8000);
}

void delay_us(uint aa)
{
    uint ii;
    for(ii = 0; ii < aa; ii++)
    __delay_cycles(8);
}

//=========== RF24L01 端口设置,把 P1.7、P3.2 设置成输入,其他端口设置为输出 ==========

void RF24L01_IO_set(void)
{
    P1DIR |= 0x40;
    P3DIR |= 0x0B;
}
//======================================================================
//函数: uint SPI_RW(uint uchar)
//功能: NRF24L01 的 SPI 写时序
//**********************************************************************
char SPI_RW(char data)
{
    char i,temp = 0;
    for(i = 0; i < 8; i++)            //output 8bit
    {
        if((data & 0x80) == 0x80)
        {
            RF24L01_MOSI_1;
        }
        else
        {
            RF24L01_MOSI_0;
        }
        data = (data << 1);
        temp <<= 1;
        RF24L01_SCK_1;
        if((P3IN&0x04) == 0x04)temp++;
        RF24L01_SCK_0;
    }
    return(temp);
}

//**********************************************************************
```

```
//函数: uchar SPI_Read(uchar reg)
//功能: NRF24L01 的 SPI 时序
//读 SPI 寄存器的值
//***************************************************************
char SPI_Read(char reg)
{
    char reg_val;
    RF24L01_CSN_0;
    SPI_RW(reg);
    reg_val = SPI_RW(0);
    RF24L01_CSN_1;
    return(reg_val);
}
//**************************************************************/
//功能: NRF24L01 读写寄存器函数
//**************************************************************/
char SPI_RW_Reg(char reg, char value)
{
    char status1;
    RF24L01_CSN_0;
    status1 = SPI_RW(reg);
    SPI_RW(value);
    RF24L01_CSN_1;
    return(status1);
}
//**************************************************************/
//函数: uint SPI_Read_Buf(uchar reg, uchar * pBuf, uchar uchars)
//功能: 用于读数据。reg: 寄存器地址,pBuf: 待读出数据地址,uchars: 读出数据的个数
//***************************************************************
char SPI_Read_Buf(char reg, char * pBuf, char chars)
{
    char status2,uchar_ctr;
    RF24L01_CSN_0;
    status2 = SPI_RW(reg);
    for(uchar_ctr = 0; uchar_ctr < chars; uchar_ctr++)
    {
        pBuf[uchar_ctr] = SPI_RW(0);
    }
    RF24L01_CSN_1;
    return(status2);
}
//***************************************************************
//函数: uint SPI_Write_Buf(uchar reg, uchar * pBuf, uchar uchars)
//功能: 用于写数据。reg: 寄存器地址,pBuf: 待写入数据地址,uchars: 写入数据的个数
//**************************************************************/
char SPI_Write_Buf(char reg, char * pBuf, char chars)
{
```

```
    char status1,uchar_ctr;
    RF24L01_CSN_0;
    status1 = SPI_RW(reg);
    for(uchar_ctr = 0; uchar_ctr < chars; uchar_ctr++)
    {
        SPI_RW( * pBuf++);
    }
    RF24L01_CSN_1;
    return(status1);
}
//******************************************************************/
//函数: void SetRX_Mode(void)
//功能: 数据接收配置
//******************************************************************/
void SetRX_Mode(void)
{
    RF24L01_CE_0 ;
    SPI_RW_Reg(WRITE_REG + CONFIG, 0x0f);
    RF24L01_CE_1;
    delay_us(580);                  //注意不能太小
}
//******************************************************************/
//函数: unsigned char nRF24L01_RxPacket(unsigned char * rx_buf)
//功能: 数据读取后放入 rx_buf 接收缓冲区中
//******************************************************************/
char nRF24L01_RxPacket(char * rx_buf)
{
    char revale = 0;
    sta = SPI_Read(STATUS);         //读取状态寄存器来判断数据接收状况
    if(sta&0x40)                    //判断是否接收到数据
    {
        RF24L01_CE_0 ;              //SPI 使能
        SPI_Read_Buf(RD_RX_PLOAD,rx_buf,TX_PLOAD_WIDTH);
        revale = 1;                 //读取数据完成标志
    }
    SPI_RW_Reg(WRITE_REG + STATUS,sta);   //接收到数据后 RX_DR、TX_DS、MAX_PT 都置高为 1,通过
                                          //写 1 来清除中断标志
    return revale;
}
//******************************************************************/
//函数: void nRF24L01_TxPacket(char * tx_buf)
//功能: 发送 tx_buf 中数据
//******************************************************************/
void nRF24L01_TxPacket(char * tx_buf)
{
    RF24L01_CE_0 ;                                          //StandBy I 模式
```

```
    SPI_Write_Buf(WRITE_REG + RX_ADDR_P0, TX_ADDRESS, TX_ADR_WIDTH);   //装载接收端地址
    SPI_Write_Buf(WR_TX_PLOAD, tx_buf, TX_PLOAD_WIDTH);             //装载数据
    RF24L01_CE_1;                                                   //置高 CE,激发数据发送
    delay_us(10);
}
//****************************************************************************
//NRF24L01 初始化
//****************************************************************************/
void init_NRF24L01(void)
{
    delay_us(10);
    RF24L01_CE_0 ;
    RF24L01_CSN_1;
    RF24L01_SCK_0;
    SPI_Write_Buf(WRITE_REG + TX_ADDR, TX_ADDRESS, TX_ADR_WIDTH);     //写本地地址
    SPI_Write_Buf(WRITE_REG + RX_ADDR_P0, RX_ADDRESS, RX_ADR_WIDTH);  //写接收端地址
    SPI_RW_Reg(WRITE_REG + EN_AA, 0x01);      //  频道 0 自动 ACK 应答允许
    SPI_RW_Reg(WRITE_REG + EN_RXADDR, 0x01);  //  允许接收地址只有频道 0
    SPI_RW_Reg(WRITE_REG + RF_CH, 0);         //设置信道工作为 2.4GHz,收发必须一致
    SPI_RW_Reg(WRITE_REG + RX_PW_P0, RX_PLOAD_WIDTH); //设置接收数据长度,本次设置为 32 字节
    SPI_RW_Reg(WRITE_REG + RF_SETUP, 0x07);   //设置发射速率为 1MHz,发射功率为最大值 0dB
    SPI_RW_Reg(WRITE_REG + CONFIG, 0x0E);     //IRQ 收发完成中断响应,16 位 CRC,主接收
}

/*键盘扫描*/
uchar  keyscan(void)
{
    P5OUT = 0xef;
    if((P5IN&0x0f)!= 0x0f)
    {
        delay_ms(10);
        if((P5IN&0x0f)!= 0x0f)
        {
            if((P5IN&0x01) == 0)
            keyvalue = 1;
            if((P5IN&0x02) == 0)
            keyvalue = 2;
            if((P5IN&0x04) == 0)
            keyvalue = 3;
            if((P5IN&0x08) == 0)
            keyvalue = 4;
            while((P5IN&0x0f)!= 0x0f);
        }
    }
    P5OUT = 0xdf;
    if((P5IN&0x0f)!= 0x0f)
    {
```

```
        delay_ms(10);
        if((P5IN&0x0f)!= 0x0f)
        {
            if((P5IN&0x01) == 0)
            keyvalue = 5;
            if((P5IN&0x02) == 0)
            keyvalue = 6;
            if((P5IN&0x04) == 0)
            keyvalue = 7;
            if((P5IN&0x08) == 0)
            keyvalue = 8;
            while((P5IN&0x0f)!= 0x0f);
        }
    }
    P5OUT = 0xbf;
    if((P5IN&0x0f)!= 0x0f)
    {
        delay_ms(10);
        if((P5IN&0x0f)!= 0x0f)
        {
            if((P5IN&0x01) == 0)
            keyvalue = 9;
            if((P5IN&0x02) == 0)
            keyvalue = 0;
            if((P5IN&0x04) == 0)
            keyvalue = 10;
            if((P5IN&0x08) == 0)
            keyvalue = 11;
            while((P5IN&0x0f)!= 0x0f);
        }
    }
    P5OUT = 0x7f;
    if((P5IN&0x0f)!= 0x0f)
    {
        delay_ms(10);
        if((P5IN&0x0f)!= 0x0f)
        {
            if((P5IN&0x01) == 0)
            keyvalue = 12;
            if((P5IN&0x02) == 0)
            keyvalue = 13;
            if((P5IN&0x04) == 0)
            keyvalue = 14;
            if((P5IN&0x08) == 0)
            keyvalue = 15;
            while((P5IN&0x0f)!= 0x0f);
        }
```

```
    }
    return keyvalue;
}

void main( )
{
   WDTCTL = WDTPW + WDTHOLD;
   int_clk( );
   P1DIR = BIT1;
   P5DIR = 0xf0;
   RF24L01_IO_set( );
   init_NRF24L01( );
   while(1)
   {
       uchar TX_BUF[32];
       /***** 发送程序 *******/
       keyvalue = 17;
       keyscan( );
       key_shu = keyvalue;
       if(key_shu < 10)
       {
           shu5 = shu5 * 10 + key_shu;
       }
       if(keyvalue == 10)
       {
           TX_BUF[0] = shu5;
           nRF24L01_TxPacket(TX_BUF); delay_us(10);
           P1OUT& = ~BIT1;
           TX_BUF[0] = 0;
       }
    }
 }
```

接收板的电路图如图 7-4 所示。

模拟 SPI 时序方式接收板完整程序清单如下：

```
#include<msp430x14x.h>
#define uchar unsigned char
#define uint unsigned int
uchar tab[ ] = {0,0,0,0};
uchar LED[ ] = {0x03,0x9f,0x25,0x0d,0x99,0x49,0x41,0x1f,0x01,0x09};
#define   RF24L01_CE_0          P1OUT &= ~BIT6
#define   RF24L01_CE_1          P1OUT |= BIT6
//============================== RF24L01_CSN 端口 ==========================
#define   RF24L01_CSN_0        P3OUT &= ~BIT0
#define   RF24L01_CSN_1        P3OUT |= BIT0
//============================== RF24L01_SCK ===============================
```

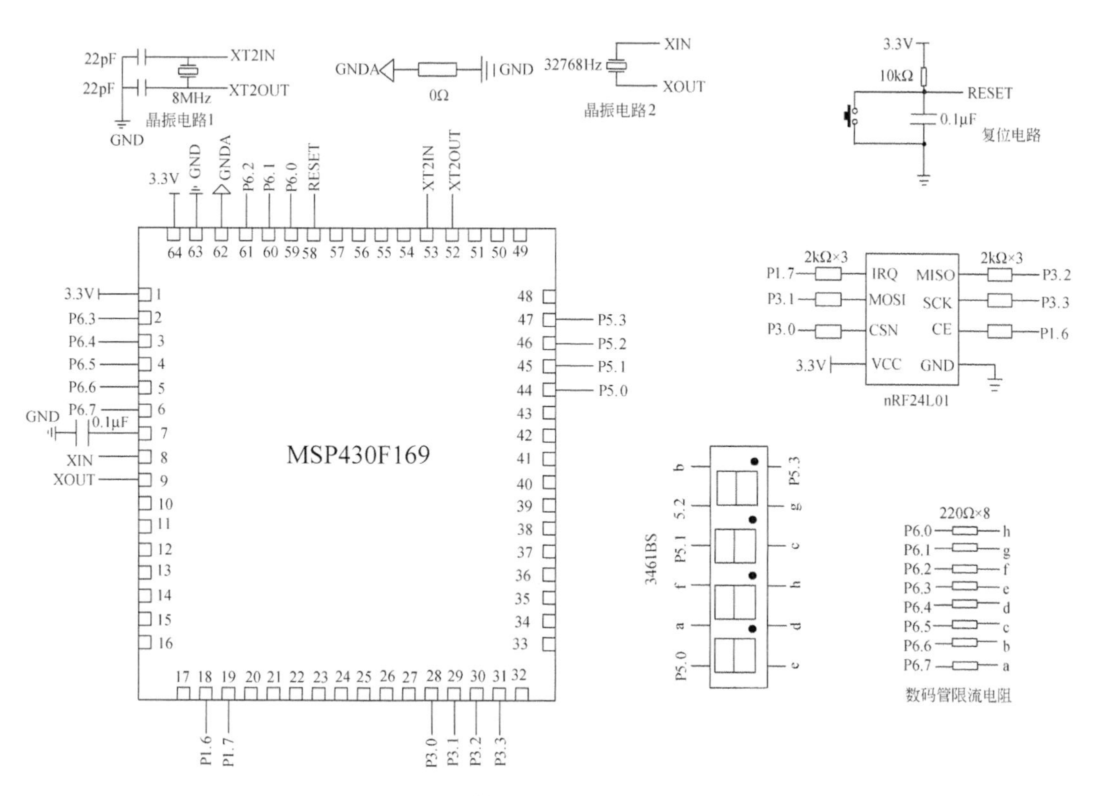

图 7-4 无线模块通信设计接收板电路图

```
#define  RF24L01_SCK_0        P3OUT &= ~BIT3
#define  RF24L01_SCK_1        P3OUT |= BIT3
//============================== MISO 端 ===================================
#define  RF24L01_MISO_0       P3OUT &= ~BIT2
#define  RF24L01_MISO_1       P3OUT |= BIT2
//============================== RF24L01_MOSI 端口 ========================
#define  RF24L01_MOSI_0       P3OUT &= ~BIT1
#define  RF24L01_MOSI_1       P3OUT |= BIT1
//========================== IRQ 状态 =====================================
#define  RF24L01_IRQ_0        P1OUT &= ~BIT7
#define  RF24L01_IRQ_1        P1OUT |= BIT7
//========================== NRF24L01 =====================================
#define TX_ADR_WIDTH          5       //5 uints TX address width
#define RX_ADR_WIDTH          5       //5 uints RX address width
#define TX_PLOAD_WIDTH        32      //32 TX payload
#define RX_PLOAD_WIDTH        32      //32 uints TX payload
//========================== NRF24L01 寄存器指令 ===========================
#define READ_REG              0x00    //读寄存器指令
#define WRITE_REG             0x20    //写寄存器指令
#define RD_RX_PLOAD           0x61    //读取接收数据指令
#define WR_TX_PLOAD           0xA0    //写待发数据指令
```

```
#define FLUSH_TX            0xE1    //重新发送 FIFO 指令
#define FLUSH_RX            0xE2    //重新接收 FIFO 指令
#define REUSE_TX_PL         0xE3    //定义重复装载数据指令
#define NOP1                0xFF    //保留
//======================= SPI(nRF24L01)寄存器地址 ========================
#define CONFIG              0x00    //配置收发状态,CRC 校验模式以及收发状态响应方式
#define EN_AA               0x01    //自动应答功能设置
#define EN_RXADDR           0x02    //可用信道设置
#define SETUP_AW            0x03    //收发地址宽度设置
#define SETUP_RETR          0x04    //自动重发功能设置
#define RF_CH               0x05    //工作频率设置
#define RF_SETUP            0x06    //发射速率、功耗功能设置
#define STATUS              0x07    //状态寄存器
#define OBSERVE_TX          0x08    //发送监测功能
#define CD                  0x09    //地址检测
#define RX_ADDR_P0          0x0A    //频道 0 接收数据地址
#define RX_ADDR_P1          0x0B    //频道 1 接收数据地址
#define RX_ADDR_P2          0x0C    //频道 2 接收数据地址
#define RX_ADDR_P3          0x0D    //频道 3 接收数据地址
#define RX_ADDR_P4          0x0E    //频道 4 接收数据地址
#define RX_ADDR_P5          0x0F    //频道 5 接收数据地址
#define TX_ADDR             0x10    //发送地址寄存器
#define RX_PW_P0            0x11    //接收频道 0 接收数据长度
#define RX_PW_P1            0x12    //接收频道 1 接收数据长度
#define RX_PW_P2            0x13    //接收频道 2 接收数据长度
#define RX_PW_P3            0x14    //接收频道 3 接收数据长度
#define RX_PW_P4            0x15    //接收频道 4 接收数据长度
#define RX_PW_P5            0x16    //接收频道 5 接收数据长度
#define FIFO_STATUS         0x17    //FIFO 栈入栈出状态寄存器设置
//============================ RF24l01 状态 ==============================
char  TX_ADDRESS[TX_ADR_WIDTH] = {0x34,0x43,0x10,0x10,0x01};   //本地地址
char  RX_ADDRESS[RX_ADR_WIDTH] = {0x34,0x43,0x10,0x10,0x01};   //接收地址
uchar  sta,time;
char AD_TxBuf[32];
uchar  RxBuf[32],temp[6];
void int_clk( )
{
    unsigned char i;
    BCSCTL1&=~XT2OFF;                   //打开 XT 振荡器
    BCSCTL2|=SELM1+SELS;                //MCLK 为 8MHz,SMCLK 为 1MHz
    do
    {
        IFG1&=~OFIFG;                   //清除振荡器错误标志
        for(i=0; i<100; i++)
        _NOP();                         //延时等待
    }
    while((IFG1&OFIFG)!=0);             //如果标志为 1,则继续循环等待
```

```
    IFG1& = ~OFIFG;
}

void delay_ms(uint aa)
{
    uint ii;
    for(ii = 0; ii < aa; ii++)
    __delay_cycles(8000);
}

void delay_us(uint aa)
{
    uint ii;
    for(ii = 0; ii < aa; ii++)
    __delay_cycles(4);
}

void display(int num)
{
    tab[0] = num % 10;
    tab[1] = num/10 % 10;
    tab[2] = num/100 % 10;
    tab[3] = num/1000 % 10;
    if(num <= 9)
    {
        P6OUT = LED[tab[0]];
        P5OUT = 0X08;
        delay_us(1);
    }
    if(num > 9&&num <= 99)
    {
        P6OUT = LED[tab[0]];
        P5OUT = 0x08;
        delay_us(1);
        P5OUT = 0x00;
        P6OUT = LED[tab[1]];
        P5OUT = 0x04;
        delay_us(1);
        P5OUT = 0x00;
    }
    if(num > 99&&num <= 999)
    {
        P6OUT = LED[tab[0]];
        P5OUT = 0x08;
        delay_us(1);
        P5OUT = 0x00;
        P6OUT = LED[tab[1]];
```

```
        P5OUT = 0x04;
        delay_us(1);
        P5OUT = 0x00;
        P6OUT = LED[tab[2]];
        P5OUT = 0X02;
        delay_us(1);
        P5OUT = 0x00;
    }
    if(num > 999&&num < = 9999)
    {
        P6OUT = LED[tab[0]];
        P5OUT = 0x08;
        delay_us(1);
        P5OUT = 0x00;
        P6OUT = LED[tab[1]];
        P5OUT = 0x04;
        delay_us(1);
        P5OUT = 0x00;
        P6OUT = LED[tab[2]];
        P5OUT = 0x02;
        delay_us(1);
        P5OUT = 0x00;
        P6OUT = LED[tab[3]];
        P5OUT = 0x01;
        delay_us(1);
        P5OUT = 0X00;
    }
}
/*********************************************
函数名称:Delay_1ms
功    能:延时约 1ms 的时间
参    数:无
返回值   :无
*********************************************/
//========================== RF24L01 端口设置 ===========================
void RF24L01_IO_set(void)
{
    P1DIR |= 0x40;
    P3DIR |= 0x0B;
}
//===================================================================
//函数:uint SPI_RW(uint uchar)
//功能:NRF24L01 的 SPI 写时序
//*******************************************************************
char SPI_RW(char data)
{
    char i,temp = 0;
```

```
    for(i = 0; i < 8; i++)                    //output 8bit
    {
       if((data & 0x80) == 0x80)
       {
          RF24L01_MOSI_1;
       }
       else
       {
          RF24L01_MOSI_0;
       }
//=====================================================================
          data = (data << 1);
          temp <<= 1;
          RF24L01_SCK_1;
          if((P3IN&0x04) == 0x04)temp++;
          RF24L01_SCK_0;
       }
      return(temp);
}
//*********************************************************************
//函数: uchar SPI_Read(uchar reg)
//功能: NRF24L01 的 SPI 时序
//读 SPI 寄存器的值
//*********************************************************************
char SPI_Read(char reg)
{
    char reg_val;
    RF24L01_CSN_0;
    SPI_RW(reg);
    reg_val = SPI_RW(0);
    RF24L01_CSN_1;
    return(reg_val);
}
//********************************************************************/
//功能: NRF24L01 读写寄存器函数
//********************************************************************/
char SPI_RW_Reg(char reg, char value)
{
    char status1;
    RF24L01_CSN_0;
    status1 = SPI_RW(reg);
    SPI_RW(value);
    RF24L01_CSN_1;
    return(status1);
}
//*********************************************************************/
//函数: uint SPI_Read_Buf(uchar reg, uchar *pBuf, uchar uchars)
```

```
//功能：用于读数据。reg：寄存器地址，pBuf：待读出数据地址，uchars：读出数据的个数
//*****************************************************************/
char SPI_Read_Buf(char reg, char *pBuf, char chars)
{
    char status2,uchar_ctr;
    RF24L01_CSN_0;
    status2 = SPI_RW(reg);
    for(uchar_ctr = 0; uchar_ctr < chars; uchar_ctr++)
    {
       pBuf[uchar_ctr] = SPI_RW(0);
    }
    RF24L01_CSN_1;
    return(status2);
}
//*****************************************************************
//函数：uint SPI_Write_Buf(uchar reg, uchar *pBuf, uchar uchars)
//功能：用于写数据。Reg：寄存器地址，pBuf：待写入数据地址，uchars：写入数据的个数
//*****************************************************************/
char SPI_Write_Buf(char reg, char *pBuf, char chars)
{
    char status1,uchar_ctr;
    RF24L01_CSN_0;                      //SPI 使能
    status1 = SPI_RW(reg);
    for(uchar_ctr = 0; uchar_ctr < chars; uchar_ctr++) //
    {
       SPI_RW(*pBuf++);
    }
    RF24L01_CSN_1;                      //关闭 SPI
    return(status1);
}
//*****************************************************************/
//函数：void SetRX_Mode(void)
//功能：数据接收配置
//*****************************************************************/
void SetRX_Mode(void)
{
    RF24L01_CE_0 ;
    SPI_RW_Reg(WRITE_REG + CONFIG, 0x0f);         //IRQ 收发完成中断响应，16 位 CRC，主接收
    RF24L01_CE_1;
    delay_us(580);                                //注意不能太小
}
//*****************************************************************/
//函数：unsigned char nRF24L01_RxPacket(unsigned char* rx_buf)
//功能：数据读取后放入 rx_buf 接收缓冲区中
//*****************************************************************/
char nRF24L01_RxPacket(char* rx_buf)
{
```

```
    char revale = 0;
    sta = SPI_Read(STATUS);                          //读取状态寄存器来判断数据接收状况
    if(sta&0x40)                                     //判断是否接收到数据
     {
        RF24L01_CE_0 ;                               //SPI 使能
        SPI_Read_Buf(RD_RX_PLOAD,rx_buf,TX_PLOAD_WIDTH);   //read receive payload from RX_
                                                           //FIFO buffer
        revale =1;                                   //读取数据完成标志
     }
    SPI_RW_Reg(WRITE_REG + STATUS,sta);     //接收到数据后 RX_DR,TX_DS,MAX_PT 都置高为 1,通过
                                            //写 1 来清除中断标志
    return revale;
}
//***************************************************************************
//函数: void nRF24L01_TxPacket(char * tx_buf)
//功能: 发送 tx_buf 中数据
//**************************************************************************/
void nRF24L01_TxPacket(char * tx_buf)
{
    RF24L01_CE_0 ;                                                    //StandBy I 模式
    SPI_Write_Buf(WRITE_REG + RX_ADDR_P0, TX_ADDRESS, TX_ADR_WIDTH); //装载接收端地址
    SPI_Write_Buf(WR_TX_PLOAD, tx_buf, TX_PLOAD_WIDTH);              //装载数据
    RF24L01_CE_1;                                                   //置高 CE,激发数据发送
    delay_us(10);
}
//***************************************************************************
//NRF24L01 初始化
//***************************************************************************
void init_NRF24L01(void)
{
    delay_us(10);
    RF24L01_CE_0 ;                                                  //chip enable
    RF24L01_CSN_1;                                                  //Spi disable
    RF24L01_SCK_0;                                                  //Spi clock line init hig
    SPI_Write_Buf(WRITE_REG + TX_ADDR, TX_ADDRESS, TX_ADR_WIDTH);       //写本地地址
    SPI_Write_Buf(WRITE_REG + RX_ADDR_P0, RX_ADDRESS, RX_ADR_WIDTH); //写接收端地址
    SPI_RW_Reg(WRITE_REG + EN_AA, 0x01);         //频道 0 自动 ACK 应答允许
    SPI_RW_Reg(WRITE_REG + EN_RXADDR, 0x01);     //允许接收地址只有频道 0
    SPI_RW_Reg(WRITE_REG + RF_CH, 0);            //设置信道工作为 2.4GHz,收发必须一致
    SPI_RW_Reg(WRITE_REG + RX_PW_P0, RX_PLOAD_WIDTH); //设置接收数据长度,本次设置为 32 字节
    SPI_RW_Reg(WRITE_REG + RF_SETUP, 0x07);      //设置发射速率为 1MHz,发射功率为最大值 0dB
    SPI_RW_Reg(WRITE_REG + CONFIG, 0x0E);        //IRQ 收发完成中断响应,16 位 CRC,主接收
}

void main( )
{
        WDTCTL = WDTPW + WDTHOLD;
```

```
        int_clk( );
        P6DIR |= 0xff;
        P5DIR |= 0xff;
        RF24L01_IO_set( );
        init_NRF24L01( );
        while(1)
        {
        char RX_BUF[32];
        /*****接收程序*******/
        SetRX_Mode( );
        if(nRF24L01_RxPacket(RX_BUF))
        {
            time=(RX_BUF[0]);
            RX_BUF[0]=0;
        }
        display(time);
    }
}
```

现在用寄存器方式编写程序。寄存器方式的发射板完整程序清单如下：

```
#include<msp430x14x.h>
typedef unsigned char uchar;
typedef unsigned int  uint;
uchar keyvalue,key_shu,shu5;
#define  RF24L01_CE_0        P1OUT &= ~BIT6
#define  RF24L01_CE_1        P1OUT |= BIT6
//=============================RF24L01_CSN端口==========================
#define  RF24L01_CSN_0       P3OUT &= ~BIT0
#define  RF24L01_CSN_1       P3OUT |= BIT0
//==========================IRQ状态====================================
#define  RF24L01_IRQ_0       P1OUT &= ~BIT7
#define  RF24L01_IRQ_1       P1OUT |= BIT7
//==========================NRF24L01===================================
#define TX_ADR_WIDTH    5           //5 uints TX address width
#define RX_ADR_WIDTH    5           //5 uints RX address width
#define TX_PLOAD_WIDTH  32          //32 TX payload
#define RX_PLOAD_WIDTH  32          //32 uints TX payload
//=========================NRF24L01寄存器指令===========================
#define READ_REG        0x00        //读寄存器指令
#define WRITE_REG       0x20        //写寄存器指令
#define RD_RX_PLOAD     0x61        //读取接收数据指令
#define WR_TX_PLOAD     0xA0        //写待发数据指令
#define FLUSH_TX        0xE1        //重新发送 FIFO 指令
#define FLUSH_RX        0xE2        //重新接收 FIFO 指令
#define REUSE_TX_PL     0xE3        //定义重复装载数据指令
#define NOP1            0xFF        //保留
```

```
//======================== SPI(nRF24L01)寄存器地址 ========================
#define CONFIG          0x00        //配置收发状态,CRC 校验模式以及收发状态响应方式
#define EN_AA           0x01        //自动应答功能设置
#define EN_RXADDR       0x02        //可用信道设置
#define SETUP_AW        0x03        //收发地址宽度设置
#define SETUP_RETR      0x04        //自动重发功能设置
#define RF_CH           0x05        //工作频率设置
#define RF_SETUP        0x06        //发射速率、功耗功能设置
#define STATUS          0x07        //状态寄存器
#define OBSERVE_TX      0x08        //发送监测功能
#define CD              0x09        //地址检测
#define RX_ADDR_P0      0x0A        //频道 0 接收数据地址
#define RX_ADDR_P1      0x0B        //频道 1 接收数据地址
#define RX_ADDR_P2      0x0C        //频道 2 接收数据地址
#define RX_ADDR_P3      0x0D        //频道 3 接收数据地址
#define RX_ADDR_P4      0x0E        //频道 4 接收数据地址
#define RX_ADDR_P5      0x0F        //频道 5 接收数据地址
#define TX_ADDR         0x10        //发送地址寄存器
#define RX_PW_P0        0x11        //接收频道 0 接收数据长度
#define RX_PW_P1        0x12        //接收频道 1 接收数据长度
#define RX_PW_P2        0x13        //接收频道 2 接收数据长度
#define RX_PW_P3        0x14        //接收频道 3 接收数据长度
#define RX_PW_P4        0x15        //接收频道 4 接收数据长度
#define RX_PW_P5        0x16        //接收频道 5 接收数据长度
#define FIFO_STATUS     0x17        //FIFO 栈入栈出状态寄存器设置
//============================= RF24l01 状态 ==============================
=======
char  TX_ADDRESS[TX_ADR_WIDTH] = {0x34,0x43,0x10,0x10,0x01};        //本地地址
char  RX_ADDRESS[RX_ADR_WIDTH] = {0x34,0x43,0x10,0x10,0x01};        //接收地址
char  sta;
char AD_TxBuf[32];
uchar  RxBuf[32],temp[6];
void int_clk( )
{
    unsigned char i;
    BCSCTL1& = ~XT2OFF;                 //打开 XT 振荡器
    BCSCTL2| = SELM1 + SELS;            //MCLK 为 8MHz,SMCLK 为 1MHz
    do
    {
        IFG1& = ~OFIFG;                 //清除振荡器错误标志
        for(i = 0; i<100; i++)
        _NOP( );                        //延时等待
    }
    while((IFG1&OFIFG)!= 0);            //如果标志为 1,则继续循环等待
    IFG1& = ~OFIFG;
}
/******************************************
```

```
函数名称: Delay_1ms
功    能: 延时约 1ms 的时间
参    数: 无
返回值  : 无
********************************************/
void delay_ms(uint aa)
{
    uint ii;
    for(ii = 0; ii < aa; ii++)
    __delay_cycles(8000);
}

void delay_us(uint aa)
{
    uint ii;
    for(ii = 0; ii < aa; ii++)
    __delay_cycles(8);
}
//============================ RF24L01 端口设置 ============================
void RF24L01_IO_set(void)
{
    ME1 | = USPIE0;                                //使能 USART0 SPI 模式
    UCTL0 | = CHAR + SYNC + MM;                    //8 位数据,SPI 模式,主机模式
    UTCTL0 | = CKPH + SSEL1 + SSEL0 + STC;         //SMCLK 时钟信号,3 线 SPI 模式
    UBR00 = 0x02;                                  //波特率设定
    UBR10 = 0x00;                                  //波特率设定
    UMCTL0 = 0x00;                                 //不用于 SPI 模式
    UCTL0 &= ~SWRST;                               //初始化 USART
    P3SEL | = 0x0e;                                //P3.3、P3.1、P3.0 端口第二功能
    P3DIR | = (BIT3|BIT1|BIT0);                    //P3.3、P3.1、P3.0 端口设置为输出
    P3DIR &= ~BIT2;                                //P3.2 端口设置为输入
    P1DIR &= ~BIT7;                                //P1.7 端口设置为输入
    P1DIR | = BIT6;                                //P1.6 端口设置为输出
}
//==========================================================================
//函数: uint SPI_RW(uint uchar)
//功能: NRF24L01 的 SPI 写时序
//**************************************************************************
char SPI_RW(char data)
{
    char i,temp = 0;
    delay_us(3);
    while (!(IFG1 & UTXIFG0));                     //USART0 发射寄存器是否准备好
    delay_us(3);
    TXBUF0 = data;
    delay_us(2);
    return(RXBUF0);
```

```
}
//***************************************************************
//函数: uchar SPI_Read(uchar reg)
//功能: NRF24L01 的 SPI 时序
//读 SPI 寄存器的值
//***************************************************************
char SPI_Read(char reg)
{
    char reg_val;
    RF24L01_CSN_0;
    SPI_RW(reg);
    reg_val = SPI_RW(0);
    RF24L01_CSN_1;
    return(reg_val);
}
//**************************************************************/
//功能: NRF24L01 读写寄存器函数
//**************************************************************/
char SPI_RW_Reg(char reg, char value)
{
    char status1;
    RF24L01_CSN_0;
    status1 = SPI_RW(reg);
    SPI_RW(value);
    RF24L01_CSN_1;
    return(status1);
}
//**************************************************************/
//函数: uint SPI_Read_Buf(uchar reg, uchar *pBuf, uchar uchars)
//功能: 用于读数据。reg: 寄存器地址,pBuf: 待读出数据地址,uchars: 读出数据的个数
//***************************************************************
char SPI_Read_Buf(char reg, char *pBuf, char chars)
{
    char status2,uchar_ctr;
    RF24L01_CSN_0;
    status2 = SPI_RW(reg);
    for(uchar_ctr = 0; uchar_ctr < chars; uchar_ctr++)
    {
       pBuf[uchar_ctr] = SPI_RW(0);
    }
    RF24L01_CSN_1;
    return(status2);
}
//***************************************************************
//函数: uint SPI_Write_Buf(uchar reg, uchar *pBuf, uchar uchars)
//功能: 用于写数据: reg: 寄存器地址,pBuf: 待写入数据地址,uchars: 写入数据的个数
//**************************************************************/
```

```
char SPI_Write_Buf(char reg, char * pBuf, char chars)
{
    char status1,uchar_ctr;
    RF24L01_CSN_0;
    status1 = SPI_RW(reg);
    for(uchar_ctr = 0; uchar_ctr < chars; uchar_ctr++)
    {
       SPI_RW( * pBuf++);
    }
    RF24L01_CSN_1;
    return(status1);
}
//**************************************************************/
//函数: void SetRX_Mode(void)
//功能: 数据接收配置
//**************************************************************/
void SetRX_Mode(void)
{
    RF24L01_CE_0 ;
    SPI_RW_Reg(WRITE_REG + CONFIG, 0x0f);       //IRQ 收发完成中断响应,16 位 CRC,主接收
    RF24L01_CE_1;
    delay_us(580);                               //注意不能太小
}
//**************************************************************/
//函数: unsigned char nRF24L01_RxPacket(unsigned char * rx_buf)
//功能: 数据读取后放入 rx_buf 接收缓冲区中
//**************************************************************/
char nRF24L01_RxPacket(char * rx_buf)
{
    char revale = 0;
    sta = SPI_Read(STATUS);                      //读取状态寄存器来判断数据接收状况
    if(sta&0x40)                                 //判断是否接收到数据
    {
       RF24L01_CE_0 ;                            //SPI 使能
       SPI_Read_Buf(RD_RX_PLOAD,rx_buf,TX_PLOAD_WIDTH);
       revale = 1;                               //读取数据完成标志
    }
    SPI_RW_Reg(WRITE_REG + STATUS,sta);    //接收到数据后 RX_DR,TX_DS,MAX_PT 都置高为 1,通过
                                           //写 1 来清除中断标志
    return revale;
}
//***************************************************************
//函数: void nRF24L01_TxPacket(char * tx_buf)
//功能: 发送 tx_buf 中数据
//**************************************************************/
void nRF24L01_TxPacket(char * tx_buf)
```

```
{
    RF24L01_CE_0 ;                                          //StandBy I 模式
    SPI_Write_Buf(WRITE_REG + RX_ADDR_P0, TX_ADDRESS, TX_ADR_WIDTH); //装载接收端地址
    SPI_Write_Buf(WR_TX_PLOAD, tx_buf, TX_PLOAD_WIDTH);     //装载数据
    RF24L01_CE_1;                                          //置高 CE,激发数据发送
    delay_us(10);
}
//*******************************************************************
//NRF24L01 初始化
//*******************************************************************
void init_NRF24L01(void)
{
   delay_us(10);
   RF24L01_CE_0 ;
   RF24L01_CSN_1;
   SPI_Write_Buf(WRITE_REG + TX_ADDR, TX_ADDRESS, TX_ADR_WIDTH);     //写本地地址
   SPI_Write_Buf(WRITE_REG + RX_ADDR_P0, RX_ADDRESS, RX_ADR_WIDTH);  //写接收端地址
   SPI_RW_Reg(WRITE_REG + EN_AA, 0x01);          //频道 0 自动 ACK 应答允许
   SPI_RW_Reg(WRITE_REG + EN_RXADDR, 0x01);      //允许接收地址只有频道 0
   SPI_RW_Reg(WRITE_REG + RF_CH, 0);             //设置信道工作为 2.4GHz,收发必须一致
   SPI_RW_Reg(WRITE_REG + RX_PW_P0, RX_PLOAD_WIDTH); //设置接收数据长度,本次设置为 32 字节
   SPI_RW_Reg(WRITE_REG + RF_SETUP, 0x07);      //设置发射速率为 1MHz,发射功率为最大值 0dB
   SPI_RW_Reg(WRITE_REG + CONFIG, 0x0E);         //IRQ 收发完成中断响应,16 位 CRC,主接收
}
/*键盘扫描*/
uchar  keyscan(void)
{
    P5OUT = 0xef;
    if((P5IN&0x0f)!= 0x0f)
    {
        delay_ms(10);
        if((P5IN&0x0f)!= 0x0f)
        {
            if((P5IN&0x01) == 0)
            keyvalue = 1;
            if((P5IN&0x02) == 0)
            keyvalue = 2;
            if((P5IN&0x04) == 0)
            keyvalue = 3;
            if((P5IN&0x08) == 0)
            keyvalue = 4;
            while((P5IN&0x0f)!= 0x0f);
        }
    }
        P5OUT = 0xdf;
        if((P5IN&0x0f)!= 0x0f)
        {
```

```
        delay_ms(10);
        if((P5IN&0x0f)!= 0x0f)
        {
            if((P5IN&0x01) == 0)
            keyvalue = 5;
            if((P5IN&0x02) == 0)
            keyvalue = 6;
            if((P5IN&0x04) == 0)
            keyvalue = 7;
            if((P5IN&0x08) == 0)
            keyvalue = 8;
            while((P5IN&0x0f)!= 0x0f);
        }
    }
    P5OUT = 0xbf;
    if((P5IN&0x0f)!= 0x0f)
    {
        delay_ms(10);
        if((P5IN&0x0f)!= 0x0f)
        {
            if((P5IN&0x01) == 0)
            keyvalue = 9;
            if((P5IN&0x02) == 0)
            keyvalue = 0;
            if((P5IN&0x04) == 0)
            keyvalue = 10;
            if((P5IN&0x08) == 0)
            keyvalue = 11;
            while((P5IN&0x0f)!= 0x0f);
        }
    }
    P5OUT = 0x7f;
    if((P5IN&0x0f)!= 0x0f)
    {
        delay_ms(10);
        if((P5IN&0x0f)!= 0x0f)
        {
            if((P5IN&0x01) == 0)
            keyvalue = 12;
            if((P5IN&0x02) == 0)
            keyvalue = 13;
            if((P5IN&0x04) == 0)
            keyvalue = 14;
            if((P5IN&0x08) == 0)
            keyvalue = 15;
            while((P5IN&0x0f)!= 0x0f);
        }
```

```
        }
    return keyvalue;
}

void main( )
{
    WDTCTL = WDTPW + WDTHOLD;
    int_clk();
    P1DIR = BIT1;
    P5DIR = 0xf0;
    RF24L01_IO_set();
    init_NRF24L01();
    while(1)
    {
        uchar TX_BUF[32];
        /***** 发送程序 *******/
        keyvalue = 17;
        keyscan( );
        key_shu = keyvalue;
        if(key_shu < 10)
        {
            shu5 = shu5 * 10 + key_shu;
        }
        if(keyvalue == 10)
        {
            TX_BUF[0] = shu5;
            nRF24L01_TxPacket(TX_BUF); delay_us(10);
            P1OUT& = ~BIT1;
            TX_BUF[0] = 0;
        }
    }
}
```

寄存器方式的接收板完整程序清单如下：

```
#include <msp430x14x.h>
#define uchar unsigned char
#define uint unsigned int
uchar tab[ ] = {0,0,0,0};
uchar LED[ ] = {0x03,0x9f,0x25,0x0d,0x99,0x49,0x41,0x1f,0x01,0x09};
#define   RF24L01_CE_0        P1OUT &= ~BIT6
#define   RF24L01_CE_1        P1OUT |=  BIT6
//============================== RF24L01_CSN 端口 ===========================
#define   RF24L01_CSN_0       P3OUT &= ~BIT0
#define   RF24L01_CSN_1       P3OUT |=  BIT0
//=========================== IRQ 状态 ======================================
#define   RF24L01_IRQ_0       P1OUT &= ~BIT7
```

```
#define   RF24L01_IRQ_1        P1OUT |= BIT7
//=============================NRF24L01=====================================
#define TX_ADR_WIDTH     5          //5 uints TX address width
#define RX_ADR_WIDTH     5          //5 uints RX address width
#define TX_PLOAD_WIDTH   32         //32 TX payload
#define RX_PLOAD_WIDTH   32         //32 uints TX payload
//==========================NRF24L01寄存器指令==============================
#define READ_REG         0x00       //读寄存器指令
#define WRITE_REG        0x20       //写寄存器指令
#define RD_RX_PLOAD      0x61       //读取接收数据指令
#define WR_TX_PLOAD      0xA0       //写待发数据指令
#define FLUSH_TX         0xE1       //重新发送 FIFO 指令
#define FLUSH_RX         0xE2       //重新接收 FIFO 指令
#define REUSE_TX_PL      0xE3       //定义重复装载数据指令
#define NOP1             0xFF       //保留
//========================SPI(nRF24L01)寄存器地址==========================
#define CONFIG           0x00       //配置收发状态、CRC校验模式以及收发状态响应方式
#define EN_AA            0x01       //自动应答功能设置
#define EN_RXADDR        0x02       //可用信道设置
#define SETUP_AW         0x03       //收发地址宽度设置
#define SETUP_RETR       0x04       //自动重发功能设置
#define RF_CH            0x05       //工作频率设置
#define RF_SETUP         0x06       //发射速率、功耗功能设置
#define STATUS           0x07       //状态寄存器
#define OBSERVE_TX       0x08       //发送监测功能
#define CD               0x09       //地址检测
#define RX_ADDR_P0       0x0A       //频道 0 接收数据地址
#define RX_ADDR_P1       0x0B       //频道 1 接收数据地址
#define RX_ADDR_P2       0x0C       //频道 2 接收数据地址
#define RX_ADDR_P3       0x0D       //频道 3 接收数据地址
#define RX_ADDR_P4       0x0E       //频道 4 接收数据地址
#define RX_ADDR_P5       0x0F       //频道 5 接收数据地址
#define TX_ADDR          0x10       //发送地址寄存器
#define RX_PW_P0         0x11       //接收频道 0 接收数据长度
#define RX_PW_P1         0x12       //接收频道 1 接收数据长度
#define RX_PW_P2         0x13       //接收频道 2 接收数据长度
#define RX_PW_P3         0x14       //接收频道 3 接收数据长度
#define RX_PW_P4         0x15       //接收频道 4 接收数据长度
#define RX_PW_P5         0x16       //接收频道 5 接收数据长度
#define FIFO_STATUS      0x17       //FIFO 栈入栈出状态寄存器设置
//==============================RF24l01状态================================
char  TX_ADDRESS[TX_ADR_WIDTH] = {0x34,0x43,0x10,0x10,0x01};     //本地地址
char  RX_ADDRESS[RX_ADR_WIDTH] = {0x34,0x43,0x10,0x10,0x01};     //接收地址
uchar  sta,time;
char AD_TxBuf[32];
uchar  RxBuf[32],temp[6];
void int_clk( )
```

```
{
    unsigned char i;
    BCSCTL1&= ~XT2OFF;                    //打开 XT 振荡器
    BCSCTL2|= SELM1 + SELS;               //MCLK 为 8MHz,SMCLK 为 1MHz
    do
    {
        IFG1&= ~OFIFG;                    //清除振荡器错误标志
        for(i=0; i<100; i++)
        _NOP();                           //延时等待
    }
    while((IFG1&OFIFG)!= 0);              //如果标志为 1,则继续循环等待
    IFG1&= ~OFIFG;
}

void delay_ms(uint aa)
{
    uint ii;
    for(ii=0; ii<aa; ii++)
    __delay_cycles(8000);
}

void delay_us(uint aa)
{
    uint ii;
    for(ii=0; ii<aa; ii++)
    __delay_cycles(4);
}

void display(int num)
{
    tab[0]=num%10;
    tab[1]=num/10%10;
    tab[2]=num/100%10;
    tab[3]=num/1000%10;
    if(num<=9)
    {
        P6OUT=LED[tab[0]];
        P5OUT=0X08;
        delay_us(1);
    }
    if(num>9&&num<=99)
    {
        P6OUT=LED[tab[0]];
        P5OUT=0x08;
        delay_us(1);
        P5OUT=0x00;
        P6OUT=LED[tab[1]];
```

```
            P5OUT = 0x04;
            delay_us(1);
            P5OUT = 0x00;
        }
        if(num > 99&&num < = 999)
        {
            P6OUT = LED[tab[0]];
            P5OUT = 0x08;
            delay_us(1);
            P5OUT = 0x00;
            P6OUT = LED[tab[1]];
            P5OUT = 0x04;
            delay_us(1);
            P5OUT = 0x00;
            P6OUT = LED[tab[2]];
            P5OUT = 0X02;
            delay_us(1);
            P5OUT = 0x00;
        }
        if(num > 999&&num < = 9999)
        {
            P6OUT = LED[tab[0]];
            P5OUT = 0x08;
            delay_us(1);
            P5OUT = 0x00;
            P6OUT = LED[tab[1]];
            P5OUT = 0x04;
            delay_us(1);
            P5OUT = 0x00;
            P6OUT = LED[tab[2]];
            P5OUT = 0x02;
            delay_us(1);
            P5OUT = 0x00;
            P6OUT = LED[tab[3]];
            P5OUT = 0x01;
            delay_us(1);
            P5OUT = 0X00;
        }
    }
    /**********************************************
    函数名称: Delay_1ms
    功    能: 延时约 1ms 的时间
    参    数: 无
    返回值  : 无
    ******************************* RF24L01 端口设置 ===========================
    void RF24L01_IO_set(void)
    {
```

```
    ME1 |= USPIE0;
    UCTL0 |= CHAR + SYNC + MM;
    UTCTL0 |= CKPH + SSEL1 + SSEL0 + STC;
    UBR00 = 0x02;
    UBR10 = 0x00;
    UMCTL0 = 0x00;
    UCTL0 &= ~SWRST;
    P3SEL |= 0x0e;
    P3DIR |= (BIT3|BIT1|BIT0);
    P3DIR &= ~BIT2;
    P1DIR &= ~BIT7;
    P1DIR |= BIT6;
}
//==================================================================
//函数: uint SPI_RW(uint uchar)
//功能: NRF24L01 的 SPI 写时序
//******************************************************************
char SPI_RW(char data)
{
    delay_us(3);
    while (!(IFG1 & UTXIFG0));
    delay_us(3);
    TXBUF0 = data;
    delay_us(2);
    return(RXBUF0);
}
//******************************************************************
//函数: uchar SPI_Read(uchar reg)
//功能: NRF24L01 的 SPI 时序
//读 SPI 寄存器的值
//******************************************************************
char SPI_Read(char reg)
{
     char reg_val;
     RF24L01_CSN_0;
     SPI_RW(reg);
     reg_val = SPI_RW(0);
     RF24L01_CSN_1;
     return(reg_val);
}
//*****************************************************************/
//功能: NRF24L01 读写寄存器函数
//*****************************************************************/
char SPI_RW_Reg(char reg, char value)
{
     char status1;
     RF24L01_CSN_0;
```

```
    status1 = SPI_RW(reg);
    SPI_RW(value);
    RF24L01_CSN_1;
    return(status1);
}
//*****************************************************************/
//函数: uint SPI_Read_Buf(uchar reg, uchar * pBuf, uchar uchars)
//功能: 用于读数据。reg: 寄存器地址,pBuf: 待读出数据地址,uchars: 读出数据的个数
//*****************************************************************/
char SPI_Read_Buf(char reg, char * pBuf, char chars)
{
    char status2,uchar_ctr;
    RF24L01_CSN_0;
    status2 = SPI_RW(reg);
    for(uchar_ctr = 0; uchar_ctr < chars; uchar_ctr++)
    {
       pBuf[uchar_ctr] = SPI_RW(0);
    }
    RF24L01_CSN_1;
    return(status2);
}
//******************************************************************
//函数: uint SPI_Write_Buf(uchar reg, uchar * pBuf, uchar uchars)
//功能: 用于写数据。reg: 寄存器地址,pBuf: 待写入数据地址,uchars: 写入数据的个数
//*****************************************************************/
char SPI_Write_Buf(char reg, char * pBuf, char chars)
{
    char status1,uchar_ctr;
    RF24L01_CSN_0;
    status1 = SPI_RW(reg);
    for(uchar_ctr = 0; uchar_ctr < chars; uchar_ctr++) //
    {
       SPI_RW( * pBuf++);
    }
    RF24L01_CSN_1;
    return(status1);
}
//*****************************************************************/
//函数: void SetRX_Mode(void)
//功能: 数据接收配置
//*****************************************************************/
void SetRX_Mode(void)
{
    RF24L01_CE_0 ;
    SPI_RW_Reg(WRITE_REG + CONFIG, 0x0f);       //IRQ 收发完成中断响应,16 位 CRC,主接收
    RF24L01_CE_1;
    delay_us(580);                              //注意不能太小
```

```
}
//**************************************************************** /
//函数: unsigned char nRF24L01_RxPacket(unsigned char * rx_buf)
//功能: 数据读取后放入 rx_buf 接收缓冲区中
//**************************************************************** /
char nRF24L01_RxPacket(char * rx_buf)
{
   char revale = 0;
   sta = SPI_Read(STATUS);                    //读取状态寄存器来判断数据接收状况
   if(sta&0x40)                               //判断是否接收到数据
    {
        RF24L01_CE_0 ;                        //SPI 使能
        SPI_Read_Buf(RD_RX_PLOAD,rx_buf,TX_PLOAD_WIDTH);
        revale  = 1;                          //读取数据完成标志
    }
    SPI_RW_Reg(WRITE_REG + STATUS,sta);   //接收到数据后 RX_DR、TX_DS、MAX_PT 都置高为 1,通过
                                          //写 1 来清除中断标志
    return revale;
}
//****************************************************************
//函数: void nRF24L01_TxPacket(char * tx_buf)
//功能: 发送 tx_buf 中数据
//**************************************************************** /
void nRF24L01_TxPacket(char * tx_buf)
{
    RF24L01_CE_0 ;
    SPI_Write_Buf(WRITE_REG + RX_ADDR_P0,TX_ADDRESS,TX_ADR_WIDTH);   //装载接收端地址
    SPI_Write_Buf(WR_TX_PLOAD, tx_buf, TX_PLOAD_WIDTH);              //装载数据
    RF24L01_CE_1;                                                   //置高 CE,激发数据发送
    delay_us(10);
}
//****************************************************************
//NRF24L01 初始化
//****************************************************************
void init_NRF24L01(void)
{
    delay_us(10);
    RF24L01_CE_0 ;
    RF24L01_CSN_1;
    SPI_Write_Buf(WRITE_REG + TX_ADDR, TX_ADDRESS, TX_ADR_WIDTH);        //写本地地址
    SPI_Write_Buf(WRITE_REG + RX_ADDR_P0, RX_ADDRESS, RX_ADR_WIDTH);     //写接收端地址
    SPI_RW_Reg(WRITE_REG + EN_AA, 0x01);          //频道 0 自动 ACK 应答允许
    SPI_RW_Reg(WRITE_REG + EN_RXADDR, 0x01);      //允许接收地址只有频道 0
    SPI_RW_Reg(WRITE_REG + RF_CH, 0);             //设置信道工作为 2.4GHz,收发必须一致
    SPI_RW_Reg(WRITE_REG + RX_PW_P0, RX_PLOAD_WIDTH); //设置接收数据长度,本次设置为 32 字节
    SPI_RW_Reg(WRITE_REG + RF_SETUP, 0x07);       //设置发射速率为 1MHz,发射功率为最大值 0dB
    SPI_RW_Reg(WRITE_REG + CONFIG, 0x0E);         //IRQ 收发完成中断响应,16 位 CRC,主接收
```

```
}

void main( )
{
   WDTCTL = WDTPW + WDTHOLD;
   int_clk();
   P6DIR |= 0xff;
   P5DIR |= 0xff;
   RF24L01_IO_set();
   init_NRF24L01();
   while(1)
   {
     char RX_BUF[32];
    /***** 接收程序 *******/
     SetRX_Mode( );
     if(nRF24L01_RxPacket(RX_BUF))
     {
        time = (RX_BUF[0]);
        RX_BUF[0] = 0;
     }
   display(time);
  }
}
```

现在分析模拟方式和寄存器方式的主要区别，首先在无线模块端口设置上，模拟方式对连接无线模块单片机六个端口都进行了设置，而寄存器方式只是设置了连接无线模块的 IRQ、CSN 和 CE 端口，其他端口对应于单片机的端口第二功能，无需设置。在模拟方式时，连接无线模块的 MISO 和 IRQ 端口设置为输入，其他端口设置为输出；虽然寄存器方法用到单片机端口的第二功能，也需要设置输入或输出方向，设置方式与模拟方式相同。

寄存器方式端口设置函数 void RF24L01_IO_set(void)中相关语句含义已注释，请参看寄存器相关内容。

最后看 SPI 写时序函数 uint SPI_RW(uint uchar)，模拟方式时是一个字节一位一位地写，把此位与 0x80 相比较，如果是“1”，MOSI 就输出高电平，否则就输出低电平；左移后再进行比较，输出相应的高、低电平。比较 8 次后，就把数据写入无线模块寄存器，同时 CSN、SCK 端口电平相应地拉高或拉低。而寄存器方式则简单得多，MOSI、MISO 和 SCK 端口自动调节，就把数据写入无线模块寄存器。

现在用中断方式，发射板的程序如下，为了节省篇幅，某些相同的语句省略。

```
#include<msp430x14x.h>
typedef unsigned char uchar;
typedef unsigned int  uint;
uchar keyvalue,key_shu,shu5;
```

```
#define  RF24L01_CE_0        P1OUT &= ~BIT6
#define  RF24L01_CE_1        P1OUT |= BIT6
//=============================== RF24L01_CSN 端口 ==========================
#define  RF24L01_CSN_0       P3OUT &= ~BIT0
#define  RF24L01_CSN_1       P3OUT |= BIT0
//=========================== IRQ 状态 =====================================
#define  RF24L01_IRQ_0       P1OUT &= ~BIT7
#define  RF24L01_IRQ_1       P1OUT |= BIT7
//=========================== NRF24L01 ===================================
#define TX_ADR_WIDTH     5         //5 uints TX address width
#define RX_ADR_WIDTH     5         //5 uints RX address width
#define TX_PLOAD_WIDTH   32        //32 TX payload
#define RX_PLOAD_WIDTH   32        //32 uints TX payload
//========================== NRF24L01 寄存器指令 ============================
#define READ_REG         0x00      //读寄存器指令
#define WRITE_REG        0x20      //写寄存器指令
#define RD_RX_PLOAD      0x61      //读取接收数据指令
#define WR_TX_PLOAD      0xA0      //写待发数据指令
#define FLUSH_TX         0xE1      //重新发送 FIFO 指令
#define FLUSH_RX         0xE2      //重新接收 FIFO 指令
#define REUSE_TX_PL      0xE3      //定义重复装载数据指令
#define NOP1             0xFF      //保留
//======================== SPI(nRF24L01)寄存器地址 ========================
#define CONFIG           0x00      //配置收发状态、CRC 校验模式以及收发状态响应方式
#define EN_AA            0x01      //自动应答功能设置
#define EN_RXADDR        0x02      //可用信道设置
#define SETUP_AW         0x03      //收发地址宽度设置
#define SETUP_RETR       0x04      //自动重发功能设置
#define RF_CH            0x05      //工作频率设置
#define RF_SETUP         0x06      //发射速率、功耗功能设置
#define STATUS           0x07      //状态寄存器
#define OBSERVE_TX       0x08      //发送监测功能
#define CD               0x09      //地址检测
#define RX_ADDR_P0       0x0A      //频道 0 接收数据地址
#define RX_ADDR_P1       0x0B      //频道 1 接收数据地址
#define RX_ADDR_P2       0x0C      //频道 2 接收数据地址
#define RX_ADDR_P3       0x0D      //频道 3 接收数据地址
#define RX_ADDR_P4       0x0E      //频道 4 接收数据地址
#define RX_ADDR_P5       0x0F      //频道 5 接收数据地址
#define TX_ADDR          0x10      //发送地址寄存器
#define RX_PW_P0         0x11      //接收频道 0 接收数据长度
#define RX_PW_P1         0x12      //接收频道 1 接收数据长度
#define RX_PW_P2         0x13      //接收频道 2 接收数据长度
#define RX_PW_P3         0x14      //接收频道 3 接收数据长度
#define RX_PW_P4         0x15      //接收频道 4 接收数据长度
#define RX_PW_P5         0x16      //接收频道 5 接收数据长度
#define FIFO_STATUS      0x17      //FIFO 栈入栈出状态寄存器设置
```

```
//=============================== RF24l01 状态 ================================
char  TX_ADDRESS[TX_ADR_WIDTH] = {0x34,0x43,0x10,0x10,0x01};       //本地地址
char  RX_ADDRESS[RX_ADR_WIDTH] = {0x34,0x43,0x10,0x10,0x01};       //接收地址
char  sta,data,data1,data2;                                         //注意设定为全局变量
char AD_TxBuf[32];
uchar  RxBuf[32],temp[6];
void int_clk( )
{
    …
}
/*******************************************
函数名称: Delay_1ms
功    能: 延时约 1ms 的时间
参    数: 无
返回值  : 无
*******************************************/
void delay_ms(uint aa)
{
  ...
}
void delay_us(uint aa)
{
  ...
}
//========================== RF24L01 端口设置 ===========================
void RF24L01_IO_set(void)
{
    ME1 |= USPIE0;
    UCTL0 |= CHAR + SYNC + MM;
    UTCTL0 |= CKPH + SSEL1 + SSEL0 + STC;
    UBR00 = 0x02;
    UBR10 = 0x00;
    UMCTL0 = 0x00;
    UCTL0 &= ~SWRST;
    P3SEL |= 0x0e;
    P3DIR |= (BIT3|BIT1|BIT0);
    P3DIR &= ~BIT2;
    P1DIR &= ~BIT7;
    P1DIR |= BIT6;
}
//=====================================================================
//函数: uint SPI_RW(uint uchar)
//功能: NRF24L01 的 SPI 写时序
//*********************************************************************
char SPI_RW(data)
{
    data1 = data;
```

```
    TXBUF0 = data1;
    IE1 | = URXIE0;                                     //接收中断使能
    __ enable_interrupt();
    _EINT( );                                           //开启总中断
    return( data2);
}
//********************************************************************
//函数: uchar SPI_Read(uchar reg)
//功能: NRF24L01 的 SPI 时序
//读 SPI 寄存器的值
//********************************************************************
char SPI_Read(char reg)
{
    char reg_val;
    RF24L01_CSN_0;
    SPI_RW(reg);
    _DINT( );
    reg_val = SPI_RW(0);
    _DINT( );
    RF24L01_CSN_1;
    return(reg_val);
}
//*******************************************************************/
//功能: NRF24L01 读写寄存器函数
//*******************************************************************/
char SPI_RW_Reg(char reg, char value)
{
    char status1;
    RF24L01_CSN_0;
    status1 = SPI_RW(reg);
    _DINT( );
    SPI_RW(value);
    _DINT( );
    RF24L01_CSN_1;
    return(status1);
}
//*******************************************************************/
//函数: uint SPI_Read_Buf(uchar reg, uchar * pBuf, uchar uchars)
//功能: 用于读数据。reg: 寄存器地址,pBuf: 待读出数据地址,uchars: 读出数据的个数
//********************************************************************
char SPI_Read_Buf(char reg, char * pBuf, char chars)
{
    char status2,uchar_ctr;
    RF24L01_CSN_0;
    status2 = SPI_RW(reg);
    _DINT();
    for(uchar_ctr = 0; uchar_ctr < chars; uchar_ctr++)
```

```
    {
        pBuf[uchar_ctr] = SPI_RW(0);
        _DINT();
    }
    RF24L01_CSN_1;
    return(status2);
}
//*****************************************************************
//函数: uint SPI_Write_Buf(uchar reg, uchar * pBuf, uchar uchars)
//功能: 用于写数据。reg: 寄存器地址,pBuf: 待写入数据地址,uchars: 写入数据的个数
//****************************************************************/
char SPI_Write_Buf(char reg, char * pBuf, char chars)
{
    char status1,uchar_ctr;
    RF24L01_CSN_0;                              //SPI 使能
    status1 = SPI_RW(reg);
    _DINT( );
    for(uchar_ctr = 0; uchar_ctr < chars; uchar_ctr++)
    {
        SPI_RW( * pBuf++);
        _DINT();
    }
    RF24L01_CSN_1;                              //关闭 SPI
    return(status1);
}
//****************************************************************/
//函数: void SetRX_Mode(void)
//功能: 数据接收配置
//****************************************************************/
void SetRX_Mode(void)
{
    RF24L01_CE_0 ;
    SPI_RW_Reg(WRITE_REG + CONFIG, 0x0f);       //IRQ 收发完成中断响应,16 位 CRC,主接收
    _DINT( );
    RF24L01_CE_1;
    delay_us(580);                              //注意不能太小
}
//****************************************************************/
//函数: unsigned char nRF24L01_RxPacket(unsigned char * rx_buf)
//功能: 数据读取后放入 rx_buf 接收缓冲区中
//****************************************************************/
char nRF24L01_RxPacket(char * rx_buf)
{
    char revale = 0;
    sta = SPI_Read(STATUS);                     //读取状态寄存器来判断数据接收状况
    if(sta&0x40)                                //判断是否接收到数据
    {
```

```
        RF24L01_CE_0 ;                              //SPI 使能
        SPI_Read_Buf(RD_RX_PLOAD,rx_buf,TX_PLOAD_WIDTH);
        revale = 1;                                 //读取数据完成标志
    }
    SPI_RW_Reg(WRITE_REG + STATUS,sta);   //接收到数据后 RX_DR,TX_DS,MAX_PT 都置高为 1,通过
                                          //写 1 来清除中断标志
    _DINT( );
    return revale;
}
//****************************************************************************
//函数: void nRF24L01_TxPacket(char * tx_buf)
//功能: 发送 tx_buf 中数据
//***************************************************************************/
void nRF24L01_TxPacket(char * tx_buf)
{
    RF24L01_CE_0 ;
    SPI_Write_Buf(WRITE_REG + RX_ADDR_P0,TX_ADDRESS,TX_ADR_WIDTH);   //装载接收端地址
    _DINT( );
    SPI_Write_Buf(WR_TX_PLOAD, tx_buf, TX_PLOAD_WIDTH);              //装载数据
    _DINT( );
    RF24L01_CE_1;                                                    //置高 CE,激发数据发送
    delay_us(10);
}
//****************************************************************************
//NRF24L01 初始化
//****************************************************************************
void init_NRF24L01(void)
{
    delay_us(10);
    RF24L01_CE_0 ;
    RF24L01_CSN_1;
    SPI_Write_Buf(WRITE_REG + TX_ADDR, TX_ADDRESS, TX_ADR_WIDTH);    //写本地地址
    _DINT( );                                                        //关闭总中断
    SPI_Write_Buf(WRITE_REG + RX_ADDR_P0,RX_ADDRESS,RX_ADR_WIDTH);   //写接收端地址
    _DINT( );                                                        //关闭总中断
    SPI_RW_Reg(WRITE_REG + EN_AA, 0x01);        //频道 0 自动 ACK 应答允许
    _DINT( );
    SPI_RW_Reg(WRITE_REG + EN_RXADDR, 0x01);    //允许接收地址只有频道 0
    _DINT( );
    SPI_RW_Reg(WRITE_REG + RF_CH, 0);           //设置信道工作为 2.4GHz,收发必须一致
    _DINT( );
    SPI_RW_Reg(WRITE_REG + RX_PW_P0, RX_PLOAD_WIDTH); //设置接收数据长度,本次设置为 32 字节
    _DINT( );
    SPI_RW_Reg(WRITE_REG + RF_SETUP, 0x07);     //设置发射速率为 1MHz,发射功率为最大值 0dB
    _DINT( );
    SPI_RW_Reg(WRITE_REG + CONFIG, 0x0E);       //IRQ 收发完成中断响应,16 位 CRC,主接收
    _DINT( );
```

```
}
//*****************************************************************
//SPI 接收中断函数
//*****************************************************************

 #pragma vector = USART0RX_VECTOR
__ interrupt void SPI0_rx (void)
{
   while (!(IFG1 & UTXIFG0));                    //USART0 发射是否准备好
   data2 = RXBUF0;
   IFG1& = ~URXIFG0;
  }

/*键盘扫描*/
uchar  keyscan(void)
{
     …
}

void main( )
{
   WDTCTL = WDTPW + WDTHOLD;
   int_clk();
   P1DIR = BIT1;
   P5DIR = 0xf0;
   RF24L01_IO_set();
   init_NRF24L01();
   while(1)
   {
     uchar TX_BUF[32];
    /*****发送程序*******/
     keyvalue = 17;
     keyscan( );
     key_shu = keyvalue;
     if(key_shu < 10)
     {
          shu5 = shu5 * 10 + key_shu;
     }
     if(keyvalue == 10)
     {
          TX_BUF[0] = shu5;
          nRF24L01_TxPacket(TX_BUF); delay_us(10);
          P1OUT& = ~BIT1;
          TX_BUF[0] = 0;
      }
    }
}
```

采用中断方式，接收板的程序如下，同样为了节省篇幅，某些相同的语句省略。

```
#include<msp430x14x.h>
#define uchar unsigned char
#define uint unsigned int
uchar tab[] = {0,0,0,0};
uchar LED[] = {0x03,0x9f,0x25,0x0d,0x99,0x49,0x41,0x1f,0x01,0x09};
#define  RF24L01_CE_0        P1OUT &= ~BIT6
#define  RF24L01_CE_1        P1OUT |= BIT6
//============================= RF24L01_CSN 端口 ==========================
#define  RF24L01_CSN_0       P3OUT &= ~BIT0
#define  RF24L01_CSN_1       P3OUT |= BIT0
//========================== IRQ 状态 =====================================
#define  RF24L01_IRQ_0       P1OUT &= ~BIT7
#define  RF24L01_IRQ_1       P1OUT |= BIT7
//========================== NRF24L01 ===================================
#define TX_ADR_WIDTH     5          //5 uints TX address width
#define RX_ADR_WIDTH     5          //5 uints RX address width
#define TX_PLOAD_WIDTH   32         //32 TX payload
#define RX_PLOAD_WIDTH   32         //32 uints TX payload
//========================= NRF24L01 寄存器指令 ===========================
#define READ_REG         0x00       //读寄存器指令
#define WRITE_REG        0x20       //写寄存器指令
#define RD_RX_PLOAD      0x61       //读取接收数据指令
#define WR_TX_PLOAD      0xA0       //写待发数据指令
#define FLUSH_TX         0xE1       //重新发送 FIFO 指令
#define FLUSH_RX         0xE2       //重新接收 FIFO 指令
#define REUSE_TX_PL      0xE3       //定义重复装载数据指令
#define NOP1             0xFF       //保留
//======================= SPI(nRF24L01)寄存器地址 ========================
#define CONFIG           0x00       //配置收发状态、CRC 校验模式以及收发状态响应方式
#define EN_AA            0x01       //自动应答功能设置
#define EN_RXADDR        0x02       //可用信道设置
#define SETUP_AW         0x03       //收发地址宽度设置
#define SETUP_RETR       0x04       //自动重发功能设置
#define RF_CH            0x05       //工作频率设置
#define RF_SETUP         0x06       //发射速率、功耗功能设置
#define STATUS           0x07       //状态寄存器
#define OBSERVE_TX       0x08       //发送监测功能
#define CD               0x09       //地址检测
#define RX_ADDR_P0       0x0A       //频道 0 接收数据地址
#define RX_ADDR_P1       0x0B       //频道 1 接收数据地址
#define RX_ADDR_P2       0x0C       //频道 2 接收数据地址
#define RX_ADDR_P3       0x0D       //频道 3 接收数据地址
#define RX_ADDR_P4       0x0E       //频道 4 接收数据地址
#define RX_ADDR_P5       0x0F       //频道 5 接收数据地址
#define TX_ADDR          0x10       //发送地址寄存器
```

```
#define RX_PW_P0        0x11    //接收频道 0 接收数据长度
#define RX_PW_P1        0x12    //接收频道 1 接收数据长度
#define RX_PW_P2        0x13    //接收频道 2 接收数据长度
#define RX_PW_P3        0x14    //接收频道 3 接收数据长度
#define RX_PW_P4        0x15    //接收频道 4 接收数据长度
#define RX_PW_P5        0x16    //接收频道 5 接收数据长度
#define FIFO_STATUS     0x17    //FIFO 栈入栈出状态寄存器设置
//============================ RF24l01 状态 ================================
char  TX_ADDRESS[TX_ADR_WIDTH] = {0x34,0x43,0x10,0x10,0x01};      //本地地址
char  RX_ADDRESS[RX_ADR_WIDTH] = {0x34,0x43,0x10,0x10,0x01};      //接收地址
uchar  sta,time,data,data1,data2;
char AD_TxBuf[32];
uchar  RxBuf[32],temp[6];
void int_clk( )
{
    …
}

void delay_ms(uint aa)
{
    …
}

void delay_us(uint aa)
{
    …
}

void display(int num)
{
    …
}
/********************************************
函数名称:Delay_1ms
功    能:延时约 1ms 的时间
参    数:无
返回值  :无
********************************************
//========================== RF24L01 端口设置 ===========================
void RF24L01_IO_set(void)
{
   ME1 |= USPIE0;
   UCTL0 |= CHAR + SYNC + MM;
   UTCTL0 |= CKPH + SSEL1 + SSEL0 + STC;
   UBR00 = 0x02;
   UBR10 = 0x00;
   UMCTL0 = 0x00;
```

```
    UCTL0 &= ~SWRST;
    P3SEL |= 0x0e;
    P3DIR |= (BIT3|BIT1|BIT0);
    P3DIR &= ~BIT2;
    P1DIR &= ~BIT7;
    P1DIR |= BIT6;
}
//=====================================================================
//函数: uint SPI_RW(uint uchar)
//功能: NRF24L01 的 SPI 写时序
//*********************************************************************
char SPI_RW(data)
{
   data1 = data;
   TXBUF0 = data1;
   IE1 |= URXIE0;
   __enable_interrupt( );                                         //开启分中断
   _EINT( );                                                      //开启总中断
   return( data2);
}
//*********************************************************************
//函数: uchar SPI_Read(uchar reg)
//功能: NRF24L01 的 SPI 时序
//读 SPI 寄存器的值
//*********************************************************************
char SPI_Read(char reg)
{
     char reg_val;
     RF24L01_CSN_0;
     SPI_RW(reg);
     _DINT( );
     reg_val = SPI_RW(0);
     _DINT( );
     RF24L01_CSN_1;
     return(reg_val);
}
//********************************************************************/
//功能: NRF24L01 读写寄存器函数
//********************************************************************/
char SPI_RW_Reg(char reg, char value)
{
     char status1;
     RF24L01_CSN_0;
     status1 = SPI_RW(reg);
     _DINT( );
     SPI_RW(value);
     _DINT( );
```

```
    _DINT( );
    RF24L01_CSN_1;
    return(status1);
}
//***************************************************************/
//函数: uint SPI_Read_Buf(uchar reg, uchar * pBuf, uchar uchars)
//功能: 用于读数据,reg: 寄存器地址,pBuf: 待读出数据地址,uchars: 读出数据的个数
//***************************************************************/
char SPI_Read_Buf(char reg, char * pBuf, char chars)
{
    char status2,uchar_ctr;
    RF24L01_CSN_0;
    status2 = SPI_RW(reg);
    _DINT();
    for(uchar_ctr = 0; uchar_ctr < chars; uchar_ctr++)
    {
        pBuf[uchar_ctr] = SPI_RW(0);
        _DINT( );
     }
    RF24L01_CSN_1;
    return(status2);
}
//***************************************************************
//函数: uint SPI_Write_Buf(uchar reg, uchar * pBuf, uchar uchars)
//功能: 用于写数据。reg: 寄存器地址,pBuf: 待写入数据地址,uchars: 写入数据的个数
//***************************************************************/
char SPI_Write_Buf(char reg, char * pBuf, char chars)
{
    char status1,uchar_ctr;
    RF24L01_CSN_0;                                          //SPI 使能
    status1 = SPI_RW(reg);
    _DINT( );
    for(uchar_ctr = 0; uchar_ctr < chars; uchar_ctr++) //
    {
        SPI_RW( * pBuf++);
        _DINT();
    }
    RF24L01_CSN_1;                                          //关闭 SPI
    return(status1);
}
//***************************************************************/
//函数: void SetRX_Mode(void)
//功能: 数据接收配置
//***************************************************************/
void SetRX_Mode(void)
{
    RF24L01_CE_0 ;
```

```
    SPI_RW_Reg(WRITE_REG + CONFIG, 0x0f);       //IRQ 收发完成中断响应,16 位 CRC,主接收
    _DINT( );
    RF24L01_CE_1;
    delay_us(580);                              //注意不能太小
}
//**************************************************************************/
//函数: unsigned char nRF24L01_RxPacket(unsigned char * rx_buf)
//功能: 数据读取后放入 rx_buf 接收缓冲区中
//**************************************************************************/
char nRF24L01_RxPacket(char * rx_buf)
{
    char revale = 0;
    sta = SPI_Read(STATUS);                     //读取状态寄存器来判断数据接收状况
    if(sta&0x40)                                //判断是否接收到数据
    {
        RF24L01_CE_0 ;                          //SPI 使能
        SPI_Read_Buf(RD_RX_PLOAD,rx_buf,TX_PLOAD_WIDTH);
        revale = 1;                             //读取数据完成标志
    }
    SPI_RW_Reg(WRITE_REG + STATUS,sta);   //接收到数据后 RX_DR,TX_DS,MAX_PT 都置高为 1,
                                          //通过写 1 来清除中断标志
    _DINT( );
    return revale;
}
//***************************************************************************
//函数: void nRF24L01_TxPacket(char * tx_buf)
//功能: 发送 tx_buf 中数据
//**************************************************************************/
void nRF24L01_TxPacket(char * tx_buf)
{
    RF24L01_CE_0 ;
    SPI_Write_Buf(WRITE_REG + RX_ADDR_P0, TX_ADDRESS, TX_ADR_WIDTH); //装载接收端地址
    _DINT( );
    SPI_Write_Buf(WR_TX_PLOAD, tx_buf, TX_PLOAD_WIDTH);             //装载数据
    _DINT( );
    RF24L01_CE_1;                                                   //置高 CE,激发数据发送
    delay_us(10);
}
//***************************************************************************
//NRF24L01 初始化
//***************************************************************************
void init_NRF24L01(void)
{
    delay_us(10);
    RF24L01_CE_0 ;
    RF24L01_CSN_1;
```

```
    SPI_Write_Buf(WRITE_REG + TX_ADDR, TX_ADDRESS, TX_ADR_WIDTH);        //写本地地址
    _DINT( );
    SPI_Write_Buf(WRITE_REG + RX_ADDR_P0, RX_ADDRESS, RX_ADR_WIDTH);     //写接收端地址
    _DINT( );
    SPI_RW_Reg(WRITE_REG + EN_AA, 0x01);        //频道 0 自动 ACK 应答允许
    _DINT( );
    SPI_RW_Reg(WRITE_REG + EN_RXADDR, 0x01);    //允许接收地址只有频道 0
    _DINT( ) ;
    SPI_RW_Reg(WRITE_REG + RF_CH, 0);           //设置信道工作为 2.4GHz,收发必须一致
    _DINT( );
    SPI_RW_Reg(WRITE_REG + RX_PW_P0, RX_PLOAD_WIDTH); //设置接收数据长度,本次设置为 32 字节
    _DINT( );
    SPI_RW_Reg(WRITE_REG + RF_SETUP, 0x07);     //设置发射速率为 1MHz,发射功率为最大值 0dB
    _DINT( );
    SPI_RW_Reg(WRITE_REG + CONFIG, 0x0E);       //IRQ 收发完成中断响应,16 位 CRC,主接收
    _DINT( );
}
//******************************************************************
//SPI 接收中断函数
//******************************************************************
 #pragma vector = USART0RX_VECTOR
__ interrupt void SPI0_rx (void)
{
    while (!(IFG1 & UTXIFG0));
    data2 = RXBUF0;
    IFG1& = ~URXIFG0;
}

void main( )
{
   WDTCTL = WDTPW + WDTHOLD;
   int_clk( );
   P6DIR | = 0xff;
   P5DIR | = 0xff;
   RF24L01_IO_set();
   init_NRF24L01();
   while(1)
   {
     char RX_BUF[32];
    /***** 接收程序 *******/
     SetRX_Mode( );
     if(nRF24L01_RxPacket(RX_BUF))
     {
        time = (RX_BUF[0]);
        RX_BUF[0] = 0;
        _DINT();
      }
```

```
    display(time);
  }
}
```

中断方式和寄存器方式相比较，首先，是把 data、data1、data2 设为全局变量，这是因为中断函数中也用到这些变量；其次就是写 SPI 时序的函数 char SPI_RW(data)不同，同时为了防止在中断函数中变量传递变为零，特增加了 data1＝data 语句，最后一点差别就是为了关断中断函数，增加了若干关闭总中断语句_DINT( )。

设计结果如图 7-5 所示，可以看到，发射板的矩阵式键盘按下数字“23”后再按发送键，接收板数码管显示的数字。

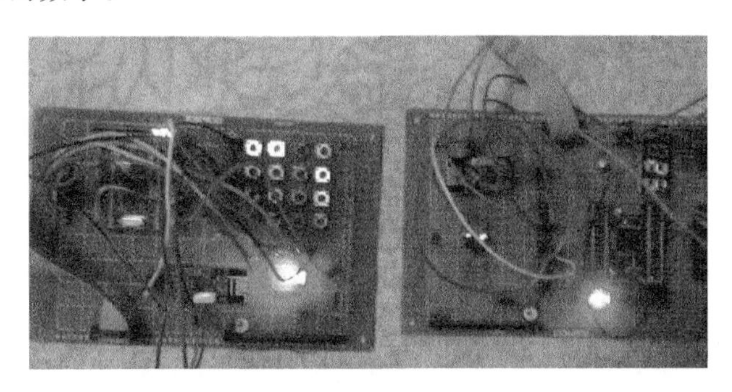

图 7-5　无线通信实物图

第 8 章

AD 与 DA 转换器

8.1 AD 转换器概述

在 MSP430 的实时控制和智能仪表等应用系统中，控制或测量对象的有关变化量，往往是一些连续变化的量，如压力、温度、流量、速度等。利用传感器把各种物理量测量出来，转换为电信号，经过模数转换(Analog to Digital Conversion)转变成数字量，这样模拟量才能被 MSP430 处理和控制。

分析和设计 MSP430 的 ADC 相关应用时涉及一些相关术语，ADC 模块常用的指标有如下几个：

(1) 分辨率。分辨率表示输出数字量变化一个相邻的数码所需要输入的模拟电压的变化量。定义为转换器的满刻度电压与 $2n$ 的比值，其中 n 为 ADC 的位数。对于 MSP430 的 12 位 ADC 转换器，如果 VREF＝2.5V，则分辨率为 2.5V/4096＝0.0006V，即分辨率为 0.6mV。

(2) 量化误差。量化误差与分辨率是统一的，量化误差是由于有限数字对模拟数值进行离散取值量化而引起的误差，因此量化误差理论上为一个单位分辨率，即±1/2LSB。

(3) 转换精度。ADC 模块的转换精度反映了一个实际 ADC 模块在量化上与一个理想的 ADC 模块进行模数转换的差值，可表示为绝对误差或者相对误差，与一般的仪表的定义相似。

(4) 转换时间。指 ADC 模块完成依次模数转换所需要的时间，转换时间越短越能适应高速度变化的信号，其与 ADC 结构位数有关。

(5) 其他。此外还应该考虑电压范围、工作温度、接口特性、输出形式的性能。

8.2 ADC12 结构及特点

ADC12 模块能够实现 12 位精度的模数转换，ADC12 主要包括以下几个功能模块：

(1) 参考电压发生器。

所有的 ADC 和 DAC 模块都需要一个基准信号，这个信号就是我们常说的 VREF+、VREF-。

MSP430 的 ADC12 模块内部带有参考电源，通过控制 REFON 信号来启动内部参考电源，并且通过 REF2_5V 控制内部参考电源产生 1.5V 或者 2.5V 的 Vref+。

ADC 模块转换器的参考电压 VR+和 VR-通过 SREF_x 设置 6 种组合方式。

VR+可以在 AVCC(系统模拟电源)、VREF+(内部参考电源)、VEREF+(外部输入的参考电源)之间选择；VR-可以在 AVSS(系统模拟地)、VREF-/VEREF-(内部或外部参考电源)之间选择。

(2) 模拟多路通道。

ADC12 可以选择多个通道的模拟输入，但是 ADC12 只有一个转换内核，所以这里用到了模拟多路通道，每次接通一个信号到 ADC 转换内核上。模拟多路通道包括了 8 路外部信号通道(A0~A7)和 4 路内部信号通道(VREF+、VREF-/VEREF-、(AVCC-AVSS)/2,片内温度传感器)。

(3) 具有采样保持功能的 12 位模数转换内核。

转换内核由一个采样保持器和一个转换器组成。由于 ADC 转换需要一定的时间，对高速变化的信号进行瞬时采样时，不等 ADC 转换完成，外部输入的信号就已经改变。所以在 ADC 转换器前加入了采样保持器，一旦 ADC 开始转换，采样保持器则进行保持，即使现场输入的信号的变化比较快，也不会影响到 ADC 的转换工作。

12 位的 ADC 转换器将 VR+和 VR-之间分割为 212(4096)等分，然后将输入的模拟信号进行转换，输出 0~4095 的数字。如果输入电压 VIN≤VR-则结果为 0,VIN≥VR+则结果为 4095。

(4) 采样转换时续控制电路。

这部分包括各种时钟信号，ADC12CLK 转换时钟，SAMPCON 采样转换信号，SHT 控制采样周期，SHS 控制采样触发来源，ADC12SSEL 选择内核时钟，ADC12DIV 时钟分频。

SAMPCON 信号高的时候采样，低的时候转换。而 SAMPCON 有两个来源，一路来自采样定时器，另一路由用户自己控制，通过 SHP 选择。

(5) 转换结果存储。

ADC12 一共有 12 个转换通道，设置了 16 个转换存储器用于暂时存储转换结果，合理设置后，ADC12 硬件会自动将转换的结果保存到相应的存储器里。

(6) ADC12 主要特点如下：

① 12 位转换精度，1 位非线形误差，1 位非线形积分误差；

② 多种时钟源给 ADC12 模块，切本身自带时钟发生器；

③ 内置温度传感器；

④ TimerA/TimerB 硬件触发器；

⑤ 8 路外部通道和 4 路内部通道；

⑥ 内置参考电压源和 6 种参考电压组合；

⑦ 4 种模式的模数转换；

⑧ 16bit 的转换缓存；

⑨ ADC12 关闭支持超低功耗；

⑩ 采用速度快，最高 200Kb/s、自动扫描以及 DMA 使能等特点。

8.3 ADC 相关寄存器设置

要正确使用 ADC，必须深刻理解相关寄存器各位的含义。下面分别介绍。

1. ADC 转换控制寄存器 0——ADC12CTL0

其各位定义如下：

15	14	13	12	11	10	9	8
SHT1x				SHT0x			
7	6	5	4	3	2	1	0
MSC	REF2_5V	REFON	ADC12ON	ADC12VIE	ADC12 TOVIE	ENC	ADC12SC

ADC12CTL0 是 ADC12 最重要的控制寄存器之一。其中灰色的寄存器只有当 ENC＝0 时才能更改。

位 15～位 12——SHT1x：8～15 通道的采样保持器时间控制。定义了ADC12MEM8～15 中转换采样时序与采样时钟的关系。保持时间越短，采样速度越快，电压波动越明显。其采样时间公式如 8-1 所示；

$$Tsample = 4 \times T_{ADC12CLK} \times N(N < 13 \text{ 时}, N = 2^n;\ n > 13 \text{ 时}, N = 256) \tag{8-1}$$

位 11～位 8——SHT0x：0～7 通道的采样保持器时间控制。定义了 ADC12MEM0～7 中转换采样时序与采样时钟的关系。保持时间越短，采样速度越快，电压波动越明显。其采样时间公式如 8-2 所示：

$$Tsample = 4 \times T_{ADC12CLK} \times N(N < 13 \text{ 时 } N = 2^n, n > 13 \text{ 时}, N = 256) \tag{8-2}$$

位 7——MSC：多次采样/转换控制位。当 SHP＝1，CONSEQ≠0 时，MSC 位才能生效。0：每次转换需要 SHI 信号的上升沿出触发采样定时器；1：首次转换需要 SHI 信号的上升沿触发采样定时器，以后每次转换在前一次转换结束后立即进行。

位 6——REF2_5V：内部基准电压选择(1.5V/2.5V)。0：选择 1.5V 内部参考电压；1：选择 2.5V 内部参考电压。

位 5——REFON：内部基准电压发生器控制。0：关闭内部基准电压发生器；1：开启内部基准电压发生器。

位 4——ADC12ON：ADC12 内核控制。0：关闭 ADC12 内核实现低功耗；1：开启 ADC12 内核

位 3——ADC12OVIE：溢出中断允许(ADC12MEMx 多次写入)。当 ADC12MEMx 还没有被读出，而又有新的数据要求写入 ADC12MEMx 时，如果允许则会产生中断。0：允

许溢出中断；1,禁止溢出中断。

位 2——ADC12TVIE：转换时间溢出中断允许(多次采样请求)。当前转换还没有完成时,又得到一次采样请求,如果 ADC12TVIE 允许,会产生中断。0：允许发生转换时间溢出产生中断；1：禁止发生转换时间溢出产生中断。

位 1——ENC：转换允许位。0：ADC12 为初始状态,不能启动 A/D 转换；1：首次转换由 SAMPCON 的上升沿启动。

注意：

(1) 在 CONSEQ=0(单通道单次转换)的情况下,当 ADC12BUSY=1 时,ENC=0 则会结束转换进程,并且得到错误结果。

(2) 在 CONSEQ≠0(非单通道单次转换)的情况下,当 ADC12BUSY=1 时,ENC=0 则转换正常结束,得到正确结果。

位 0——ADC12SC：采样转换控制位(与 SHP、ISSH、ENC 有关)。在 ENC=1,ISSH=0 的情况下：

当 SHP=1 时,ADC12SC 由 0 变 1 时,启动 A/D 转换,转换完成后 ADC12SC 自动复位。

当 SHP=0 时,ADC12SC 高电平时采样,ADC12SC 复位启动一次转换。其中 ENC=1 表示转换允许,ISSH 表示输入信号为同相输入信号。SHP=1 表示采样信号 SAMPCON 来自于采样定时器；SHP=0 表示 SAMPCON 采样由 ADC12SC 直接控制。

注意：当软件启动一次 A/D 转换时,ADC12SC 和 ENC 要在一条语句内完成设置。

2. ADC 转换控制器 1——ADC12CTL1

其各位定义如下：

15	14	13	12	11	10	9	8
CSTARTADDx				SHSx		SHP	ISSH
7	**6**	**5**	**4**	**3**	**2**	**1**	**0**
ADC12DIVx			ADC12SSELx		CONSEQx		ADC12 BUSY

其中灰色的寄存器只有当 ENC=0 时才能更改。

位 15～12——CSTARTADDx：单通道模式转换通道/多通道模式转换通道。定义单次转换的起始地址或者序列通道转换的首地址。

位 11、位 10——SHSx：采样触发源选择。0：ADC12SC；1：TimerA. OUT1；2：TimerB. OUT1；3：TimerB. OUT2。

位 9——SHP：采样信号 SAMPCON 选择。0：SAMPCON 信号来自采样触发输入信号；1：SAMPCON 信号来自采样定时器,由采样输入信号的上升沿触发。

位 8——ISSH：采样输入信号同向/反向。0 ：采样信号为同相输入；1：采样信号为反相输入。

位 7～5——ADC12DIVx：ADC12 时钟分频控制。ADC12 时钟源的分频因子选择位,分频因子为(x+1)。

位4、位3——ADC12SSELx：ADC12时钟选择。0：ADC12OSC(ADC12内部时钟源)；1：ACLK；2：MCLK；3：SMCLK。

位2——COMSEQx：转换模式。0：单通道单次转换；1：序列通道单次转换；2：单通道多次转换；3：序列通道多次转换。

位1——ADC12BUSY：忙标志(转换中...)。0：表示空闲；1：ADC12正在采样/转换期间。

3. 通道储存控制寄存器——ADC12MCTLx

通道储存控制寄存器控制各转换寄存器必须选择的基本条件，其各位定义如下：

7	6	5	4	3	2	1	0
EOS	SREFx			INCHx			

位7——EOS：多通道转换末通道标志。0：序列没有结束；1：该序列中最后一次转换。

位6～4——SREFx：基准源选择。0：VR+=AVCC，VR-=AVSS；1：VR+=VREF+，VR-=AVSS；2、3：VR+=VEREF+，VR-=AVSS；4：VR+=AVCC，VR-=VREF-/VEREF-；5：VR+=AVCC，VR-=VREF-/VEREF-；6、7：VR+=AVCC，VR-=VREF-/VEREF-。

位3～0——INCHx：所对应的模拟电压输入通道。0～7：A0～A7；8：VEREF+；9：VEREF-/VREF-；10：片内温度传感器；11～15：(AVCC-AVSS)/2。

4. 通道储存寄存器——ADC12MEMx

其各位定义如下：

15	14	13	12	11	10	9	8
0	0	0	0	Conversion Results			
7	**6**	**5**	**4**	**3**	**2**	**1**	**0**
Conversion Results							

该组寄存器为12位寄存器，用来存放A/D转换结果，其中只用到了低12位，高4位为0。

5. 中断标志寄存器——ADC12IFG

其各位定义如下：

15	14	13	12	11	10	9	8
ADC12 IFG15	ADC12 IFG14	ADC12 IFG13	ADC12 IFG12	ADC12 IFG11	ADC12 IFG10	ADC12 IFG9	ADC12 IFG8
7	**6**	**5**	**4**	**3**	**2**	**1**	**0**
ADC12 IFG7	ADC12 IFG6	ADC12 IFG5	ADC12 IFG4	ADC12 IFG3	ADC12 IFG2	ADC12 IFG1	ADC12 IFG0

ADC12IFGx：中断标志位对应于 ADC12MEMx，当 A/D 转换完成后，数据被存入 ADC12MEMx，此时 ADC12IFGx 标志置位。

6. 中断控制寄存器——ADC12IE

其各位定义如下：

15	14	13	12	11	10	9	8
ADC12IE15	ADC12IE14	ADC12IE13	ADC12IE12	ADC12IE11	ADC12IE10	ADC12IE9	ADC12IE8

7	6	5	4	3	2	1	0
ADC12IE7	ADC12IE6	ADC12IE5	ADC12IE4	ADC12IE3	ADC12IE2	ADC12IE1	ADC12IE0

ADC12IEx：中断允许位对应于 ADC12IFGx，如果 ADC12IEx 允许，则当 ADC12IFGx 置位时会进入 ADC12 的中断服务程序。

7. 中断向量寄存器——ADC12IV

ADC12 是一个多源中断，有 18 个中断标志，但是只有一个中断向量。18 个中断标志按照优先级安排对中断标志的响应关系如表 8-1 所示。

表 8-1 中断标志优先级

ADC12IV 内容	中 断 源	中 断 标 志	优 先 级
0x0000	无中断	无	无
0x0002	ADC12MEMx 溢出	ADC12OV	最高
0x0004	转换时间溢出	ADC12TOV	↓
0x0006	ADC12MEM0	ADC12IFG0	
0x0008	ADC12MEM1	ADC12 IFG1	
0x000a	ADC12MEM2	ADC12 IFG2	
0x000c	ADC12MEM3	ADC12 IFG3	
0x000e	ADC12MEM4	ADC12 IFG4	
0x0010	ADC12MEM5	ADC12 IFG5	
0x0012	ADC12MEM6	ADC12 IFG6	
0x0014	ADC12MEM7	ADC12 IFG7	
0x0016	ADC12MEM8	ADC12 IFG8	
0x0018	ADC12MEM9	ADC12 IFG9	
0x001a	ADC12MEM10	ADC12 IFG10	
0x001c	ADC12MEM11	ADC12 IFG11	
0x001e	ADC12MEM12	ADC12 IFG12	
0x0020	ADC12MEM13	ADC12 IFG13	
0x0022	ADC12MEM14	ADC12 IFG14	最低
0x0024	ADC12MEM15	ADC12 IFG15	

8.4 ADC12 转换模式

ADC12 模块一共提供了 4 种转换模式。分别是单通道单次转换、序列通道单次转换、单通道多次转换、序列通道多次转换。

不论用户使用何种模式，都需要注意以下问题：

(1) 设置具体的转换模式。

(2) 输入模拟信号。

(3) 选择启动信号。

(4) 关注结束信号。

(5) 存放转换数据。

(6) 采用查询或者中断方式来读取数据。

1. 单通道单次转换

进行单通道单次转换需要注意以下的设置：

(1) 设置通道控制寄存器，设置采样通道和参考电压，设置 ADC12MCTLx。

(2) 单通道转换的地址 CSTARTADD，对应于上面的 ADC12MCTLx。

(3) 相对应的中断标志 ADC12IFGx。

2. 序列通道单次转换

进行序列通道单次转换需要注意以下的设置：

(1) 设置若干个通道控制寄存器，设置采样通道和参考电压，设置 ADC12MCTLx，最后一个通道需要加 EOS。

(2) 序列通道转换的首地址 CSTARTADD，对应于上面的第一个 ADC12MCTLx。

(3) 相对应的最后一个通道的中断标志 ADC12IFGx。

3. 单通道多次转换

进行单通道多次转换需要注意以下的设置：

(1) 设置通道控制寄存器，设置采样通道和参考电压，设置 ADC12MCTLx。

(2) 单通道转换地址 CSTARTADD，对应于上面的 ADC12MCTLx。

(3) 单通道的中断标志 ADC12IFGx，多次转换只能使用中断查询式读数。

4. 序列通道多次转换

进行序列通道多次转换需要注意以下的设置：

(1) 设置若干个通道控制寄存器，设置采样通道和参考电压，设置 ADC12MCTLx，最后一个通道需要加 EOS。

(2) 序列通道转换的首地址 CSTARTADD，对应于上面的第一个 ADC12MCTLx。

(3) 相对应的最后一个通道的中断标志 ADC12IFGx，多次转换只能使用中断查询式读数。

8.5 AD应用实例

正确使用ADC，必须遵循以下几个原则：

(1) 对应的端口(P6)设置为第二功能。

(2) 确定采用查询方式还是中断方式，还包括基准电压设置、通道选择等。

(3) 设置采样时间以及采用方式，包括AD使能、启动转换等。

(4) 若采用查询方式，确定查询方式是否结束；若采用中断方式，编写中断服务程序。最后把ADC转换结果存入对应的ADC12MEMx。

现在把滑动变阻器接在单片机P6.1口，检测的电位器的电压值显示在12864上。硬件电路图如图8-1所示。

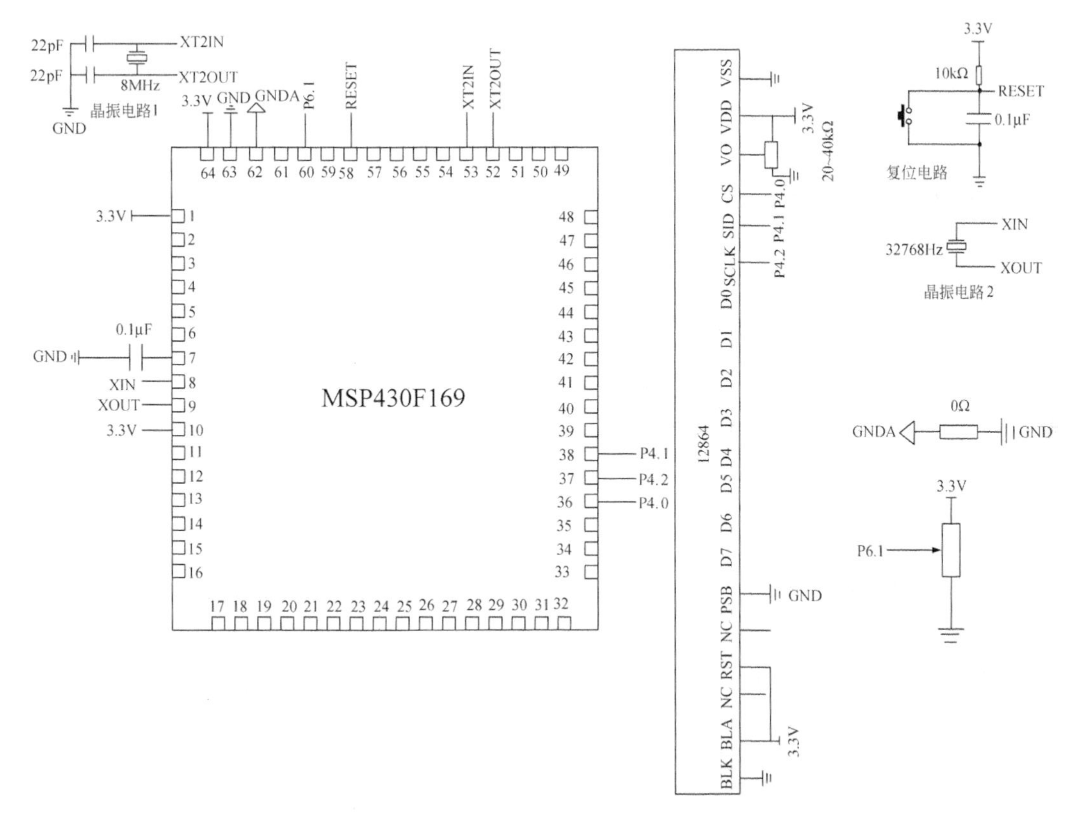

图8-1 基于单片机的AD转换系统设计电路图

由于参考电压采用外部电压，注意单片机引脚10接电源3.3V。

现在用单通道单次转换查询方法编程，程序清单如下：

```
#include <msp430x14x.h>
typedef unsigned char uchar;
```

```
typedef unsigned int uint;
long data;
void int_clk( )
{
    unsigned char i;
    BCSCTL1&=~XT2OFF;                        //打开 XT 振荡器
    BCSCTL2|=SELM1+SELS;                     //MCLK 为 8MHz,SMCLK 为 1MHz
    do
    {
        IFG1&=~OFIFG;                        //清除振荡器错误标志
        for(i=0;i<100;i++)
        _NOP( );                             //延时等待
    }
    while((IFG1&OFIFG)!=0);                  //如果标志为 1,则继续循环等待
    IFG1&=~OFIFG;
}

#define SID BIT1
#define SCLK BIT2
#define CS BIT0
#define LCDPORT P4OUT
#define SID_1 LCDPORT |= SID                 //SID 置高 P4.1
#define SID_0 LCDPORT &= ~SID                //SID 置低
#define SCLK_1 LCDPORT |= SCLK               //SCLK 置高 P4.2
#define SCLK_0 LCDPORT &= ~SCLK              //SCLK 置低
#define CS_1 LCDPORT |= CS                   //CS 置高 P4.0
#define CS_0 LCDPORT &= ~CS                  //CS 置低

void delay(unsigned char ms)
{
    unsigned char i,j;
    for(i=ms;i>0;i--)
      for(j=120;j>0;j--);
}

void sendbyte(uchar zdata)                   //数据传送函数
{
    uint i;
    for(i=0;i<8;i++)
    {
        if((zdata<<i)&0x80)
        {
            SID_1;
        }
        else
        {
            SID_0;
```

```
            }
            delay(1);
            SCLK_0;
            delay(1);
            SCLK_1;
            delay(1);
        }
}
/************************************************************
* 名    称:LCD_Write_cmd()
* 功    能:写一个命令到 LCD12864
* 入口参数:cmd 为待写入的命令,无符号字节形式
* 出口参数:无
* 说    明:写入命令时,RW = 0,RS = 0 扩展成 24 位串行发送
* 格    式:11111 RW0 RS 0 xxxx0000 xxxx0000
*            |最高的字节 |命令的 4~7 位|命令的 0~3 位|
************************************************************/
void write_cmd(uchar cmd)
{
    CS_1;
    sendbyte(0xf8);
    sendbyte(cmd&0xf0);
    sendbyte((cmd << 4)&0xf0);
}
/************************************************************
* 名    称:LCD_Write_Byte()
* 功    能:向 LCD12864 写入一个字节数据
* 入口参数:byte 为待写入的字符,无符号形式
* 出口参数:无
* 范    例:LCD_Write_Byte('F')                    //写入字符'F'
************************************************************/
void write_dat(uchar dat)
{
    CS_1;
    sendbyte(0xfa);
    sendbyte(dat&0xf0);
    sendbyte((dat << 4)&0xf0);
}
/************************************************************
* 名    称:LCD_pos()
* 功    能:设置液晶的显示位置
* 入口参数:x:第几行,1~4 对应第 1 行~第 4 行
*            y:第几列,0~15 对应第 1 列~第 16 列
* 出口参数:无
* 范 例:LCD_pos(2,3)                           //第 2 行,第 4 列
************************************************************/
void lcd_pos(uchar x,uchar y)
```

```
{
    uchar pos;
    if(x == 0)
    {x = 0x80;}
    else if(x == 1)
    {x = 0x90;}
    else if(x == 2)
    {x = 0x88;}
    else if(x == 3)
    {x = 0x98;}
    pos = x + y;
    write_cmd(pos);
}
/ ***************************************************** /
//LCD12864 初始化

void LCD_init(void)
{
    write_cmd(0x30);                          //基本指令操作
    delay(5);
    write_cmd(0x0C);                          //显示开,关光标
    delay(5);
    write_cmd(0x01);                          //清除 LCD 的显示内容
    delay(5);
    write_cmd(0x02);                          //将 AC 设置为 00H,且游标移到原点位置
    delay(5);
}

void hzkdis(unsigned char * S)
{
    while ( * S > 0)
    {
        write_dat( * S);
        S++;
    }
}

void main( void )
{
    WDTCTL = WDTPW + WDTHOLD;
    P4OUT = 0x0f;
    P4DIR = BIT0 + BIT1 + BIT2;
    LCD_init();
    delay(40);
    uchar tab2[] = {"当前电压:"};
   P6SEL | = 0x06;                            //将 P6.1 定义为第二功能,即使能 ADC 通道,
    ADC12CTL0 = ADC12ON + SHT0_15;            //打开 ADC,设置采样时间
```

```
    ADC12CTL1 = SHP + CSTARTADD_1;
                        //使用采样定时器,采样信号的上升沿触发采样,定义单次转换的启始地址
ADC12MCTL1 |= INCH_1 + EOS;                  //P6.1 输入 ,转换结束
ADC12MCTL0 = SREF_2;                         //参考电压为外部电压
    delay(1);
    ADC12CTL0 |= ENC;                        //使能转换
    while(1)
    {
        ADC12CTL0 |= ADC12SC;                //启动 AD 转换
        delay(4);
        while((ADC12IFG &BIT1) == 0);        //转换是否结束
        data = (long)ADC12MEM1 * 33;
        data = data * 10;
        data = data/4096;
        lcd_pos(0,0);
        hzkdis(tab2);
        write_dat(data/100 + '0');
        write_dat('.');
        write_dat(data/10 % 10 + '0');
        write_dat(data % 10 + '0');
        write_dat('V');
     }
}
```

各寄存器设置已在程序中注释，需要注意的是，采用单通道单次转换，寄存器 ADC12CTL1 不能写成 ADC12CTL1 = SHP＋CONSEQ_0＋CSTARTADD_1，这是因为前面已经说明采用查询方式时，当 ADC12BUSY＝1 时，ENC＝0 则会结束转换进程，并且得到错误结果。写成 ADC12CTL1 = SHP＋CSTARTADD_1 就隐含着 CONSEQ_0。CSTARTADD_1 对应 P6.1，以此类推，CSTARTADD_2 对应 P6.2…… 同样地，ADC12MCTL1 |= INCH_1＋EOS 中的 INCH_1 对应 P6.1，INCH_2 对应 P6.2……

while((ADC12IFG &BIT1)＝＝0)的含义是确定转换是否结束，BIT1 对应 P6.1，BIT2 对应 P6.2……

把通过 P6.1 端口模拟电压输入并经过 ADC 转换的数据存入 ADC12MEM1 (ADC12MEM1 对应 P6.1，ADC12MEM2 对应 P6.2....)中，由于最高模拟电压为 3.3V，保留 2 位小数点，所以扩大 100 倍，处理后通过 12864 显示。

现在用单通道单次转换中断方法编程，为省略篇幅，与单通道单次转换查询方法相同的部分语句省略。程序清单如下：

```
#include <msp430x14x.h>
typedef unsigned char uchar;
typedef unsigned int uint;
long data, result;
void int_clk()
{
```

```
    …
}
#define SID BIT1
#define SCLK BIT2
#define CS BIT0
#define LCDPORT P4OUT
#define SID_1 LCDPORT |= SID                  //SID 置高 P4.1
#define SID_0 LCDPORT &= ~SID                 //SID 置低
#define SCLK_1 LCDPORT |= SCLK                //SCLK 置高 P4.2
#define SCLK_0 LCDPORT &= ~SCLK               //SCLK 置低
#define CS_1 LCDPORT |= CS                    //CS 置高 P4.0
#define CS_0 LCDPORT &= ~CS                   //CS 置低

void delay(unsigned char ms)
{
    …
}

void sendbyte(uchar zdata)                    //数据传送函数
{
    …
}

void write_cmd(uchar cmd)
{
    …
}

void write_dat(uchar dat)
{
    …
}

void lcd_pos(uchar x,uchar y)
{
    …
}

void LCD_init(void)
{
    …
}

void hzkdis(unsigned char *S)
{
    …
}
```

```
#pragma vector = ADC_VECTOR
__interrupt void ADC12ISR (void)
{
    while ((ADC12IFG & BIT1) == 0);
    result = ADC12MEM1;
}

void main( void )
{
    WDTCTL  =  WDTPW  +  WDTHOLD;
    P4OUT = 0x0f;
    P4DIR  =  BIT0  +  BIT1  +  BIT2;
    LCD_init( );
    delay(40);
    uchar tab2[ ] = {"当前电压:"};
    P6SEL | =  0x06;                    //将 P6.1、P6.2 定义为第二模块功能,即使能 ADC 通道
    ADC12CTL0  =  ADC12ON + SHT0_8;            //打开 ADC,设置采样时间
    ADC12CTL1  =  SHP + CONSEQ_0 + CSTARTADD_1;
    ADC12MCTL1 | =  INCH_1 + EOS;              //a1 输入多通道时在此添加
    ADC12MCTL0  =  SREF_2;                     //Vr +  =  VeREF +  (external)
    delay(1);
    ADC12CTL0 | =  ENC;                        //使能转换
    ADC12CTL0 | =  ADC12SC;
    _EINT( );                                  //打开中断
    while(1)
    {
        _EINT();                               //打开中断
        ADC12CTL0 | =  ENC;                    //使能转换
        ADC12CTL0 | =  ADC12SC;
        ADC12IE  =  0x06;
        delay(4);
        data = (long) result * 33;
        data = data * 10;
        data = data/4096;
        lcd_pos(0,0);
        hzkdis(tab2);
        write_dat(data/100 + '0');
        write_dat('.');
        write_dat(data/10 % 10 + '0');
        write_dat(data % 10 + '0');
        write_dat('V');
        _DINT( );                              //打开中断
    }
}
```

和单通道单次转换查询方式不同的是，单通道单次转换中断方式加了中断函数，

ADC12CTL1 写成 ADC12CTL1 = SHP + CONSEQ_0 + CSTARTADD_1 的形式，ADC12IE = 0x06 语句是打开分中断。

现在用单通道多次转换查询方法编程，和单通道单次转换相比较，前者多次采样，取平均值，理论上精度更高。为了省略篇幅，相同部分程序省略，程序清单如下。

```
#include <msp430x14x.h>
typedef unsigned char uchar;
typedef unsigned int uint;
#define Num_of_Results 32
uchar i;
uint result1[Num_of_Results];              //保存 ADC 转换结果的数组
long data;
void int_clk()
{
    …
}
#define SID BIT1
#define SCLK BIT2
#define CS BIT0
#define LCDPORT P4OUT
#define SID_1 LCDPORT |= SID                //SID 置高 P4.1
#define SID_0 LCDPORT &= ~SID               //SID 置低
#define SCLK_1 LCDPORT |= SCLK              //SCLK 置高 P4.2
#define SCLK_0 LCDPORT &= ~SCLK             //SCLK 置低
#define CS_1 LCDPORT |= CS                  //CS 置高 P4.0
#define CS_0 LCDPORT &= ~CS                 //CS 置低
void delay(unsigned char ms)
{
    …
}

void sendbyte(uchar zdata)                  //数据传送函数
{
    …
}
void write_cmd(uchar cmd)
{
    …
}

void write_dat(uchar dat)
{
    …
}

void lcd_pos(uchar x,uchar y)
```

```
{
    …
}
void LCD_init(void)
{
    …
}

void hzkdis(unsigned char * S)
{
    …
}

void main( void )
{
    WDTCTL = WDTPW + WDTHOLD;
    P4OUT = 0x0f;
    P4DIR = BIT0 + BIT1 + BIT2;
    LCD_init( );
    delay(40);
    uchar tab2[ ] = {"当前电压:"};
    P6SEL |= 0x06;                         //将 P6.1、P6.2 定义为外围模块功能,即使能 ADC 通道
    ADC12CTL0 = ADC12ON + SHT0_8 + MSC;    //打开 ADC,设置采样时间,并多次采样
    ADC12CTL1 = SHP + CSTARTADD_1;
    ADC12MCTL1 |= INCH_1 + EOS;            //a1 输入多通道时在此添加
    ADC12MCTL0 = SREF_2;                   //Vr += VeREF + (external)
    delay(1);
    ADC12CTL0 |= ENC;                      //使能转换
    while(1)
    {
        ADC12CTL0 |= ADC12SC;
        delay(4);
        while((ADC12IFG &BIT1) == 0);
        for(i = 0; i < Num_of_Results; i++)
        {
            result1[Num_of_Results] = (long)ADC12MEM1;
        }
        data = 0;
        for(i = 0; i < Num_of_Results; i++)
        {
            data = data + result1[i];
        }
        data = data/Num_of_Results;
        data = (long)ADC12MEM1 * 33;
        data = data * 10;
        data = data/4096;
        lcd_pos(0,0);
```

```
            hzkdis(tab2);
            write_dat(data/100 + '0');
            write_dat('.');
            write_dat(data/10 % 10 + '0');
            write_dat(data % 10 + '0');
            write_dat('V');
        }
    }
```

与单通道单次转换查询方式相比，单通道多次转换的主要差别在 ADC12CTL0 = ADC12ON+SHT0_8+MSC 语句上，MSC 置 1 就表示多次采样。把每次采样的数值相加，再取平均值。实物如图 8-2 所示。

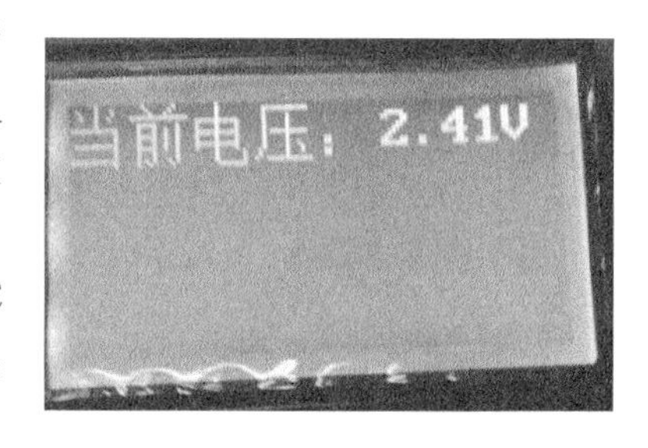

图 8-2 基于单片机的一路 AD 转换系统设计效果图

上面程序只是一路 ADC 转换，现在检测两路 ADC 转换，P6.2 口也连接一个滑动变阻器，其他硬件电路保持不变。

现用多通道多次转换的查询方法编写程序，为节省篇幅，相同部分程序省略，程序如下。

```
#include <msp430x14x.h>
typedef unsigned char uchar;
typedef unsigned int uint;
uchar tab2[] = {"一路电压:"};
uchar tab3[] = {"二路电压:"};
long data,data1;
void int_clk()
{
    …
}
#define SID BIT1
#define SCLK BIT2
#define CS BIT0
#define LCDPORT P4OUT
#define SID_1 LCDPORT |= SID            //SID 置高 P4.1
#define SID_0 LCDPORT &= ~SID           //SID 置低
#define SCLK_1 LCDPORT |= SCLK          //SCLK 置高 P4.2
#define SCLK_0 LCDPORT &= ~SCLK         //SCLK 置低
#define CS_1 LCDPORT |= CS              //CS 置高 P4.0
#define CS_0 LCDPORT &= ~CS             //CS 置低

void delay(unsigned char ms)
{
    …
}
```

```
void sendbyte(uchar zdata)                //数据传送函数
{
…
}

void write_cmd(uchar cmd)
{
    …
}

void write_dat(uchar dat)
{
    …
}

void lcd_pos(uchar x,uchar y)
{
    …
}

void LCD_init(void)
{
    …
}

void hzkdis(unsigned char * S)
{
     …
}

void main( void )
{
    WDTCTL = WDTPW + WDTHOLD;
    P4OUT = 0x0f;
    P4DIR = BIT0 + BIT1 + BIT2;
    LCD_init();
    delay(40);
    P6SEL |= 0x06;                        //将P6.1、P6.2定义为外围模块功能,即使能ADC通道
    ADC12CTL0 = ADC12ON + SHT0_8 + MSC;   //打开ADC,设置采样时间,并多次采样
    ADC12CTL1 = SHP + CONSEQ_3;           //多通道多次采样
    ADC12MCTL1 |= INCH_1;                 //P6.1输入
    ADC12MCTL2 |= INCH_2 + EOS;           //P6.2输入,序列中最后一次转换后结束
    ADC12MCTL0 = SREF_2;                  //参考电压为外部电压
    delay(1);
    ADC12CTL0 |= ENC;                     //使能转换
    while(1)
    {
```

```
            ADC12CTL0 |= ADC12SC;
            delay(4);
            while((ADC12IFG &BIT1) == 0);
            data = (long)ADC12MEM1 * 33;
            data = data * 10;
            data = data/4096;
            while((ADC12IFG &BIT2) == 0);
            data1 = (long)ADC12MEM2 * 33;
            data1 = data1 * 10;
            data1 = data1/4096;
            lcd_pos(0,0);
            hzkdis(tab2);
            write_dat(data/100 + '0');
            write_dat('.');
            write_dat(data/10 % 10 + '0');
            write_dat(data % 10 + '0');
            write_dat('V');
            lcd_pos(1,0);
            hzkdis(tab3);
            write_dat(data1/100 + '0');
            write_dat('.');
            write_dat(data1/10 % 10 + '0');
            write_dat(data1 % 10 + '0');
            write_dat('V');
        }
    }
```

实物如图 8-3 所示。

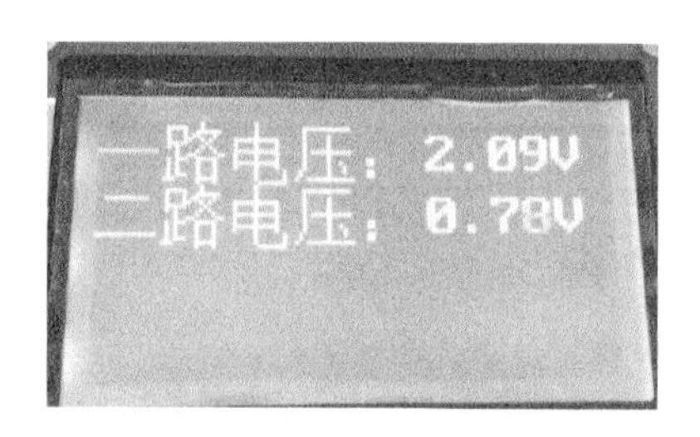

图 8-3　基于单片机的两路 AD 转换系统设计效果图

8.6　DA 转换器概述

MSP430 自带的 DAC12 模块，可以将运算处理的结果转换为模拟量，以便操作被控制对象的工作过程。MSP430 的 DAC12 模块是 12 位 R 阶，电压输出的数模转换模块，在使用的过程中可以被设置为 8 位或者 12 位转换模式，并能够与 DMA 控制器结合使用。当 MSP430 包含有多个 DAC12 模块时，MSP430 可以对它们进行统一管理。

MSP430 的 DAC12 模块主要性能指标有以下几个：

(1) 分辨率：这项指标反映了数字在最低位上的数字变化 1 时的模拟输出变化。对 12 位 DAC 来说，其分辨率达到了 1/4096，即 0.025%。

(2) 偏移误差，指的是输入数字为 0 时，输出模拟量对 0 的误差。

(3) 线性度：指的是 DAC 模块的实际转移特性与理想直线之间的最大偏差。

(4) 转换速度：即每秒钟转换的次数。

(5) 其他因素：例如数字输入特性，输入的码制，数据格式；输出特性，输出的是电流还是电压等。

8.7 DAC12 结构与性能

MSP430F169 单片机的 DAC12 模块有 2 个 DAC 通道，这两个通道在操作上是完全平等的，并且可以用 DAC12GRP 控制位将多个 DAC12 通道组合起来，实现同步更新，硬件还能确保同步更新独立于任何中断或者 NMI 事件。

DAC12 的主要特征如下：

(1) 8 位、12 位分辨率。

(2) 可编程的时间与能量的损耗。

(3) 内部和外部的参考电压选择。

(4) 支持无符号和有符号的数据输入。

(5) 具有自效验功能。

(6) 二进制或者二进制的补码形式。

(7) 多路 DAC 同步更新。

(8) 可以直接用存储器存取。

8.8 DAC 相关寄存器设置

要正确使用 DAC，必须深刻理解相关寄存器各位的含义，下面分别介绍。

1. DAC 转换控制寄存器——DAC12_xCTL

其各位定义如下：

<table>
<tr><td>15</td><td>14</td><td>13</td><td>12</td><td>11</td><td>10</td><td>9</td><td>8</td></tr>
<tr><td>Reserved</td><td colspan="2">DAC12SREFx</td><td>DAC12REs</td><td colspan="2">DAC12LSELx</td><td>DAC12 CALON</td><td>DAC12IR</td></tr>
<tr><td>7</td><td>6</td><td>5</td><td>4</td><td>3</td><td>2</td><td>1</td><td>0</td></tr>
<tr><td colspan="3">DAC12AMPx</td><td>DAC12DF</td><td>DAC12IE</td><td>DAC12IFG</td><td>DAC12ENC</td><td>DAC12 GRP</td></tr>
</table>

其中灰色的部分只有在 DAC12ENC=0 时才能修改，位 DAC12GRP 只有在 DAC12_1 寄存器中才使用。

位 15——保留。

位 14、位 13——DAC12REFx：选择 DAC12 的参考源。0、1：VREF+；2、3：VEREF+。

位 12——DAC12RES：选择 DAC12 分辨率。0：12 位分辨率；1：8 位分辨率。

位 11、位 10——DAC12LSELx：锁存器触发源选择。当 DAC12 锁存器被触发之后，能够将锁存器中的数据传送到 DAC12 的内核。当 DAC12LSELx=0 时，DAC 数据更新不受 DAC12ENC 的影响。0：DAC12_XDAT 执行写操作将触发（不考虑 DAC12ENC 的状态）；1：DAC12_XDAT 执行写操作将触发（考虑 DAC12ENC 的状态）；2：Timer_A3.OUT1 的上升沿；3：Timer_B7.OUT2 的上升沿。

位 9——DAC12CALON：DAC12 校验操作控制。置位后启动校验操作，校验完成后自动被复位。校验操作可以校正偏移误差。0 ：没有启动校验操作；1：启动校验操作。

位 8——DAC12IR：DAC12 输入范围，此位设定输入参考电压和输出的关系。0：DAC12 的满量程为参考电压的 3 倍（不操作 AVcc）；1：DAC12 的满量程为参考电压。

位 7～位 5——DAC12AMPx：DAC12 运算放大器设置。0：输入缓冲器关闭，输出缓冲器关闭，高阻；1：输入缓冲器关闭，输出缓冲器关闭，0V ；2：输入缓冲器低速低电流，输出缓冲器低速低电流；3：输入缓冲器低速低电流，输出缓冲器中速中电流；4：输入缓冲器低速低电流，输出缓冲器高速高电流；5：输入缓冲器中速中电流，输出缓冲器中速中电流；6：输入缓冲器中速中电流，输出缓冲器高速高电流；7：输入缓冲器高速高电流，输出缓冲器高速高电流。

位 4——DAC12DF：DAC12 的数据格式。0：二进制；1：二进制补码。

位 3——DAC12IE：DAC12 的中断允许。0：禁止中断；1：允许中断。

位 2——DAC12IFG：DAC12 的中断标志位。0：没有中断请求；1：有中断请求。

位 1——DAC12ENC：DAC12 转换控制位。DAC12LSEL > 0 时，DAC12ENC 才有效。0：DAC12 停止；1：DAC12 转换。

位 0——DAC12GRP：DAC12 组合控制位。0：没有组合；1：组合。

2. DAC 数据寄存器 DAC12_xDAT

其各位定义如下：

15	14	13	12	11	10	9	8
0	0	0	0	DAC12 Data			

7	6	5	4	3	2	1	0
DAC12 Data							

DAC12_xDAT 高 4 位为 0，不影响 DAC12 的工作。DAC12 工作在 8 位模式时，DAC12_xDAT 的最大值为 0x00FF；ADC12 工作在 12 位模式时，DAC12_xDAT 的最大值为 0x0FFF。

8.9 DAC12的操作及设置和应用

了解DAC12的操作可以深入地理解DAC12的结构和原理，DAC12的操作都是由软件进行设置的。

(1) 选择参考电压。

参考电压是唯一影响DAC12输出量的模拟参数，是DAC12转换模块的重要部分。DAC12可以选择内部或者外部的参考电压，其中内部的参考电压来自于ADC12中的内部参考电压发生器生成的1.5V或者2.5V参考电压。

DAC12参考电压的输入和电压输出缓冲器的时间和功耗可以通过编程来控制，使其工作在最佳状态(DAC12AMPx控制)。

(2) DAC12内核。

用DAC12RES位选择DAC12的8位或者12位精度。DAC12IR位控制DAC12的最大输出电压为参考电压的1或3倍(在不超过电源电压的情况下)。DAC12DF设置写入DAC12的数据的格式如表8-2所示。

表8-2 DAC12DF设置写入DAC12的数据的格式

位　数	DAC12RES	DAC12IR	输出电压格式
12位	0	0	VOUT=VREF×3×(DAC12_xDAT)/4096
12位	0	1	VOUT=VREF×1×(DAC12_xDAT)/4096
8位	1	0	VOUT=VREF×3×(DAC12_xDAT)/256
8位	1	1	VOUT=VREF×1×(DAC12_xDAT)/256

(3) 更新DAC12的电压输出。

DAC12输出引脚和断口P6以及ADC12模拟输入复用，当DAC12AMPx>0时，不管当前端口P6的P6SEL和P6DIR对应的位的状态是什么，该引脚自动被选择到DAC12的功能上。

DAC12_xDAT可以直接将数据传送到DAC12的内核以及DAC12的两个缓冲器。

DAC12LSELx位可以触发对DAC12的电压输出更新。当DAC12LSELx=0时，数据锁存变得透明，不管当前的DAC12ENC处于什么状态，只要DAC12_xDAT被更新，则DAC12的内核立刻被更新。当DAC12LSELx=1时，除非有新的数据写入DAC12_xDAT，否则DAC12的数据一直被锁存。当DAC12LSELx=2、3时，数据在TA的TACCR1或者TB的TBCCR2输出信号上升沿时刻被锁存。当DAC12LSELx>0时，DAC12ENC用来使能DAC12的锁存。

(4) DAC12_xDAT的数据格式。

DAC12支持二进制数或者2的补码输入。

(5) 校正 DAC12 的输出。

DAC12 存在偏移误差,可以通过 DAC12 自动校正偏移量,在使用 DAC12 之前,通过设置控制位 DAC12CALON 能够初始化偏移校正操作,操作完成后 DAC12CALON 会自动复位。

(6) DAC12 使用时需要注意的问题：参考电压的选择,如果使用内部参考电压则需要在 ADC12 模块中打开内部参考电压发生器,ADC12 内核不用开；在 MSP430F169 单片机上,DAC12 的 0 通道使用的是 A6,1 通道使用的是 A7 的引脚。注意如果使用了 DAC12 的 2 个通道,A6 和 A7 就不能使用；校正 DAC12 的偏移误差；设置 DAC12 的位数和满量程电压(满量程电压最高为 AVCC)；设置 DAC12 的触发模式。

设计例程。现在从单片机 P6.6 端口分别输出方波、三角波和正弦波,电路图如图 8-4 所示。

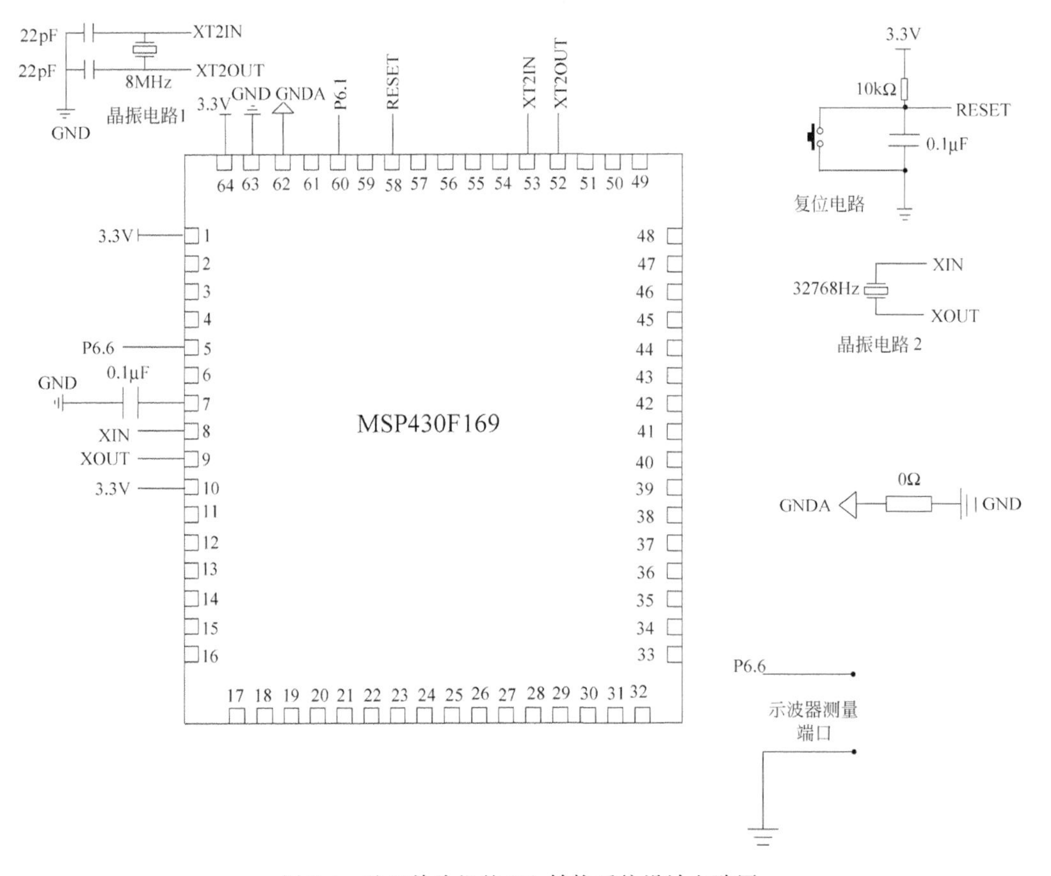

图 8-4 基于单片机的 DA 转换系统设计电路图

由于参考电压采用外部电压,注意单片机 10 引脚接电源 3.3V。

程序清单如下：

```
#include <msp430x16x.h>
typedef unsigned char uchar;
typedef unsigned int uint;
#define CPU_F ((double)8000000)
#define delayus(x) __delay_cycles((long)(CPU_F * (double)x/1000000.0))
#define delayms(x) __delay_cycles((long)(CPU_F * (double)x/1000.0))
long data, result,k;
uchar a,s;
uchar sine_tab[256] = {0x80,0x83,0x86,0x89,0x8d,0x90,0x93,0x96,0x99,0x9c,
0x9f,0xa2,0xa5,0xa8,0xab,0xae,0xb1,0xb4,0xb7,0xba,0xbc,
    0xbf, 0xc2, 0xc5, 0xc7, 0xca, 0xcc, 0xcf, 0xd1, 0xd4, 0xd6, 0xd8, 0xda, 0xdd, 0xdf, 0xe1, 0xe3,
0xe5,0xe7,0xe9,0xea,0xec,
    0xee, 0xef, 0xf1, 0xf2, 0xf4, 0xf5, 0xf6, 0xf7, 0xf8, 0xf9, 0xfa, 0xfb, 0xfc, 0xfd, 0xfd, 0xfe,
0xff,0xff,0xff,0xff,0xff,0xff,
    0xff, 0xff, 0xff, 0xff, 0xff, 0xff, 0xfe, 0xfd, 0xfd, 0xfc, 0xfb, 0xfa, 0xf9, 0xf8, 0xf7, 0xf6,
0xf5,0xf4,0xf2,0xf1,0xef,
    0xee, 0xec, 0xea, 0xe9, 0xe7, 0xe5, 0xe3, 0xe1, 0xde, 0xdd, 0xda, 0xd8, 0xd6, 0xd4, 0xd1, 0xcf,
0xcc,0xca,0xc7,0xc5,0xc2,
    0xbf, 0xbc, 0xba, 0xb7, 0xb4, 0xb1, 0xae, 0xab, 0xa8, 0xa5, 0xa2, 0x9f, 0x9c, 0x99 , 0x96, 0x93,
0x90,0x8d,0x89,0x86,0x83,0x80,
    0x80, 0x7c, 0x79, 0x76, 0x72, 0x6f, 0x6c, 0x69, 0x66, 0x63, 0x60, 0x5d, 0x5a, 0x57, 0x55, 0x51,
0x4e,0x4c,0x48,0x45,0x43,
    0x40, 0x3d, 0x3a, 0x38, 0x35, 0x33, 0x30, 0x2e, 0x2b, 0x29, 0x27, 0x25, 0x22, 0x20, 0x1e, 0x1c,
0x1a,0x18,0x16 ,0x15,0x13,
     0x11, 0x10, 0x0e, 0x0d, 0x0b, 0x0a, 0x09, 0x08, 0x07, 0x06, 0x05, 0x04, 0x03, 0x02, 0x02, 0x01,
0x00,0x00,0x00,0x00,0x00,0x00,
    0x00, 0x00, 0x00, 0x00, 0x00, 0x00, 0x01, 0x02 , 0x02, 0x03, 0x04, 0x05, 0x06, 0x07, 0x08, 0x09,
0x0a,0x0b,0x0d,0x0e,0x10,
    0x11, 0x13, 0x15 , 0x16, 0x18, 0x1a, 0x1c, 0x1e, 0x20, 0x22, 0x25, 0x27, 0x29, 0x2b, 0x2e, 0x30,
0x33,0x35,0x38,0x3a,0x3d,
    0x40, 0x43, 0x45, 0x48, 0x4c, 0x4e, 0x51, 0x55, 0x57, 0x5a, 0x5d, 0x60, 0x63, 0x66 , 0x69, 0x6c,
0x6f,0x72,0x76,0x79,0x7c,0x80};

void int_clk()
{
    unsigned char i;
    BCSCTL1& = ~XT2OFF;                    // 打开 XT 振荡器
    BCSCTL2| = SELM1 + SELS;
    do
    {
        IFG1& = ~OFIFG;                    // 清除振荡器错误标志
        for(i = 0;i< 100;i++)
          _NOP( );                         // 延时等待
    }
    while((IFG1&OFIFG)!= 0);               //如果标志为 1,则继续循环等待
    IFG1& = ~OFIFG;
}
```

```
void delay(unsigned char ms)
{
    unsigned char i,j;
    for(i = ms;i > 0;i -- )
      for(j = 120;j > 0;j -- );
}

void InitDAC12_0(void)
{
    ADC12CTL0 = REF2_5V + REFON;        // Internal 2.5V REF on
    DAC12_0CTL = DAC12IR + DAC12AMP_5 + DAC12ENC;
                                        // 启动 DAC 模块(DAC12LSEL_0 时此句可以省)
    DAC12_0DAT = 0x0000;                //初始化电压
}

void fangbo( )
{
    DAC12_0DAT = 0xffff;
    delay(6);
    DAC12_0DAT = 0x0000;
    delay(6);
}

void sanjiaobo()
{
    for(k = 0;k < 255;k++)
    {
        DAC12_0DAT = k;
    }
    for(k = 255;k > 0;k -- )
    {
        DAC12_0DAT = k;
    }
}

void zhengxianbo()
{
    DAC12_0DAT = sine_tab[s++];
    delayus(3);
}

void main(void)
{
    WDTCTL = WDTPW + WDTHOLD;
    P6SEL |= 0xFF;
    P6DIR = 0xff;
```

```
    InitDAC12_0( );
    while(1)
    {
        //zhengxianbo( );
        //sanjiaobo( );
        fangbo( );

    }
}
```

这里只显示方波，而屏蔽了正弦波和三角波，读者可以根据需要自行打开相应的波形函数，屏蔽其他波形函数。特别要注意的是，头文件是 msp430x16x.h，而不是 msp430x14x.h，否则编译时有错误。这是因为头文件 msp430x14x.h 没有寄存器 ADC12CTL0、DAC12_0CTL 定义。基于单片机的 DA 转换系统设计效果图如图 8-5 所示。

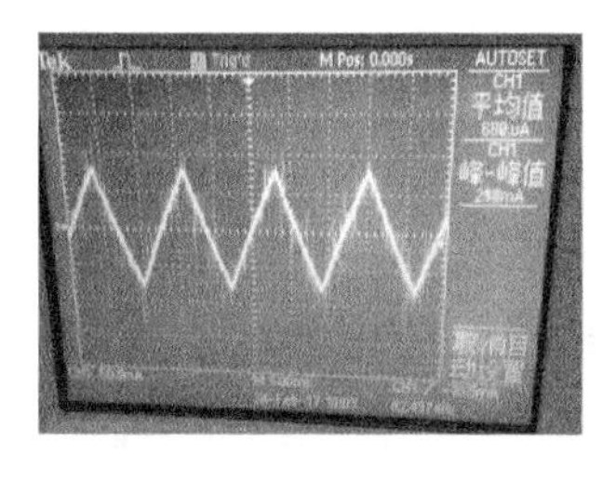

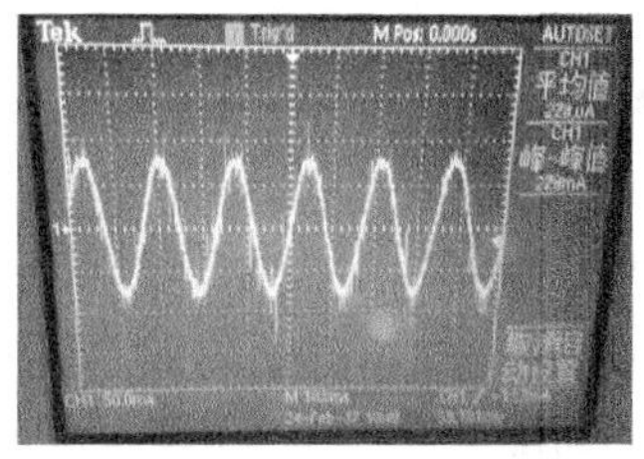

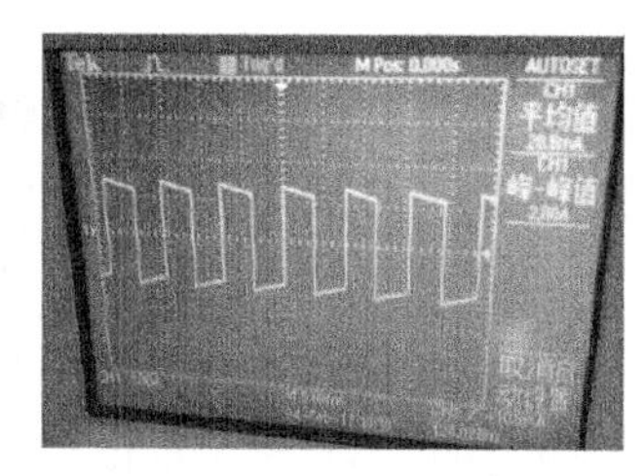

图 8-5 基于单片机的 DA 转换系统设计效果图

第9章 单片机综合系统设计

9.1 两路温度检测系统设计

设计要求：两个温度传感器DS18B20的数据端接在单片机同一端口上，单片机上电后1602显示两个温度传感器序列号，按下键盘S1后，两个温度传感器显示温度，再按下按键S1后，又显示序列号，然后重复进行。

本次设计的一大难点是两个温度传感器都接在单片机同一端口上，需要区别温度传感器序列号，读出DS18B20的ROM序列号的值，再进行匹配，才能测量DS18B20不同转换温度的值。第二个难点是1602一开始显示序列号，按下独立式键盘后，显示检测的温度，在切换过程中，1602显示存在刷新问题，如果没有刷新，在显示温度时，就会有残留序列号现象。第一个问题的解决方法是，对一个温度传感器操作时，另一个温度传感器的接地引脚所对应的单片机端口必须设置成输入状态，这点与51系列或AVR单片机不同。第二个问题的解决方法是按键程序有1602清零指令。

现在再看相关的指令：

33H——读ROM。读DS18B20温度传感器ROM中编码(即64位地址)。

55H——匹配ROM。发出此命令后，接着发出64位ROM编码，访问单总线上与该编码相对应的DS18B20并使之做出响应，为下一步对该DS18B20的读/写做准备。

CCH——跳过ROM。忽略64位ROM地址，直接向DS18B20发温度变换指令，适用于一个从机工作。

44H——温度转换。启动DS18B20进行温度转换，12位转换时至少为750ms(9位为93.73ms)。结果存入内部9字节的RAM中。

BEH——读暂存器。读内部RAM中9字节的温度数据。

64位光刻ROM中的序列号是出厂前被光刻好的，它可以看作该DS18B20的地址序列码，其各位排列顺序是：开始8位为产品类型标号，接下来48位是该自身的序列号，最后8位是前面56位的CRC循环校验码，光刻ROM的作用是使得每一个DS18B20各不相同，这样就可以实现一条总线上挂多个DS18B20的目的。

硬件电路图如图 9-1 所示。

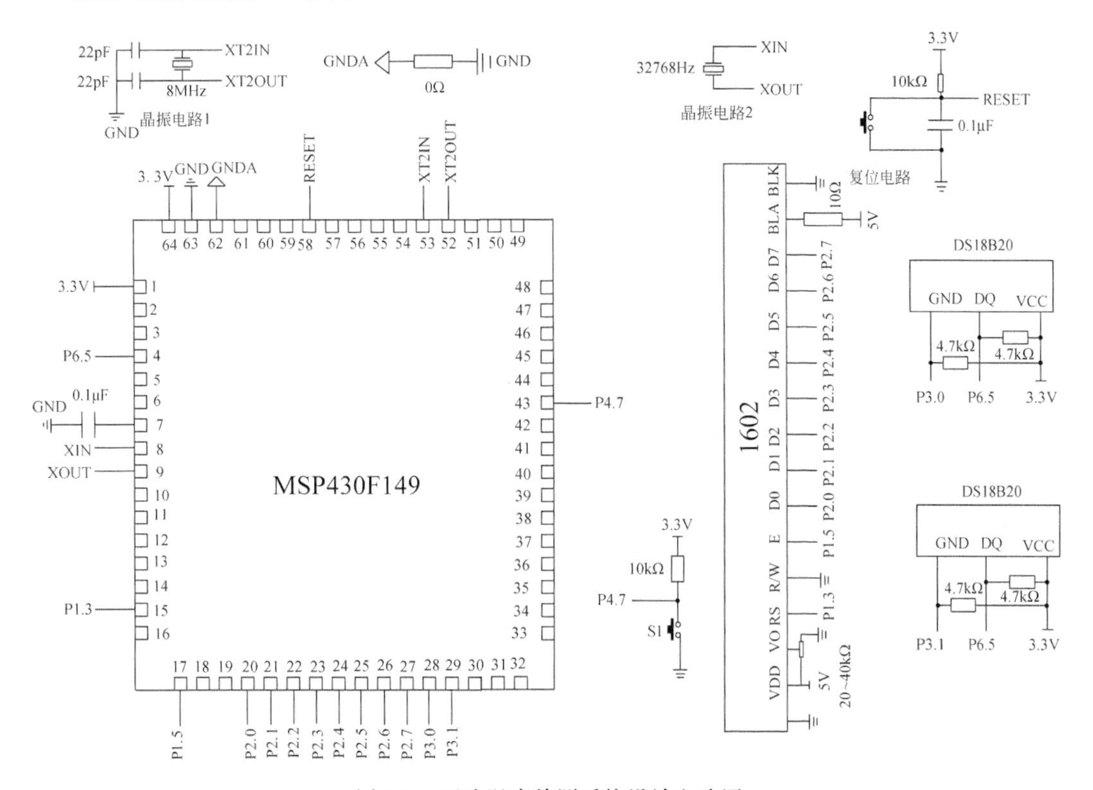

图 9-1 两路温度检测系统设计电路图

两个 DS18B20 温度传感器电源均接 3.3V，DQ 端均接单片机 P6.5 口，一个 DS18B20 传感器接地端接单片机 P3.0 口，另一个 DS18B20 传感器接地端接单片机 P3.1 口，均有上拉电阻 4.7kΩ。

完整程序清单如下：

```
#include<msp430x16x.h>
#define CPU_F ((double)8000000)
#define delay_us(x) __delay_cycles((long)(CPU_F*(double)x/1000000.0))
#define delay_ms(x) __delay_cycles((long)(CPU_F*(double)x/1000.0))
#define uchar unsigned char
#define uchar unsigned char
#define uint unsigned int
#define set_rs P1OUT|=BIT3
#define clr_rs P1OUT&=~BIT3
#define set_lcden P1OUT|=BIT5
#define clr_lcden P1OUT&=~BIT5
#define dataout P2DIR=0XFF
#define dataport P2OUT
#define DS18B20_DQ_L    P6OUT&=~BIT5
```

```
#define DS18B20_DQ_H   P6OUT| = BIT5
#define SDAOUT P6DIR| = BIT5
#define SDAIN  P6DIR& = ~BIT5
#define SDADATA  (P6IN&BIT5)
#define anjian  (P4IN&BIT7)
uchar aa[8];
uchar bb[8];
uchar Temp1[8];
uchar Temp2[8];
uchar Tem_dispbuf[5] = {0,0,0,0,0};                      //显示数据暂存
uchar Tem_dispbuf1[5] = {0,0,0,0,0};                     //显示数据暂存
uchar DS18B20_Temp_data[4] = {0x00,0x00,0x00,0x00};      //储存温度值的数组
uchar DS18B20_Temp_data1[4] = {0x00,0x00,0x00,0x00};     //储存温度值的数组
uchar DS18B20_TEM_Deccode[16] = {0x00,0x01,0x01,0x02,0x03,0x03,0x04,0x04,0x05,0x06,0x06,
0x07,0x08,0x08,0x09,0x09};                               //温度小数位查表数组
uchar DS18B20_Presence,state;                   //18b20 复位成功标示位,= 0 成功, = 1 失败
uchar tab[ ] = {"TEMP: "};
void int_clk( )
{
    unsigned char i;
    BCSCTL1& = ~XT2OFF;                                  //打开 XT 振荡器
    BCSCTL2| = SELM1 + SELS;                             //MCLK 为 8MHz,SMCLK 为 1MHz
    do
    {
        IFG1& = ~OFIFG;                                  //清除振荡器错误标志
        for(i = 0; i < 100; i++)
        _NOP( );                                         //延时等待
    }
    while((IFG1&OFIFG)!= 0);                             //如果标志为 1,则继续循环等待
    IFG1& = ~OFIFG;
}

void delay5ms(void)
{
   unsigned int i = 40000;
   while (i != 0)
   {
       i--;
   }
}

void write_com(uchar com)                                //1602 写命令
{
   P1DIR| = BIT3 ;
   P1DIR| = BIT5 ;
   P2DIR = 0xff;
   clr_rs;
```

```
    clr_lcden;
    P2OUT = com;
    delay5ms( );
    delay5ms( );
    set_lcden;
    delay5ms( );
    clr_lcden;
}

void write_date(uchar date)                                    //1602 写数据
{
    P1DIR| = BIT3 ;
    P1DIR| = BIT5 ;
    P2DIR = 0xff;
    set_rs;
    clr_lcden;
    P2OUT = date;
    delay5ms( );
    delay5ms( );
    set_lcden;
    delay5ms( );
    clr_lcden;
}

void lcddelay( )
{
    unsigned int j;
    for(j = 400; j > 0; j -- );
}


void init( )
{
    clr_lcden;
    write_com(0x38);
    delay5ms( );
    write_com(0x0c);
    delay5ms( );
    write_com(0x06);
    delay5ms( );
    write_com(0x01);
}

void lcd_pos(unsigned char x,unsigned char y)
{
    dataport = 0x80 + 0x40 * x + y;
    P1DIR| = BIT3 ;
```

```
    P1DIR| = BIT5 ;
    P2DIR = 0xff;
    clr_rs;
    clr_lcden;
    delay5ms( );
    delay5ms( );
    set_lcden;
    delay5ms( );
    clr_lcden;
}


void display(unsigned long int num)
{
    uchar k;
    uchar dis_flag = 0;
    uchar table[7];
    if(num <= 9&num > 0)
    {
        dis_flag = 1;
        table[0] = num % 10 + '0';
    }
    else if(num <= 99&num > 9)
    {
        dis_flag = 2;
        table[0] = num/10 + '0';
        table[1] = num % 10 + '0';
    }
    else if(num <= 999&num > 99)
    {
        dis_flag = 3;
        table[0] = num/100 + '0';
        table[1] = num/10 % 10 + '0';
        table[2] = num % 10 + '0';
    }
    else if(num <= 9999&num > 999)
    {
        dis_flag = 4;
        table[0] = num/1000 + '0';
        table[1] = num/100 % 10 + '0';
        table[2] = num/10 % 10 + '0';
        table[3] = num % 10 + '0';
    }
    for(k = 0; k < dis_flag; k++)
    {
        write_date(table[k]);
        delay5ms( );
```

```
    }
}

void disp(unsigned char  * s)
{
    while( * s > 0)
    {
        write_date( * s);
        s++;
    }
}

void DS18B20_RESET(void)  //复位
{
    SDAOUT;
    DS18B20_DQ_L;
    delay_us(550);                          //至少 480μs 的低电平信号
    DS18B20_DQ_H;                           //拉高等待接收 18B20 的存在脉冲信号
    delay_us(60);
    SDAIN;
    delay_us(1);
    DS18B20_Presence = SDADATA;
    delay_us(200);
}

void Write_DS18B20_OneChar(uchar dat)       //写一个字节
{
    uchar i = 0;
    for(i = 8; i > 0; i -- )
    {
        SDAOUT;
        DS18B20_DQ_L;
        delay_us(6);
        if((dat&0x01)> 0)  DS18B20_DQ_H;
        else DS18B20_DQ_L;
        delay_us(50);
        DS18B20_DQ_H;
        dat >>= 1;
        delay_us(10);
    }
}

uchar Read_DS18B20_OneChar(void)            //读一个字节
{
    uchar date = 0;
    uchar j = 0;
```

```
        for(j=8; j>0; j--)
        {
            DS18B20_DQ_L;
            date>>=1;
            delay_us(2);
            DS18B20_DQ_H;
            delay_us(5);
            SDAIN;
            delay_us(1);
            if((SDADATA)>0)
            date|=0x80;
            delay_us(30);
            SDAOUT;
            DS18B20_DQ_H;
            delay_us(5);
        }
        return date;
    }

    void DispCode( )                                    //读取 ROM
    {
        int i,xulie;
        P3DIR|=BIT0;
        P3OUT&=~BIT0;
        P3DIR&=~BIT1;
        DS18B20_RESET( );
        Write_DS18B20_OneChar(0x33);
        for (i=0; i<8; i++)
        {
            aa[i]=Read_DS18B20_OneChar( );
            Temp1[i]=aa[i];
        }
        lcd_pos(0,0);                                   //第一行显示标题
        for (i=0; i<8; i++)
        {
            xulie = aa[i]>>4;                           //显示高 4 位
            xulie = xulie*1.0;
            if (xulie<10)
            {
                write_date(0x30+xulie);
            }
            else
            {
                write_date(0x37+xulie);
            }
            xulie = aa[i]&0x0f;                         //显示低 4 位
            xulie = xulie*1.0;
```

```
        if (xulie<10)
        {
            write_date(0x30+xulie);
        }
        else
        {
            write_date(0x37+xulie);
        }
    }
}


void DispCode1( )                                    //读取 ROM
{
    int i1,xulie1;
    P3DIR| =BIT1;
    P3OUT&=~BIT1;
    P3DIR&=~BIT0;
    DS18B20_RESET();
    Write_DS18B20_OneChar(0x33);
    for (i1=0; i1<8; i1++)
    {
        bb[i1]= Read_DS18B20_OneChar();
        Temp2[i1]=bb[i1];
    }
    lcd_pos(1,0);                                    //第一行显示标题
    for (i1=0; i1<8; i1++)
    {
        xulie1 = bb[i1]>>4;                          //显示高 4 位
        xulie1 = xulie1 * 1.0;
        if (xulie1<10)
        {
            write_date(0x30+xulie1);
        }
        else
        {
            write_date(0x37+xulie1);
        }
            xulie1 = bb[i1]&0x0f;                    //显示低 4 位
        xulie1 = xulie1 * 1.0;
        if (xulie1<10)
        {
            write_date(0x30+xulie1);
        }
        else
        {
            write_date(0x37+xulie1);
```

```
        }
    }
}

void matchrom(uchar a)                                  //匹配 ROM
{
    char j;
    if(a == 1)
    {
        Write_DS18B20_OneChar(0x55);                    //发送匹配 ROM 命令
        for(j = 0; j < 8; j++)
        Write_DS18B20_OneChar( Temp1[j]);               //发送 18B20 的序列号,先发送低字节
    }
    if(a == 2)
    {
        Write_DS18B20_OneChar(0x55);                    //发送匹配 ROM 命令
        for(j = 0; j < 8; j++)
        Write_DS18B20_OneChar(Temp2[j]);                //发送 18B20 的序列号,先发送低字节
    }
}

/*********** 读 DS18B20 温度 **************/
void Read_18B20_Temperature1()
{
    P3DIR| = BIT0;
    P3OUT& = ~BIT0;
    P3DIR& = ~BIT1;
    DS18B20_RESET( );                       //复位 18B20
    matchrom(1);
    if(DS18B20_Presence == 0)               //复位成功
    {
        Write_DS18B20_OneChar(0X44);        //启动温度转换
        delay_ms(820);                      //等待温度转换时间 820ms 左右,这一句非常重要
        DS18B20_RESET( );                   //复位 18B20
        matchrom(1);
        Write_DS18B20_OneChar(0XBE);
        DS18B20_Temp_data[0] = Read_DS18B20_OneChar( ); //Temperature LSB
        DS18B20_Temp_data[1] = Read_DS18B20_OneChar( ); //Temperature MSB
        delay_us(20);
        Tem_dispbuf[0] = DS18B20_TEM_Deccode[DS18B20_Temp_data[0]&0x0f];   //小数位
        delay_us(20);
        Tem_dispbuf[4] = ((DS18B20_Temp_data[1]&0x0f)<< 4)|((DS18B20_Temp_data[0]&0xf0)>> 4);
                                            //取出温度值的整数位
        Tem_dispbuf[3] = Tem_dispbuf[4]/100;
        Tem_dispbuf[2] = Tem_dispbuf[4] % 100/10;
        Tem_dispbuf[1] = Tem_dispbuf[4] % 10;
    }
```

```
    delay_us(620);
}
void Read_18B20_Temperature2( )
{
    P3DIR| = BIT1;
    P3OUT& = ~BIT1;
    P3DIR& = ~BIT0;
    DS18B20_RESET();                        //复位 18B20
    matchrom(2);
    if(DS18B20_Presence == 0)               //复位成功
    {
        Write_DS18B20_OneChar(0X44);        //启动温度转换
        delay_ms(820);                      //等待温度转换时间 820ms 左右,这一句非常重要
        DS18B20_RESET();                    //复位 18B20
        matchrom(2);
        Write_DS18B20_OneChar(0XBE);
        DS18B20_Temp_data1[0] = Read_DS18B20_OneChar(); //Temperature LSB
        DS18B20_Temp_data1[1] = Read_DS18B20_OneChar(); //Temperature MSB
        delay_us(20);
        Tem_dispbuf1[0] = DS18B20_TEM_Deccode[DS18B20_Temp_data1[0]&0x0f];   //小数位
        delay_us(20);
        Tem_dispbuf1[4] = ((DS18B20_Temp_data1[1]&0x0f)<< 4)|((DS18B20_Temp_data1[0]&0xf0)>> 4);
                                            //取出温度值的整数位
        Tem_dispbuf1[3] = Tem_dispbuf1[4]/100;
        Tem_dispbuf1[2] = Tem_dispbuf1[4] % 100/10;
        Tem_dispbuf1[1] = Tem_dispbuf1[4] % 10;
    }
    delay_us(620);
}

void main( )
{
    uchar flag = 0;
    WDTCTL  =  WDTPW  +  WDTHOLD;           //关闭看门狗
    int_clk( );
    dataout;
    init( );                                //初始化
    P1DIR| = BIT3 + BIT5;
    DS18B20_DQ_H;
    SDAOUT;
    P4DIR& = ~BIT7;                         //把 P4.7 端口设置成输入
    P4OUT| = BIT7                           //把 P4.7 端口设置成高电平
    while(1)
    {
        if(anjian == 0)
        {
            if(anjian == 0)
```

```
                {
                    flag = ~flag;
                    write_com(0x01);                //液晶显示刷新
                }
            }
            if(flag == 0)
            {
                DispCode( );
                delay_us(600);
                DispCode1( );
            }
            if(flag!= 0)
            {
                Read_18B20_Temperature2();
                lcd_pos(0,0);
                disp(tab);
                lcd_pos(0,6);
                display(Tem_dispbuf1[4]);
                write_date('.');
                display(Tem_dispbuf1[0]);
                write_date(0xdf);
                write_date('C');
                delay_ms(620);
                Read_18B20_Temperature1();
                lcd_pos(1,0);
                disp(tab);
                lcd_pos(1,6);
                display(Tem_dispbuf[4]);
                write_date('.');
                display(Tem_dispbuf[0]);
                write_date(0xdf);
                write_date('C');
                delay_ms(620);
            }
        }
    }
```

效果图如图 9-2 所示，图(a)是两个温度传感器的序列号图，图(b)是两个温度传感器检测的温度值。

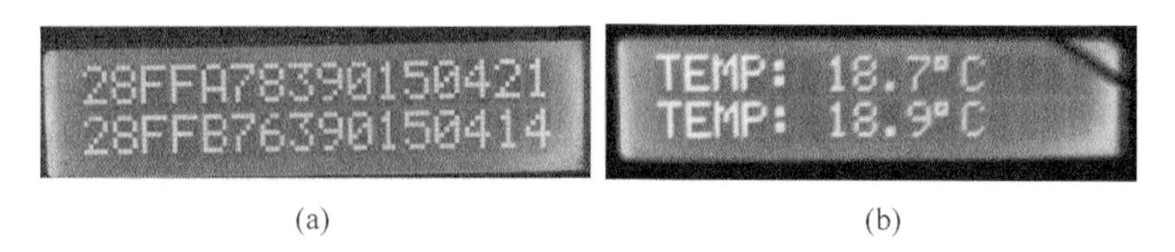

(a) (b)

图 9-2 两路温度检测系统设计效果图

9.2 红外遥控直流电机调速系统设计

设计要求：利用 MSP430 单片机，驱动电路，合适的外围电路如数码管、红外接收模块等实现直流电动机的控制，能够实现直流电机的不同运行状态。具体内容是电机旋转时间通过键盘或遥控器设置并显示在数码管上，在电机运行过程中，数码管实时显示当前时间，当到达设定时间后，电机停止(作用就是相当是定时器)；通过按键或遥控器改变占空比来调节电机的速度；当遇到紧急情况，按下急停按钮，电机停止。从而可以实现手动和遥控两种控制方式。

整个电路图如图 9-3 所示。

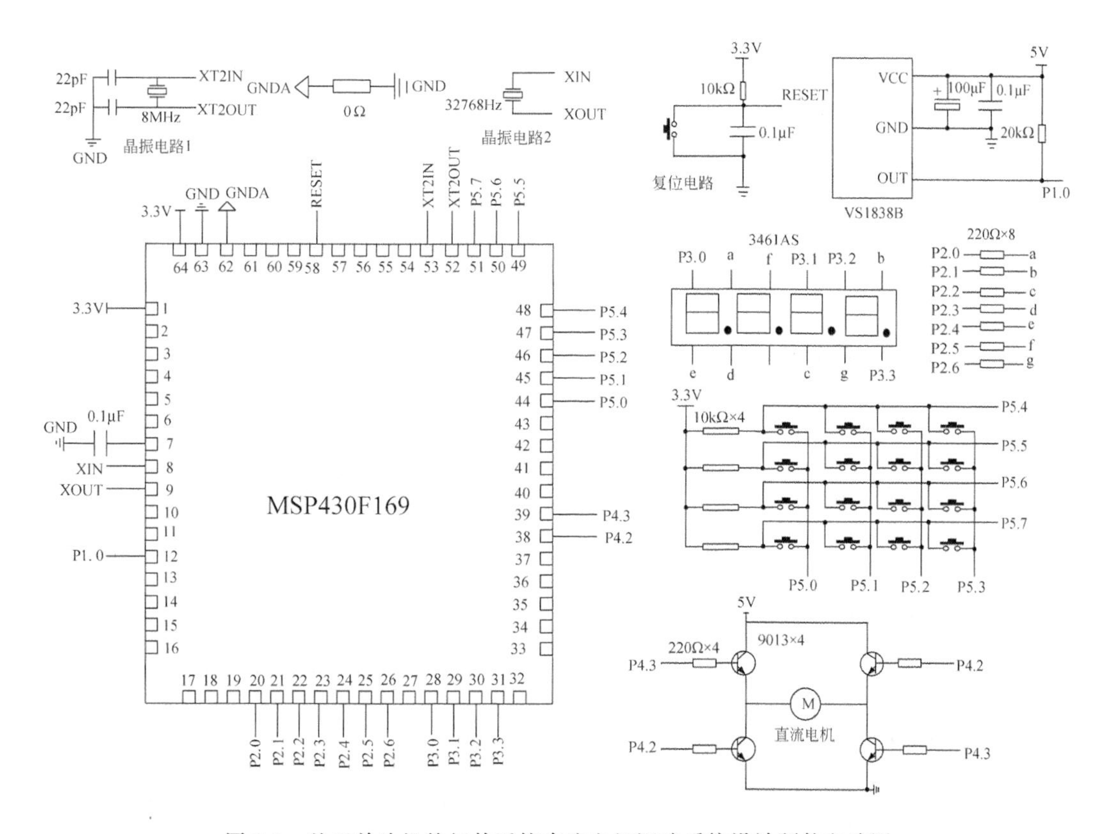

图 9-3 基于单片机的红外遥控直流电机调速系统设计硬件电路图

晶振为 8MHz，矩阵式键盘接 P5 口，由于本次设计互补的 PWM 波是通过定时器 B 产生的，P4.2 和 P4.3 口，接三极管基极，不能任意接单片机其他端口。这个设计作品涉及外部中断，定时器 A、定时器 B 以及 PWM 波等用法。

程序清单如下：

```
#include <msp430x14x.h>
#define CPU_F ((double)8000000)
#define delay_us(x) __delay_cycles((long)(CPU_F * (double)x/1000000.0))
#define delay_ms(x) __delay_cycles((long)(CPU_F * (double)x/1000.0))
#define uchar unsigned char
#define uint unsigned int
#define KEYin1  (P1IN&BIT0)
uchar aa,bb,sec,state,time_1s_ok,flag,keyvalue;
uint cou;
uchar BIT,start;
uchar Data[33];
uchar dis1[8];
uchar ircode[4];
uchar buf[4] = {0,0,0,0};
uchar tab[ ] = {0,0,0,0};
uchar LED[ ] = {0x3f,0x06,0x5b,0x4f,0x66,0x6d,0x7d,0x07,0x7f,0x6f};
void Clk_Init( )
{
    unsigned char i;
    BCSCTL1& = ~XT2OFF;
    BCSCTL2| = DIVS0 + DIVS1;
    BCSCTL2| = SELM1 + SELS;
    do
    {
      IFG1 &=  ~OFIFG;                       //清除振荡错误标志
      for(i = 0; i < 100; i++)
      _NOP( );
    }
    while ((IFG1 & OFIFG) != 0);             //如果标志为 1,继续循环等待
    IFG1& = ~OFIFG;
}

void port_init(void)
{
    P2DIR = 0xff;
    P2OUT = 0X00;
    P3DIR = 0Xff;
    P3OUT = 0Xff;
 }

void init_port1(void)
{
    P1DIR& = ~BIT0;                          //设置为输入方向
    P1IES| = BIT0;                           //选择下降沿触发
    P1IE| = BIT0;                            //打开中断允许
    P1IFG& = ~BIT0;                          //P1IES 的切换可能使 P1IFG 置位,需清除
}
```

```
void init_devices(void)
{
    init_port1( );
    TACCTL0 = CCIE;
    TACCR0 = 33;
    TACTL = TASSEL_2 + MC_1;
    BCSCTL2| = SELS;
    _EINT( );                                   //开启总中断
}

uchar  keyscan(void)
{
     P5OUT = 0xef;
     if((P5IN&0x0f)!= 0x0f)
     {
         delay_ms(10);
         if((P5IN&0x0f)!= 0x0f)
         {
            if((P5IN&0x01) == 0)
            keyvalue = 1;
            if((P5IN&0x02) == 0)
            keyvalue = 2;
            if((P5IN&0x04) == 0)
            keyvalue = 3;
            if((P5IN&0x08) == 0)
            keyvalue = 4;
            while((P5IN&0x0f)!= 0x0f);
         }
     }
     P5OUT = 0xdf;
     if((P5IN&0x0f)!= 0x0f)
     {
         delay_ms(10);
         if((P5IN&0x0f)!= 0x0f)
         {
            if((P5IN&0x01) == 0)
            keyvalue = 5;
            if((P5IN&0x02) == 0)
            keyvalue = 6;
            if((P5IN&0x04) == 0)
            keyvalue = 7;
            if((P5IN&0x08) == 0)
            keyvalue = 8;
            while((P5IN&0x0f)!= 0x0f);
         }
     }
```

```
        P5OUT = 0xbf;
        if((P5IN&0x0f)!= 0x0f)
        {
            delay_ms(10);
            if((P5IN&0x0f)!= 0x0f)
            {
               if((P5IN&0x01) == 0)
               keyvalue = 9;
               if((P5IN&0x02) == 0)
               keyvalue = 0;
               if((P5IN&0x04) == 0)
               keyvalue = 10;
               if((P5IN&0x08) == 0)
               keyvalue = 11;
               while((P5IN&0x0f)!= 0x0f);
            }
        }
        P5OUT = 0x7f;
        if((P5IN&0x0f)!= 0x0f)
        {
            delay_ms(10);
            if((P5IN&0x0f)!= 0x0f)
            {
               if((P5IN&0x01) == 0)
               keyvalue = 12;
               if((P5IN&0x02) == 0)
               keyvalue = 13;
               if((P5IN&0x04) == 0)
               keyvalue = 14;
               if((P5IN&0x08) == 0)
               keyvalue = 15;
               while((P5IN&0x0f)!= 0x0f);
            }
        }
        return keyvalue;
}

void display(int num)
{
    tab[0] = num % 10;
    tab[1] = num/10 % 10;
    tab[2] = num/100 % 10;
    tab[3] = num/1000 % 10;
    if(num <= 9)
    {
         P2OUT = LED[tab[0]];
         P3OUT = 0Xf7;
```

```
        delay_us(10);
    }
    if(num>9&&num<=99)
    {
        P2OUT=LED[tab[0]];
        P3OUT=0xf7;
        delay_us(10);
        P3OUT=0xff;
        P2OUT=LED[tab[1]];
        P3OUT=0xfb;
        delay_us(10);
        P3OUT=0xff;
    }
    if(num>99&&num<=999)
    {
        P2OUT=LED[tab[0]];
        P3OUT=0xf7;
        delay_us(10);
        P3OUT=0xff;
        P2OUT=LED[tab[1]];
        P3OUT=0xfb;
        delay_us(10);
        P3OUT=0xff;
        P2OUT=LED[tab[2]];
        P3OUT=0Xfd;
        delay_us(10);
        P3OUT=0xff;
    }
    if(num>999&&num<=9999)
    {
        P2OUT=LED[tab[0]];
        P3OUT=0xf7;
        delay_us(10);
        P3OUT=0xff;
        P2OUT=LED[tab[1]];
        P3OUT=0xfb;
        delay_us(10);
        P3OUT=0xff;
        P2OUT=LED[tab[2]];
        P3OUT=0xfd;
        delay_us(10);
        P3OUT=0xff;
        P2OUT=LED[tab[3]];
        P3OUT=0xfe;
        delay_us(10);
        P3OUT=0Xff;
    }
```

```
}

#pragma vector  = PORT1_VECTOR
__interrupt void Port1_ISR(void)
{
    if(cou>32)
    {
        BIT=0;
    }
    Data[BIT]=cou;
    cou=0;
    BIT++;
    if(BIT==33)
    {
        BIT=0;
        start=1;
    }
    P1IFG  =  0;
    }

#pragma vector=TIMERB0_VECTOR
__interrupt void Timer_B(void)
{
    bb++;
    if(bb==100)
    {
        bb=0;
        time_1s_ok=1;
    }
}

#pragma vector=TIMERA0_VECTOR
__interrupt void Timer_A(void)
{
    aa++;
    if(aa==8)
    {
        aa=0;
        cou++;
    }
}

void main( )
{
    uchar num1=0,key2,direction,speed,shu2=0;
    WDTCTL  =  WDTPW  +  WDTHOLD;
    Clk_Init( );
```

```
port_init( );
init_devices( );
P4DIR| = 0X0c;
P4SEL| = 0X0c;
TBCCR0  = 10000;
TBCTL  =  CNTL_0 + TBSSEL_2  +  MC_1;
_EINT( );                                   //开启总中断
P5DIR = 0xf0;
while(1)
{
   keyvalue = 17;
   keyscan( );
   key2 = keyvalue;
   num1 = key2;
   if(key2 < = 9)
   {
       shu2 = shu2 * 10 + key2;             //start1 = 1;
   }
   if(num1 == 10)
   {
       state = 1;
   }
   else if(num1 == 11)   direction = 1;
   else if(num1 == 12) direction = 0;
   else if(num1 == 13)   speed = 1;
   else if(num1 == 14)   speed = 0;
   else if(num1 == 15)
   {
       TBCCR3 = 0; TBCCR2 = 0; TBCCR0  = 0;
       state = 0; shu2 = 0;
       TBCCTL2 = OUTMOD_0;
       TBCCTL3 = OUTMOD_0;
   }
   if(start == 1)
   {
       uchar k = 1, i, j, value;
       for(j = 0; j < 4; j++)
       {
          for(i = 0; i < 8; i++)
          {
             value = value >> 1;
             if(Data[k]> 6)
             {
                value = value|0x80;
             }
          k++;
       }
```

```
            ircode[j] = value;
        }
        dis1[0] = ircode[0]/16;
        dis1[1] = ircode[0] % 16;
        dis1[2] = ircode[1]/16;
        dis1[3] = ircode[1] % 16;
        dis1[4] = ircode[2]/16;
        dis1[5] = ircode[2] % 16;
        dis1[6] = ircode[3]/16;
        dis1[7] = ircode[3] % 16;
        num1 = dis1[5];
        delay_us(4);
        if(num1 <= 9)
        {
            shu2 = shu2 * 10 + num1;
        }
        if(num1 == 10)
        {
            state = 1;
        }
        else if(num1 == 11)direction = 1;
        else if(num1 == 12)direction = 0;
        else if(num1 == 13)  speed = 1;
        else if(num1 == 14)  speed = 0;
        else if(num1 == 15)
        {
            TBCCR3 = 0; TBCCR2 = 0; TBCCR0  = 0;
            state = 0; shu2 = 0;
            TBCCTL2 = OUTMOD_0;
            TBCCTL3 = OUTMOD_0;
        }
    }////////////////////////////////
    if(state == 1)
    {
        if((direction == 0)&&(speed == 0))
        {
            TBCCR0  = 10000;
            TBCCTL0 = CCIE;
            TBCCTL2 = OUTMOD_7;
            TBCCR2 = 1000;
            TBCCTL3 = OUTMOD_2;
            TBCCR3 = 1000;
        }
        else if((direction == 0)&&(speed == 1))
        {
            TBCCR0  = 10000;
            TBCCTL0 = CCIE;
```

```
            TBCCTL2 = OUTMOD_7;
            TBCCR2 = 3000;
            TBCCTL3 = OUTMOD_2;
            TBCCR3 = 3000;
        }
        else if((direction == 1)&&(speed == 0))
        {
            TBCCR0  = 10000;
            TBCCTL0 = CCIE;
            TBCCTL2 = OUTMOD_2;
            TBCCR2 = 1000;
            TBCCTL3 = OUTMOD_7;
            TBCCR3 = 1000;
        }
        else if((direction == 1)&&(speed == 1))
        {
            TBCCR0  = 10000;
            TBCCTL0 = CCIE;
            TBCCTL2 = OUTMOD_2;
            TBCCR2 = 3000;
            TBCCTL3 = OUTMOD_7;
            TBCCR3 = 3000;
        }
        if(time_1s_ok == 1)
        {
            time_1s_ok = 0;
            shu2 =  shu2 -- ;
        }
        else if(shu2 == 0)
        {
            TBCCR3 = 0; TBCCR2 = 0; TBCCR0  = 0;
            state = 0;
            TBCCTL2 = OUTMOD_0;
            TBCCTL3 = OUTMOD_0;
        }
    }
    start = 0;
    display(shu2);
  }
}
```

效果图如图 9-4 所示，图(a)为按下对应数值按键，设定“正转 120 秒”，电机正转的状态；图(b)为使用遥控器设定电机转动时间。

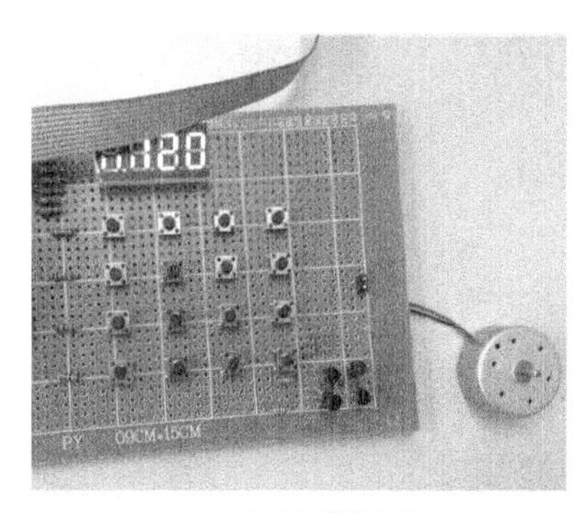

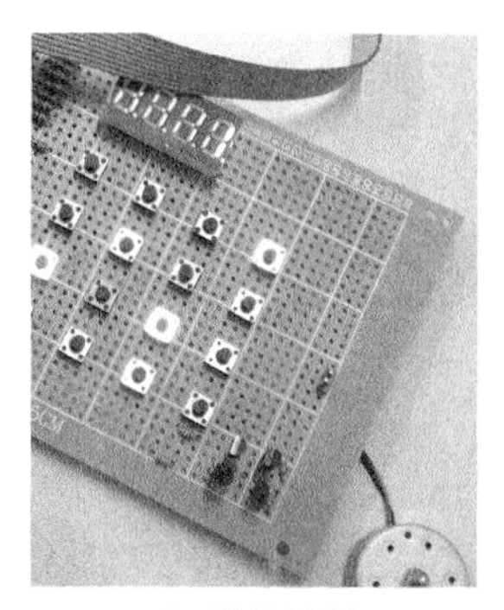

(a) 按键正转定时　　(b) 遥控控制

图 9-4　基于单片机的红外遥控直流电机调速系统设计效果图

9.3　无线通信直流电机调速系统设计

设计要求：利用单片机 MSP430、驱动电路、合适的外围电路(如 12864、数码管、无线通信模块等)实现直流电动机的控制，能够实现直流电机的不同运行状态。具体过程是发射板电 12864、矩阵式键盘和无线通信模块等组成，电机旋转时间、高低速和正反转等信息通过键盘设置并显示在 12864 上，按下发射键后把上述信息发送到接收板上，同时 12864 实时显示当前时间。当电机运行时，每过 1s，12864 显示的时间减 1。接收板由 H 桥电路、无线模块、数码管和直流电机等组成。接收板收到信息后(运行时间、高低速和正反转)，按照指定的方式运行。电机旋转时间显示在数码管上，每过 1s，数码管显示减 1，时间为零时电机停止(作用相当于定时器)。

本次设计的难点就是发射板必须同时发射 3 个信息(运行时间、高低速和正反转)，接收板收到这 3 个信息后，进行处理，按照指定的方式运行。接收板还有定时器、PWM 波等功能。

发射板电路图如图 9-5 所示。

发射板完整程序清单如下：

```
#include <msp430x14x.h>
typedef unsigned char uchar;
typedef unsigned int uint;
uchar keyvalue,key_shu,shu5;
#define RF24L01_CE_0          P1OUT &= ~BIT6
#define RF24L01_CE_1          P1OUT |= BIT6
//======================= RF24L01_CSN 端口 ===============================
#define RF24L01_CSN_0         P3OUT &= ~BIT0
```

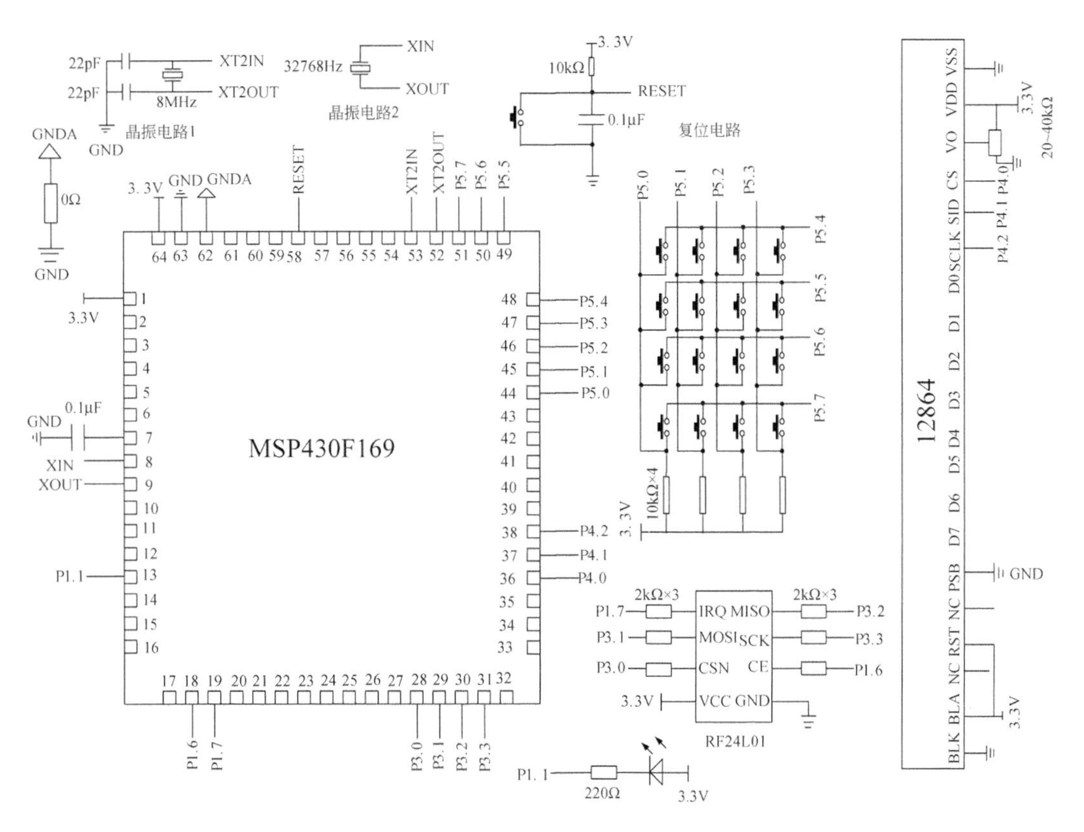

图 9-5　基于单片机的无线通信直流电机调速系统设计发射板电路图

```
#define RF24L01_CSN_1          P3OUT |= BIT0
//==================== IRQ 状态 ====================================
#define RF24L01_IRQ_0          P1OUT &= ~BIT7
#define RF24L01_IRQ_1          P1OUT |= BIT7
//==================== NRF24L01 ====================================
#define TX_ADR_WIDTH     5          // 5 uints TX address width
#define RX_ADR_WIDTH     5          //5 uints RX address width
#define TX_PLOAD_WIDTH   32         //32 TX payload
#define RX_PLOAD_WIDTH   32         //32 uints TX payload
//==================== NRF24L01 寄存器指令 ==========================
#define READ_REG         0x00       //读寄存器指令
#define WRITE_REG        0x20       //写寄存器指令
#define RD_RX_PLOAD      0x61       //读取接收数据指令
#define WR_TX_PLOAD      0xA0       //写待发数据指令
#define FLUSH_TX         0xE1       //重新发送 FIFO 指令
#define FLUSH_RX         0xE2       //重新接收 FIFO 指令
#define REUSE_TX_PL      0xE3       //定义重复装载数据指令
#define NOP1             0xFF       //保留
//==================== SPI(nRF24L01)寄存器地址 ======================
#define CONFIG           0x00       //配置收发状态,CRC 校验模式以及收发状态响应方式
```

```
#define EN_AA           0x01    //自动应答功能设置
#define EN_RXADDR       0x02    //可用信道设置
#define SETUP_AW        0x03    //收发地址宽度设置
#define SETUP_RETR      0x04    //自动重发功能设置
#define RF_CH           0x05    //工作频率设置
#define RF_SETUP        0x06    //发射速率、功耗功能设置
#define STATUS          0x07    //状态寄存器
#define OBSERVE_TX      0x08    //发送监测功能
#define CD              0x09    //地址检测
#define RX_ADDR_P0      0x0A    //频道 0 接收数据地址
#define RX_ADDR_P1      0x0B    //频道 1 接收数据地址
#define RX_ADDR_P2      0x0C    //频道 2 接收数据地址
#define RX_ADDR_P3      0x0D    //频道 3 接收数据地址
#define RX_ADDR_P4      0x0E    //频道 4 接收数据地址
#define RX_ADDR_P5      0x0F    //频道 5 接收数据地址
#define TX_ADDR         0x10    //发送地址寄存器
#define RX_PW_P0        0x11    //接收频道 0 接收数据长度
#define RX_PW_P1        0x12    //接收频道 1 接收数据长度
#define RX_PW_P2        0x13    //接收频道 2 接收数据长度
#define RX_PW_P3        0x14    //接收频道 3 接收数据长度
#define RX_PW_P4        0x15    //接收频道 4 接收数据长度
#define RX_PW_P5        0x16    //接收频道 5 接收数据长度
#define FIFO_STATUS     0x17    //FIFO 栈入栈出状态寄存器设置
//======================= RF24101 状态 ================================
char TX_ADDRESS[TX_ADR_WIDTH] = {0x34,0x43,0x10,0x10,0x01};    //本地地址
char RX_ADDRESS[RX_ADR_WIDTH] = {0x34,0x43,0x10,0x10,0x01};    //接收地址
char sta;
char AD_TxBuf[32];
uchar RxBuf[32],temp[6];
uchar dis_data,dis_flag,k,time_1s_ok,bb,state;
#define SID BIT1
#define SCLK BIT2
#define CS BIT0
#define LCDPORT P4OUT
#define SID_1     LCDPORT |= SID        //SID 置高 4.1
#define SID_0     LCDPORT &= ~SID       //SID 置低
#define SCLK_1    LCDPORT |= SCLK       //SCLK 置高 4.2
#define SCLK_0    LCDPORT &= ~SCLK      //SCLK 置低
#define CS_1      LCDPORT |= CS         //CS 置高 4.0
#define CS_0      LCDPORT &= ~CS        //CS 置低
uchar table[7] = "      ";
uchar tab0[] = {"直流电机调速系统"};
uchar tab1[] = {"设定时间:"};
uchar tab2[] = {"高速"};
uchar tab3[] = {"低速"};
uchar tab4[] = {"正转"};
uchar tab5[] = {"反转"};
```

```
void int_clk( )
{
    unsigned char i;
    BCSCTL1& = ~XT2OFF;                    // 打开 XT 振荡器
    BCSCTL2| = SELM1 + SELS;               // MCLK 为 8MHz,SMCLK 为 1MHz
    do
    {
        IFG1& = ~OFIFG;                    // 清除振荡器错误标志
        for(i = 0;i < 100;i++)
        _NOP( );                           // 延时等待
    }
    while((IFG1&OFIFG)!= 0);               //如果标志为 1,则继续循环等待
    IFG1& = ~OFIFG;
}
/ *********************************************
函数名称:Delay_1ms
功    能:延时约 1ms 的时间
参    数:无
返回值  :无
********************************************* /
void delay(unsigned char ms)
{
    unsigned char i,j;
    for(i = ms;i > 0;i -- )
    for(j = 120;j > 0;j -- );
}

void delay_ms(uint aa)
{
    uint ii;
    for(ii = 0;ii < aa;ii++)
     __delay_cycles(8000);
}

void delay_us(uint aa)
{
    uint ii;
    for(ii = 0;ii < aa;ii++)
    __delay_cycles(8);
}
=================== RF24L01 端口设置 =======================================
void RF24L01_IO_set(void)
{
    ME1 | = USPIE0;                        // 把 USART0 使能为 SPI 模式
    UCTL0 | = CHAR + SYNC + MM;            // 8 位 SPI 主机
    UTCTL0 | = CKPH + SSEL1 + SSEL0 + STC; // SMCLK, 3 线
```

```
    UBR00  =  0x02;                         // 波特率
    UBR10  =  0x00;                         // 波特率
    UMCTL0  =  0x00;                        // 采用 SPI 模式,此寄存器为零
    UCTL0 &= ~SWRST;                        // 复位
    P3SEL |= 0x0e;                          // P3.1~P3.3 引脚第二功能
    P3DIR |= (BIT3|BIT1|BIT0);              // P3.0、P3.1 和 P3.3 设置为输出
    P3DIR &= ~BIT2;
    P1DIR &= ~BIT7;
    P1DIR |= BIT6;
}
//=====================================================================================
//函数:uint SPI_RW(uint uchar)
//功能:NRF24L01 的 SPI 写时序
//*********************************************************************************
char SPI_RW(char data)
{
    char i,temp = 0;
    delay_us(3);
    while (!(IFG1 & UTXIFG0));              // USART0 寄存器发送准备好
    delay_us(3);
    TXBUF0 = data;
    delay_us(2);
    return(RXBUF0);
}
**********************************************************************************
//函数:uchar SPI_Read(uchar reg)
//功能:NRF24L01 的 SPI 时序
//读 SPI 寄存器的值
**********************************************************************************
char SPI_Read(char reg)
{
    char reg_val;
    RF24L01_CSN_0;                          // CSN 拉低,初始化 SPI 通信
    SPI_RW(reg);                            // 选择寄存器读
    reg_val  =  SPI_RW(0);                  // 读数据
    RF24L01_CSN_1;                          // CSN 拉高,线上 SPI 通信
    return(reg_val);                        // 返回寄存器的值
}
**********************************************************************************/
//功能:NRF24L01 读写寄存器函数
**********************************************************************************/
char SPI_RW_Reg(char reg, char value)
{
    char status1;
    RF24L01_CSN_0;                          // CSN 拉低,初始化 SPI 通信
    status1  =  SPI_RW(reg);                // 读寄存器状态
    SPI_RW(value);                          // 写入寄存器的值
```

```
    RF24L01_CSN_1;                    // CSN 再次拉高
    return(status1);                  // 返回 nRF24L01 状态值
}
//***************************************************************************/
//函数:uint SPI_Read_Buf(uchar reg, uchar * pBuf, uchar uchars)
//功能: 用于读数据,reg:寄存器地址,pBuf:待读出数据地址,uchars:读出数据的个数
//****************************************************************************
char SPI_Read_Buf(char reg, char * pBuf, char chars)
{
    char status2,uchar_ctr;
    RF24L01_CSN_0;                    // CSN 拉低,初始化 SPI 通信
    status2 = SPI_RW(reg);            //写寄存器和读寄存器状态
    for(uchar_ctr = 0;uchar_ctr < chars;uchar_ctr++)
    {
        pBuf[uchar_ctr] = SPI_RW(0);
    }
    RF24L01_CSN_1;
    return(status2);                  // 返回 nRF24L01 状态值
}
//****************************************************************************
//函数:uint SPI_Write_Buf(uchar reg, uchar * pBuf, uchar uchars)
//功能: 用于写数据.reg:寄存器地址,pBuf:待写入数据地址,uchars:写入数据的个数
//***************************************************************************/
char SPI_Write_Buf(char reg, char * pBuf, char chars)
{
    char status1,uchar_ctr;
    RF24L01_CSN_0;                    //SPI 使能
    status1 = SPI_RW(reg);
    for(uchar_ctr = 0; uchar_ctr < chars; uchar_ctr++) //
    {
        SPI_RW( * pBuf++);
    }
    RF24L01_CSN_1;                    //关闭 SPI
    return(status1);
}
//**************************************************************************/
//函数:void SetRX_Mode(void)
//功能:数据接收配置
//**************************************************************************/
void SetRX_Mode(void)
{
    RF24L01_CE_0 ;
    SPI_RW_Reg(WRITE_REG + CONFIG, 0x0f);      // IRQ 收发完成中断响应,16 位 CRC,主接收
    RF24L01_CE_1;
    delay_us(880);                    //注意不能太小
}
//****************************************************************************
```

```
********************/
//函数:unsigned char nRF24L01_RxPacket(unsigned char * rx_buf)
//功能:数据读取后放入 rx_buf 接收缓冲区中
//*************************************************************************/
char nRF24L01_RxPacket(char * rx_buf)
{
    char revale = 0;
    sta = SPI_Read(STATUS);              // 读取状态寄存器来判断数据接收状况
    if(sta&0x40)                         // 判断是否接收到数据
    {
        RF24L01_CE_0 ;                   //SPI 使能
        SPI_Read_Buf(RD_RX_PLOAD,rx_buf,TX_PLOAD_WIDTH);
        revale =1;                       //读取数据完成标志
    }
    SPI_RW_Reg(WRITE_REG+STATUS,sta);
                    //接收到数据后 RX_DR,TX_DS,MAX_PT 都置高为 1,通过写 1 来清除中断标志
    return revale;
}
//************************************************************************
//函数:void nRF24L01_TxPacket(char * tx_buf)
//功能:发送 tx_buf 中数据
//************************************************************************
void nRF24L01_TxPacket(char * tx_buf)
{
    RF24L01_CE_0 ;                       //StandBy I 模式
    SPI_Write_Buf(WRITE_REG + RX_ADDR_P0, TX_ADDRESS, TX_ADR_WIDTH);     //装载接收端地址
    SPI_Write_Buf(WR_TX_PLOAD, tx_buf, TX_PLOAD_WIDTH);                  // 装载数据
    RF24L01_CE_1;                        //置高 CE,激发数据发送
    delay_us(10);
}
*************************************************************
//NRF24L01 初始化
************************************************************************/
void init_NRF24L01(void)
{
    delay_us(10);
    RF24L01_CE_0 ;
    RF24L01_CSN_1;
SPI_Write_Buf(WRITE_REG + TX_ADDR, TX_ADDRESS, TX_ADR_WIDTH);          // 写本地地址
SPI_Write_Buf(WRITE_REG + RX_ADDR_P0, RX_ADDRESS, RX_ADR_WIDTH);       // 写接收端地址
SPI_RW_Reg(WRITE_REG + EN_AA, 0x01);      // 频道 0 自动 ACK 应答允许
SPI_RW_Reg(WRITE_REG + EN_RXADDR, 0x01);  // 允许接收地址只有频道 0
SPI_RW_Reg(WRITE_REG + RF_CH, 0);         // 设置信道工作为 2.4GHz,收发必须一致
SPI_RW_Reg(WRITE_REG + RX_PW_P0, RX_PLOAD_WIDTH);   //设置接收数据长度,本次设置为 32 字节
SPI_RW_Reg(WRITE_REG + RF_SETUP, 0x07);   //设置发射速率为 1MHz,发射功率为最大值 0dB
SPI_RW_Reg(WRITE_REG + CONFIG, 0x0E);     // IRQ 收发完成中断响应,16 位 CRC,主接收
}
```

```
/*键盘扫描*/
uchar keyscan(void)
{
    P5OUT = 0xef;
    if((P5IN&0x0f)!= 0x0f)
    {
        delay_ms(10);
        if((P5IN&0x0f)!= 0x0f)
        {
            if((P5IN&0x01) == 0)
            keyvalue = 1;
            if((P5IN&0x02) == 0)
            keyvalue = 2;
            if((P5IN&0x04) == 0)
            keyvalue = 3;
            if((P5IN&0x08) == 0)
            keyvalue = 4;
            while((P5IN&0x0f)!= 0x0f);
        }
    }
    P5OUT = 0xdf;
    if((P5IN&0x0f)!= 0x0f)
    {
        delay_ms(10);
        if((P5IN&0x0f)!= 0x0f)
        {
            if((P5IN&0x01) == 0)
            keyvalue = 5;
            if((P5IN&0x02) == 0)
            keyvalue = 6;
            if((P5IN&0x04) == 0)
            keyvalue = 7;
            if((P5IN&0x08) == 0)
            keyvalue = 8;
            while((P5IN&0x0f)!= 0x0f);
        }
    }
    P5OUT = 0xbf;
    if((P5IN&0x0f)!= 0x0f)
    {
        delay_ms(10);
        if((P5IN&0x0f)!= 0x0f)
        {
            if((P5IN&0x01) == 0)
            keyvalue = 9;
            if((P5IN&0x02) == 0)
            keyvalue = 0;
```

```
                if((P5IN&0x04) == 0)
                keyvalue = 10;
                if((P5IN&0x08) == 0)
                keyvalue = 11;
                while((P5IN&0x0f)!= 0x0f);
            }
        }
        P5OUT = 0x7f;
        if((P5IN&0x0f)!= 0x0f)
        {
            delay_ms(10);
            if((P5IN&0x0f)!= 0x0f)
            {
                if((P5IN&0x01) == 0)
                keyvalue = 12;
                if((P5IN&0x02) == 0)
                keyvalue = 13;
                if((P5IN&0x04) == 0)
                keyvalue = 14;
                if((P5IN&0x08) == 0)
                keyvalue = 15;
                while((P5IN&0x0f)!= 0x0f);
            }
        }
        return keyvalue;
    }

    void sendbyte(uchar zdata)                //数据传送函数
    {
        uint i;
        for(i = 0;i < 8;i++)
        {
            if((zdata << i)&0x80)
            {
                SID_1;
            }
            else
            {
                SID_0;
            }
            delay(1);
            SCLK_0;
            delay(1);
            SCLK_1;
            delay(1);
        }
    }
```

```
/*********************************************************
* 名    称:LCD_Write_cmd()
* 功    能:写一个命令到 LCD12864
* 入口参数:cmd 为待写入的命令,无符号字节形式
* 出口参数:无
* 说    明:写入命令时,RW = 0,RS = 0 扩展成 24 位串行发送
* 格    式:11111 RW0 RS 0     xxxx0000     xxxx0000
*          |最高的字节|命令的 bit7~4|命令的 bit3~0|
*********************************************************/
void write_cmd(uchar cmd)
{
    CS_1;
    sendbyte(0xf8);
    sendbyte(cmd&0xf0);
    sendbyte((cmd << 4)&0xf0);
}
/*********************************************************
* 名    称:LCD_Write_Byte()
* 功    能:向 LCD12864 写入一个字节数据
* 入口参数:byte 为待写入的字符,无符号形式
* 出口参数:无
* 范    例:LCD_Write_Byte('F') //写入字符'F'
*********************************************************/
void write_dat(uchar dat)
{
    CS_1;
    sendbyte(0xfa);
    sendbyte(dat&0xf0);
    sendbyte((dat << 4)&0xf0);
}
/*********************************************************
* 名    称:LCD_pos()
* 功    能:设置液晶的显示位置
* 入口参数:x 为第几行,1~4 对应第 1 行~第 4 行
*          y 为第几列,0~15 对应第 1 列~第 16 列
* 出口参数:无
* 范 例:LCD_pos(2,3) //第 2 行,第 4 列
*********************************************************/
void lcd_pos(uchar x,uchar y)
{
    uchar pos;
    if(x == 0)
    {x = 0x80;}
    else if(x == 1)
    {x = 0x90;}
    else if(x == 2)
    {x = 0x88;}
```

```
    else if(x == 3)
    {x = 0x98;}
    pos = x + y;
    write_cmd(pos);
}
/ ***************************************************** /
//LCD12864 初始化
void LCD_init(void)
{
    write_cmd(0x30);                    //基本指令操作
    delay(5);
    write_cmd(0x0C);                    //显示开,关光标
    delay(5);
    write_cmd(0x01);                    //清除 LCD 的显示内容
    delay(5);
    write_cmd(0x02);                    //将 AC 设置为 00H,且游标移到原点位置
    delay(5);
}


void hzkdis(uchar * S)
{
    while ( * S > 0)
    {
        write_dat( * S);
        S++;
    }
}

void display(int num)
{
    if(num <= 9&&num >= 0)
    {
        dis_flag = 1;
        table[0] = num % 10 + '0';
        table[1] = ' ';
    }
    for(k = 0;k < 2;k++)
    {
        write_dat(table[k]);
        delay(5);
    }
    else if(num <= 99&num > 9)
    {
        dis_flag = 2;
        table[0] = num/10 + '0';
        table[1] = num % 10 + '0';
        table[2] = ' ';
    }
    for(k = 0;k < 3;k++)
```

```
        {
            write_dat(table[k]);
            delay(5);
        }
    else if(num<=999& num>99)
    {
        dis_flag=3;
        table[0]=num/100+'0';
        table[1]=num/10%10+'0';
        table[2]=num%10+'0';
        table[3]=' ';
        for(k=0;k<4;k++)
        {
            write_dat(table[k]);
            delay(5);
        }
    }
    else if(num<=9999& num>999)
    {
        dis_flag=4;
        table[0]=num/1000+'0';
        table[1]=num/100%10+'0';
        table[2]=num/10%10+'0';
        table[3]=num%10+'0';
        table[4]=' ';
        for(k=0;k<4;k++)
        {
            write_dat(table[k]);
            delay(5);
        }
    }
}

#pragma vector=TIMERB0_VECTOR
__interrupt void Timer_B(void)
{
    bb++;
    if(bb==133)
    {
        bb=0;
        time_1s_ok=1;
    }
}

void main( )
{
    WDTCTL = WDTPW + WDTHOLD;
    int_clk();
    P1DIR = BIT1;
    P4OUT=0x0f;
```

```
P4DIR = BIT0 + BIT1 + BIT2;
LCD_init();
P5DIR = 0xf0;
RF24L01_IO_set();
init_NRF24L01();
TBCCR0 = 60000;                    //终点值
TBCTL = CNTL_0 + TBSSEL_2 + MC_1;
BCSCTL2 |= SELS;
_EINT();                           //开启总中断
while(1)
{
    uchar TX_BUF[32];
    lcd_pos(0,0);
    hzkdis(tab0);
    lcd_pos(1,0);
    hzkdis(tab1);
/***** 发送程序 *******/
    keyvalue = 17;
    keyscan( );
    key_shu = keyvalue;
    if(key_shu < 10)
    {
        shu5 = shu5 * 10 + key_shu;
    }
    lcd_pos(1,5);
    display(shu5);
    if(key_shu == 11)              //正转
    {
        state = 1;
        TX_BUF[0] = 1;             //正转
        SPI_RW_Reg(WRITE_REG + STATUS,0XFF);
        lcd_pos(2,0);
        hzkdis(tab4);              //正转
    }
    else if(key_shu == 12)         //反转
    {
        state = 1;
        TX_BUF[0] = 0;
        SPI_RW_Reg(WRITE_REG + STATUS,0XFF);
        lcd_pos(2,0);
        hzkdis(tab5);              //反转
    }
    if(key_shu == 13)              //高速
    {
        TX_BUF[1] = 1;
        SPI_RW_Reg(WRITE_REG + STATUS,0XFF);
        lcd_pos(2,6);
        hzkdis(tab2);              //高速
    }
    else if(key_shu == 14)         //低速
```

```
        {
            TX_BUF[1] = 2;
            SPI_RW_Reg(WRITE_REG + STATUS,0XFF);
            lcd_pos(2,6);
            hzkdis(tab3);                //低速
        }
        if(keyvalue == 10)
        {
            TBCCTL0 = CCIE;
             TX_BUF[2] = shu5;
            nRF24L01_TxPacket(TX_BUF);delay_us(10);
            P1OUT& = ～BIT1;
            SPI_RW_Reg(WRITE_REG + STATUS,0XFF);
        }
        if((shu5 > 0)&&(time_1s_ok == 1)){time_1s_ok = 0;shu5 -- ;}
        if((shu5 == 0)&&(state == 1)){_DINT(); state = 0; }
    }
}
```

接收板电路图如图 9-6 所示。

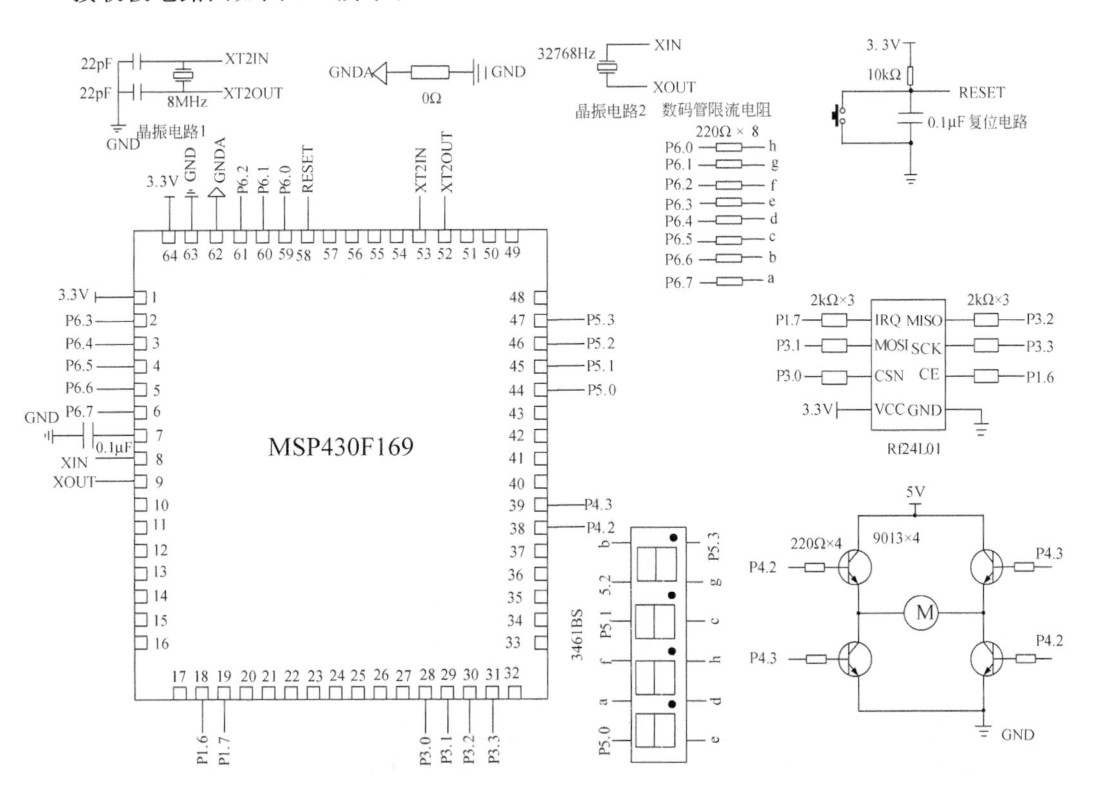

图 9-6　基于单片机的无线通信直流电机调速系统设计接收板电路图

接收板完整程序清单如下：

```
#include <msp430x14x.h>
#define uchar unsigned char
#define uint unsigned int
uchar tab[ ] = {0,0,0,0};
uchar LED[ ] = {0x03,0x9f,0x25,0x0d,0x99,0x49,0x41,0x1f,0x01,0x09};
uint time_counter,time,direction,speed,bb;
uchar keyvalue, time_1s_ok,state,shu2;
#define RF24L01_CE_0          P1OUT &= ~BIT6
#define RF24L01_CE_1          P1OUT |= BIT6
======================== RF24L01_CSN 端口 ==============================
#define RF24L01_CSN_0         P3OUT &= ~BIT0
#define RF24L01_CSN_1         P3OUT |= BIT0
========================== IRQ 状态 ========================================
#define RF24L01_IRQ_0         P1OUT &= ~BIT7
#define RF24L01_IRQ_1         P1OUT |= BIT7
========================== NRF24L01 ======================================
#define TX_ADR_WIDTH      5             //发送地址长度,最大长度为 5
#define RX_ADR_WIDTH      5             //接收地址长度
#define TX_PLOAD_WIDTH    32            //发送字节长度
#define RX_PLOAD_WIDTH    32            //接收字节长度
========================= NRF24L01 寄存器指令 ============================
#define READ_REG          0x00          //读寄存器指令
#define WRITE_REG         0x20          //写寄存器指令
#define RD_RX_PLOAD       0x61          //读取接收数据指令
#define WR_TX_PLOAD       0xA0          //写待发数据指令
#define FLUSH_TX          0xE1          //重新发送 FIFO 指令
#define FLUSH_RX          0xE2          //重新接收 FIFO 指令
#define REUSE_TX_PL       0xE3          //定义重复装载数据指令
#define NOP1              0xFF          //保留
======================= SPI(nRF24L01)寄存器地址 =======================
#define CONFIG            0x00          //配置收发状态,CRC 校验模式以及收发状态响应方式
#define EN_AA             0x01          //自动应答功能设置
#define EN_RXADDR         0x02          //可用信道设置
#define SETUP_AW          0x03          //收发地址宽度设置
#define SETUP_RETR        0x04          //自动重发功能设置
#define RF_CH             0x05          //工作频率设置
#define RF_SETUP          0x06          //发射速率、功耗功能设置
#define STATUS            0x07          //状态寄存器
#define OBSERVE_TX        0x08          //发送监测功能
#define CD                0x09          //地址检测
#define RX_ADDR_P0        0x0A          //频道 0 接收数据地址
#define RX_ADDR_P1        0x0B          //频道 1 接收数据地址
#define RX_ADDR_P2        0x0C          //频道 2 接收数据地址
#define RX_ADDR_P3        0x0D          //频道 3 接收数据地址
#define RX_ADDR_P4        0x0E          //频道 4 接收数据地址
```

```
#define RX_ADDR_P5      0x0F        //频道 5 接收数据地址
#define TX_ADDR         0x10        //发送地址寄存器
#define RX_PW_P0        0x11        //接收频道 0 接收数据长度
#define RX_PW_P1        0x12        //接收频道 1 接收数据长度
#define RX_PW_P2        0x13        //接收频道 2 接收数据长度
#define RX_PW_P3        0x14        //接收频道 3 接收数据长度
#define RX_PW_P4        0x15        //接收频道 4 接收数据长度
#define RX_PW_P5        0x16        //接收频道 5 接收数据长度
#define FIFO_STATUS     0x17        //FIFO 栈入栈出状态寄存器设置
============================ RF24101 状态 ==============================
char TX_ADDRESS[TX_ADR_WIDTH] = {0x34,0x43,0x10,0x10,0x01};    //本地地址
char RX_ADDRESS[RX_ADR_WIDTH] = {0x34,0x43,0x10,0x10,0x01};    //接收地址
uchar sta,d;
char AD_TxBuf[32];
uchar RxBuf[2],temp[6];
void int_clk( )
{
    unsigned char i;
    BCSCTL1& = ~XT2OFF;                 //打开 XT 振荡器
    BCSCTL2| = SELM1 + SELS;            //MCLK 为 8MHz,SMCLK 为 1MHz
    do
    {
        IFG1& = ~OFIFG;                 //清除振荡器错误标志
        for(i = 0;i < 100;i++)
        _NOP( );                        //延时等待
    }
    while((IFG1&OFIFG)!= 0);            //如果标志为 1,则继续循环等待
    IFG1& = ~OFIFG;
}

void delay_ms(uint aa)
{
    uint ii;
    for(ii = 0;ii < aa;ii++)
    __delay_cycles(8000);
}

void delay_us(uint aa)
{
    uint ii;
    for(ii = 0;ii < aa;ii++)
    __delay_cycles(4);
}

void display(int num)
{
    tab[0] = num % 10;
```

```
tab[1] = num/10 % 10;
tab[2] = num/100 % 10;
tab[3] = num/1000 % 10;
if(num <= 9)
{
    P6OUT = LED[tab[0]];
    P5OUT = 0X08;
    delay_us(1);
}
if(num > 9&&num <= 99)
{
    P6OUT = LED[tab[0]];
    P5OUT = 0x08;
    delay_us(1);
    P5OUT = 0x00;
    P6OUT = LED[tab[1]];
    P5OUT = 0x04;
    delay_us(1);
    P5OUT = 0x00;
}
if(num > 99&&num <= 999)
{
    P6OUT = LED[tab[0]];
    P5OUT = 0x08;
    delay_us(1);
    P5OUT = 0x00;
    P6OUT = LED[tab[1]];
    P5OUT = 0x04;
    delay_us(1);
    P5OUT = 0x00;
    P6OUT = LED[tab[2]];
    P5OUT = 0X02;
    delay_us(1);
    P5OUT = 0x00;
}
if(num > 999&&num <= 9999)
{
    P6OUT = LED[tab[0]];
    P5OUT = 0x08;
    delay_us(1);
    P5OUT = 0x00;
    P6OUT = LED[tab[1]];
    P5OUT = 0x04;
    delay_us(1);
    P5OUT = 0x00;
    P6OUT = LED[tab[2]];
    P5OUT = 0x02;
```

```
        delay_us(1);
        P5OUT = 0x00;
        P6OUT = LED[tab[3]];
        P5OUT = 0x01;
        delay_us(1);
        P5OUT = 0X00;
    }
}
/ ******************************************
函数名称:Delay_1ms
功    能:延时约 1ms 的时间
参    数:无
返回值 :无
****************************************** /
========================= RF24L01 端口设置 ===============================
void RF24L01_IO_set(void)
{
    ME1 |= USPIE0;                                  // 把 USART0 使能为 SPI 模式
    UCTL0 |= CHAR + SYNC + MM;                      // 8 位 SPI 主机
    UTCTL0 |= CKPH + SSEL1 + SSEL0 + STC;           // SMCLK, 3 线
    UBR00 = 0x02;                                   // 波特率
    UBR10 = 0x00;                                   // 波特率
    UMCTL0 = 0x00;                                  // 采用 SPI 模式,此寄存器为零
    UCTL0 &= ~SWRST;                                // P3.1~P3.3 引脚第二功能
    P3SEL |= 0x0e;                                  // P3.0、P3.1 和 P3.3 设置为输出
    P3DIR |= (BIT3|BIT1|BIT0);
    P3DIR &= ~BIT2;
    P1DIR &= ~BIT7;
    P1DIR |= BIT6;
}
/ ====================================================================
//函数:uint SPI_RW(uint uchar)
//功能:NRF24L01 的 SPI 写时序
// ******************************************************************
char SPI_RW(char data)
{
    delay_us(3);
    while (!(IFG1 & UTXIFG0));                      //USART0 寄存器发送准备好
    delay_us(3);
    TXBUF0 = data;
    delay_us(2);
    return(RXBUF0);
}
// ******************************************************************
//函数:uchar SPI_Read(uchar reg)
//功能:NRF24L01 的 SPI 时序
//读 SPI 寄存器的值
```

```
//******************************************************************************
char SPI_Read(char reg)
{
    char reg_val;
    RF24L01_CSN_0;                          //CSN 拉低,初始化 SPI 通信
    SPI_RW(reg);                            //选择寄存器读
    reg_val = SPI_RW(0);                    //读数据
    RF24L01_CSN_1;                          //CSN 拉高,终止 SPI 通信
    return(reg_val);                        //返回寄存器的值
}
//****************************************************************************
//功能:NRF24L01 读写寄存器函数
//****************************************************************************
char SPI_RW_Reg(char reg, char value)
{
    char status1;
    RF24L01_CSN_0;                          //拉低,初始化 SPI 通信
    status1 = SPI_RW(reg);                  //读寄存器状态
    SPI_RW(value);                          //写入寄存器的值
    RF24L01_CSN_1;                          //再次拉高 CSN
    return(status1);                        //返回 nRF24L01 状态值
}
//****************************************************************************
//函数:uint SPI_Read_Buf(uchar reg, uchar * pBuf, uchar uchars)
//功能:用于读数据,reg:寄存器地址,pBuf:待读出数据地址,uchars:读出数据的个数
//******************************************************************************
char SPI_Read_Buf(char reg, char * pBuf, char chars)
{
    char status2,uchar_ctr;
    RF24L01_CSN_0;                          //CSN 拉低,初始化 SPI 通信
    status2 = SPI_RW(reg);                  //写寄存器和读寄存器状态
    for(uchar_ctr = 0;uchar_ctr < chars;uchar_ctr++)
    {
        pBuf[uchar_ctr] = SPI_RW(0);
    }
    RF24L01_CSN_1;
    return(status2);                        //返回 nRF24L01 状态值
}
//******************************************************************************
//函数:uint SPI_Write_Buf(uchar reg, uchar * pBuf, uchar uchars)
//功能: 用于写数据,reg :寄存器地址,pBuf:待写入数据地址,uchars:写入数据的个数
//******************************************************************************
char SPI_Write_Buf(char reg, char * pBuf, char chars)
{
    char status1,uchar_ctr;
    RF24L01_CSN_0;                          //SPI 使能
    status1 = SPI_RW(reg);
```

```
    for(uchar_ctr = 0; uchar_ctr < chars; uchar_ctr++) //
    {
        SPI_RW( * pBuf++ );
    }
    RF24L01_CSN_1;                          //关闭 SPI
    return(status1);
}
// *****************************************************************************
//函数:void SetRX_Mode(void)
//功能:数据接收配置
// *****************************************************************************
void SetRX_Mode(void)
{
    RF24L01_CE_0 ;
    SPI_RW_Reg(WRITE_REG + CONFIG, 0x0f);  //IRQ 收发完成中断响应,16 位 CRC,主接收
    RF24L01_CE_1;
    delay_us(880);                          //注意不能太小
}
// *****************************************************************************
//函数:unsigned char nRF24L01_RxPacket(unsigned char * rx_buf)
//功能:数据读取后放入 rx_buf 接收缓冲区中
// *****************************************************************************
char nRF24L01_RxPacket(char * rx_buf)
{
    char revale = 0;
    sta = SPI_Read(STATUS);                 //读取状态寄存器来判断数据接收状况
    if(sta&0x40)                            //判断是否接收到数据
    {
        RF24L01_CE_0 ;                      //SPI 使能
        SPI_Read_Buf(RD_RX_PLOAD,rx_buf,TX_PLOAD_WIDTH);
        revale =1;                          //读取数据完成标志
    }
    SPI_RW_Reg(WRITE_REG + STATUS,sta);
    return revale;
}
// ****************************************************************
//函数:void nRF24L01_TxPacket(char * tx_buf)
//功能:发送 tx_buf 中数据
// *****************************************************************************
void nRF24L01_TxPacket(char * tx_buf)
{
    RF24L01_CE_0 ;                          //StandBy I 模式
    SPI_Write_Buf(WRITE_REG + RX_ADDR_P0, TX_ADDRESS, TX_ADR_WIDTH);
    SPI_Write_Buf(WR_TX_PLOAD, tx_buf, TX_PLOAD_WIDTH);   // 装载数据
    RF24L01_CE_1;                           //置高 CE,激发数据发送
    delay_us(10);
}
```

```
//************************************ NRF24L01 初始化 ************************************
void init_NRF24L01(void)
{
    delay_us(10);
    RF24L01_CE_0 ;
    RF24L01_CSN_1;
    SPI_Write_Buf(WRITE_REG + TX_ADDR, TX_ADDRESS, TX_ADR_WIDTH);
    SPI_Write_Buf(WRITE_REG + RX_ADDR_P0, RX_ADDRESS, RX_ADR_WIDTH);
    SPI_RW_Reg(WRITE_REG + EN_AA, 0x01);              //频道 0 自动 ACK 应答允许
    SPI_RW_Reg(WRITE_REG + EN_RXADDR, 0x01);          //允许接收地址只有频道 0
    SPI_RW_Reg(WRITE_REG + RF_CH, 0);                 //设置信道工作为 2.4GHz
    SPI_RW_Reg(WRITE_REG + RX_PW_P0, RX_PLOAD_WIDTH);//设置接收数据长度
    SPI_RW_Reg(WRITE_REG + RF_SETUP, 0x07);           //设置发射速率为 1MHz
    SPI_RW_Reg(WRITE_REG + CONFIG, 0x0E);             //IRQ 收发完成中断响应,16 位 CRC,主接收
}

#pragma vector = TIMERB0_VECTOR
__interrupt void Timer_B(void)
{
    bb++;
    if(bb == 133)
    {
        bb = 0;
        time_1s_ok = 1;
    }
}

void main( )
{
    WDTCTL = WDTPW + WDTHOLD;
    int_clk( );
    P6DIR |= 0xff;
    P5DIR |= 0xff;
    RF24L01_IO_set( );
    init_NRF24L01();
    P4DIR| = 0X0c;
    P4SEL| = 0X0c;
    TBCCR0 = 60000;                                   //终点值
    TBCTL = CNTL_0 + TBSSEL_2 + MC_1;
    BCSCTL2| = SELS;
    _EINT( );                                         //开启总中断
    while(1)
    {
        char RX_BUF[32];
        SetRX_Mode();
        if(nRF24L01_RxPacket(RX_BUF))
        {
```

```
        direction = (RX_BUF[0]);
        speed = (RX_BUF[1]);
        time = (RX_BUF[2]);
        TBCCTL0 = CCIE;
        state = 1;
        RX_BUF[0] = 0;RX_BUF[1] = 0;RX_BUF[2] = 0;
    }
    _EINT( );                                   //开启总中断
    if(state == 1)
    {
        if((direction == 1)&&(speed == 2))      //低速
        {
            TBCCTL2 = OUTMOD_7;
            TBCCR2 = 42000;
            TBCCTL3 = OUTMOD_2;
            TBCCR3 = 42000;
        }
        else if((direction == 0)&&(speed == 1))
        {
            TBCCTL3 = OUTMOD_7;
            TBCCR2 = 52000;
            TBCCTL2 = OUTMOD_2;
            TBCCR3 = 52000;
        }
        else if((direction == 1)&&(speed == 1))
        {
            TBCCTL2 = OUTMOD_7;
            TBCCR2 = 52000;
            TBCCTL3 = OUTMOD_2;
            TBCCR3 = 52000;
        }
        else if((direction == 0)&&(speed == 2))
        {
            TBCCTL3 = OUTMOD_7;
            TBCCR2 = 42000;
            TBCCTL2 = OUTMOD_2;
            TBCCR3 = 42000;
        }
    }
    if((time > 0)&&(time_1s_ok == 1)){time_1s_ok = 0;time -- ;}
    if((time == 0)&&(state == 1))
    {
        _DINT();
        TBCCR3 = 0; TBCCR2 = 0; TBCCR0  = 0;
        state = 0; shu2 = 0;
```

```
            TBCCTL2 = OUTMOD_0;
            TBCCTL3 = OUTMOD_0;
        }
        display(time);
    }
}
```

现在来看发射板上3个信息(直流电机运行时间、高低速和正反转)是如何传递的。实际上,在发射程序中,把正反转的设置放入RX_BUF[0]中,把高低速的设置放入RX_BUF[1]中,把运行时间的设置放入RX_BUF[2]中,当按下发射键后(if(keyvalue==10)),3个信息(RX_BUF[0]、RX_BUF[1]、RX_BUF[2])依次发送。而在接收程序中,把上述3个信息依次放入direction、speed、time变量中,(direction=(RX_BUF[0]);speed=(RX_BUF[1]);time=(RX_BUF[2])),然后相应地进行处理即可。

基于单片机的无线通信直流电机调速系统设计效果图如图9-7所示。

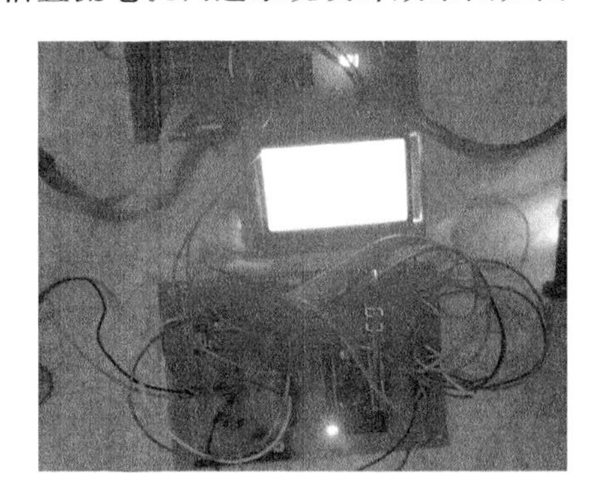

图9-7　基于单片机的无线通信直流电机调速系统设计效果图

9.4　用VB语言编制串行助手界面控制步进电机调速系统设计

设计要求:利用单片机MSP430、驱动电路、串口通信模块等实现步进电动机的控制,能够实现步进电机的不同运行状态。具体内容是用VB语言编制界面,上面有矩阵式键盘、步进电机旋转圈数、高低速和正反转等信息,通过键盘设置并显示,按下确认键盘后把上述信息通过串行通信发送到下位机,下位机就根据上述信息运行。在步进电机的运行过程中,如果按下急停键,电机立即停止。

本次设计的难点就是用VB语言编制的界面要同时发射3个信息(旋转圈数、高低速和正反转),下位机收到这3个信息后,进行处理,按照指定的方式运行。

VB语言编制的界面如图9-8所示,串行通信的波特率为9600bps。

用VB语言编制串行助手界面控制步进电机调速系统设计硬件电路图如图9-9所示。

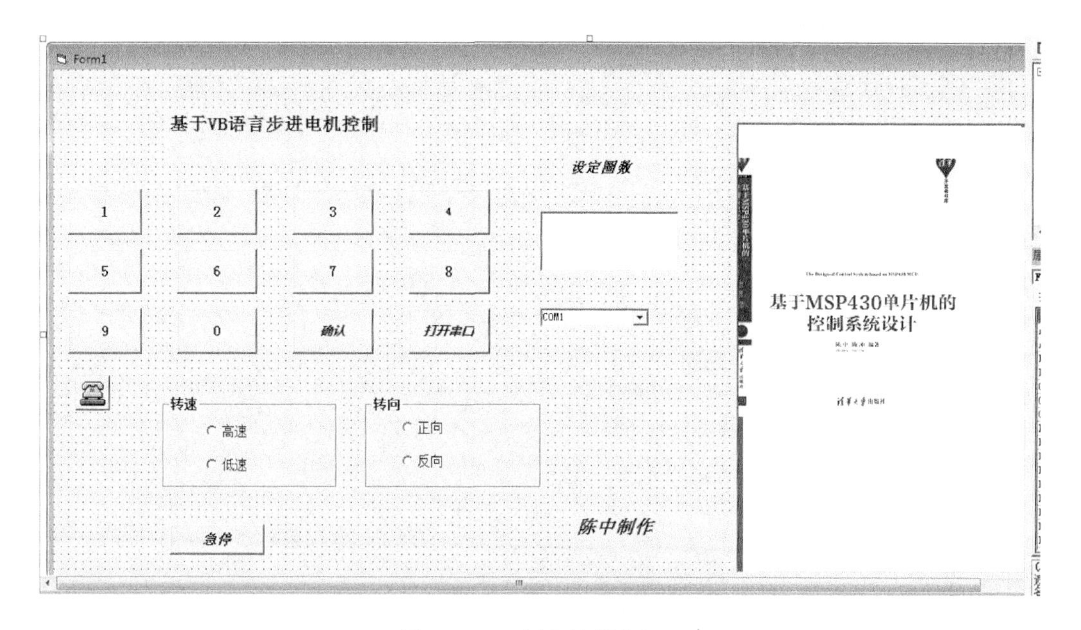

图 9-8 VB 语言编制的界面

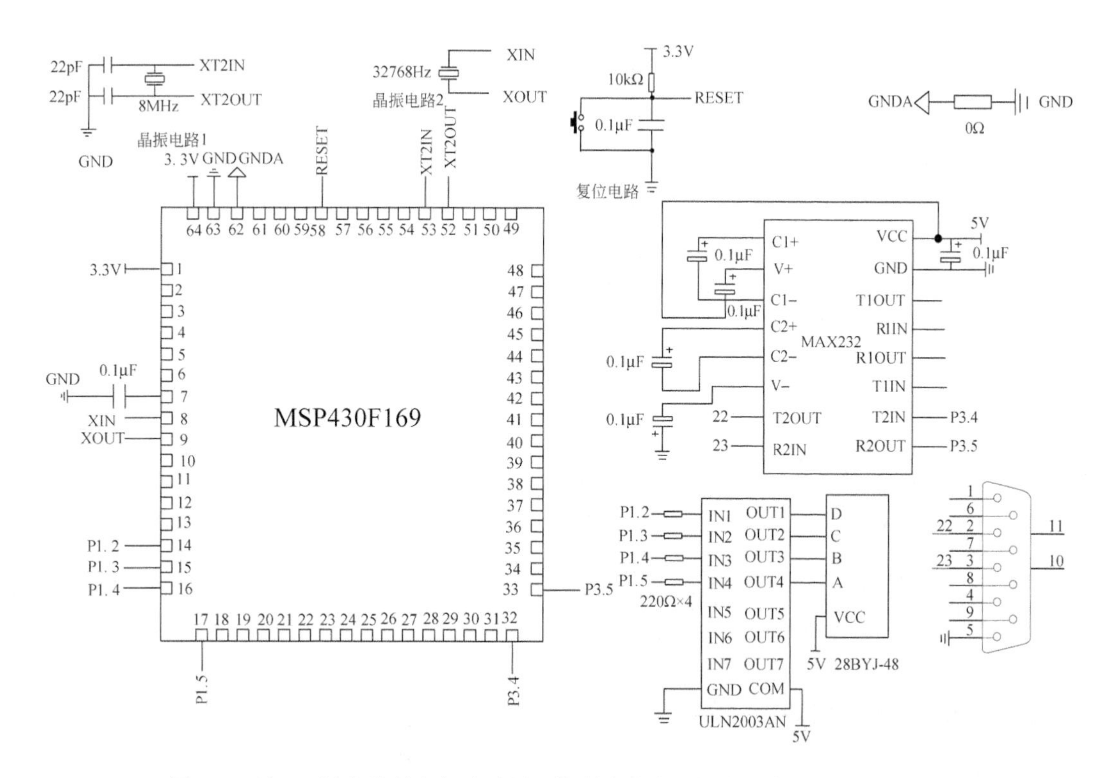

图 9-9 用 VB 语言编制串行助手界面控制步进电机调速系统设计硬件电路图

VB 语言代码如下：

```
Dim sendbuf(0) As Byte
Dim recbuf(0) As Byte
Dim BytReceived( ) As Byte
Public x1 As Single, x2 As Single, y As Single, x As Single, a As Single, b As Single
Private Sub Command1_Click( )
    x = 1
    z = Fun2( )
End Sub
Private Sub Command2_Click( )
    x = 2
    z = Fun2( )
End Sub
Private Sub Command3_Click( )
    x = 3
    z = Fun2( )
End Sub
Private Sub Command4_Click( )
    x = 4
    z = Fun2( )
End Sub
Private Sub Command5_Click( )
    x = 5
    z = Fun2( )
End Sub
Private Sub Command6_Click()
    x = 6
    z = Fun2()
End Sub
Private Sub Command7_Click( )
    x = 7
    z = Fun2( )
End Sub
Private Sub Command8_Click( )
    x = 8
    z = Fun2( )
End Sub
Private Sub Command9_Click( )
    x = 9
    z = Fun2( )
End Sub
Private Sub Command10_Click( )
    x = 0
    z = Fun2( )
End Sub
Private Sub Form_Load( )
```

```
End Sub
Private Sub Option1_Click( )
If Option1.Value = True Then
    a = 2
End If
End Sub
Private Sub Option2_Click( )
If Option2.Value = True Then
    a = 3
End If
End Sub
Private Sub Option3_Click( )
If Option3.Value = True Then
    b = 4
End If
End Sub
Private Sub Option4_Click( )
If Option4.Value = True Then
    b = 5
End If
End Sub
Public Function Fun2() As String
    x1 = x
    x = 0
    y = 10 * y + x1
    Text1.Text = y
End Function
Private Sub Command16_Click()
    Dim sendbuf(0) As Byte
    Dim i As Long
    MSComm1.OutBufferCount = 0 '...清空输出寄存器
    sendbuf(0) = y
    MSComm1.Output = sendbuf '发送数据
    For i = 1 To 1000000
    DoEvents
    Next i
    MSComm1.OutBufferCount = 0 '...清空输出寄存器
    sendbuf(0) = a
    MSComm1.Output = sendbuf '发送数据
    For i = 1 To 1000000
    DoEvents
    Next i
    MSComm1.OutBufferCount = 0 '...清空输出寄存器
    sendbuf(0) = b
    MSComm1.Output = sendbuf '发送数据
    For i = 1 To 1000000
    DoEvents
```

```
        Next i
    End Sub
    Private Sub Command11_Click()
        Dim sendbuf(0) As Byte
        Dim i As Long
        MSComm1.OutBufferCount = 0 '...清空输出寄存器
        sendbuf(0) = 6
        MSComm1.Output = sendbuf '发送数据
        For i = 1 To 1000000
        DoEvents
        Next i
    End Sub
    Private Sub Command15_Click()
        On Error GoTo uerror
        If MSComm1.PortOpen = True Then
        MsgBox "请先关闭串口"
        Else
        MSComm1.CommPort = Right(Combo1.Text, 1) '设置串口为 com4
        MSComm1.Settings = "9600,n,8,1" '通信参数:波特率、奇偶校验、数据位、停止位
        MSComm1.InputMode = comInputModeBinary '二进制接收
        MSComm1.PortOpen = True '打开串口
        MSComm1.InBufferCount = 0 '清空接收缓冲区,只是发送,与接收无关
        MSComm1.RThreshold = 1 '缓冲区中接收到一个字符,就产生一次 OnComm 事件
        End If
    Exit Sub
    uerror:
        MsgBox "出错或串口被占用"
        Resume Next
    End Sub
```

上面代码中,步进电机运行圈数(sendbuf(0) = y)、高低速(sendbuf(0) = a)以及正反转(sendbuf(0) = b)数据之间加了一个延时(For i = 1 To 1000000,DoEvents,Next i),防止数据传输有误。当按下急停按键时,串行通信发送(sendbuf(0) = 6),下位机收到信息后进行相应处理。

用 VB 语言编制串行助手界面控制步进电机调速系统设计的完整程序如下:

```
#include <MSP430x14x.h>
#define uint unsigned int
#define uchar unsigned char
#define ulong unsigned long
uchar r_data, flag, flag1,temp1,temp2,temp3;
int v,a;
int data,time;
void delay(unsigned char ms)
{
```

```
    unsigned char i,j;
    for(i = ms;i > 0;i -- )
    for(j = 120;j > 0;j -- );
}

void delay_ms(uint aa)
{
    uint ii;
    for(ii = 0;ii < aa;ii++)
    __delay_cycles(8000);
}

void delay_us(uint aa)
{
    uint ii;
    for(ii = 0;ii < aa;ii++)
    __delay_cycles(8);
}

void gaodisuzheng(v)
{
    P1OUT = 0x18;
    delay_us(v);
    P1OUT = 0x38;
    delay_us(v);
    P1OUT = 0x30;
    delay_us(v);
    P1OUT = 0x34;
    delay_us(v);
    P1OUT = 0x24;
    delay_us(v);
    P1OUT = 0x2c;
    delay_us(v);
    P1OUT = 0x0c;
    delay_us(v);
    P1OUT = 0x1c;
    delay_us(v);
    a++;
}

void gaodisufan(v)
{
    P1OUT = 0x1c;
    delay_us(v);
    P1OUT = 0x0c;
    delay_us(v);
    P1OUT = 0x2c;
```

```
        delay_us(v);
        P1OUT = 0x24;
        delay_us(v);
        P1OUT = 0x34;
        delay_us(v);
        P1OUT = 0x30;
        delay_us(v);
        P1OUT = 0x38;
        delay_us(v);
        P1OUT = 0x18;
        delay_us(v);
        a++;
    }
    #pragma vector = UART0RX_VECTOR
    __interrupt void UART0_RXISR(void)
    {
        data = RXBUF0;
        r_data = data;
        flag = 1;
        flag1++;
        if(flag1 == 5)/////
        {
            flag1 = 0;
            UBR00 = 0x00;UBR10 = 0x00;}
            IFG1& = ~ URXIFG0;
        }
        int main( void )
        {
            WDTCTL = WDTPW + WDTHOLD;
            P3SEL | = 0x30;                     // 选择 P3.4 和 P3.5 作 UART 通信端
            ME1 | = UTXE0 + URXE0;              //使能 USART0 的发送和接收
            UCTL0 | = CHAR;                     //选择 8 位字符
            UTCTL0 | = SSEL0;                   //UCLK = ACLK
            UBR00 = 0x03;                       //波特率为 9600
            UBR10 = 0x00;
            UMCTL0 = 0x4A;                      //Modulation
            UCTL0 & = ~SWRST;                   //初始化 UART 状态机
            IE1 | = URXIE0;                     //使能 USART0 的接收中断
            IFG1& = ~ URXIFG0;
            P1DIR = 0xff;
            _EINT( );
            while(1)
            {
                _EINT( );
                if((flag == 1)&&(flag1 == 1))
                {
                    time = r_data;
```

```
        flag = 0;
    }
    else if((flag == 1)&&(flag1 == 2))
    {
        temp1 = r_data;                ///高低速
        flag = 0;
    }
    else if((flag == 1)&&(flag1 == 3))   //正反转
    {
        temp2 = r_data;
        flag = 0;
    }
    else if((flag == 1)&&(flag1 == 4))   //正反转
    {
        temp3 = r_data;
        flag = 0;flag1 = 5; _DINT( );
    }
    _DINT( );
    if((temp1 == 2)&&(temp2 == 4))       //高速正转
    {
        v = 80;
        gaodisuzheng(v);
        if(a == 512){time = time - 1;a = 0;}
        if(time == 0){_DINT();P1OUT = 0x00;temp1 = 10;temp2 = 11;}
    }
    else if((temp1 == 2)&&(temp2 == 5))  //高速反转
    {
        v = 80;
        gaodisufan(v);
        if(a == 512){time = time - 1;a = 0;}
        else if(time == 0){ _DINT();P1OUT = 0x00;temp1 = 10;temp2 = 11;}
    }
    else if((temp1 == 3)&&(temp2 == 4))  //低速正转
    {
        v = 250;
        gaodisuzheng(v);
        if(a == 512){time = time - 1;a = 0;}
        else if(time == 0){_DINT();P1OUT = 0x00;temp1 = 10;temp2 = 11;}
    }
    else if((temp1 == 3)&&(temp2 == 5))  //低速反转
    {
        v = 250;
        gaodisufan(v);
        if(a == 512){time = time - 1;a = 0;}
        else if(time == 0){_DINT();P1OUT = 0x00;temp1 = 10;temp2 = 11;}
    }
    if(temp3 == 6)                       //急停
```

```
                {
                    P1OUT = 0x00;while(1);
                }
            }
    }
```

现在看串行中断接收函数(#pragma vector = UART0RX_VECTOR),把收到的数据放入 r_data,flag 与 flag1 均为标志位,根据标志位不同把 r_data 变量当作步进电机旋转圈数或高低速信息或正反转信息,然后相应地处理即可。急停信号请读者自己分析。

操作步骤如下,先打开 VB 语言编制的界面并运行,按 0~9 按键,设定步进电机运行圈数,然后确定高低速和正反转,按“打开串口”按键,选择对应的串口,再按确认键,如图 9-10 所示。下位机的步进电机就按照给定指令运行。

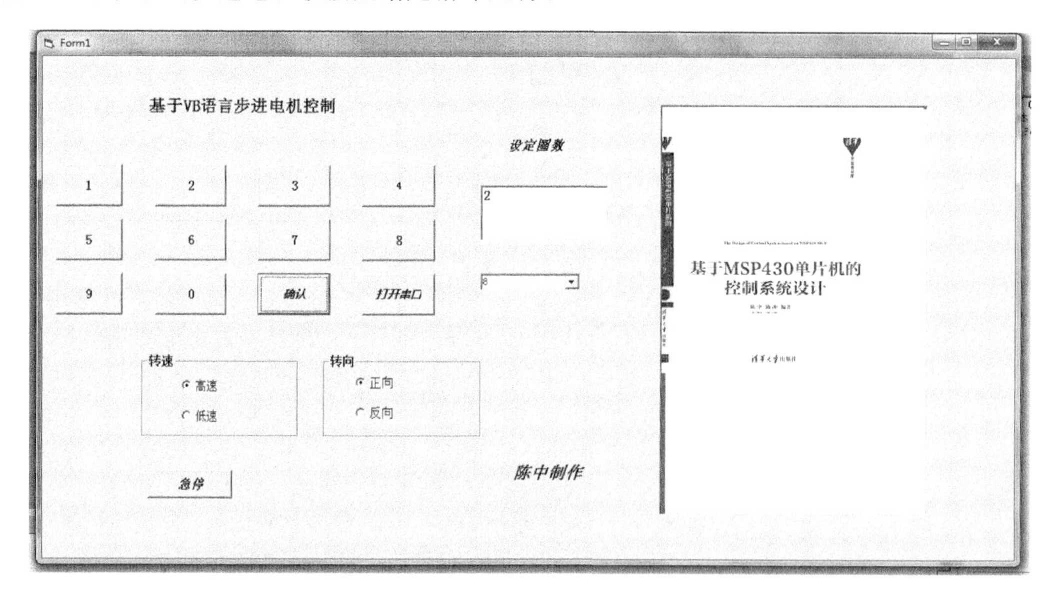

图 9-10 运行 VB 语言编制的界面

9.5 门禁控制系统设计

设计要求:设计一个门禁控制系统。有两路门禁,一路门禁作为主机,另一路门禁作为从机。主机只能读、写卡的信息。具体来说,主机的作用是通过上位机软件,把射频 IC 卡的信息(卡号、工号、姓名、卡状态(有效、无效和挂失))通过主机的 RFID-RC522 读卡模块读出来并发给上位机(PC),也可以通过上位机修改射频 IC 卡的信息并通过主机的 RFID-RC522 读卡模块写入。从而实现卡添加、删除、修改和挂失。例如使得两张卡都能刷同一门禁;也可以删除信息,使得卡无用;当挂失状态的卡在从机上刷卡时,蜂鸣器将会发出警报;当有效状态的卡在相应的部门刷卡时,如果有权限则继电器闭合表示打开门锁,反之继电器不闭合等。同时，上位机能远程开门并记录刷卡信息，还能把刷卡的信息通过 RS-232 总线发送给上位机。因此，通过主机对射频 IC 卡的读、写信息，使得射频 IC 在从机刷卡时有以下几种状态，如图 9-11 所示。

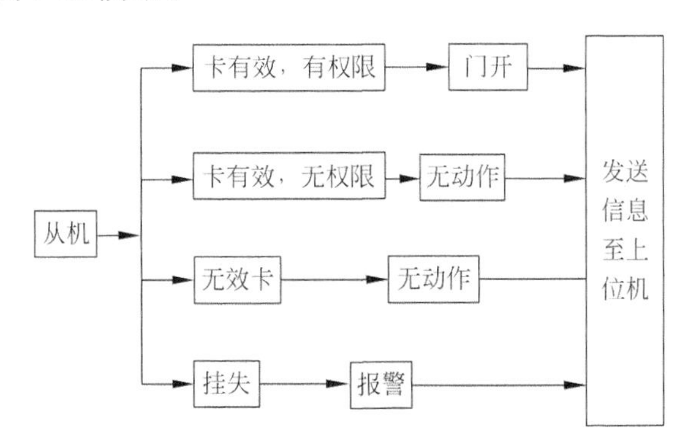

图 9-11　射频 IC 在从机刷卡时几种状态

从图 9-11 可以看出，从机主要作为刷卡机使用。在从机上，有的 IC 卡只能刷某个门禁，刷其他门禁时显示无权限，有的 IC 卡能刷多个门禁。这些状态都是主机通过上位机修改射频 IC 卡的信息并通过 RFID-RC522 读卡模块写入完成的。

本设计需用到 RFID-RC522 读卡模块，其作用是读写并且修改射频 IC 卡内存储的数据。RC522 芯片是应用于 13.56MHz 非接触式通信中的高集成度的读写卡芯片。采用少量的外围元器件，即可将输出级接至天线，它与主机间通信有多种通信方式：SPI、I2C、串行 UART，SPI 接口传输速率最高可达 10Mb/s，有 I2C 接口，传输速率最高可达 3400kb/s，串行 UART 传输速率高达 1228.8kb/s，本设计采用 SPI 模式，SPI 方式传输速度快，效率高。RFID-RC522 读卡模块实物如图 9-12 所示。射频 IC 卡实物如图 9-13 所示。

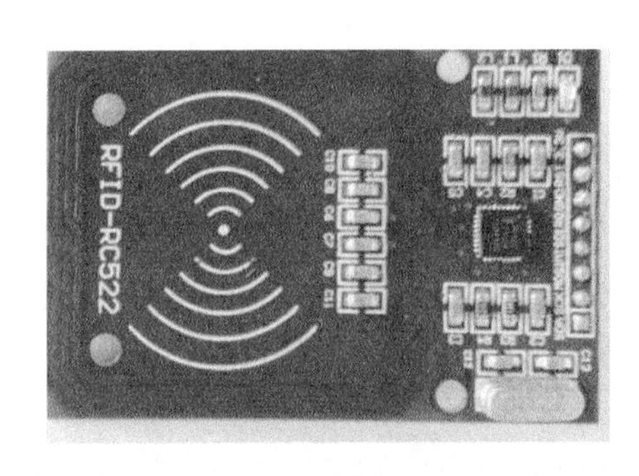

图 9-12　RFID-RC522 读卡模块实物

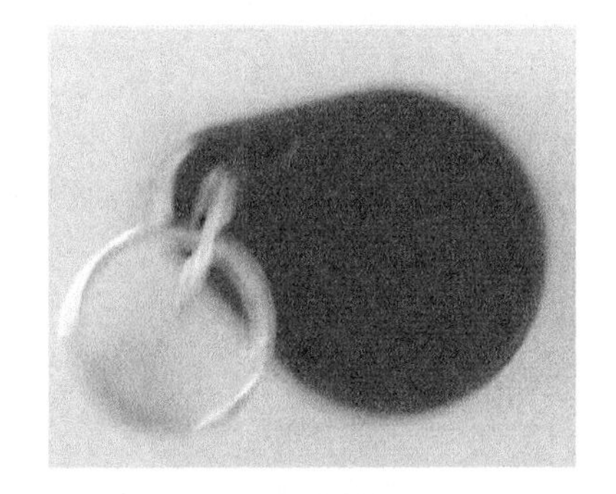

图 9-13　射频 IC 卡实物

按键电路模块安装在部门内部，当部门内部人员需要离开时，按下按键即可打开门锁。由于只有一个按键，所以采用独立式按键。按键的一端接在单片机的 P5.4 口上，并且 P5.4 口连接一个 4.7kΩ 的上拉电阻，按键的一端接地。当按键未被按下时，单片机 P5.4 口检测到的电压为 3.3V，高电平；当按键按下时，单片机 P5.4 口检测到的电压为 0V，低电平。根据 P5.4 口的高低电平即可判断按键是否被按下。

机器地址选择模块的作用是为用户设置每个刷卡机的地址,使上位机能区分出每个机器。故选择电路采用 4 路拨码开关,可以设置的地址范围为 0000～1111,由于本设计只有一个 PC 端读卡机和一个刷卡机,故实际用到的地址范围为 0000～0001。地址 0000 为 PC 端读卡机地址,地址 0001 为一个刷卡机的地址。4 路拨码开关实物如图 9-14 所示。

图 9-14　4 路拨码开关实物

两路门禁(主机和从机)分别设计在两个电路板上,两者之间通过接头连接。其中一个电路板(主机)还通过串行通信与计算机连接。

由于要通过上位机对下位机的卡片的姓名、工号、卡片属性、卡片权限进行设置,还要能远程开门,挂失门禁卡,记录下位机刷卡数据等,还得进行上位机的设计。上位机与下位机之间通信采用串口通信方式。Microsoft Visual Basic6.0(VB)是微软公司开发的基于 Windows 操作系统的可视化编程设计软件。VB 拥有用户图形界面(GUI),是面向对象的开发软件,可以很方便地画出文本框,命令按钮、列表框、单选按钮、复选按钮等。所以本设计中上位机软件采用 Microsoft Visual Basic6.0 编写。

打开 Microsoft Visual Basic6.0 软件,新建工程,选择标准 EXE,在本设计中使用串口进行上位机与下位机间的通信,需要添加串口通信控件,添加方法为:工程,部件,找到控件中的 Microsoft Comm Control 6.0 勾选,确定。然后开始向窗体中添加所需的 Label 标签、TextBox 文本框、Frame 框架、CommandButton 命令按钮、CheckBox 复选框、OptionButton 选项按钮、ListBox 列表框、Timer 计时器、MSComm 串口通信控件。添加完成后对他们的属性进行设置,通常要设置名称、标题、位置、大小等,设置完成后的界面如图 9-15 所示。

只设置完窗体界面软件是无法运行的,还要编写窗体上各个控件的程序,编写完程序后,还要用 Package & Deployment 向导对程序进行打包与发布。

主机电路图如图 9-16 所示。

从机电路图如图 9-17 所示。

由于程序过于庞大,这里不再给出具体程序。请读者从清华大学出版社网站下载。

实物图如图 9-18 所示。

图 9-18 中,图(a)为用户一在部门一刷卡成功状态,液晶 12864 显示出了部门、姓名、工号、刷卡状态等信息。刷卡成功,继电器指示灯亮,继电器动作。图(b)为用户二在部门一刷卡无权限状态,继电器不动作。图(c)为用户五在部门二刷卡为无效卡状态。图(d)是用户一在部门二刷卡为无权限状态。图(e)是用户二在部门二刷卡成功状态。图(f)是挂失后的用户一在部门二刷卡,显示挂失卡,蜂鸣器发出响声报警。图(g)上位机远程开门。

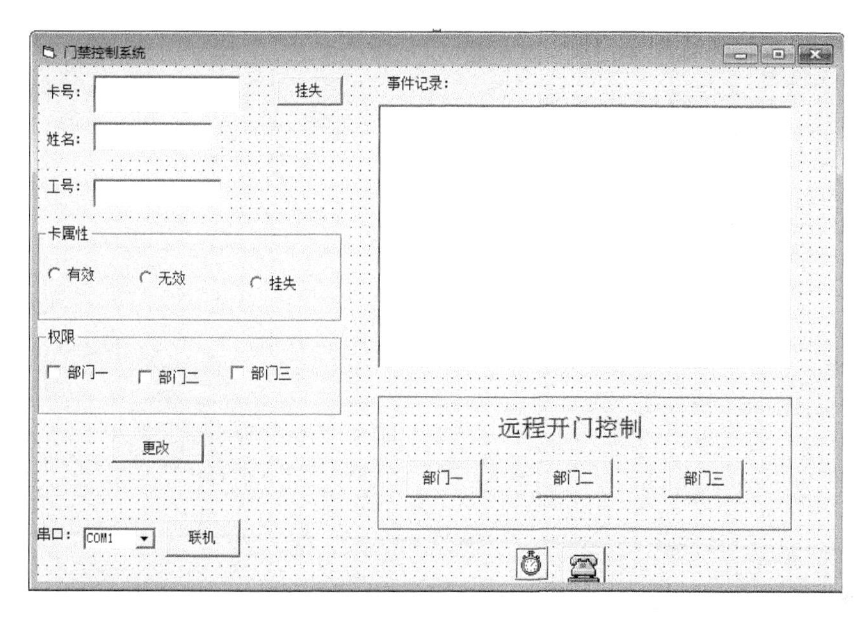

图 9-15　VB 窗体界面

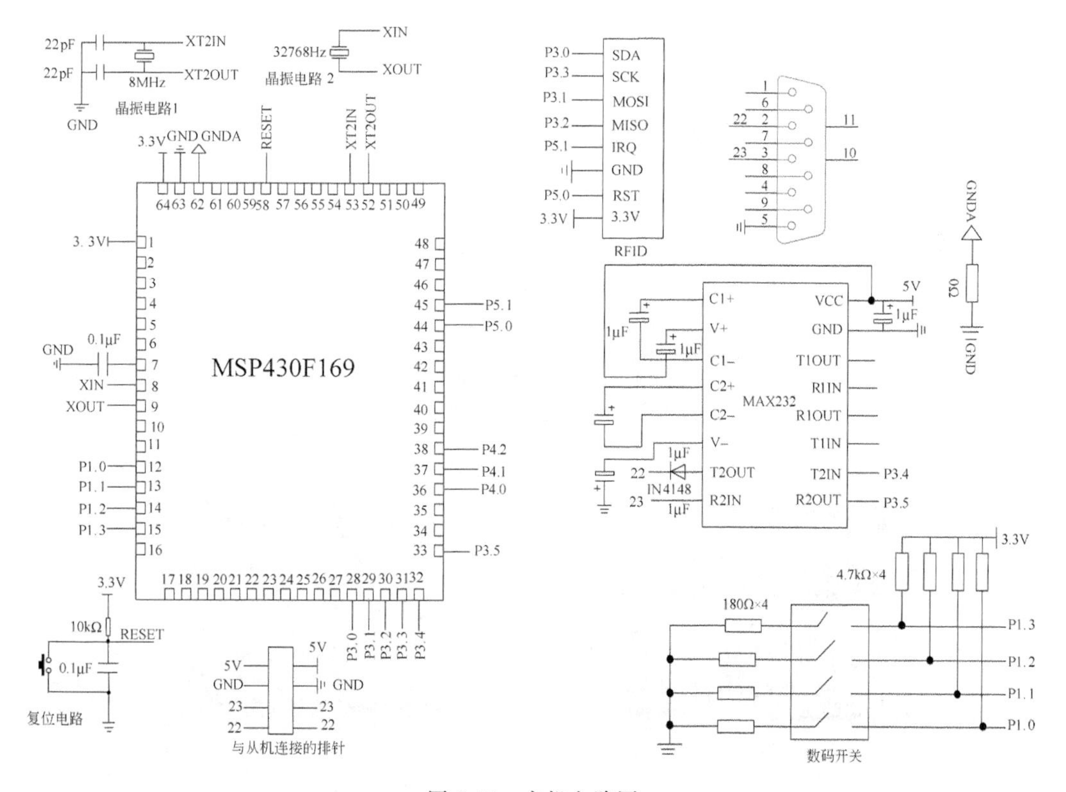

图 9-16　主机电路图

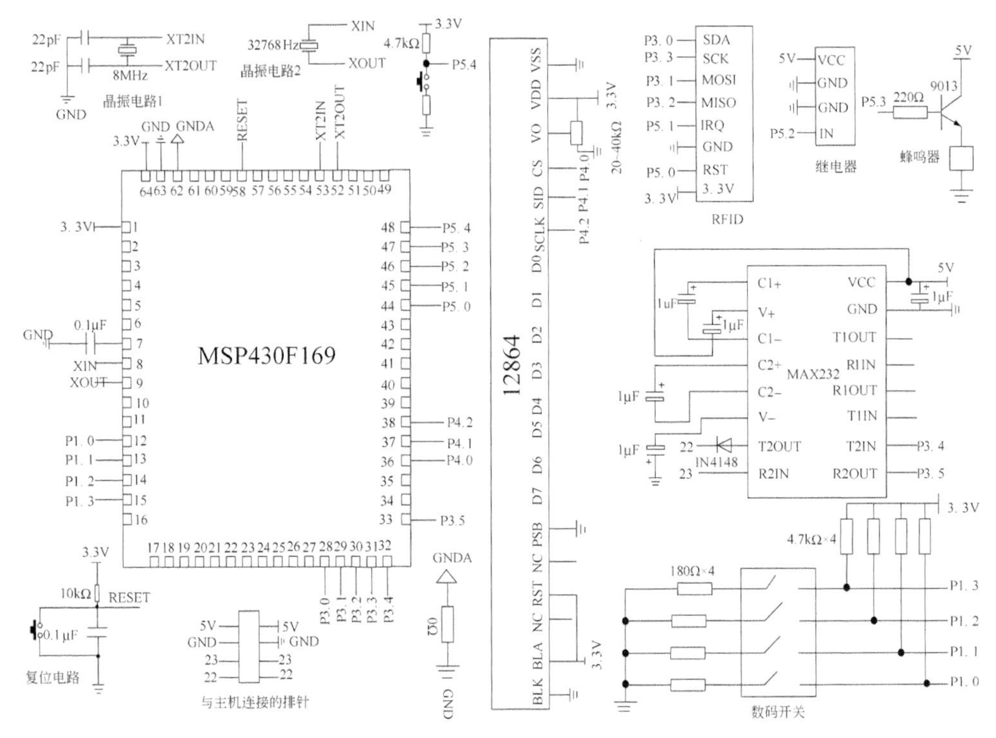

图 9-17　从机电路图

(a) 用户一在部门一刷卡成功

(b) 用户二在部门一刷卡无权限

(c) 用户五部门二刷卡为无效卡

图 9-18　实物展示图

(d) 用户一在部门二无权限

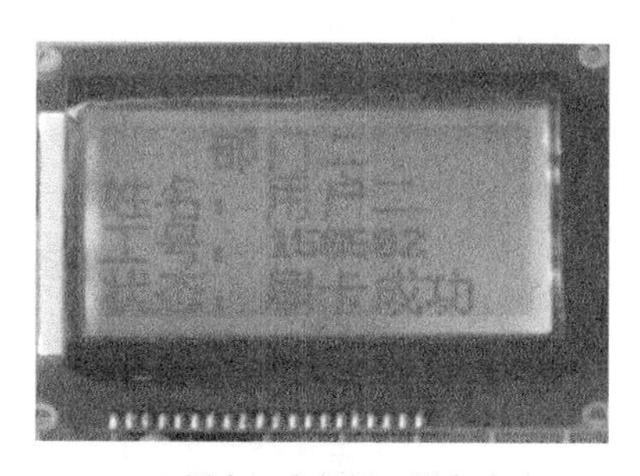
(e) 用户二在部门二刷卡成功

(f) 挂失后的用户一在部门二刷卡

(g) 远程开门

图 9-18 （续）

9.6 蓝牙控制系统设计

设计要求：利用 MSP430 单片机、2.4in 彩屏和蓝牙实现彩屏和蓝牙控制。设计要求手机上的蓝牙串行助手发送汉字代码，蓝牙接收后经过单片机处理，在彩屏上显示相应的汉字。

ATK-HC05 模块是 ALIENTEK 生成的一款高性能主从一体蓝牙串口模块，可以与各种带蓝牙功能的电脑、蓝牙主机、手机、PDA、PSP 等智能终端配对，该模块支持非常宽的波特率范围：4800～1382400bps，并且模块兼容 5V 或 3.3V 单片机系统，可以很方便与产品进行连接，使用非常灵活、方便。

ATK-HC05 蓝牙串口模块基本参数如表 9-1 所示。

表 9-1 ATK-HC05 蓝牙串口模块基本参数

项目	规 格
接口特性	TTL，兼容 3.3V/5V 单片机系统
支持波特率	4800、9600(默认)、19200、38400、57600、115200、230400、460800、921600、1382400
通信距离	10M(空旷地)
模块尺寸	16mm×32mm
工作电压	DC3.3V～5.0V
工作电流	配对中 30～40mA；配对完毕未通信 1～8mA；通信中：5～20mA
其他特性	主从一体，指令切换，默认为从机，带状态指示灯，带配对输出

ATK-HC05 模块非常小巧(16mm×32mm),模块通过 6 个 2.54mm 间距的排针与外部连接,其实物图和引脚图如图 9-19 所示。

图 9-19 TK-HC05 模块实物图和引脚图

ATK-HC05 模块引脚的定义如表 9-2 所示。

表 9-2 ATK-HC05 引脚说明

编号	名称	引脚说明
1	电源	电源(3.3～5.0V)
2	GND	电源地
3	TXD	模块串口发送
4	RXD	模块串口接收
5	KEY	用于进入 AT 状态;高电平有效,悬空默认为低电平
6	LED	配对状态输出,配对成功输出高电平,未配对则输出低电平

另外,模块自带了一个状态指示灯:STA。该灯有 3 种状态,分别为:1,在模块上电的同时(也可以是之前),将 KEY 设置为高电平,此时 STA 慢闪(1 秒亮 1 次),模块进入 AT 状态,且此时波特率固定为 38400。2,在模块上电时,将 KEY 悬空或接 GND,此时 STA 快闪(1 秒 2 次),表示模块进入可配对状态。如果此时将 KEY 再拉高,模块也会进入 AT 状态,但是 STA 依旧保持快闪。3,模块配对成功,此时 STA 双闪(一次闪 2 下,2 秒闪一次)。

有了 STA 指示灯,我们就可以很方便地判断模块的当前状态,方便大家使用。

ATK-HC05 蓝牙串口模块的所有功能都是通过 AT 指令集控制,比较简单,模块的详细参数及使用等信息,请参考 ATK-HC05-V11 用户手册和 HC05 蓝牙指令集。

通过 ATK-HC05 蓝牙串口模块,任何单片机(3.3V/5V 电源)都可以很方便地实现蓝牙通信,从而与计算机、手机、平板电脑等各种带蓝牙的设备连接。

本设计的难点就是串行通信、手机蓝牙串行助手与蓝牙设备配对以及发送数据类型等。请读者查阅相关资料,这里不再论述。

基于单片机的蓝牙控制系统设计电路图如图 9-20 所示。

由于程序过于庞大,这里不再给出具体程序,请读者从清华大学出版社网站下载。基于单片机的蓝牙控制系统设计效果图如图 9-21 所示。

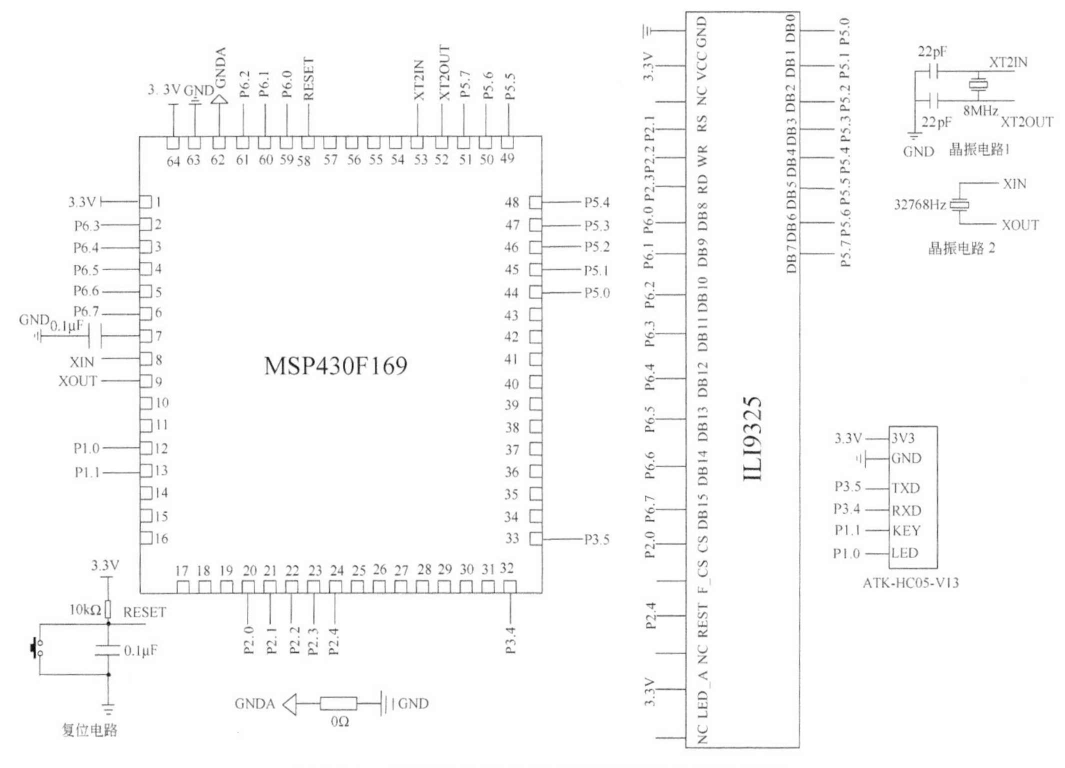

图 9-20 基于单片机的蓝牙控制系统设计电路图

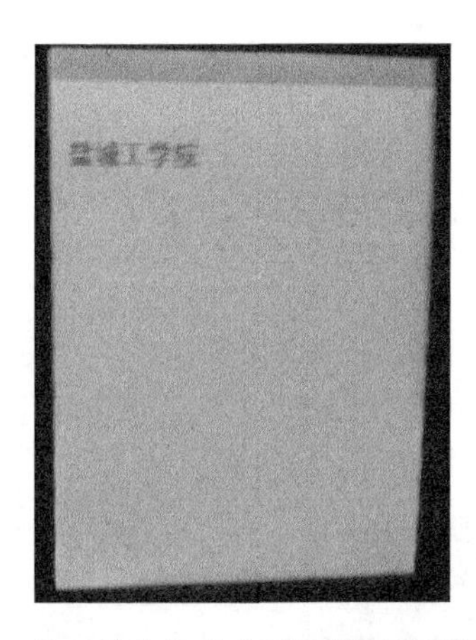

图 9-21 基于单片机的蓝牙控制系统设计效果图

9.7 彩屏和摄像头控制系统设计

设计要求：利用 MSP430 单片机、2.4in 彩屏和 OV7670 摄像头实现彩屏和摄像头控制，要求彩屏实时显示摄像头拍摄的画面。

OV7670 摄像头带 FIFO 模块，是为慢速的 MCU 实现图像采集控制推出的带有缓冲存储空间的一种模块。这种模块增加了一个 FIFO(先进先出)存储芯片，同样包含 30 万像素的 CMOS 图像感光芯片，3.6mm 焦距的镜头和镜头座，板载 CMOS 芯片所需要的各种不同电源，板子同时引出控制引脚和数据引脚，方便操作和使用。带 FIFO 的 CMOS 摄像头 OV7670 图像传感器，体积小，工作电压低，提供单片 VGA 摄像头和影像处理器的所有功能。通过 SCCB 总线(类似与 I2C 总线)控制，可以输出整帧、子采样、取窗口等方式的各种分辨率的 8 位影像数据，该产品 VGA 图像最高可达到 30 帧/秒，用户完全可以控制图像质量、数据格式和传输方式。所有的图形处理功能过程(包括伽玛曲线、白平衡、饱和度、色度等)都可以通过 SCCB 接口编程，通过减小或消除光学或电子缺陷如固定图案噪声、拖尾、浮散等，提高图像质量，得到清晰稳定的彩色图像。

带 FIFO 的 CMOS 摄像头 OV7670 的基本参数如表 9-3 所示。

表 9-3　带 FIFO 的 CMOS 摄像头 OV7670 的基本参数

项　目	规　格	项　目	规　格
感光阵列	640×480	浏览模式	逐行模式
电压	3.3V	电子曝光	1～510 行
功耗	60mW/15fpsVGAYUV	像素面积	3.6μm×3.6μm
输出格式	YUV/YCbCr4:2:2	暗电流	12mV/s 在 60℃时
	RGB565/555/444		
	GRB4:2:2		
	Raw RGB Data		
光学尺寸	1/6″	影像区域	2.36mm×1.76mm
视场角	25°	封装尺寸	3785μm×4235μm
最大帧率	30fpsVGA	信噪比	46dB
灵敏度	1.3V/(Lux-sec)	动态范围	52dB

其实物图和引脚图如图 9-22 所示。

图 9-22　带 FIFO 的 CMOS 摄像头 OV7670 实物图和引脚图

带 FIFO 的 CMOS 摄像头 OV7670 引脚的定义如表 9-4 所示。

表 9-4　带 FIFO 的 CMOS 摄像头 OV7670 引脚说明

编号	符号	引 脚 说 明	编号	符号	引 脚 说 明
1	电源 3.3V	电源	9	RST	复位端口
2	GND	电源地	10	PWDN	功耗选择模式
3	SIO_C	SCCB 接口的时钟控制	11	STR	拍照闪光控制端口
4	SIO_D	SCCB 接口的串行输入(出)端	12	RCK	FIFO 内存读取时钟控制端
5	VSYNC	帧同步信号(输出信号)	13	WR	FIFO 写控制端
6	HREF	行同步信号(输出信号)	14	OE	FIFO 关断控制
7	D7～D1	数据口	15	WRST	FIFO 写指针服务端
8	D6～D0	数据口	16	RRST	FIFO 写指针复位端

由于采用了 FIFO 作为数据缓冲，数据采集大为简化，用户只需要关心如何读取即可，不需要关心具体数据是如何采集到的，这样可减少甚至不用关心 CMOS 的控制以及时序关系，就能够实现图像的采集。

本设计的难点就是彩屏全屏显示、图像处理以及图像刷新的问题。全屏显示可以通过彩屏的初始化解决，图像处理是两次处理摄像头采集的数据，图像刷新可以通过摄像头重新初始化解决。

基于单片机的彩屏和摄像头控制系统设计电路图如图 9-23 所示。

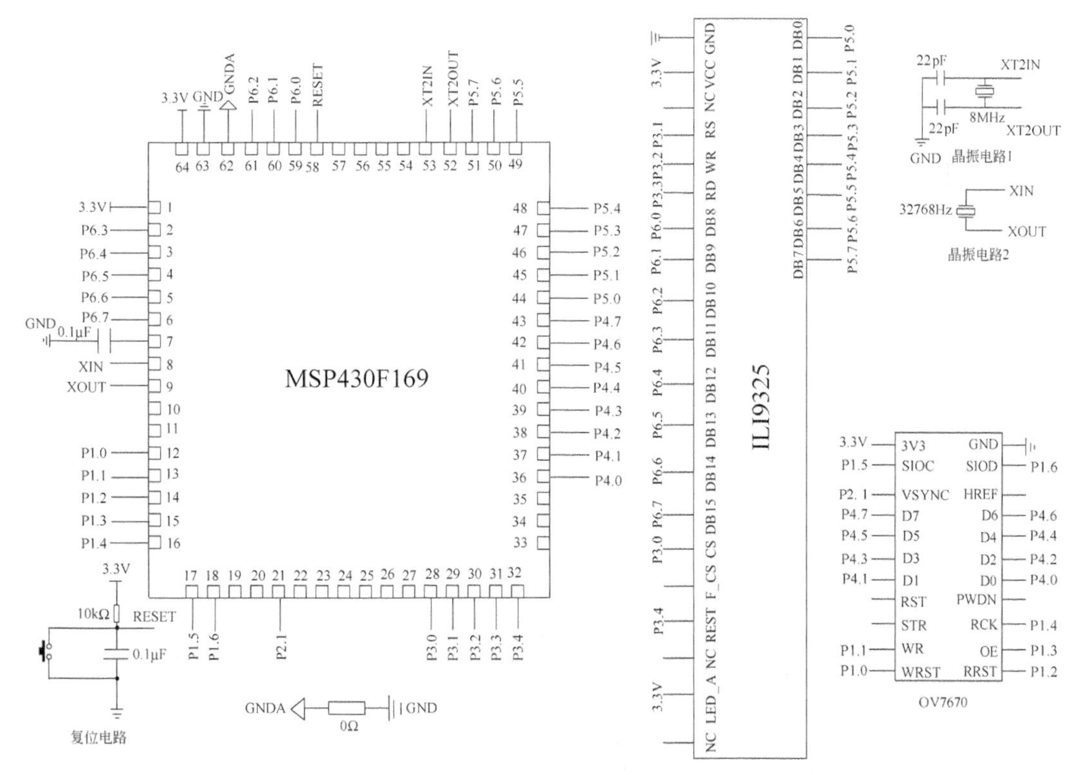

图 9-23　基于单片机的彩屏和摄像头控制系统设计电路图

带 FIFO 的 CMOS 摄像头 OV7670 的端口 SIO_C、SIO_D 与 I2C 工作方式类似，对于低档单片机，必须接 4.7kΩ 上拉电阻；对于 MSP430F169 单片机，上拉电阻可以省略。

由于程序过于庞大，这里不再给出具体程序，请读者从清华大学出版社网站下载。

基于单片机的彩屏和摄像头控制系统设计效果图如图 9-24 所示。

图 9-24　基于单片机的彩屏和摄像头控制系统设计效果图

参 考 文 献

[1] 陈中,顾春雷,沈翠凤. 基于 AVR 单片机的控制系统设计. 北京：清华大学出版社,2016.

[2] 秦龙. MSP430 单片机常用模块与综合系统实例精讲. 北京：电子工业出版社,2007.

[3] 施保华,赵娟,田裕康. MSP430 单片机入门与提高. 武汉：华中科技大学出版社,2013.

[4] 陈中,朱代忠. 基于 STC89C52 单片机控制系统设计. 北京：清华大学出版社,2015.

[5] 陈中,沈翠凤,张凯. 基于单片机红外发射步进电机控制系统设计. 盐城工学院学报(自然科学版),2014(2)